Studien zur Inneren Sicherheit

Band 18

Herausgegeben von
Prof. Dr. Hans-Jürgen Lange

Hans-Jürgen Lange · Astrid Bötticher
(Hrsg.)

Cyber-Sicherheit

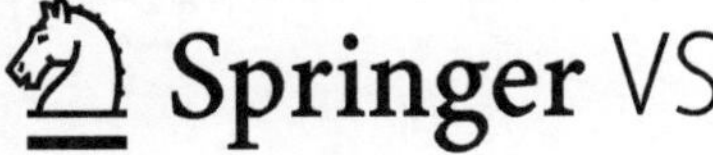

Herausgeber
Prof. Dr. Hans-Jürgen Lange
Deutsche Hochschule der Polizei
Münster, Deutschland

Astrid Bötticher
Berlin, Deutschland

ISBN 978-3-658-02797-1   ISBN 978-3-658-02798-8 (eBook)
DOI 10.1007/978-3-658-02798-8

Die Deutsche Nationalbibliothek verzeichnet diese Publikation in der Deutschen Natio-
nalbibliografie; detaillierte bibliografische Daten sind im Internet über http://dnb.d-nb.de
abrufbar.

Springer VS
© Springer Fachmedien Wiesbaden 2015

Lektorat: Dr. Jan Treibel, Stefanie Loyal

Gedruckt auf säurefreiem und chlorfrei gebleichtem Papier

Springer VS ist eine Marke von Springer DE. Springer DE ist Teil der Fachverlagsgruppe
Springer Science+Business Media.
www.springer-vs.de

Inhalt

Einleitung

Hans-Jürgen Lange und Astrid Bötticher

Die Cyber-Welt hat in den letzten Jahren Furore gemacht – in sämtlichen sozialen Zusammenhängen. Die Frage nach der Cyber-Welt lässt sich in ganz verschiedenen Sachzusammenhängen stellen. Dieses Buch gibt einen Einblick in die verschiedenen Aspekte von Cybersicherheit und ihren mannigfaltigen Berührungspunkten mit unserer hochkomplexen, vielschichtig organisierten Gesellschaft. Das wohl wichtigste Schlagwort, welches medial bemüht wird, ist das der Informationsgesellschaft. Die Informationsgesellschaft löse unwiderruflich die Industriegesellschaft ab und dies bewirke mannigfaltige Änderungen nicht nur in der Gesellschaftsstruktur, sondern auch in unserer Alltäglichkeit. Der Cyberspace ist eine spiegelbildliche Welt. Dadurch, dass sie von Menschen konstruiert ist, haben Eingriffe auch viel größere Folgen als in der realen Welt – Handlungen besitzen dort eine größere Potenz. Der Cyberspace ist letztlich auch eine Umwelt, von Menschen geschaffen und prinzipiell sogar kontrollierbar. Das Internet ist zu einer Quelle von gesellschaftlicher Innovation vielfältigster Art geworden. Dies spiegelt sich auch in den Kulturprodukten wieder – so besingt die Musikgruppe Deichkind die „illegalen, radikalen, digitalen Fans" und positioniert sich, inspiriert von Anonymous, im politischen Streit um Urheberrechte, der von Content-Industrie und Usern ausgefochten wird. Die Technikinnovation hat selbst einen rasanten Wandel erfahren – noch vor 25 Jahren kannte man das Autotelefon; das Handy, erst in den 1990ern populär geworden, wurde durch das Smartphone abgelöst; Kamera, Videogerät, der Zugriff auf die digitale Welt wurde damit in ein Gerät integriert und hat zu neuen Vernetzungen geführt. Mit den heutigen Kameras können wir unsere Fotos gleich in sozialen Netzwerken posten und uns durch die Evolution der Telekommunikationstechnik Freunde durch virtuelle Gemeinsamkeit verschaffen. Soziale Netzwerke werden auch dadurch immer beliebter. Dies hat aber zu weitreichenden Implikationen geführt, die mehr beinhalten, als die vordergründige Fähigkeit, unser Leben mit örtlich weit entfernten Menschen zu teilen. Die Wissenschaft kann heute auf ganz neue Formen von Daten zugreifen – Geodatenanalysen stellen für sie genauso eine Herausforderung dar, wie auch Bewegungswelten heute eine neue Dimension erfahren, die neue Techniken zur Datenerhebung evozieren; das Milieu etwa bekommt eine neue Dimension. Neben neuen Forschungsmethoden sind auch die Geschlechterrollen von der Evolution der Telekommunikation erfasst; neben traditionelle Begriffe treten vollkommen neue hinzu. So kennen wir die ‚Netzwelt‘, die ‚Online-Community‘, ‚Digital Natives‘, ‚Digital Immigrants‘ und den durch die Politik so gefürchteten ‚Shitstorm‘; das Wort ‚Vernetzung‘ hat einen neuen Bedeutungsgehalt bekommen. Wir haben begonnen in Netzwerken zu denken. Die Ökonomie bleibt gleichwohl zentral betroffen: Telekommunikation gilt heute als die vierte Schlüsselindustrie der Weltgesellschaft (Wu 2005: 12; vgl. auch Bötsch 1995: 347). Telekommunikation ist zentrale Grundlage für die geschäftliche Betätigung des (globalisierten) Handels und tritt neben die für die Produktion maßgeblichen Faktoren Arbeit, Kapital und Boden. Auch deshalb hat die Ordnung und Regelung der Telekommunikation im Strafprozessrecht eine erhebliche Bedeutung erhalten, ihre handelnden (auch intermediären) Akteure beraten Problemkonstellationen, die sich nicht nur auf die Bundesrepublik beziehen lassen. Nicht zuletzt ist die Bundesrepublik Deutschland zu einer globalen Wirtschaftsmacht geworden und stark vernetzt mit den Ökonomien dieser Welt.

Der Begriff der Cybersicherheit ist ein auf das Informations- und Telekommunikationsverhalten und -vermögen bezogener Sicherheitsbegriff. Der Sicherheitsbegriff ist dynamisch und seine ihm zukommenden Entitäten bilden selbst ein Netzwerk:

> „‚Danger‘ is here defined as the possibility of occurrence of an incident that entails consequences of damage. ‚Risk‘ is understood as product of operationalized danger. ‚Security‘ therefore is a state, where risks have been minimized to a level that is below a threshold that society has discursively defined as acceptable. This means, while dangers can remain unknown to society, risk is based on the perception of danger and security is directed at perceived dangers and subject to the condition of following societal discussions. The Concept of Security is subject to changing times and expression of the socio-political development and therefore it is dynamic." (Bötticher 2012)

Das an der Universität Witten/Herdecke und der Universität Bielefeld beheimatete und durch das Bundesministerium für Bildung und Forschung (BMBF) geförderte Sicherheitsgesetzgebungsprojekt (SIGG)[1] hat sich im Rahmen des Teilprojektes

---

1   Das Projekt „Sicherheitsgesetzgebung" (SIGG) war ein Verbundprojekt aus den Teilvorhaben Sicherheitspolitik und Sicherheitsrecht (2010 bis 2013). Kooperationspartner waren Wissenschaftler des Lehrstuhls für Politikwissenschaft, Sicherheitsforschung und Sicherheitsmanagement der Universität Witten/Herdecke, Prof. Dr. Hans-Jürgen Lange, und Wissenschaftler des Lehrstuhls für Öffentliches Recht, Staatslehre und

Telekommunikationsüberwachung mit telekommunikationsbasierten Informationssystemen auseinandergesetzt und die verschiedenen Dimensionen des Netzes in seinen Bezügen zum Sicherheitsbegriff erörtert. Im Rahmen des Interdisziplinären Arbeitskreises Innere Sicherheit (AKIS) wurde 2012 zusammen mit dem Wittener Lehrstuhl für Politikwissenschaft, Sicherheitsforschung und Sicherheitsmanagement der Workshop „Cyber-Sicherheit – Aspekte, Handlungsfelder und Konzepte" durchgeführt.

Das Motto *Einheit durch Vielheit* könnte dem vorliegenden Buch, welches aus dem Workshop hervorgegangen ist, vorangestellt werden, denn die „fünfte Dimension" (Skala 2011), die der Mensch mit dem Cyberspace entwickelt hat, bringt Veränderungen großen Ausmaßes mit sich, die die Digital- und Informationsgesellschaft noch verarbeiten bzw. bearbeiten muss, um diese künstliche Dimension mit der natürlichen Lebenswelt und den darin sich historisch entwickelten Regelungen, Einrichtungen und Einigungen in Einklang zu bringen. Das Paradigma der digitalen Gesellschaft ist verhältnismäßig jung. Es scheint, als würde mit dem Stand der Technik auch unsere Gesellschaft geformt. Diese Entwicklung ist Menschengemacht und steuerbar, wenngleich es scheint, als würde die Komplexität der Welt unsere Fähigkeit zur Organisation ebendieser übersteigen. Der vorliegende Sammelband stellt einige Entwicklungen vor, die sich direkt auf den Sicherheitsbegriff und der gesellschaftlichen Organisation dieser ‚neuen' Dimension beziehen lassen.

Die unterschiedlichen Autoren haben jeweils andere Blickpunkte, von denen sie auf ‚Sicherheit', ‚Gefahr' oder ‚Risiko' schauen. Dennoch eint die Beiträge ein Grundkonsens: Die Sicherheitslage hat sich durch Telekommunikation genauso geändert wie die Lage der Freiheit. Diese erneuerte Abgrenzung, die Suche nach einer Sicherheit, die unsere Freiheit nicht so sehr einschränkt, dass wir von Unsicherheit sprechen müssten, ist in den einzelnen Beiträgen herauslesbar, dennoch kommen die Autoren zu graduell unterschiedlichen Ergebnissen. Das Spannungsverhältnis zwischen Freiheit und Sicherheit ist ein vieldiskutiertes Thema, ein fundamentales Problem. In der Sicherheitsforschung werden Freiheit und Sicherheit meist gegenübergestellt; im Cyberspace sind die Sphären zwischen Freiheit und Sicherheit nicht so einfach zu lokalisieren, sie sind miteinander verschränkt.

Verfassungsgeschichte der Universität Bielefeld, Prof. Dr. Christoph Gusy. Das Projekt ist im Rahmen des BMBF aus Mitteln des Sicherheitsforschungsprogramms der Bundesregierung gefördert worden. Es beschäftigte sich mit den Akteuren und den informellen Prozessen, die auf die Sicherheitsgesetzgebung Einfluss nehmen. Es wurden dabei Gesetzgebungsprozesse auf Landes-, Bundes- und EU-Ebene anhand von drei Fallstudien im Bereich Videoüberwachung, Telekommunikationsüberwachung sowie der Einführung biometrischer Kontrollsysteme untersucht.

Die Innere Sicherheit ist von den Entwicklungen der Cyberwelt vielfach betroffen. Wie kann Sicherheit in dieser neuen Dimension organisiert werden ohne auch gleich den Demiurgen „Staat" überpräsent zu machen? Welche Antworten hat das in sich vielgestaltige und vernetzte institutionelle Sicherheitssystem gefunden? Wie ändert sich die Produktion von Sicherheit und welche Formen der Freiheit sind betroffen? Die User haben sich vielfältig vernetzt und auch schon Geschichte geschrieben. Während Anonymous sich noch einen Kleinkrieg mit der GEMA lieferte, kam es zum arabischen Frühling, der mittels neuer Analysetechniken, die auf Datenerhebungen im Internet basierten, bereits vorausgesagt worden war (Die Welt 08.11.11). Gerade Anonymous ist ein auf der sozialen Ebene neues Phänomen, welches sich erst durch das Netz etablieren konnte. Neben der Voraussage von Aufständen hat sich die Analyse von Massendaten auch im Konfliktfall bewährt. Der Konflikt in Libyen wurde auch dadurch beeinflusst, dass durch die neue Technologie der sozialen Vernetzung ein Informationsvorsprung gewonnen war und so beinahe in Echtzeit reagiert werden konnte.

Es tritt generell, in allen Gesellschaften, ein neuer Anspruch auf Transparenz zutage, der zumindest zweideutig ist. Einerseits sprechen die Befürworter des Web 2.0 von den neuen Möglichkeiten totaler Transparenz für das eigene Leben, fordern dieses geradezu ein, andererseits fordern Bürger gegenüber den Sicherheitsinstitutionen eine neue Form von Transparenz. Dies äußert sich vornehmlich unter dem Bezug auf das in Deutschland neu entwickelte Grundrecht auf Vertrauen in digitale Kommunikationssysteme. Hier ist einerseits die Transparenz über Maßgaben der Datensammlung, ihrer Verwendung und Speicherung gemeint, die durch Sicherheitsakteure vorgenommen werden, andererseits ist damit die Zusammenarbeit im Rahmen internationaler Abkommen zur Herstellung von Sicherheit gemeint. Neben Wikileaks und der durch diese Gruppe veröffentlichten Regierungsdepeschen ist Edward Snowden getreten, der durch die Veröffentlichung einer ganzen Fülle von Material auf die Dimensionen der Datenerhebung und Verwendung hinwies.

Die Politikwissenschaft hat dem Trend des Internets und dessen „Leitströmung der digitalen Welt" (Glaser 2012) noch nicht vollends die Beachtung geschenkt, die sie verdient. So fragte etwa die Zeitschrift *Internationale Politik* „Was bewegt die Welt?" und bezog die technologiebasierte soziale Vernetzungsfähigkeit, die das Internet bietet, nicht mit ein.[2] Oftmals bleibt Netz- und Netzpolitik im Hintertreffen und andere Themen stehen im Vordergrund. Anders geht es da ganzen Wissenschaftszweigen, die dem Thema nicht nur Beachtung schenkten, sondern zutiefst mit dem Aufstieg des Internets zur sozialen Macht verbunden sind. Einen rasanten Aufstieg erlebte etwa die Computerlinguistik, die heute wichtige Analy-

---

2   IP Internationale Politik. Mai/Juni 2011.

sewerkzeuge für die verschiedenen Sozialwissenschaften, für die Wirtschaft und auch für die Sicherheitsbehörden bereitstellt. Neben der Computerlinguistik ist die Kognitionswissenschaft und deren Möglichkeiten in Bezug auf augmented reality, der erweiterten Realität, immer wichtiger für eine Gestaltung des Netzes geworden. Einige sehen dies als Möglichkeit zu einem „Lauschangriff auf unser Weltbild" (Schramm, Wüstenhagen 2012), andere versuchen mittels dieser Techniken Sicherheit herzustellen, ohne zu sehr in die Bürgerrechte einzugreifen.[3] Gerade Bürgerrechtler sind besorgt um die Privatsphäre, die im Netz meistens in Frage gestellt ist. So hat sich gerade die Rechtswissenschaft intensiv um den Einklang von Bürgerrechten mit der Netzrealität bemüht, wenngleich oftmals auf verlorenem Posten: Während einige Teilerfolge gegenüber einzelnen Anbietern kommunikationsbasierter sozialer Vernetzung zu verzeichnen waren, wie die Datenschutzdebatte um Facebook und die genommene Entwicklung eindrücklich zeigt, so ist gegen den bekanntesten Anbieter von strukturierter Information, Google, noch kaum ein erwähnenswerter Erfolg der Datenschützer zu verbuchen, wenngleich Google durch seine hohen Anwenderzahlen als machtvoller Spieler gelten kann. Auch ist hier die Wirtschaft angesprochen – denn mit Google hat sich ein faktisches Informationsanbietermonopol herausgebildet, welches sich nicht so sehr durch das Fehlen von Konkurrenz, als durch die fehlende Nutzung von Konkurrenzanbietern beschrieben werden kann. Vielfach erscheint es uns heute so, als sei das, was in den Google Rankings nicht oder zu weit hinten erscheint, auch nicht mehr existent.

Neben einzelnen Unternehmen können auch einfache Internetnutzer weit mehr über Personen durch das Netz erfahren, als diese freiwillig ihren Nachbarn anvertrauen würden. Die Aufklärung über Sachverhalte ist hier angesprochen, denn Daten können heute über Yasni, 123People oder namechk.com verknüpft werden mit der Auswertung von Inhaltsdaten (Twitter, Facebook) oder Bildern (Picasa), die von Internetnutzern zur Verfügung gestellt werden. Es können ganze Biographien mit persönlichen Details ausgeforscht werden, ohne dass der Nutzer sich über die Verknüpfung von an verschiedenen Orten der ins Netz gestellten Daten je Gedanken gemacht hat. So ergeben sich neue Notwendigkeiten für die Erziehungswissenschaft – wie kann es gelingen, Datenschutz als zentrales Thema in den Unterricht zu integrieren, um die Gesellschaft für die zukünftigen Entwicklungen zu wappnen? Doch auch neue technische Herausforderungen für die Polizei haben sich entwickelt, wie dem Abhören von Internet Relay Channels (IRC)[4], z. B. Skype oder MSN, aber auch für Einsatzmöglichkeiten in virtuellen Welten oder die Fahndung über Soziale Netzwerke und mit Hilfe der User. Gerade hier wird die Schnittstelle

---

3   Etwa mittels Massendatenanalyse von Twittereinträgen oder Blogs.
4   http://www.netzwelt.de/news/68425-irc-spitzel-chatroom.html (letzter Abruf 7.2.2014).

zwischen physischer Welt und virtual reality offenbar, denn die privat schon längst durchgesetzte Suche nach vermeintlichen Übeltätern über Soziale Netzwerke, ist in einigen Fällen bereits umgeschlagen in Aufrufe zum Lynchmord. Ganz neue Formen der Strafverfolgung haben sich durch die Computerforensik ergeben.

Die Autoren des Buches greifen diese vielfältigen und unübersichtlichen Symptome in unterschiedlichen Herangehensweisen und Perspektiven auf. Der Beitrag von Matthias Kettner und Oskar Brabanski beschäftigt sich mit der Demokratie im Zeitalter des Internets. Im Fokus des Beitrages steht die Kommunikation in der Demokratie und über die Demokratie im Rahmen neuer Möglichkeiten des Internets. Die Autoren sehen einen Nachholbedarf der parlamentarischen Demokratie im Rahmen netzbasierter Medienpraktiken, die „Attraktivität des Geistes der Demokratie" aufrecht zu erhalten und zu fördern. Insbesondere das netzbasierte Werkzeug Liquid Democracy wird hier als Möglichkeit dargestellt, dieses Interesse an der Demokratie und für die Demokratie zu sichern. Liquid Democracy wäre so der Weg, den Nachholbedarf netzbasierter, demokratischer Kommunikation aufzuarbeiten. Dabei sehen die Autoren auf philosophischer Ebene Anklänge an die Habermassche Diskurstheorie erfüllt, und sehen in den neuen Möglichkeiten der Kommunikation zugleich einen Schritt hin zur deliberativen Demokratie realisiert. Die Autoren zeigen auf, dass die von Richard Rorty gedachte Kultur ohne Zentrum im Sinne einer Liquidität von Einstellungen, Entscheidungen etc. schon betreten ist. Die repräsentative, parlamentarische Demokratie wird durch die hauptsächlich von ihr ausgeübten Kommunikationsformen als eine „solide Demokratie" der „liquiden Demokratie" gegenübergestellt. Die Attraktivität dieser Demokratieform begründen die Autoren durch die Interessen und Kommunikationsgewohnheiten der jungen Netzgemeinde. So stehen sich festgelegte Abläufe und Way of Life gegenüber. Gleichzeitig sehen die Autoren hier auch eine Gefahr, denn die Demokratie gerät so leicht in die Haltung, sich unverbindlich zu zeigen. Dieses Gefährdungspotenzial auf beiden Seiten – die fehlende Attraktivität der Abläufe der institutionellen Demokratie und ihren dringenden Nachholbedarf netzbasierter, demokratischer Kommunikation sowie die Gefahr der Unverbindlichkeit im Rahmen liquider Aushandlungsprozesse und einer Pseudo-Deliberativität beschreiben die Autoren sehr genau.

Die Autorin Gabriella Coleman legt eine Soziologie der digitalen Protestbewegung vor und zeigt auf, dass die Netz-Aktivisten bereits in der Öffentlichkeit breit diskutierte Debatten entzünden konnten und so zu einem gesellschaftlichen Diskurs über das Netz beitragen. Die neuen Protestformen der digitalen Welt sind durch eine digitale Bewegungsförmigkeit geprägt, die ohne das Netz so kaum möglich wäre. Dabei unterscheidet die Autorin zwischen verschiedenen Protestlern innerhalb der digitalen Protestbewegung, die sie nach Kenntnisstand und technischer Visiertheit in Hacker und Geeks unterteilt.

Der Beitrag von Martin Bastl, Miroslav Mareš und Kateřina Tvrdá analysiert den Rahmen politischer Prozesse zur Herstellung von Cybersicherheit. Die Autoren entwickeln dabei einen Rahmen zur Analyse von Prozessen zur Herstellung von Cybersicherheit, der sich im Feld der Policy-Analyse bewegt. Dabei kritisieren die Autoren, dass die bis heute erschienenen Arbeiten über Felder der Cybersicherheit mehrheitlich die traditionelle Kommunikation der Sicherheitsstudien und der hier entwickelten Begriffe – ohne Notwendigkeit – verlassen und die Sicherheitsstudien so nur noch als Anhängsel aus der Analogwelt erscheinen. Demgegenüber bearbeiten die Autoren Fragen der Organisation von Cybersicherheit auf Basis des Sicherheitskonzepts der Kopenhagener Schule und der hier ausgearbeiteten Ebenen und Formen der Sicherheit. Hier tritt insbesondere die Entwicklung von Cybersicherheit als Aufgabe in den Blickpunkt, die nicht allein durch staatliche Akteure geleistet wird. Stattdessen diagnostizieren die Autoren, wie verschiedene Akteurskreise in einer multipel organisierten Umwelt in Form einer Ebenenstruktur zusammenspielen. Diese netzartig in einander übergreifende Ebenenstruktur dient zur Entscheidungsfindung von Maßnahmen, die wiederum darauf ausgerichtet sind, Cybersicherheit herzustellen.

Die Autorin Astrid Bötticher beschreibt in ihrem Beitrag die Strukturlandschaft der Inneren Sicherheit in der Bundesrepublik Deutschland auf Bundesebene und deren Verknüpfungen mit internationalen oder multinationalen Stakeholdern der Sicherheit. Die Autorin etabliert hier ein neues Analysemodell, indem sie Fragen der Cybersicherheit mit der Aufgabe der Demokratiesicherung verknüpft. Die Lücke der Wahrnehmung, die zwischen behördlichen bzw. ministeriellen Sicherheitsakteuren und parlamentarischen Sicherheitsakteuren besteht und sich erst langsam schließt, begründet autonome Vernetzungs- und Technisierungsentscheidungen der mittleren Verwaltungsebene. Die Prozesse der Selbststeuerung sind durch diachrone Emergenz und kontextuelle Einbindung geprägt. Mannigfaltige Kommunikationsstrukturen haben sich gebildet. Angesichts der autonom gesteuerten Akteursvernetzung fehlt infolgedessen weitgehend die parlamentarische Kontrolle der neuen Knotenpunkte. Wenngleich das Parlament heute keinesfalls mehr als Tal der Ahnungslosen bezeichnet werden kann, so hat das Parlament auch keine wirklichen Initiativen entwickelt, um autonome Steuerungsprozesse der mittleren Akteursebene des Politikfeldes der Inneren Sicherheit durch politisch gesteuerte und strategische Prozesse abzulösen.

Michael Freiberg, der Leiter des Umsetzungsplans KRITIS der Bundesrepublik Deutschland, zieht eine erste Bilanz und stellt den bisherigen Sachstand des Umsetzungsplans dar und analysiert den Ansatz des Public Private Partnership zum Schutz kritischer IT-Infrastrukturen. Der Autor stellt dabei insbesondere auf die Probleme des normalen Betriebs ab und relativiert die Gefahren, die von Cyberwar, Cyberterrorismus und Cyberkriminalität ausgehen. Der normale Betrieb als solches ist für den Autor bereits ein Raum mit einem Sicherheitsbedürfnis, welches durch vielfältige Gefahrenlagen in Frage gestellt wird. Für den Schutz von Kritischen Infrastrukturen stehen die Sicherheit des Geldes und die Sicherheit der Energieversorgungssysteme im Vordergrund, deren Rahmenbedingungen in der Verknüpfung von Risiko und Verantwortung liegen. Zu der Abhängigkeit der Wirtschaft von traditionellen Primärgütern wie Öl und Gas ist eine neue externe Abhängigkeit hinzugekommen – die Abhängigkeit vom Primärgut der Telekommunikation. Dem branchenübergreifenden Risiko der Wirtschaft ist zu begegnen, indem Ausfallprozeduren ersonnen und erprobt werden – auf diese Weise würden Abhängigkeit und Risiko relativiert. Die Zusammenarbeit von öffentlicher Hand und Privatwirtschaft trägt zur verbesserten Einschätzung von IT-Sicherheitslagen bei und verteilt die Verknüpfung von Risiko und Verantwortung auf viele Schultern. Damit verbunden ist die neue Notwendigkeit zur freien Kommunikation zwischen Unternehmungen und staatlichen Institutionen sowie vice versa. Dieser Kommunikationsprozess bietet potenziell die Möglichkeit, Wege der Selbstorganisation von Kommunikationssicherheit zu eröffnen und eine netzartige Struktur zu etablieren, die Risiko und Verantwortung neu verknüpft.

Die Autoren Borchert, Rosenkranz und Ebner betonen ebenfalls die starke Abhängigkeit der heutigen Gesellschaft von Informations- und Kommunikationstechnologie und stellen Maßnahmen der Republik Österreich zur Herstellung von Cybersicherheit vor. Auch in Österreich wird der Ansatz der Private Public Partnership zur Herstellung von Cybersicherheit verfolgt. Die Autoren grenzen zunächst Cybersicherheit und Kritische Infrastrukturen voneinander ab. Die teilweise Komplementarität beider Begriffe bedingt einen ganzheitlichen Ansatz zum Schutz, der in Österreich entwickelt wurde, so dass Umsetzungsmaßnahmen harmonisch ineinander greifen und ein erhöhtes Wirkpotenzial entfaltet. Das ganzheitliche Denken ist für die Autoren ein zentraler Ansatz der österreichischen Sicherheitspraxis. Im Vordergrund steht dabei die Indienstnahme sämtlicher Akteure, die auf ihre Weise Sicherheit benötigen und Sicherheit herstellen. Eine ganzheitliche Sicherheitspraxis schließt die Akteure nicht aus, sondern bezieht sie in sämtliche Prozesse der Sicherheitsherstellung mit ein. Für die verschiedenen Akteure ist die Basis der Zusammenarbeit in der Transparenz gefunden: Ziele und Regeln der Zusammenarbeit sind klar definiert, so dass das ganzheitliche Ineinandergreifen von Prozessen erleichtert wird. Neben der klaren Definition von Zielen, die den Teilnehmern bekannt sind, ging der österreichische Ansatz der ganzheitlichen Sicherheitsherstellung weiter, indem die Akteure in sämtliche Prozesse der Zieldefinition integriert wurden. Akteure verschiedener Wirtschaftssektoren wurden eingeladen, den Risikoraum gemeinsam auszuleuchten und ein integrierendes Begriffs- und Risikoverständnis aufzubauen. Anhand des Beispiels wird von den Autoren dargestellt, dass das Aufkommen von neuen Gefährdungen auch zu neuen Denkmustern und Prozessen der Sicherheitspraxis führt. Der ganzheitliche Sicherheitsansatz, der hier in die Praxis überführt worden ist, bietet ein eindrückliches Beispiel für das integrativ orientierte, netzförmige Denken.

Der Autor Jürgen Fauth berichtet über neue Wege und Notwendigkeiten polizeilicher Praxis im Rahmen der Herstellung von Cybersicherheit. Dabei hat sich, so der Autor, insbesondere das Berufsbild des Polizisten bzw. der Polizistin stark verändert und neue Herausforderungen für die Polizeiausbildung, aber auch für die gewerkschaftliche Vertretung der Polizei mit sich gebracht. Die Alltäglichkeit der virtuellen Welt hat sich in der Polizei niedergeschlagen. Die Polizeiarbeit vollzieht sich heute nicht allein in der physischen Welt, die Strafverfolgung vollzieht sich heute auch im virtuellen Raum. Die Polizei reagiert so auf neue Kriminalitätsformen und verfolgt die Täter dort, wo sie tätig sind. Der Autor beschreibt beispielhaft strafrechtliche Vorgehensweisen und analysiert eingehend, in welcher Weise Polizisten heute mit der Notwendigkeit der Technikexpertise konfrontiert sind. Von der Beweissicherung auf elektronischen Datenträgern, der gerichtsfesten Belegpflicht im Rahmen elektronischer Formen der Strafverfolgung über zahlreiche weitere Erfordernisse der Technikkenntnis, die Polizisten heute für die alltägliche Polizeiarbeit benötigen, zeigt der Autor die veränderten Bedingungen für die Polizeiausbildung auf. Das Berufsbild des Polizisten hat sich stark gewandelt. Polizisten sind durch die Cyberwelt mit der Entgrenzung der Kriminalität konfrontiert. Sie müssen sich mit neuen, komplexen Vorgehensweisen von Tätern und der Anforderung, stets über Technikexpertise für neue und neueste Geräte zu verfügen, auseinandersetzen. Die Technisierung des Berufsbildes des Polizisten, die wachsende Tendenz, es mit vernetzten Prozesse im Rahmen der Strafverfolgung zu tun zu haben, sind heute wichtige Wegmarken für das Arbeitsfeld insgesamt. Die Polizeiausbildung steht so vor neuen Herausforderungen, derer sich die Interessenvertreter der Polizeibediensteten und die ministerielle Leitungsebene annehmen müssen. Neue Ausbildungskonzepte sind zu entwickeln und zu erproben. Wie vielfältig die Berührungspunkte der Polizei mit der Technikwelt sind, belegt der Autor eindrücklich und deutet so auch auf neue Ausbildungsfelder hin.

Der Autor Thomas-Gabriel Rüdiger geht im polizeilichen Zusammenhang auf neue Deliktsfelder ein. Er ordnet Online-Spiele in die Klasse der Suchtstoffe ein, die zu Formen der Begleit- und Beschaffungskriminalität führen können. So zeigt der Autor auf, dass nicht die polizeiliche Praxis allein von der Cyberwelt betroffen ist, sondern sich auch neue Aufgabenstellungen der Kriminologie mit dem Entstehen der Cyberwelt herauskristallisieren. Die Entwickler von Online-Spielen haben verschiedene Bezahlmodelle etabliert. Durch verschiedene Techniken halten sie immerwährendes Spielen attraktiv und fördern das exzessive Spielerverhalten. Spieler entwickeln zum Teil suchtartige Reaktionsformen und geraten in Abhängigkeit, fast eine halbe Million süchtige Onlinespieler leben mittlerweile in der Bundesrepublik Deutschland. Die Suchtreaktionen werden durch die Spieleanbieter zum Teil bewusst befördert, den Sicherheitsbehörden sind dabei weitgehend die Hände gebunden. Jugendschutz und Polizeiarbeit müssen hier Hand in Hand gehen, um neue Reaktionsformen auf diese neue Suchtformen zu entwickeln. Die neuen Formen von Begleitkriminalität, im sozialen Nahraum der Online-Süchtigen zu finden, werden von dem Autor anhand von Beispielen aus der Praxis beschrieben. Die Loslösungsprozesse der Süchtigen von der Realwelt sind denjenigen ähnlich, die bei Suchtmittelabhängigen nachweisbar sind. Eindrücklich beschreibt der Autor das Leiden des betroffenen sozialen Nahraums der Süchtigen. Die Finanzierung des Spielens ist insbesondere in späteren Suchtphasen ein Problem für die Süchtigen. Der Autor belegt an Beispielen, zu welchen Formen der Beschaffungskriminalität es bisher gekommen ist und welche Ursachen diese haben.

Die Autorin Astrid Bötticher beschreibt in ihrem zweiten Beitrag die Überführung der traditionellen Open-Source-Überwachung der Nachrichtendienste in die Cyberwelt und die Aneignung nachrichtendienstlicher Mittel durch private Unternehmen. Sie deutet darauf hin, dass die nachrichtendienstliche Überwachung mittels öffentlicher Informationen eine immer zentralere Stellung im nachrichtendienstlichen Geschehen bekommt und dies ursächlich mit der sich immer schneller und stärker entwickelnden Cyberwelt zusammenhängt. Die Basis der cyberbasierten Analysemethode, die soziale Netzwerkanalyse, wird von der Autorin in ihren Grundzügen vorgestellt und belegt die immer zentraler werdende relationale Soziologie als Wissenschaftsparadigma nachrichtendienstlicher Erhebungen. Gewohnheiten, Beziehungsmuster und -netze, Beziehungsformen und Aufmerksamkeitsstrukturen wie auch Interessen können kaum verschleiert werden. Menschen können über diese Zusammenhänge nicht lügen. Die Masse an öffentlich zugänglichen Berichten hilft ebenfalls eine niedrige Fehlerquote zu erreichen, indem Big Data (Massendaten) zu Analysezwecken aufbereitet werden. Die Analyse in Echtzeit wird dabei immer mehr durch die zukunftsvoraussagenden Analysen abgelöst. Insbesondere im Rahmen von Sicherheitsmaßnahmen erhält diese Form der Datennutzung eine hohe Relevanz. Der Autorin zufolge hat sich dadurch eine neue Form von Staatlichkeit etabliert, die sie unter Zuhilfenahme der Ikonologie beschreibt und analysiert. Der Leviathan und der Behemoth werden vom Bild des Ziz abgelöst.

Die Autorin Winifred Poster beschreibt in ihrem Artikel den Status der Frau und die Wandlungen, denen die Frauenarbeit innerhalb des Bereichs der Informations- und Telekommunikationstechnologie unterworfen ist. Dabei stellt sie fest, dass die Cybersicherheit als Subfeld der Informations- und Telekommunikationsbranche eine besondere Stellung von Frauen mit sich brachte. Die Frauenpräsenz ist hier weitaus ausgeprägter als in anderen Arbeitsfeldern der Branche. Anhand einer Systematik erkundet sie verschiedene Formen der weiblichen Erwerbsarbeit. Frauen, so zeichnet die Autorin anhand eines prominenten Beispiels einer Cyber-Spionin nach, haben ganz eigene Strategien entwickelt, um sich im Arbeitsfeld behaupten zu können. Die hybriden Fähigkeiten von Frauen haben dabei einen ganz neuen Raum für Frauenpräsenz innerhalb der Branche geschaffen.

Der Autor Martin Kutscha fragt insbesondere danach, ob Grundrechte zur Cybersicherheit beitragen. Ausgehend von der Perspektive des Datenschutzes beschreibt der Autor die Grundzüge des Grundrechtsschutzes im Cyberspace. Die Grundrechte, die durch das Bundesverfassungsgericht beschrieben wurden, werden durch Sicherheitsbehörden immer wieder unterwandert. Der Schutz, der dem Einzelnen durch die Definition von Grundrechten zukommt, wird durch behördliche Praxen durchlöchert und gerät in die Gefahr, ausgehöhlt zu werden. Gerade auch Telekommunikationsunternehmen untergraben durch neue Analysetechniken das Recht auf Privatheit. Dabei spielen auch einflussreiche Lobbys eine Rolle in der Relativierung der Grundrechte, sie setzen sich für die Analysefähigkeit von Unternehmen ein und möchten deren Tätigkeit unberührt vom Datenschutz verstanden wissen. Das Datenschutzrecht ist dabei noch heute ein eher analoges Recht und die Übertragung des Datenschutzes auf den Cyberspace ist noch nicht ansatzweise abgeschlossen und Änderungen sind dringend nötig.

Dominik Brodowski beschäftigt sich aus einer rechtswissenschaftlichen Perspektive heraus mit dem Cyberraum. Dabei beginnt er sein Argument mit dem Locke'schen Gesellschaftsvertrag und weiteren demokratietheoretischen Begründungszusammenhängen in Bezug auf Strafe und Strafbarkeit. Er fragt, ob ein Mehr an strafrechtlicher Gesetzgebung auch ein Mehr an Cybersicherheit bedeutet. Der Autor sieht insbesondere durch die europäische Strafrechtsordnung und die zu verzeichnende extraterritoriale Anwendung des Strafrechts eine tendenzielle Überregulierung des Internets, während er im Bereich der Strafverfolgung Reformbedarf sieht, was insbesondere auf die strafprozessrechtlichen Regelungen bezogen ist. Der Cyberraum ist so durch eine Strafrechtsordnung bereits gut reguliert, aber die Strafverfolgung muss verbessert werden.

Jiuan-Yih Wu untersucht anhand rechtswissenschaftlicher Überlegungen die Entwicklungen der modernen Informationsgesellschaft und ihrer Strafverfolgungsbehörden. Insbesondere widmet er sich der Problematik der Onlinedurchsuchung und der Fahndung mittels Suchbegriff. Dabei unterscheidet er die Onlinedurchsuchung von der Telekommunikationsüberwachung. Die Onlinedurchsuchung als Zwangsmaßnahme der Strafverfolgungsbehörden ist von einer Rechtsgrundlage abhängig. Vor dem Hintergrund der Grundrechte der Betroffenen, so der Autor, benötigt es einer guten Begründung, denn der Staat wird selbst zum Hacker. Die Analyse des gesamten Emailverkehrs anhand von Filtern, die durch bestimmte Suchbegriffe und Schlagwörter entstanden sind, unterscheidet sich von der Onlinedurchsuchung noch einmal. Aufgrund eines allgemein definierten Gefahrschutzes ist insbesondere die Frage der Verhältnismäßigkeit zu stellen.

Literatur

Bötsch, Wolfgang (1995): *Liberalisierung der Telekommunikation nach 1998.* Hamburg.
Bötticher, Astrid (2013): *German experiences from countering extremist.* In: CENAA – Centre for European and North Atlantic Affairs. Centre for European and North Atlantic Affairs (Hg.) http://cenaa.org/wp-content/uploads/2013/02/German-experiencesCounterMeasuresPDF.pdf (letzter Abruf 7.2.2014)
Glaser, Peter (2012): Seid Netz zueinander! In: *c't extra: Soziale Netzwerke* 02.
Schramm, Stefanie/ Wüstenhagen, Claudia (2012): Die Macht der Worte. In: *ZEIT Wissen* 6.
Skala, Michal (2011): Cyberwarfare – Identifying the opportunities and limits of fighting in the 'fith domain'. In: Majer, Marian/ Ondrejcsák, Róbert/ Tarasovic, Vladimir/ Valášek, Thomas (Hg.): *Panorama of global security environment.* Bratislava. 551-565.
Die Welt (08.11.11): CIA liest bei Twitter und Facebook mit. http://www.welt.de/politik/ausland/article13704100/CIA-liest-bei-Twitter-und-Facebook-mit.html (letzter Abruf 7.2.2014)
Wu, Jiuan-Yih (2005): *Strafprozessuale Telekommunikationsüberwachung in der Informationsgesellschaft. Eine rechtsvergleichende Untersuchung zwischen Deutschland und Taiwan.* Frankfurt am Main.

Chancen und Risiken von Liquid Democracy für die politische Kommunikation

Oskar Brabanski und Matthias Kettner

1 Einleitung

Die Demokratie hat gewiss viele Probleme (Hadenius 1997; Crouch 2008), aber das größte könnte schlicht das zunehmende Desinteresse an ihr sein. Nicht etwa nur der oft beklagte mangelnde Sachverstand der Politiker, sondern das schwindende, nicht mehr ernsthafte Beteiligungs- und Kontrollinteresse der überwältigenden Mehrheit der Staatsbürger, die „einfach gut regiert" werden wollen, aber auf keine Weise selbst mitregieren wollen, ist offenbar ein Fundamentalproblem heutiger Demokratie. „Weil Kommunikation untrennbar mit dem Menschen verbunden ist, bringt ein Wandel in den medialen Grundlagen von Kommunikation immer auch einen Wandel von sozialen Formen und Praktiken mit sich" (Schmidt 2011). Dieser Grundsatz, der Kulturtheorie und Medientheorie verknüpft, gilt offensichtlich für alle bisherigen medialen kulturellen Errungenschaften, vom Buchdruck bis zu einer ausdifferenzierten Presse. Der Grundsatz reicht auch in die politische Theorie hinein: Jede konkrete Gestalt von Demokratie hat eine „mediale Grundlage" (Kettner 1998: 49).

Während die netzbasierten Medienpraktiken sich rasant verändern, wachsen Zweifel, ob die medialen Grundlagen der repräsentativen parlamentarischen Demokratie so mithalten, wie sie es müssten, um die Attraktivität des Geists der Demokratie auch unter Bedingungen der digitalen Moderne zu erhalten. Zeitung, Radio, Fernsehen, waren die Leitmedien der öffentlichen Sphäre (Habermas 1989: 105) vor der Erfindung, Verbreitung und Normalisierung netzbasierter Kommunikationspraktiken. Mittlerweile stellt das Web 2.0 in einer sich wandelnden Öffentlichkeit eine eigene, neue öffentliche Sphäre dar (York 2011), in der weltweite Kommunikation in einer Vielzahl von vormals undenkbar gewesenen Formen real geworden ist und ständig „Überschüsse" (Baecker 2013: 257-273) der Sinnbildung erzeugt, die die moderne Gesellschaft unter Stress setzen. Auch die Praxis unseres demokratischen politischen Systems steht unter Anpassungsdruck an die neue Unübersichtlichkeit der netzbasierten Kommunikationsverhältnisse.

2   Liquid Democracy als Verein, Code und Konzept

Dass die politischen Entscheidungsprozesse einer repräsentativen Demokratie derzeit noch nicht angemessen reagieren auf den technologischen Fortschritt der Kommunikation sowie auf die zunehmende Ausdifferenzierung unterschiedlicher Lebensentwürfe, ist ein Grundgedanke von „Liquid Democracy". Mit diesem Stichwort verbinden sich derzeit unter Internet affinen Bürgern starke Hoffnungen auf die fällige Modernisierung demokratischer Kommunikation. Politische Beteiligung sollte nicht nur in einem vierjährigen Wahlturnus möglich sein, sondern zeit- und ortsunabhängig. Zudem soll sich jede Bürgerin und jeder Bürger in von ihm oder ihr persönlich gewünschtem Maße einbringen können – zu allen Themen, die für die jeweilige Person von Interesse sind. Zum ersten Mal in der Geschichte der Demokratie gibt es durch Onlinekommunikation die Möglichkeit, massenskaliert und ortsungebunden miteinander zu kommunizieren.

Das Konzept der Liquid Democracy steht der Theorie der diskursiven, deliberativen Demokratie nahe. In Anlehnung an Jürgen Habermas (Habermas 1991; Habermas 1992) und Joshua Cohen (Cohen 1996; Cohen 1997) erfüllt der Diskurs eine signifikante Funktion der zentralen Meinungsbildung. Auf Basis einer herrschaftsfreien Kommunikation soll nach Habermas ein Konsens – ein miteinander geteiltes rechtgebendes Zustimmen (Kettner 2008) – hergestellt werden, indem mündige Bürger herrschaftsfrei miteinander diskutieren, also in den Diskurs treten. Dabei setzt sich das beste Argument durch. Ist im traditionellen, liberalen Modell der Öffentlichkeit Kommunikation immer ein Repräsentationsmodell, das eine Spiegelung der vorhandenen Akteurs- und Meinungsvielfalt darstellt und eher der Transparenz verpflichtet ist, ist das deliberative Modell im Gegensatz dazu ein Partizipationsmodell, welches einen Konsens oder eine argumentativ gestützte Mehrheitsmeinung zum Ziel hat und alle gesellschaftlichen Akteure in einen Diskurs auf Augenhöhe einbindet (Peters 2007: 188). Wie dieser Diskurs online am besten funktionieren soll, fasst Cohen (2009) treffend in vier Kriterien für eine erfolgreiche Onlinebeteiligung zusammen: Ein demokratischer politischer Diskurs sollte „deliberativ", also möglichst weitgehend durch vernünftige Überlegungen geleitet sein; er sollte einen gleichen und möglichst hürdenlosen Zugang bieten; er sollte allen Bürgern, die sich beteiligen, gleiche Möglichkeiten der Mitgestaltung der öffentlichen Meinung geben und in diesem Sinne „herrschaftsfrei" sein; und er sollte es den Beteiligten erlauben, auf Informationen von hoher Qualität zurückgreifen.

Daniel Reichert hat zuerst im Jahr 2009 auf dem Kongress des Chaos Computer Club in einem Vortrag das Konzept einer „liquiden" Demokratie vorgestellt. Sein Vortrag trug den Untertitel: „Direkter Parlamentarismus. Gemeinsam verbindlich entscheiden". Reichert meinte, jeder Bürger solle theoretisch zu jedem Thema seine Stimme abgeben oder delegieren können, auch zu bundespolitischen Fragen, und die Meinung später auch jederzeit wieder ändern können. Alles solle ins Fließen kommen. „Der Prozess der Politik muss geöffnet werden". Auf der Basis dieser Gedanken wurde im Jahre 2009 der Verein *Liquid Democracy e. V.* gegründet, dessen Ziel es ist, online einen herrschaftsfreien Diskursraum zu ermöglichen, der in der Anwendung auf und innerhalb demokratischer Governance-Strukturen im Prinzip allen Betroffenen ermöglicht, sich stärker an Entscheidungsprozessen zu beteiligen, als es unter den derzeit verfügbaren alternativen Formen politischer Kommunikation möglich ist.

Zur Realisierung dieser Ziele hat der Liquid Democracy e. V. mit adhocracy eine open-source basierte Software entwickelt. In einem diskursbasierten Verfahren, in dem Nutzer Vorschläge einbringen, kommentieren und bewerten können, wird die Annäherung an Idealvorstellungen Deliberativer Demokratie versucht. Zusätzlich bietet die Software jedem Nutzer die Möglichkeit, eine bestimmte Stufe der Partizipation zu wählen: Man kann sich über vorhandene Vorschläge entweder nur informieren oder sie auch unterstützen und schließlich über sie abstimmen, seine Stimme an eine Person delegieren, der man eine größere Expertise in einem bestimmten Bereich zutraut, man kann eigene Vorschläge einbringen und an anderen Vorschlägen mitarbeiten oder sich selbst als Delegierter zur Verfügung stellen (Paetsch, Reichert 2012: 20). Im Menü der Partizipationsstufen ist das sogenannte *delegated voting* eine wesentliche Bereicherung: Stimmen können an andere Akteure delegiert werden, die wiederum weiterdelegieren können.

Machen wir uns die charakteristischen Merkmale des Konzepts einer „verflüssigten" Demokratie noch einmal klar, dessen Einlösung die verschiedenen in Entwicklung begriffenen Softwarelösungen anstreben. Das wichtigste Merkmal ist der dynamische Wechsel zwischen Repräsentation und direkter Beteiligung. Das Wichtigste Liquidum ist also der Wechsel zwischen direkter und repräsentativer Demokratie – dieser ist mit digitalen Hilfsmitteln zu verflüssigen. Im Werbevideo für Liquid Democracy e. V. klingt diese wie eine nostalgische Erinnerung aus der Zukunft: „Durch den Computer könnten wieder alle Bürger an den Gesetzen mitarbeiten, wie damals auf dem Hügel". Paetsch und Reichert (2012) geben eine pointierte Beschreibung dieses Merkmals:

„Mit Delegated Voting wird die Idee des transitiven Wählens (Delegation über mehrere Stufen) bezeichnet, die Lewis Caroll erstmals 1884 beschrieb. Zusätzlich zur Übertragung der eigenen Stimme an jemand anderen (sog. Proxy-Voting) ist hier auch die Möglichkeit vorgesehen, dass der Delegierte die an ihn delegierten Stimmen weiterreichen kann. Populär wurde dieses Prinzip in den letzten Jahren, da es, in Software umgesetzt, erstmals Beteiligungsprozesse mit vielen Menschen zulässt. Grundsätzlich erlaubt dieser Mechanismus dem Teilnehmenden zu wählen, ob er selbst abstimmen bzw. an einem Antrag selbst mitarbeiten möchte oder ob er seine Stimme an einen Repräsentanten oder eine Repräsentantin delegiert. Innerhalb des so entstehenden Kontinuums zwischen Repräsentation auf der einen und direkter Beteiligung auf der anderen Seite hat der Einzelne die Möglichkeit sich dynamisch (fließend) zu bewegen."

Sie verschweigen auch nicht die schwierigen, nicht einfach technisch zu lösenden Probleme, die sich aus diesem Zentralmerkmal ergeben:

„Aus globalen, d.h. unbegrenzten Delegationen resultierende Probleme sind u.a. eine Konzentration von Macht auf wenige Delegierte sowie das Entstehen von Zielkonflikten durch die Unterstützung widersprüchlicher Ziele. Um dieser Problematik entgegenzuwirken ist eine Beschränkung der Delegation auf ein genau definiertes politisches Ziel notwendig. Daraus konstituiert sich ein zweistufiger Ablauf, in dem sich der Teilnehmende in einem ersten Schritt entscheidet, welche Ziele aus seiner Sicht erreicht werden sollen; beispielsweise die Einführung eines Mindestlohns oder die Gestaltung einer fahrradfreundlichen Stadt. Erst in einem zweiten Schritt eröffnet sich für jedes unterstützte Ziel die Möglichkeit einen Delegierten zu bestimmen, der stellvertretend Einfluss auf die Antragsentwicklung nimmt. Der dem Delegierten übertragene Auftrag ist dadurch eindeutig definiert und beschränkt sich auf eine konkrete Ausgestaltung zur Erreichung des vorab definierten politischen Ziels. Die Rolle des Delegierten steht jedem Bürger und jeder Bürgerin frei, d.h. durch besonderes Engagement kann jeder Stimmen anderer auf sich vereinen. Neben der Möglichkeit den Auftrag eines Delegierten eindeutig zu bestimmen ist eine weitere Besonderheit der Dynamischen Delegation (im Vergleich zu dem traditionellen offline-Verfahren), dass die Übertragung der eigenen Stimme jederzeit zurückgenommen und auf Wunsch neu vergeben werden kann. Auch ist es möglich, in einer einzelnen Sachfrage seinen Delegierten zu überstimmen, d.h. die eigene Stimme wird immer bevorzugt gezählt. Diese Mechanismen tragen einerseits dazu bei einem Missbrauch durch Delegierte vorzubeugen, andererseits ermöglichen sie es, flexibel auf Veränderungen von Umfeldbedingungen zu reagieren" (ebd.).

Blendet man von dem wesentlichen Element der dynamischen Repräsentation, dem verflüssigten Hin- und Her zwischen direkter und repräsentativer Demokratie auf mehr Kontext auf, dann lassen sich alle im Konzept der Liquid Democracy (LD) gedachten Ideale als Ideale der Verflüssigung und Überschreitung von drei Arten der Begrenztheit der soliden Demokratie (SD) begreifen:

Zeitliche Entgrenzung: Statt der in SD nur periodischen Wahlen (z. B. im 4 Jahre Turnus) ermöglicht LD mehr, nämlich die Abstimmung Open-End (d. h. permanent, ohne Ende), Abstimmung mit Deadline (d. h. permanent bis zum Stichtag), Abstimmung mit Quorum (d. h. permanent bis zum Erreichen einer bestimmten Zustimmung) und die klassische Abstimmung (z. B. einmalig alle vier Jahre).

Inhaltliche Entgrenzung: Statt der für SD typischen Auswahl nur zwischen wenigen „Komplettpaketen" (Parteien) können LD-Bürger nach Belieben über einzelne Gesetze selbst abstimmen (das Element direkter Demokratie) und in Bezug auf andere Gesetze (oder Bündel von Gesetzen) ihre Stimme an jemand anderen delegieren (das Element repräsentativer Demokratie). Zum Beispiel gebe ich X meine Stimme für alle Abstimmungen im Bereich Ökologie, Y meine Stimme für alle Abstimmungen im Bereich Steuern und dem Bündnis „Greenpeace" meine Stimme für alle Abstimmungen, die für das Bündnis-Ziel wichtig sind.

Partizipatorische Begrenzung: Statt der für SD typischen Ausarbeitung von Gesetzen nur durch politische Eliten, kann mit LD jeder Aktivbürger auch an jedem Gesetzestext und jedem anderen Format der Politikformulierung mitarbeiten. Diese Mitarbeit ähnelt dem gemeinschaftlichen Schreiben (ähnlich dem Prinzip von Wikipedia), kombiniert mit Stimmengewichtung. Jeder Aktivbürger kann also gute Ideen einbringen und um Stimmen für diese werben.

3   Das verjüngte Gesicht der Demokratie?

Die Problematik der kommunikativen Rückständigkeit der repräsentativen parlamentarischen Demokratie betrifft vor allem die internetaffinen Jugendlichen. Diese mit dem kommunikationstechnologischen Fortschritt des 21. Jahrhunderts groß geworden: Sie twittern, simsen, whatsappen, facebooken, liken, sharen und vieles mehr. Fast alle haben einen Internetzugang im Haushalt, viele sind über Pad oder Smartphone auch mobil online (Lehmann, Schetsche 2005).

Geht es jedoch um die Politisierung der Jugendlichen, lassen sich zwei Tendenzen erkennen:

Das Vertrauen in die repräsentative Demokratie ist nicht sehr hoch. Die Shell Jugendstudie attestiert den Jugendlichen ein niedriges Vertrauen in die Bundesregierung und die Parteien (Shell 2010). Zudem haben die Parteien ein akutes Nachwuchsproblem, die meisten Mitglieder sind älter als 60 Jahre (Munimus 2012). Auch die Wahlbeteiligung stützt diese These: Liegt die Wahlbeteiligung bei Bundestagswahlen in der Altersgruppe der 60- bis 70-Jährigen bei 80,00 %, sinkt diese mit niedrigerem Alter: So haben von den 21- bis unter 25-Jährigen bei der

Bundestagswahl 2009 nur 59,1 % ihre Stimme abgegeben. Wer sich über dieses geringe Interesse wundert, verkennt, dass Abgeordnete jenseits der 60 nur geringes Identifikationspotential für Jugendliche bieten und dass die Mechanismen des Bundestags mit Wahlen im vierjährigen Turnus vorgestrig und behäbig wirken relativ zu dem Tempo der digital modernisierten alltagspraktischen Kommunikationsverhältnisse.

Dennoch wäre es falsch, Jugendlichen eine generelle Politikverdrossenheit zu unterstellen: 2009 gingen tausende Jugendliche auf die Straße, um gegen Studiengebühren und die Bologna-Reform zu demonstrieren, in Griechenland und Spanien demonstrieren beinah täglich Jugendliche gegen die wachsende Jugendarbeitslosigkeit, Shitstorms bei Twitter oder Facebook sind mittlerweile nichts ungewöhnliches und selbst in den Occupybewegungen war das Durchschnittsalter eher niedrig. Dies alles ist nicht in erster Linie ein Indikator für eine Krawallmentalität, sondern zeigt, dass Jugendliche für Bereiche, die sie betreffen, demokratische Teilhabe einfordern – und zwar jenseits der Betriebsroutinen der repräsentativen parlamentarischen Demokratie (Hardt, Negri 2013: 14). Die Shell-Jugendstudie stützt diese These: „Trotz der allgemeinen Politik- und Parteienverdrossenheit sind Jugendliche durchaus bereit, sich an politischen Aktivitäten zu beteiligen, insbesondere dann, wenn ihnen eine Sache persönlich wichtig ist" (Shell 2010) lautet das Fazit der Studie.

Gerade das Internet bietet hier eine große Chance: 29 % der Jugendlichen wollen im Internet z. B. zu politischen Entscheidungen an ihrem Wohnort mitentscheiden dürfen, 21 % sich über das Internet besser über Politik informieren und mitreden können (BITKOM 2011). Laut einer ZDF-Studie sind zudem 14-19 Jährige die aktivste Usergruppe im Internet, die nicht nur das Internet zur Informationsgewinnung nutzen: 43 % dieser Altersgruppe sind bereit, aktiv Beiträge zu verfassen und ins Internet zu stellen (Busemann, Gscheidle 2011).

Genau dies spiegelt den Grundgedanken der Liquid Democracy wider. Speziell für Jugendliche entwickelte der Liquid Democracy Verein die Partizipationsplattform Ypart (www.ypart.eu), die Jugendliche einlädt, sich an politischen Prozessen abseits von Wahlen und in Anliegen, die sie betreffen und interessieren, zu beteiligen. Dies wurde in einem erste Pilotprojekt bereits realisiert: Gemeinsam mit der Hamburger Stiftung für Wirtschaftsethik luden der Liquid Democracy e. V. im Rahmen des Projekts „Stadt! Macht! Schule!" Jugendliche aus Hamburg Altona ein, sich online auf Ypart an einer Gestaltung des Bahnhofsviertels Altona zu beteiligen. Vor der Hintergrund eines großangelegten Umbaus der „Mitte Altona", sollte grade die Meinung der Jugendlichen in die Städtebaulichen Planungen einfließen. So ist ein Positionspapier entstanden, welches sich zum Großteil aus den im Internet geäußerten Vorschlägen zusammensetzt. In ihm fordern die Jugendlichen unter anderem eine Mietpreisdeckelung, autofreie Bereiche sowie einen bestimmten Prozentsatz an städtisch geförderten Mietwohnungen.

Des Weiteren zielte das Projekt auf die Sensibilisierung der Teilnehmer für politische Partizipation. Sie sollten die Entscheidungsstrukturen in komplexen Verfahren kennen und verstehen lernen sowie in die Lage versetzt werden, die eigene Meinung öffentlich zu vertreten und sich in einem konkreten Fall Expertise anzueignen (Bachmann 2013). Eine Evaluation des Projekts bestätigt, dass die onlinegestützte Jugendpartizipation in diesem Falle geglückt ist: Mehr als 50 Vorschläge und 148 Argumente wurden in den Onlinediskurs eingebracht und 78 % der Teilnehmer stellten fest, dass die Onlineplattform eine gute Hilfe ist, um den Überblick über die Themen zu behalten (Bachmann 2013). Zudem fanden 62 % der Jugendlichen, dass die Diskussion auf einer Onlineplattform sinnvoll sei (ebd.). Damit zeigt sich, dass ePartizipation von Jugendlichen der richtige Weg im Rahmen eines durch Liquid Democracy angereicherten demokratischen Meinungsbildung ist und man das politische Potential von Jugendlichen für lokalpolitische, die Jugendlichen betreffenden Belange sinnvoll nutzen kann. Auch die adhocracy-gestützte Onlineplattform Ypart ist dafür die richtige Plattform. Zudem bewährte sich das flüssige Zusammenspiel von traditionellen, direktdemokratischen Mechanismen der Bürgerbeteiligung und einer Onlinebeteiligung.

Trotz dieses ersten Projekts steht die Online-Jugendbeteiligung im Rahmen einer Liquid Democracy noch im Anfangsstadium. Dennoch lassen sich wichtige Erkenntnisse für die Zukunft ableiten. Demokratie ist nicht nur eine Institution, sondern ein gelebter „way of life" (Dewey 1976: 227). Es ist etwas, was sich nicht nur in Wahlen widerspiegelt, sondern vor allem in freien Zusammenkünften, in denen Menschen über Informationen, die sie freien, unzensierten Medien entnehmen – für Dewey war dies natürlich noch die Qualitätspresse – und diskutieren (Dewey 1976: 227). Daher ist Jugendpartizipation durch Liquid Democracy immer auch ein Stück Demokratieerziehung zur demokratischen Mündigkeit (Adorno 1970: 133).

An erfolgreichen Jugendpartizipationsprojekten im Rahmen von Liquid Democracy können wir im Umkehrschluss auch Misslingensbedingungen ablesen. Die durch die Netzbasierung hochgetriebene Erwartung echter Beteiligungschancen (Meißel 2010) darf nicht instrumentalisiert werden, sie muss authentisch gedeckt sein. Jürgen Ertelt (2013) formuliert ein Negativbeispiel:

> „Der schlechteste Fall: Jugendliche werden zur Dekoration von Ergebnissen, die andere ohne Einbeziehung der Betroffenen beschlossen haben, instrumentalisiert. Man redet miteinander. Kommunikation ist zwar der Beginn des Mitredens aber noch nicht Partizipation."

An dieser Stelle ist eine Bemerkung zur deutschen *Piratenpartei* unumgänglich. Diese jüngste deutsche Parteigründung (2006) mit den im Durchschnitt jüngsten Mitgliedern gelangte mit der auch sonst von Phänomenen internetgetriebener Euphorie bekannten Blitzartigkeit im Jahr 2012 in vier Länderparlamente (Berlin, NRW, Saarland, Schleswig-Holstein mit jeweils ca. 8 Prozent). Doch schon ein Jahr später bedroht die Furie des Verschwindens die Partei. Die nämlichen Netzwerkeffekte, deren Sogwirkung die Mitgliederzahlen anschwellen ließen, beschleunigen nun anscheinend den Mitgliederschwund. Die Gründe dieser Regression können hier nicht betrachtet werden. Wir möchten nur den einen Punkt hervorheben, dass bei hochfliegenden Erwartungen und Hoffnungen deren Enttäuschung umso tiefer und schmerzvoller ist. Aus überschießender Idealisierung entsteht regelmäßig überschießende Entwertung. Es könnte sein, dass der Niedergang der Piratenpartei gerade unter jungen Mitbürgern für lange Zeit jene Gleichgültigkeit gegen das demokratische Gemeinwesen zementiert, als deren Überwindung sie angetreten war.

4 Das unsichere Verhältnis von Liquid Democracy und deliberativer Demokratie

Für Prozesse der Politikformulierung in der Mediengesellschaft gilt, dass politische Legitimation sich nicht auf Wahlakte beschränkt, sondern permanent laufende und mitlaufende Kommunikationsprozesse quer durch alle Arenen staatsbürgerlicher Öffentlichkeiten benötigt (Kamps 1998). „Die" politische Öffentlichkeit im Singular lässt sich heute nicht anders denken denn als Geflecht mehr oder weniger miteinander gekoppelter, mehr oder weniger themenzentrierter bzw. -flexibler, mehr oder weniger formalisierter bzw. informeller Teilöffentlichkeiten. Kein Teil repräsentiert das Ganze, jenes Ganze, das „die Politik der Gesellschaft" wäre. Der theoretische Blick kann diesem diffus-komplexen Gebilde natürlich eine je nach Erkenntnisziel spezifizierte Struktur zuschreiben. Bei den meisten Medientheoretikern, die den Begriff der Öffentlichkeit noch affirmativ verwenden, ist heute aber nur eine sehr schwache Strukturzuschreibung üblich geworden, nämlich die Unterteilung der unzähligen Teilöffentlichkeiten „der" politischen Öffentlichkeit in Medien-, Begegnungs- und Veranstaltungsöffentlichkeiten (Neidhardt 1994).

Wir meinen: Die von der entfesselten diversifizierenden Kraft netzbasierter Kommunikationspraktiken ins Endlose fortgesetzte Fragmentierung *aller* Arten von Öffentlichkeit sowie der relative Beachtungsverlust *spezifisch der politischen* in Aufmerksamkeitskonkurrenz zu den unzähligen außerpolitischen Öffentlichkeiten – hierin sehen wir ein medienstrukturelles Problem für deliberativ anspruchsvolle

Politik in der Mediendemokratie, das auch die am Ideal der Liquid Democracy orientierten neuen Kommunikationspraktiken nicht werden lösen können.

Wie bereits gesagt, bestehen innere Verbindungen zwischen Hoffnungen, die sich mit der digitaltechnischen Verbesserung politischer Kommunikation unter dem Banner von Liquid Democracy verbinden, und Hoffnungen auf eine rationalere Demokratie unter dem Banner deliberativer Demokratie. Wir meinen: Die Verbindung trägt nicht. Eher ist es so, dass Liquid Democracy gewisse Schwierigkeiten in Konzepten deliberativer Demokratie krass hervortreten lässt, vor allem die Schwierigkeit, die gewünschte Allgemeinverbindlichkeit zu erzeugen.

Machen wir uns die hohen Ansprüche in Konzepten deliberativer Demokratie noch einmal klar. Der Begriff *Deliberation* bezeichnet ein realistisch-situationsbezogenes (nicht theoretisch-allgemeines), handlungs- bzw. entscheidungsorientiertes Nachdenken über normativ qualifizierte (= bessere oder schlechtere, richtige oder falsche, mehr oder weniger wichtige usw.) Handlungsoptionen, die den betreffenden Akteuren offen stehen, weil sie in ihrer Macht liegen. *Demokratische politische Deliberation* meint folglich ein realistisch-situationsbezogenes Nachdenken, das in öffentlichen (d. h. im Prinzip allen Staatsbürgern gleichermaßen offen stehenden) Foren und Formen erfolgt und sich an normativ qualifizierten Handlungsoptionen, die auf der Basis der verfügbaren politischen Macht offen stehen, abarbeitet.

Entsprechend voraussetzungsreich fallen die Vorstellungen über die Staatsbürgerrolle und die Rationalität politisch relevanter Institutionen aus: Wie weit politische Gemeinwesen demokratisch organisiert sind, wird von Vertretern einer deliberativen Demokratiemodellierung daran festgemacht, wie 1. die Ausübung politischer Macht an solche politische Kommunikation angekoppelt ist, der wir die Struktur von Überlegungsprozessen zuschreiben dürfen, und wie 2. die einzelnen Staatsbürger in den Prozessen politischen Überlegens vorkommen, d. h. in welchen zugedachten und wahrgenommenen Rollen.

Für die theoretische Modellierung deliberativer Demokratie ist deshalb der Blick auf *beide* Bedingungsdimensionen notwendig. Denn politisch operative Kommunikation könnte z. B. auch in Befehls- und anderen nichtdeliberativen Formen verlaufen, und Staatsbürger könnten in Prozessen politischen Überlegens z. B. auch als bloße Interessenvertreter vorkommen – im ersten Fall würde es sich bei dem Gemeinwesen nicht um eine Demokratie, im zweiten Fall nicht um eine deliberative Demokratie handeln. Als der gemeinsame Kern von ansonsten inhaltlich divergierenden Konzepten deliberativer Demokratie gilt das *Ideal*, diejenigen Prozesse politischen Überlegens, die in den mehr oder weniger formalisierten und institutionalisierten „repräsentierenden" Öffentlichkeiten des Regierungssystems stattfinden müssen, für die politischen Überlegungen der Bürger und überhaupt der informellen politischen Öffentlichkeiten (inklusiv der schwach organisierten

Gegenöffentlichkeiten z. B. von NROs) so sensibel wie möglich zu machen, ihre Empfänglichkeit für rationale Gesichtspunkte („Gründe-Responsivität") zu steigern, indessen ohne die bewährte politische Gewaltenteilung und den demokratischen Repräsentationalismus aufzugeben. Der englische Gesellschaftstheoretiker John B. Thompson (1995) bringt die Zumutungen der „deliberativen" Staatsbürgerrolle auf den folgenden sparsamen Punkt:

> „A conception of democracy which treats all individuals as autonomous agents capable of forming reasoned judgements through the assimilation of information and different points of view, and which institutionalizes a variety of mechanisms to incorporate individual judgments into collective decision-making processes."

Dass die Bürger als autonomie- und urteilsfähige Handelnde gelten, ist demokratietheoretisch gesehen freilich noch nichts Besonderes. Das Besondere einer *deliberativen* Staatsbürgerrolle liegt zum einen in der Zumutung und der unterstellten Fähigkeit, *unterschiedliche Gesichtspunkte* informiert in der eigenen Urteilsbildung zu berücksichtigen, zum anderen in einer *gesteigerten Aufnahmefähigkeit der Institutionen,* in denen sich die politische Willensbildung („collective decision-making") eines demokratischen Gemeinwesens vollzieht, für die breit gestreute aber im Ganzen vertrauenswürdige politische Urteilskraft seiner Bürger.

Wir meinen: Eine netzbasierte Kommunikationspraxis im Sinne von Liquid Democracy setzt ausgeprägte Fähigkeiten, unterschiedliche Gesichtspunkte informiert in der eigenen Urteilsbildung kontinuierlich zu berücksichtigen und nachvollziehbar weiterzukommunizieren, bereits voraus. Sie bildet diese Fähigkeit aber nicht aus, sondern trägt im Gegenteil eher zu ihrer Erosion bei, wo die Beteiligten diese Fähigkeiten immerhin bereits mitbringen.

Unsere These, das soeben sehr allgemein bezeichnete *Risiko der bloß vermeintlichen Deliberativität* (Pseudo-Deliberativität), können wir mit Erfahrungen stützen, die wir durch ein mehrjähriges, an der Universität Witten/Herdecke von uns durchgeführtes Begleitforschungsprojekt zu einem politischen Diskussionsforum der Aktion Mensch gewonnen haben. Das Diskussionsforum mit dem programmatischen Namen *DieGesellschafter.de* verfolgte das Ziel einer weitestgehend ungegängelten Diskussion der urdemokratischen Frage „in welcher Gesellschaft wollen wir leben?" Von den vielen Einsichten, die wir durch Diskursanalysen netzkommunikativer Botschaften-Stränge und Analyse der medienspezifischen Rahmenbedingungen bekräftigen konnten, erscheint uns womöglich die wichtigste die zu sein, netzbasierter freiwillige dialogische Kommunikation durch die spezifische Medienform selbst, also strukturell, unverbindlich ist. Die *These von der strukturellen Unverbindlichkeit netzbasierter freiwilliger dialogischer Kommunikation* ist komparativ gemeint: netzbasierte freiwillige dialogische Kommunikation fällt *in der Regel weniger* verbindlich aus als, unter ansonsten ähnlichen Bedingungen, anwesenheitsbasierte. Die Erosion der dialoginhärenten Verpflichtungen (z. B. auf Kontinuität, Kohärenz, Konsistenz, aber auch Takt, Relevanz, Sachlichkeit, Unvoreingenommenheit, Lernbereitschaft) fördert nicht, sondern verringert das erreichbare Maß von Deliberativität, fördert aber bei vielen Beteiligten den Eindruck, mit- und miteinander geredet und „demokratisch partizipiert" zu haben.

Nun ist ein Internet-Diskussionsforum ohne starke Themenzentrierung gewiss nicht dasselbe wie ein Liquid Democracy Forum. Aber für unsere These von der strukturellen Unverbindlichkeit netzbasierter freiwilliger dialogischer Kommunikation lassen sich auch dort Belege finden, wo mit Liquid Democracy themenzentriert gearbeitet wird. Wir finden Belege etwa in den Selbstauskünften der Experten, die in der parlamentarischen Enquetekommission „Internet und Digitale Gesellschaft" mitgearbeitet haben. Hören wir die Sachverständige Annette Mühlberg, Leiterin des Referats eGovernment, Neue Medien, Verwaltungsmodernisierung beim Berliner ver.di Bundesvorstand: „Insgesamt nimmt in der digitalen Welt die Abhängigkeit kritischer Infrastrukturen sowie weiterer elementarer Felder wie der Börse, des Gesundheitswesens, der Sozialverwaltung oder der Justiz von der Informationstechnologie zu." „Die digitale Gesellschaft lässt sich nur erfassen und formen, wenn alle legitimen Interessensvertreter an diesem Prozess gleichberechtigt gemäß dem „Multi-Stakeholder-Ansatz" beteiligt sind. Ich bin daher froh darüber, dass wir es trotz eines holprigen Starts geschafft haben, eine erste Form der Online-Partizipation über die Plattform Adhocracy für die Netzbürger einzuführen. Haupthindernis für die Akzeptanz des Verfahrens war meiner Ansicht nach, dass die Projektgruppen nur Texte veröffentlichten und zur Diskussion stellten, die sie bereits speziell dafür freigegeben beziehungsweise beschlossen hatten. Hier wäre es sinnvoll gewesen, den sonst *so oft beschworenen*, extern übers Netz zugeschalteten „18. Sachverständigen" früher im Prozess der Ideenfindung zu Wort kommen zu lassen. *Die Online-Bürgerbeteiligung allein reicht freilich nicht aus, da nicht jeder Interessierte die entsprechende Zeit und den Zugang zum Internet hat."*

Annette Mühlberg kommt des Weiteren auf medienspezifische Risiken, die nicht mehr mit der Unverbindlichkeit der Beteiligtenkommunikation sondern mit der Unverbindlichkeit von Schutzrechten zu tun haben. Sie finde es folgerichtig, „dass der Bundestag einen ständigen Ausschuss zur Netzpolitik und zur digitalen Gesellschaft einrichten will. Oberste Priorität müssen dabei meiner Ansicht nach Aspekte wie die *Verankerung der Netzneutralität und des offenen Prinzips des Internets sowie die Stärkung von Bürgerrechten wie Datenschutz, Beteiligung und Mitbestimmung* haben. Der *Versuchung, mit der digitalen Technik die totale Überwachung einzuführen*, müssen Politik und Wirtschaft widerstehen. Insgesamt sollte sich das Bewusstsein für das vom US-Rechtsprofessor Lawrence Lessig entwickelte

Prinzip „code is law" stärker durchsetzen. Demnach bestimmen technische Infrastrukturen und Programme unser politisches, soziales und rechtliches Verständnis."

Dieser Risikoeinschätzung erscheint heute, nach der Enthüllung des globalen Netzkommunikationsüberwachungsprojekts *Prism* des amerikanischen Geheimdiensts, sehr gut begründet. Das Vorhandensein einer Netz- und Plattformneutralität kann in seiner Bedeutsamkeit für Liquid Democracy kaum hoch genug geschätzt werden. Neben dem von Anette Mühlberg aufgeführtem Risiko einer Überwachung ist auch im Kontext von Theorien der Deliberativen Demokratie eine Netz- und Plattformneutralität wichtig, fordert Habermas doch eine Gleichheit unter den Sprechern. „Die ideale Sprechsituation erfordert gleiche Chancen der Deutungs- und Argumentationsqualität sowie natürlich Herrschaftsfreiheit" (Seemann 2012: 94). Kein Akteur und keine Institution darf somit eine Hoheit über die Infrastruktur ausüben, die Herrschaftsfreiheit der Infrastruktur ist somit ein absolutes Kriterium, um nicht nur Meinungsfreiheit, sondern auch Meinungsermöglichung zu realisieren. Wie bei fast allen Kommunikationsmedien ist nicht das Eigentum an der Post, an Telegraphenleitungen oder sonstiger Infrastruktur wichtig für Kommunikation, sondern der Zugang zu diesen. Dies gilt insbesondere für das Internet. Rifkin (2007: 322) ist der Meinung, dass das „Recht, nicht ausgeschlossen zu werden – das Recht auf Zugang –, in einer Welt, die zunehmend aus elektronisch vermittelten kommerziellen und gesellschaftlichen Netzwerken aufgebaut wird, immer bedeutsamer" wird. Sind Behörden und Ämter heutzutage fast immer barrierefrei, darf niemand wegen seiner Herkunft oder seines Geschlechts diskriminiert werden und werden in Aufsichtsräten sogar Frauenquoten diskutiert, so ist die Entwicklung im Internet noch nicht so weit fortgeschritten. Das oberste Ziel einer über die Netzneutralität hinausgehender Plattformneutralität muss demnach sein, allen Menschen einen „allgemeinen, freien, gleichen, unmittelbaren Zugang" (Seemann 2012: 95) zu ermöglichen.

Vom bloß ermöglichten Zugang ist der real-existierende zu unterscheiden. Auch heutzutage hat längst noch nicht jeder Bürger (von „allen Menschen" ganz schweigen) einen Internetzugang. Besonders ältere Bürgerinnen und Bürger haben kaum Erfahrung mit Computern und besitzen auch keinen Internetanschluss. Sie verfügen in der Regel nicht über jene „digital literacy", die immer mehr zum Schibboleth bedeutsamer Praktiken der digitaltechnologisch transformierten Kultur wird. Man kann von einem Vorteil der „digital natives" (Palfrey 2008) ausgehen, die mit den technischen Errungenschaften aufgewachsen geworden sind. Eine Studie des Sinus-Institutes (DIVSI 2012) kommt zu dem Schluss, dass die Gruppe der „digital Souveränen" etwa 10,3 Millionen Mitglieder umfasst – etwa ein Achtel der Gesamtbevölkerung Deutschlands. Die Mitglieder dieser Gruppe stammen aus dem gehobenen, postmodernen Milieu und zeichnen sich dadurch aus, dass sie das

> „Internet als integralen Bestandteil ihres Lebens begreifen, den freiheitlichen Charakter des Mediums besonders schätzen und sich oftmals einer gesellschaftlichen Bewegung [...] für mehr Freiheit, Teilhabe und Demokratie" zuordnen (DIVSI 2012: 16f.).

Doch auch innerhalb der „digital natives" ist die Herausbildung von Eliten ein Problem und grade softwarebasierte Liquid Democracy Lösungen scheinen dieses Problem zu verschärfen: So gibt es im Liquid Feedback, der ständigen Mitgliederversammlung der Deutschen Piratenpartei, einige Superdelegierte, welche einen Großteil der Stimmen auf sich vereinigen können und somit alleine die 10 % der Stimmen in einem Themenbereich stellen, welche nötig sind, um eine Initiative über das Quorum zu hieven (Lohmann 2013).

Hören wir noch eine weitere Expertin der Enquete-Kommission. Die Diplom-Informatikerin Constanze Kurz, ehrenamtliche Sprecherin des Chaos Computer Clubs, beschreibt ihre Erfahrung mit netzkommunikativ verflüssigter demokratischer Kommunikation im Zweckzusammenhang der Enquete Kommission so: „Das praktische Arbeiten mit der Adhocracy-Plattform im Rahmen der Bürgerbeteiligung war aber auch für mich neu und sehr interessant. Ich habe zum Beispiel an der Projektgruppe Demokratie und Staat nur über die Plattform und über die per Mail versandten Papiere teilgenommen und fand es sehr vorbildlich, wie der Beteiligungsprozess hier praktiziert wurde. Dies wurde längst nicht in allen Projektgruppen so gehandhabt. Aber *ich habe zum Beispiel gemerkt, dass das Zeitproblem nicht zu unterschätzen ist. Wenn es zu den ohnehin nicht wenigen Vorschlägen aus dem Kreis der Mitglieder auch noch eine Fülle von Anregungen von außen gibt, ist das schlicht nicht zu bewältigen.* Wie integriert man diese Ideen in die Projektgruppenarbeit?"

Wir möchten abschließend nun ein differenziertes Bild der Abstufungen in der Qualität demokratischer Deliberation und zugehöriger moralischer Anforderungen darlegen. In jedem einzelnen Punkt erscheint es nach bisherigen Erfahrungen eher fraglich, ob netzbasierte dialogische freiwillige Kommunikation, und sei es solche im Rahmen von Liquid Democracy, die Anforderungen unterstützt oder ob sie sie nicht vielmehr konterkariert.

Öffentliche Diskussion und Information gibt es in jedem politischen System, ob demokratisch oder undemokratisch, ob „basisdemokratisch", „repräsentativ demokratisch", „partizipatorisch demokratisch", „deliberativ demokratisch" etc. Insofern lässt sich Demokratie weder in ihrer allgemeinen noch in einer ihrer besonderen Formen durch das Vorkommen von öffentlichen Argumentationspraktiken charakterisieren. Aufschlussreicher wäre eine Ideal-Typologie von Deliberationsformen, die in ihren Rationalitätsanforderungen ebenso wie den Formen moralischer Rücksichtnahme, die mit ihnen einhergehen, unterschiedlich anspruchsvoll sind. Die Typologie nimmt keine Rücksicht darauf, ob in den jeweils typisierten Formen erkennbar politische Gründe oder Gründe anderer Art prozessiert werden. Um demokratische politische Deliberation handelt es sich also nur dann, wenn für die tatsächlich deliberativ aufgegriffenen Gründe der Anspruch erhoben wird, dass es sich um erkennbar politische Gründe handele. Vier ethisch und rationalitätstheoretisch unterscheidbare Abstufungen der Deliberation lassen sich postulieren. Von „oben" nach „unten" lassen sie sich folgendermaßen charakterisieren:

Stufe 4: Die rational anspruchsvollste Form der Deliberation ist die argumentativ-diskursive. *„Diskursive" Deliberation* würde Argumentationsregeln der Verknüpfung von Tatsachenurteilen, Werturteilen und Richtigkeitsurteilen folgen und überdies die anspruchsvollen Kommunikationsbedingungen in Anspruch nehmen, die es uns ermöglichen, aus der argumentativen Rede jenes besondere Medium Diskurs zu machen, worin wir auf kommunikativ rationale Weise zwischen besseren und weniger guten Gründen für die Rechtfertigung von Geltungsansprüchen suchen können.

Dieser Deliberationsform (Argumentationsregel plus Diskursmedium) ist eine Moralkonzeption der uneingeschränkten Kommunikationsgemeinschaft zugeordnet, wie die „Diskursethik" (Apel 1998) sie expliziert. Denn diese Moralkonzeption ist, bei Strafe des Verlusts kommunikativer Rationalität des Argumentierens, von dem Diskursmedium selbst nicht zu trennen (Kettner 2004).

Stufe 3: Wenn wir die stark kontrafaktisch-idealisierenden Anforderungen ermäßigen, deren gedanklich unterstellte Erfülltheit erst das Diskursmedium erzeugt; wenn wir sie durch (auf politische Kommunikation hin gesehen) *realistischere* Anforderungen ersetzen, wie die Anforderung der vernünftigen Fortsetzbarkeit von deliberativer Kooperation *und* zugleich eine stringente Verfolgung der Tatsachen-, Wert- und Normenmeinungsverschiedenheiten aufschließenden Argumentationsregel annehmen, dann ergibt sich eine Form von Deliberation, die wir *„Stringente" Deliberation* nennen können.

Diese Deliberationsform, öffentlich operierend, leistet, was John Stewart Mill in seinem Essay „Über die Freiheit" (zuerst 1859), das zugleich eine Proto-Theorie deliberativer Demokratie darstellt, emphatisch beschrieben hat als den Wert der Denk- und Meinungsfreiheit. Mill lobt die Korrigierbarkeit unserer kollektiven Festlegungen (seien dies Festlegungen durch bloße Tradition oder durch explizit formulierte Politik), Korrigierbarkeit durch Erfahrung und Diskussion. Wir können uns nur in dem Maß „darauf verlassen, der Wahrheit so nahe gekommen zu sein, wie es in unseren Tagen möglich ist" (Mill 1974: 31f.), also soweit, wie unsere Meinungen, egal wie sicher, staatstragend und lebenswichtig sie erscheinen mögen, permanent der Kritik in einer Deliberationsgemeinschaft standhalten, die keinen potentiellen Kritiker von vornherein ausschließt.

Zur Deliberationsform der Stufe 3 passt eine „Moral des konsequenten Argumentierens in öffentlichen Debatten" – eine Moral, die zu investigativer Hartnäckigkeit anhält, keine Unterdrückung von Fakten oder Beweisgründen erlaubt, keine falsche Darstellung der gegnerischen Meinung zulässt, keine Grobheiten, keine Infamie usw. schätzt (vgl. Mill 1974: 73ff.).

Stufe 2: „*Melioristische*" *Deliberation* – eine Form von Deliberation, bei der zwar noch die üblichen Kohärenz- und Konsistenzanforderungen eingehalten werden, die wir gemeinhin mit erwägender Rede und Nachdenken verbinden, bei der aber Meinungsverschiedenheiten in Tatsachen-, Wert- und Normfragen nicht mehr stringent verfolgt werden wie bei der stringenten Deliberation. An Verbesserung interessiert („melioristisch") ist diese Deliberationsform insofern, als Meinungsverschiedenheiten nicht einfach hingenommen oder verdrängt oder vergleichgültigt werden sondern – wenigstens ein Stück weit – die kritische Suche nach Gründen und nach einer besser haltbaren Meinung stimulieren.

Die wahlverwandte Moral, die diese Form der Deliberation unterstützt, wäre, zugegeben vage, als die „Moral der redlichen Rede" zu charakterisieren.

Als Stufe 1 schließlich können wir die Form der *„konversationellen Deliberation"* postulieren. Konversationelle Deliberation wäre eine rationalitätstheoretisch sehr ermäßigte, in Konversation übergehende Form des gemeinsamen Überlegens, die punktuell und situativ bleibt, sich nicht in Argumentationsregeln verbeißt, den Austausch von Meinungen und das Informieren und Informiertwerden in den Vordergrund stellt, und mit einer „Moral des Takts" auskommt, weil es hier primär darum geht, von Mal zu Mal unter den jeweils Beteiligten anschlussfähige Überlegungen anzustellen, also den Austausch nicht zu vereiteln und in Kontakt zu bleiben.

Wer eine wechselseitige Begünstigung und Affinität von Liquid Democracy als Methode der Meinungs- und Willensbildung einerseits, deliberativ anspruchsvoll gewordener Demokratie andererseits annehmen möchte, wird diese erstaunlich techno-optimistische Grundannahme dem Test der Erfahrung aussetzen müssen und reale Kommunikationspraktiken im Rahmen von Liquid Democracy gegen die Maßstäbe im Rahmen von Deliberation halten. Denn an solchen Maßstäben müssen wir sie messen, wenn wir sie ernstnehmen wollen. Und das wollen wir gewiss.

Literatur

Adorno, Theodor W. (1970): *Erziehung zur Mündigkeit. Vorträge und Gespräche mit Hellmut Becker 1959-1969*. Frankfurt am Main.

Apel, Karl-Otto (1998): *Auseinandersetzungen. Erprobung des transzendentalpragmatischen Ansatzes*. Frankfurt am Main.

Bachmann, Sören (2013): *Stadt! Macht! Schule! Politische Partizipation Jugendlicher am Beispiel von Stadtentwicklungsprozessen*. Vortrag beim Treffen des Forschungsnetzwerks Liquid Democracy am 24.04.2013 in Berlin.

Baecker, Dirk (2013): *Beobachter unter sich. Eine Theorie der Kultur*. Berlin.

BITKOM (2011): *Jugend 2.0. Eine repräsentative Untersuchung zum Internetverhalten von 10- bis 18-Jährigen*. Berlin. http://www.bitkom.org/files/documents/BITKOM_Studie_Jugend_2.0.pdf (letzter Aufruf: 16.05.2013).

Bundeszentrale für politische Bildung (2009): *Wahlbeteiligung nach Altersgruppen in Prozent der Wahlberechtigten, Bundestagswahlen 1953 bis 2009*. http://www.bpb.de/nachschlagen/zahlen-und-fakten/wahlen-in-deutschland/ 55594/nach-altersgruppen (letzter Aufruf: 22.05.2013).

Busemann, Katrin/ Gscheidle, Christoph (2011): Web 2.0: Aktive Mitwirkung verbleibt auf niedrigem Niveau Ergebnisse der ARD/ZDF-Onlinestudie. In: *Media Perspektive* 07/08. 360-369.

Cohen, Joshua (1996): Procedure and substance in deliberative democracy. In: Benhabib, Seyla (Hg.): *Democracy and Difference. Contesting the Boundaries of the Political*. Princeton, NJ.

Cohen, Joshua (1997): Deliberation and democratic legitimacy. In: Bohman, James/ Rehg, William (Hg.): *Deliberative Democracy. Essays on Reason and Politics*. Cambridge, MA.

Cohen, Joshua (2009): Reflection on Information Technology and Democracy. In: *Bosten Review*. http://bostonreview.net/BRwebonly/cohen3.php (letzter Aufruf: 23.05.2013).

Crouch, Colin (2008): *Postdemokratie*. Frankfurt am Main.

Dewey, John (1976): Creative democracy: The task before us. In: Boydston, J. (Hg.): *John Dewey: The later works, 1925-1953*, Band 14, Carbondale. 224-230.

DIVSI (2012): *Milieu-Studie zu Vertrauen und Sicherheit im Internet*. Hamburg.

Eisel, Stephan (2011): *Internet und Demokratie*. Freiburg, Basel, Wien.

Ertelt, Jürgen (2013): *Mehr Beteiligung realisieren durch digitale Medien und Internet – ePartizipation schafft gestaltende Zugänge für Jugendliche zur Demokratieentwicklung*. Gastbeitrag für das Government 2.0 Netzwerk Deutschland. http://www.gov20.de/teil-2-mehrbeteiligung-realisieren-durch-digitale-medien-und-internet-epartiz-ipation-schafft-gestaltendezugange-fur-jugendliche-zur-demokratieentwicklung/ (letzter Aufruf: 23.05.2013).

Habermas, Jürgen (1989): The Public Sphere. In: Seidman, Steven (Hg.): *Jürgen Habermas on Society and Politics*. Boston. 105-108.

Habermas, Jürgen (1991): *Strukturwandel der Öffentlichkeit*. Frankfurt am Main.

Habermas, Jürgen (1992): Drei normative Modelle der Demokratie. Zum Begriff deliberativer Demokratie. In: Münkler, Herfried (Hg.): *Die Chancen der Freiheit. Grundprobleme der Demokratie*. München, Zürich. 11-24.

Hadenius, Axel (Hg.) (1997): *Democracy's Victory and Crisis*. Cambridge.

Hamburger Stiftung für Wirtschaftsethik (2013): *Altona Mitte – unsere Mitte?! Positionspapier Stadt!Macht!Schule!*. Hamburg. http://www.stiftung-wirtschaftsethik.de/uploads/media/Positionspapier.pdf (letzter Aufruf: 23.05.2013).

Hardt, Michael/ Negri, Antonio (2013): *Demokratie – Wofür wir kämpfen.* Frankfurt am Main.

Kamps, Klaus (1998): Die offene Gesellschaft und ihre Medien. Modernisierungs- und Transformationsprozesse. In: *Düsseldorfer Medienwissenschaftliche Vorträge* 17, Bonn.

Kettner, Matthias (2004): Diskursethik: Moralische Verantwortung für diskursive Macht. In: Gottschalk-Mazouz, Niels (Hg.): *Perspektiven der Diskursethik.* Würzburg. 237-258.

Kettner, Matthias (2008): Konsens. In: Gosepath, Stefan/ Hinsch, Wilfried/ Rössler, Beate (Hg.): *Handbuch der politischen und Sozialphilosophie.* Berlin.

Kettner, Matthias (1998): John Deweys demokratische Experimentiergemeinschaft. In: Brunkhorst, Hauke (Hg.): *Demokratischer Experimentalismus. Politik in der komplexen Gesellschaft.* Frankfurt am Main. 44-66.

Lehmann, Kai/ Schetsche, Michael (Hg.) (2005): *Die Google-Gesellschaft.* Bielefeld.

Lohmann, Niels (2013): Über Superdelegierte. Blogeintrag. http://blog.nlohmann.me/20121210/superdelegierte/ (letzter Aufruf: 23.06.2013).

Meißelbach, Christoph (2010): *Web 2.0 – Demokratie 3.0? Demokratische Potentiale des Internet.* Baden-Baden.

Mill, John Stewart (1974): Über die Freiheit. Stuttgart.

Munimus, Bettina (2012): *Alternde Volksparteien. Neue Macht der Älteren in CDU und SPD?* Bielefeld.

Neidhardt, Friedhelm (Hg.) (1994): Öffentlichkeit, öffentliche Meinung, soziale Bewegungen. In: *Kölner Zeitschrift für Soziologie und Sozialpsychologie* 34. 7-41.

Paetsch, Jennifer/ Reichert, Daniel (2012): Liquid Democracy: Neue Wege der politischen Partizipation. In: *Vorgänge* 4. 15-22.

Palfrey, John/ Gasser, Urs (2008): *Generation Internet. Die digital natives: wie sie leben, was sie denken, wie sie arbeiten.* München.

Peters, Bernhard (2007): *Der Sinn von Öffentlichkeit.* Frankfurt am Main.

Rifkin, Jeremy (2007): *Access. Das Verschwinden des Eigentums.* Frankfurt am Main.

Schmidt, Jan (2011): *Das neue Netz. Merkmale, Praktiken und Folgen des Web 2.0.* Konstanz.

Seemann, Michael (2012): Plattformneutralität das politische Denken der Piraten. In: Bieber, Christoph / Leggewie, Claus (Hg.): *Unter Piraten.* Bielefeld.

Thompson, John P. (1995): *Media and Modernity.* Oxford.

York, Jillian C. (2011): Lieber Anonym als verfolgt. In. *Die Zeit* 32. http://www.zeit.de/2011/32/P-op-ed-Anonymitaet/seite-1 (letzter Aufruf: 22.05.2013).

Hacker-Politik und die Öffentlichkeit

Gabriella Coleman[1]

In den letzten Monaten hat sich die weltweite Aufmerksamkeit auf Anonymous, eine rhizomatische, digitale Protestbewegung, sowie auf WikiLeaks, eine straff organisierte Organisation, die Whistleblowern die Veröffentlichung von geheimen und klassifizierten Materialien erleichtert, gerichtet. Obwohl es zu früh ist, die Langzeiteffekte beider Organisationen einzuschätzen, sind ihre Eingriffe bereits jetzt bedeutend und ersichtlich. Zum Beispiel hat Anonymous Debatten angestoßen, ob „Distributed Denial-of-Service"-Angriffe legitimer Protest sind, während sich an WikiLeaks heiße Diskussionen über den Wandel des Journalismus entzündet haben. Diese beiden Beispiele digitaler Politik garantieren eine anhaltende Aufmerksamkeit, um eine Analyse zu erstellen, obwohl diese sich auf die Materialien sowie Erinnerungen und Manifeste bezieht, die von diesen technologischen Akteuren selbst produziert wurden.

Ein Weg, eine tiefergehende Analyse dieser Politikformen zu erstellen, besteht darin, ihre verschiedenen Aspekte zu vergleichen. Oberflächlich sind die erwähnten Beispiele auffallend unterschiedlich: WikiLeaks wird nahezu ausschließlich mit einer Person assoziiert, Julian Assange, dessen Persönlichkeit genauso häufig Thema der Nachrichten ist wie die exklusive Organisation, die er mit aufgebaut hat. Im Kontrast dazu ist Anonymous aufgebaut auf einem Ethos ohne Führer und ohne Prominente; ihre Aktionen sind offen für alle, die etwas beisteuern wollen. Trotz diesen und anderen Unterschieden gehören Anonymous und WikiLeaks immer noch zur gleichen Familie. Diese Verbundenheit ist nicht nur daraus entstanden, dass Anonymous Wikileaks unterstützt hat, indem sie „Distributed Denial-of-Service" Attacken gegen PayPal und Mastercard durchführten, nachdem diese im Dezember 2010 ihre Dienstleistungen für WikiLeaks eingestellt hatten; sondern eher grundsätzlich, weil diese beiden Beispiele einen breiten Zusammenschluss von

---

1   Übersetzung von Kim Pöckler und Hannes Mehnert.

Geeks und Hackern zum Zweck politischer Eingriffe darstellen. Obwohl diese Art der Politik in den vergangenen zwei Jahrzehnten öffentlich gewachsen ist, neigten Kommentatoren dazu, keine adäquate Terminologie zu verwenden, mit der sie ihren Ursprung und ihre Bedeutung hätten greifen können. Üblicherweise haben viele Journalisten die Darstellung von Geeks und Hackern aufgebauscht, indem sie Geeks und Hacker als boshafte männliche Teenager darstellten, die in den Kellern ihrer Eltern leben und im Internet Krach machen, aus einer Wut heraus, die von psychischer Isolation herrührt. Die Bedeutung der Handlungen von Geeks und Hackern wird in dem vorherrschenden bildlichen Ausdruck, der zurzeit von Akademikern und Journalisten zur Beschreibung des digitalen Zeitalters genutzt wird, nicht genau eingefangen: die Existenz einer so genannten „digitalen Generation" oder der „Digital Natives", deren Selbstwertgefühl und sozialer Rahmen sich ableiten lassen aus dem üblichen Gebrauch sozialer Medien, wie Facebook und Twitter, ebenso wie aus dem Gebrauch ihrer digitalen Geräte, wie Handys.

In der Etablierung von Mechanismen der Kommunikation haben digitale Medien durch sich verändernde sozialen Beziehungen und sich entwickelnde kollektive politische Interessen eine entscheidende Rolle gespielt; weniger in einer breiten Bewegung als, wie häufig angenommen, durch die Bedeutung des Begriffes der „digitalen Generation". Statt konzeptionelle Kategorien zu suchen, die die enorme Pluralität von digitalen Erfahrungen nur streifen können, lohnt sich eine Terminologie und Rahmung, die facettenreicher verschiedene Erfahrungen erfasst, eingeschlossen verschiedene Grade technologischer Sättigung. Obwohl es viele verschiedene Faktoren gibt, bei denen es zwischen verschiedenen Formen politischer Handlungsweisen zu unterscheiden gilt, hebe ich hier die politische Rolle von technologischen Akteuren hervor, wie die Beteiligten bei Anonymous und WikiLeaks, die wir, aufgrund ihrer Nähe zur Maschine, konzeptuell von anderen Benutzern unterscheiden können.

Geeks und Hacker kreieren und konfigurieren Technologie bei der Arbeit und zum Spaß, über die sie ausgiebig kommunizieren und kollaborieren und, am bedeutendsten, dabei großes Vergnügen haben und eine Form des Innewohnens in der Technologie wertschätzen. Diese Erfahrungen formen, aber determinieren nicht zwingend ihre Öffentlichkeit, ihre Politik und ihre ethischen Verpflichtungen, insbesondere weil Hacker nicht in Isolation existieren, sondern tief verstrickt sind in verschiedenen Institutionen, kulturellen Netzwerken und ökonomischen Prozessen. Ich zeige unten einige der nennenswertesten Eigenschaften, die ihre unterschiedlichen politischen Verständnisse, Taktiken und Handlungen deutlich machen, auf.

Ich kann nicht behaupten, hier eine exakte Beschreibung der Begriffe der Hacker und Geeks zu geben, aber es ist das Beste, einfach mit einigen grundlegenden und provisorischen Definitionen zu beginnen.

Computerhacker sind oft begabte Programmierer, Sicherheitsforscher, Hardwarehersteller und Systemadministratoren und identifizieren sich oft selbst als solche. Sie sind üblicherweise motiviert von einigen Darstellungen der Informationsfreiheit und partizipieren bei „Hacker"-Events oder Organisationen wie dem Chaos Computer Club, ShmooCon und freien Software-Projekten. Computer Geeks hingegen sind vielleicht technisch nicht so begabt, kennen sich jedoch mit digitalen Medien aus, haben Fähigkeiten beispielsweise im Videoschnitt und Design und genug technisches Know-How, um Instrumente wie den Internet Relay Chat zu benutzen, wo sich viele Computer-Geeks und Hacker versammeln. Entscheidend ist, dass sie sich auch mit aktuellen digitalen Strömungen identifizieren und manche von ihnen auch ethische Sympathien hegen, wie zum Beispiel die Hingabe zur Informationsfreiheit, die sie, unter vielen anderen Seiten von „geeky" Produktionen, Kulturen und Handlungen, zu Phänomenen wie Anonymous hinziehen.

Die Sprache, die Hacker und Geeks häufig abrufen, um sich selbst zu beschreiben oder um politische Forderungen zu formulieren, beinhaltet Wörter und Ausdrücke wie *Freiheit, Redefreiheit, Privatsphäre, das Individuum, Meritokratie*. Diese Tendenz ist ausschlaggebend dafür, dass viele Hacker und Geeks unverkennbar liberale Visionen und Verständnisse aufgreifen. „Wir glauben an Redefreiheit, das Recht, durch ‚learning by doing' neue Dinge zu erforschen" und, erklärt ein Hacker-Leitartikel, „an die enorme Macht des Individuums" (The Hacker Quarterly 15, 4: 4).

Seitdem die Hingabe der Hacker und Geeks nicht mehr ausschließlich von ihnen selbst stammt, sollte die liberal verwurzelte politische Botschaft, die sie senden, den meisten Lesern bekannt sein. Die Vorstellung der politischen Bedeutung der Anonymität weist zum Beispiel bei Anonymous erstaunliche Ähnlichkeiten mit kürzlich getroffenen Entscheidungen des obersten Gerichtshofes zu Gunsten von anonymen Reden auf, in der folgende demokratische Grundlage zum Tragen kommt:

> „Der Schutz der anonymen Reden ist unerlässlich für einen demokratischen Diskurs. Andersdenkenden zu erlauben, ihre Identität zu schützen, erlaubt ihnen, ihre kritische Minderheitensicht zum Ausdruck zu bringen. [...] Anonymität ist ein Schutz vor der Tyrannei der Mehrheit." (McIntyre 1995)

WikiLeaks, wie der Economist feststellte, handelt auf der grundlegenden liberalen Annahme, dass Transparenz benutzt werden kann, um die Macht des Staates einzugrenzen:

„Eher erscheint die politische Philosophie des ‚silver couch surfers' [als] eine Art von profanem, demokratischem Mainstreamliberalismus. Er denkt, dass die rechtmäßige Aufgabe der Macht des Staates eine, wie es liberale Politiktheoretiker nennen, ‚öffentliche Rechtfertigung' benötigt". (Economist, 24. Dezember 2010)

Freie Softwareentwickler verstehen, um ein anderes Beispiel zu nennen, die zugrundeliegenden Anweisungen der Software, den Quelltext, als ein Beispiel von Redefreiheit und haben rechtliche Instrumente entwickelt, um zu gewährleisten, dass der Code zugänglich bleibt, um ihn einzusehen, zu verändern und im Umlauf zu halten. Hacken, in der Popkultur oft marginalisiert oder missverstanden als Praxis einer abweichenden Subkultur, zeigt folglich tatsächlich die anhaltende Relevanz sowie die Widersprüche der liberalen Tradition im digitalen Zeitalter.

Aber die Praxis bei Anonymous und WikiLeaks zeigt, dass auch wenn Hacker und Geeks ideologische Sympathien teilen, sie doch eine unterschiedliche Realpolitik an den Tag legen. Diese Diversität der Politik resultiert zum Teil daraus, dass Hacker und Geeks an unterschiedlichen Objekten arbeiten, unterschiedliche Arten von Projekten initiieren und in vielen unterschiedlichen Teilen der Welt lokalisiert sind. Sie sind außerdem ziemlich sektiererisch, führen hitzige Debatten über legitime Formen des Zugangs, der Offenheit, der Transparenz, des Hackens, der Privatsphäre und der Meinungsverschiedenheit. Wie die meisten politischen Gebiete werden sie bedient mit ideologischem oder organisatorischem Widerspruch. WikiLeaks zum Beispiel verlangt Transparenz vom Staat, aber die inneren und finanziellen Mechanismen ihrer eigenen Tätigkeiten folgen den gleichen, nahezu absolutistischen Standards, die sie kritisieren. Die Diversität der Hacker-Politik entstammt den liberalen Prinzipien, an denen Hacker festhalten und die sie in ihren eigenen technischen Jargon umwandeln. Liberale Ansichten sind ausreichend weiträumig und vage, sodass sie konkretisiert und präzisiert werden müssen. Die diverse Augenblicklichkeit verschiedener liberaler Ansichten über Zeit und Ort können in Begriffen gedacht werden, die Stuart Hall „Varianten des Liberalismus" nennt, das bedeutet, Variationen, die nicht nur innere Widersprüche verkörpern, sondern wenn sie miteinander verglichen werden, von radikaleren zu konservativeren Inkarnationen reichen (Hall 1986). Die liberalen Facetten des Hackens bezeugen ebenfalls diese Veränderlichkeit und Widersprüchlichkeit des Liberalismus.

Die Politik der Hacker überschreitet jedoch traditionelle liberale Artikulationen wie die Redefreiheit. Ihre Politik überbringt andere Nachrichten und ist prinzipiell begründet im Handeln durch Erschaffen: Freie Software zu schreiben und freizugeben; technische Infrastruktur für die sichere Kommunikation zu bauen, die für das Durchsickernlassen von Dokumenten ohne die Angst, entdeckt zu werden, verwendet werden kann; Software zu programmieren, mit der sie kommunizieren; Server so zu konfigurieren, dass diese Spuren löschen, und, wie Anonymous dramatisch unter Beweis gestellt hat, auch Dissens technologisch auszudrücken. Freie Software-Hacker bestehen auf niemals schwindenden Zugriff auf die Arbeitsergebnisse wie Software und darauf, tatsächlich aktiv zu versuchen, sie mit anderen zu teilen. Dies erinnert an Karl Marx' berühmte Kritik an entfremdeter Arbeit:

> „Die äußerliche Arbeit, die Arbeit, in welcher der Mensch sich entäußert, ist eine Arbeit der Selbstaufopferung, der Kasteiung. Endlich erscheint die Äußerlichkeit der Arbeit für den Arbeiter darin, daß sie nicht sein eigen, sondern eines andern ist, daß sie ihm nicht gehört, daß er in ihr nicht sich selbst, sondern einem andern angehört." (Marx 1968: 514)

Anders ist dies beim traditionellen Hacken, das zum Beispiel moralische und legale Grauzonen betritt: der Nervenkitzel beim Eindringen in fremde Computer (manchmal „cracking" genannt), bei denen es genauso um Überschreitung als auch um Lernen und Erforschen geht.

Ungeachtet der Diversität ihrer politischen Handlungen und Ansichten entwickeln Hacker und Geeks, zum Teil aufgrund ihrer besonderen technischen Fähigkeiten und Lebenserfahrungen, neue Formen des Zusammenarbeitens, des Organisierens und des Protestierens. Falls es, wie Langdon Winner meint, bei der Politik der Technologie darum geht, „eine Art Ordnung in der Welt aufzubauen", dann ist Hacker- und Geek-Politik darauf ausgerichtet, die Technologien und Infrastrukturen, die Teil des alltäglichen Lebens geworden sind, wieder neu zu ordnen (Winner 1986: 28). Eine eng verbundene Folge davon ist, dass Geeks und Hacker, oft zutiefst bemüht um die vernetzte Infrastruktur, darin intervenieren und es sein kann, dass sie diese neu ordnen ohne um die Erlaubnis einer Institution oder eines Akteurs zu fragen. Im Gegensatz zu anderen weitreichenden Technologien und Infrastrukturen, wie das System der Autobahnen, ist das Internet in einem gewissen Gerade modifizierbar und ein Ort des lebhaften Kampfes.

Eingriffe der Politik, bestehende technische Protokolle, und die Internetkontrolle spielen gewiss eine zentrale Rolle beim Schärfen der Konturen dieses Wettbewerbs, und es gibt Grenzen der bürgergeleiteten Neuordnung. Aber die Hacker und Geeks, die ihre Arbeit politisiert haben, repräsentieren eine Art privilegierten Akteur, den man mit seiner Katz-und-Maus-Dynamik zurzeit im politischen Herz des Internets betrachten kann. Wenn die Copyright Industrie „digital rights management" (DRM) benutzt, um ihre digitalen Inhalte zu kontrollieren, dann besteht die Antwort der Hacker nicht nur darin, DRM zu knacken (cracken), sondern eine robuste Protestbewegung, für ihr Recht genau das zu tun, zu initiieren. Wenn einige Regierungen sich mit weit verbreiteten Filtern befassen, dann werden Tools geschrieben, um diese Barrieren zu umgehen. Die Verletzungen der Privatsphäre durch eines der populärsten sozialen Netzwerke, Facebook, hat geholfen, von Hackern gebaute Alternativen zu katalysieren, die in einem expliziten Engagement für Privatsphäre verwurzelt sind.

Die Dynamik ist keine von Gleichen unter Gleichen. Regierungen und Unternehmen haben mehr Macht und Ressourcen, um Technologien auf einen sicheren Weg zu bringen, als Initiativen bestehend aus Bürgern. Versuche, zum Beispiel alternative Anwendungen für vergemeinschaftete soziale Medien zu entwickeln, würden letzten Endes scheitern. Die kurze Geschichte der Geek- und Hacker-Politik demonstriert, dass manche ihrer Antworten und Eingriffe die politischen Möglichkeiten in den Bereichen des Rechts und der Technologie schon verschoben haben und auch als Eingangstor fungiert haben, Akteure zu politisieren, sich mit Handlungen außerhalb des technologischen Bereichs zu beschäftigen.

Diese technische Orientierung bedeutet auch, dass digitale Kenntnisse häufig eine Voraussetzung für die Partizipation in politischen Handlungsgebieten von Geeks und Hackern sind, und folglich die Eingangstore zu dieser Arena und Öffentlichkeit nicht für alle weit geöffnet sind. Diese Einschränkung ist nicht einzigartig für Geek- und Hacker-Politik.

Auch die erreichbarste Öffentlichkeit ist begrenzt und kann niemals einen allgemeinen Status erreichen. Aber Hacker-Politik und -Öffentlichkeit, wie so viele Öffentlichkeiten, setzt immer noch Mittel ein, die breiten Anklang finden, und die liberale Sprache des Hackens sorgt dafür, dass die Mitteilungen der Hacker lesbar sind für die, die sich nicht mit diesen technologischen Akteuren identifizieren würden.

Zusätzlich beschäftigen sich viele Hacker auch mit Bemühungen, die Partizipation zu erhöhen. In dieser Hinsicht ist das Beispiel von Anonymous vielleicht am aufschlussreichsten. Während technische Fähigkeiten erforderlich sind, um an manchen Hacker-Aktionen, wie das Programmieren freier Software, teilzunehmen, erfordert Partizipation bei Anonymous jedoch in manchen Teilen nicht wirklich tiefgreifende technische Fähigkeiten, obwohl diese in anderen Teilen gewiss erforderlich sind. Einige innerhalb von Anonymous unterrichten auch gemeinsam interessierte Personen im Gebrauch der Technologien, wie den Internet Relay Chat, wo die Aktionen koordiniert werden. Dadurch können sie vielleicht einige Geeks aus den Reihen der Teilnehmer rekrutieren, die sich dazu entscheiden, die Maske der Anonymität aufzusetzen.

Geeks und Hacker betreten den politischen Raum manchmal, um ihre eigene produktive Unabhängigkeit sicherzustellen. In anderen Beispielen beteiligen sie sich an Protest oder in der Politik, um Prinzipien, wie die Redefreiheit, zu unterstützen. Ihre Handlungen haben anderen den Anstoß gegeben, insbesondere im Bereich des Rechts und des Journalismus, nachzuziehen; zum Beispiel in der Erschaffung der alternativen Lizenzvergabe, basierend auf der Idee von freier Software. In vielen anderen Beispielen haben Geeks und Hacker nicht gewünscht, politisch zu handeln, gingen sogar so weit, Politik zu verleugnen, aber die Technologien, die sie erschaffen und konfiguriert haben, haben Werte zum Ausdruck gebracht, und folglich handelten sie politisch. Trotz der Möglichkeit, in groben Zügen einige der Eigenschaften zu identifizieren, die Geeks und Hacker politisch von anderen Akteuren abheben, bleiben viele unbeantwortete Fragen: Wie verstehen wir die Beziehung zwischen dem Aufblühen von nationalistischem Hacken an Orten wie dem Iran und China, wo Hacken kritisch für die Macht des Staates ist, und den Arten des Hackens, die in diesem Artikel angesprochen wurden? Sind manche Formen des digital basierten taktischen Handelns, so wie „Distributed Denial-of-Service"-Angriffe, am besten zu begreifen als stehender Begriff, wie *ziviler Ungehorsam* und *direkte Aktion*, oder sollten wir diese Sprache aufgeben im Austausch für neue Begriffe? Obwohl wir während des Beantwortens dieser und anderer Fragen vorsichtig sein müssen, die Unterschiede, die sich an Geeks und Hackern aufzeigen, nicht hochzuspielen, ist es nichtsdestoweniger erforderlich, dass wir damit anfangen, über die einzigartige Politik, die sie vorgebracht haben, nachzudenken.

Der Artikel wurde mit freundlicher Erlaubnis der Duke University übersetzt und abgedruckt und ist im Original in der Zeitschrift *Public Culture* unter dem Titel „Hacker Politics and Publics" im Jahr 2011 erschienen.

Literatur

o.A. (1998/99): The Victor Spoiled. In: *The Hacker Quarterly* 15/4. 4.

Hall, Stuart (1986): Variants of Liberalism. In: Donald, James/ Hall, Stuart (Hg.): *Politics and Ideology*. Milton Keynes. 34-69.

Marx, Karl (1968): Die entfremdete Arbeit. In: Marx, Karl/ Engels, Friedrich: *Ökonomisch-philosophische Manuskripte aus dem Jahre 1844*. Werke, Ergänzungsband, 1. Teil. Berlin.

McIntyre (1995): *Ohio Elections Comm'n*, 514 U.S. 334.

Winner, Langdon (1986): *The Whale and the Reactor: A Search for Limits in on Age of High Technology*. Chicago.

W. W. (2010): Analysing WikiLeaks: Bruce Sterling's plot holes. In: *The Economist*, 24. Dezember 2010. www.economist.com/node/21014172 (letzter Aufruf 25.01.2014).

Politik der Cybersicherheit auf nationaler, europäischer und internationaler Ebene: Eine Rahmenanalyse

Martin Bastl, Miroslav Mareš und Kateřina Tvrdá[1]

1   Einleitung

Die Cybersicherheit wurde zu einem Bestandteil des politischen Diskurses und der Sicherheitspolitik. Aus der Sicht der Politologie stellt sie ein wichtiges Forschungsgebiet dar sowie in der Politikfeldanalyse als auch in den Sicherheitsstudien. Das Ziel dieses Beitrags ist einen Grundrahmen für die Forschung der Cybersicherheit aus der Sicht des Konzepts der Sicherheitssektoren und aus der Sicht der Politikfeldanalyse zu bauen und die Hauptmerkmale der Politik der Cybersicherheit auf der staatlichen, internationalen und europäischen Ebene aufzuklären.

2   Cybersicherheit aus der Sicht der Sicherheitssektoren

Das derzeitige Verständnis der Cybersicherheit ist immer noch durch die Interpretation beeinflusst, die in den 80er und 90er Jahren des vergangenen Jahrhunderts mehrheitlich angenommen wurde. Im Wesentlichen ging sie von dem populären Konzept der „Informationsgesellschaft" aus (Toffler 1984; Toffler, Toffler 1995; Castells 2000; Castells 2004 u. a.), dessen Bestandteil die Vorrausetzung der qualitativen Änderung war, zu der der Zusammenhang mit der starken Verbreitung der IKT hinzukommt. Das hatte eine wichtige Konsequenz – die Informationsgesellschaft und sie begleitende Erscheinungen wurden als grundsätzlich neu, von den Varianten denselben Erscheinungen aus der Vergangenheit (der Analogwelt) unterschiedlich verstanden. Es betraf sowohl die Computerkriminalität (computer crime) als auch den Informationskrieg und später den Cyber-Krieg (information

---

1   Übersetzung von Alena Pokorná und Miroslav Pauer.

warfare, cyber warfare) (Molander, Riddile, Wilson 1996, Halpin, Trevorrow, Webb, Wright 2006), sowohl den hypothetischen Cyber-Terrorismus als auch den Hacktivismus (Denning 2001: 239-288)[2]. In einigen Fällen wurden ganz neue und originelle analytische Konzepte entwickelt, die mehr als die Verwendung der Sicherheitsstudien die Verbindung der Sozialstudien und der technischen Sphäre anstrebten. Aus der analytischen Sicht brachte dies jedoch mindestens die gleiche Anzahl an Problemen, also mehr als man lösen konnte. Die Perspektive dieser Studien behandelte hauptsächlich die Merkmale der Cybersicherheit, die im Vergleich zur Vergangenheit neu und unterschiedlich waren, wobei es hauptsächlich Merkmale wie Transnationalität und Verwischen der Grenzen – sowohl zwischen Staaten als auch zwischen einzelnen Gefährdungsarten – z.B. dem Krieg, dem Aktivismus und der Kriminalität, Geschwindigkeit der Operationen im Cyberraum, niedrige Kosten, Effizienz, erhöhte Ansprüche an Qualifikation sowohl der Angreifer als auch der Verteidiger oder Ermittler, hervorgehoben wurden.

Diese Situation führte und führt immer noch – unter anderem – zur dauernden Unfähigkeit die Terminologie auf dem Gebiet der Cybersicherheit zu vereinigen, wobei die Definitionen der traditionellen Arten der Sicherheitsgefährdung im großen Maß nur als ergänzend genutzt werden und für die Verwendung im Cyberbereich modifiziert werden, bzw. wurden. Wir sind der Meinung, dass dieser Fortgang nicht notwendig ist und dass es möglich ist, die schon bestehenden analytischen Rahmen zu nutzen. Der Grund der Gefährdungen im Cyberbereich ist mit anderen Gefährdungsarten durchaus vereinbar und im Grundmaß identisch. Eines der möglichen und effizienten Instrumente ist der analytische Rahmen der Kopenhagener Schule.

Die Autoren der Kopenhagener Schule[3] arbeiteten im Verlauf der 90er Jahre, d.h. parallel mit der damals durchlaufenden Debatte über die Informations- und Cybersicherheit, an einem auf das Ende des Kalten Krieges und die bipolare Weltgestaltung reagierenden Konzepts, das ein wesentlich höheres Niveau der Allgemeinheit und Abdeckung eines breiten Spektrums der Typen der Sicherheitsgefährdung und Sicherheitsprobleme angestrebt hatte. Ihr primäres Ziel war die Begrenzung des (historischen) Studiums der Sicherheit als Frage der internationalen Beziehungen und der Militärsicherheit und seine enge Verbindung mit den Staaten als Schlüsselakteure und Referenzobjekte zu überschreiten. Wie sie selbst angeben, die Bestrebung nach der Verbreitung des analytischen Rahmens wurde unter anderem durch die Zunahme neuer, oft nicht militärischer Gefähr-

---

2   Obwohl schon in den frühen 90er Jahren viele Autoren darauf hinwiesen, dass nicht
    alles en bloc neu ist, wie z.B. M. Libicki, sie gaben einige ganz neuen Formen zu – sehr
    konkret vor allem die Verwendung der Computer und der Computernetze (Libicki 1995).
3   Namentlich Barry Buzan, Ole Waever, Jaap de Wilde.

dungsarten motiviert (Buzan, Weaver, de Wilde 1998). Auf der vertikalen Achse weisen die Autoren auf Analyseebenen hin – auf „Gebiete, wo sich die gegebenen Ereignisse abspielen"; die höchste, 1. Ebene stellen *internationale Systeme* dar (zur Zeit ein globaler Raum), auf der 2. Ebene sind es *internationale Subsysteme*, sie werden als Gruppierungen der Einheiten im Rahmen des internationalen Systems verstanden, die einen besonderen Charakter oder Intensität der wechselseitigen Einwirkungen oder Abhängigkeiten aufweisen – falls es möglich ist sie territorial zu lokalisieren, reden die Autoren über Regionen. Erst auf die 3. Ebene der *Einheiten*, die innere Homogenität und Unabhängigkeit aufweisen, dennoch aus einer Reihe von Organisationen, Gemeinschaften, Subsysteme und Einzelpersonen bestehen, werden Staaten (und supranationale Körperschaften usw.) angereiht. Die spezifische Eigenschaft dieser Einheiten ist die Fähigkeit sich auf den höheren Ebenen eigenständig zu bewegen. Die 4. Ebene bilden *Untereinheiten*, d. h. organisierte Gruppen der Einzelpersonen, die Aktivitäten innerhalb der Einheiten entwickeln (z. B. substaatliche Gruppen) und die 5. Ebene wird von Einzelpersonen selbst gebildet. Die vertikale Achse kann als Ebene der Akteure und Referenzobjekte verstanden werden, wobei ihr Nutzen relativ verbreitet ist, obwohl die ganz dominierende Rolle jedoch den Staaten zugerechnet wurde, was von den Autoren der Kopenhagener Schule kritisch betrachtet wird.

Das Wesentliche und bis jetzt intensiv diskutierte, ist die horizontale Ausbreitung, wo die Autoren *Sektoren* vorstellen, d. h. Gebiete, die durch spezifische Interaktionsarten und – in unserem Zusammenhang – durch spezifische Gefährdungsquellen charakterisiert werden. Die Autoren arbeiten mit fünf Sektoren: dem militärischen, environmentalen, wirtschaftlichen, gesellschaftlichen und politischen; jeder davon wird durch die Hervorhebung eines konkreten Aspekts der Verhältnisse und Interaktionen charakterisiert, dadurch, dass einige Einheiten und Werte direkt an den Sektor gebunden werden und ihre Existenz in ihm besteht und Strategien des Überlebenes und der Charakter der Gefährdung in einzelnen Sektoren unterschiedlich sind. Der militärische Sektor ist am stärksten an den Staat gebunden (obwohl dies so nicht unbedingt und in allen Fällen sein muss), wobei die dominierende Wahrnehmung auf den Staat als Souveränitätsträger und ausschließliche Inhaber der Rechte zur Benutzung der Militärkräfte (und dadurch der Fähigkeit in Kriegen zu kämpfen) berücksichtigt wird. Der environmentale Sektor widmet sich der Agenda, die mit den Umweltschutz betreffenden Sicherheitsgefährdungen logisch zusammenhängt (die Autoren reden über die Kombination von wissenschaftlicher und politischer Agenda), wobei unter die Anzahl der durch menschliche Tätigkeit hervorgerufenen Gefährdungen auch Gefährdungen einbezogen sind, die einen rein natürlichen Charakter haben und von menschlicher Aktivität unabhängig sind. Der wirtschaftliche Sektor, bzw. die wirtschaftliche Sicherheit, ist zweifellos einer der umstrittensten Bereiche, weil die Einstellung zur wirtschaftlichen Sicherheit durch ein ideologisches Paradigma, mit dem der Wissenschaftler auf die Gefährdungsanalyse in diesem Bereich eingeht, beeinflusst wird (die Autoren der Kopenhagener Schule erwähnen in diesem Zusammenhang den Liberalismus, Sozialismus und Merkantilismus, wobei es zweifellos klar ist, dass es noch mehrere weitere Einstellungen gäbe). Der gesellschaftliche Sektor weist auf die Identität und gesellschaftliche Kohäsion hin, einige Autoren zählen in diesen Bereich z. B. auch die Problematik der Menschenrechte, der Diskriminierung usw. Und letztendlich ist der politische Sektor zu erwähnen, der sich um die organisatorische Stabilität der institutionellen Gestaltung, die Legitimationsquelle, bzw. -quellen, das Regierungs- oder Verwaltungssystem herum konzentriert.

In auf diese Weise abgegrenzten Räumen kommt es zu Prozessen der Gefährdungsidentifikation und Ergreifen von Maßnahmen, d. h. zu Sekuritisation (Verbriefung) des Themas. Die Sekuritisationstheorie (Verbriefungstheorie) ist sozial-konstruktivistisch und geht aus der Voraussetzung hervor, dass gerade „der Umfang und Tiefe der gemeinsam geteilten intersubjektiven Betrachtung der Sicherheit der Schlüssel zum Verständnis einiger Handlungsarten sei (Buzan, Weaver, de Wilde 1998: 30).

Beim Aufgreifen eines Problems oder einer Erscheinung als Gefährdung kommt es im Prozess der Sekuritisation zur Anwesenheit dreier Einheitentypen: 1. der Referenzobjekte (die existenziell gefährdet werden), 2. der Akteure der Sekuritisation (die diese Gefährdung der Referenzobjekte artikulieren und dadurch das Problem als ein Sicherheitsproblem bezeichnen) und 3. der funktionellen Akteure (die die Dynamik der Verhältnisse im Sektor beeinflussen, wobei es sich weder um Referenzobjekte noch um Akteure der Sekuritisation handelt). Im Fall der Cybersicherheit können dieses Referenzobjekt sowohl der Staat, als auch Privatgesellschaften, Akteure der Sekuritisation – Medien oder Interessengruppen und die funktionalen Akteure – Hacker, Hacktivisten und auch Verbrechergruppen darstellen.

Ein offensichtlicher Vorteil des Konzepts der Kopenhagener Schule besteht in seiner Allgemeinheit. Im Rahmen der Kopenhagener Schule ist es möglich auch die Problematik der Cybersicherheit zu verarbeiten, ohne einen speziellen terminologischen und methodologischen Apparat bilden zu müssen. Wir sind der Meinung, dass es nicht ganz zweckmäßig ist, die ganze Diskussion über dieses Konzept zu übermitteln, dennoch ist es vollständigkeitshalber nötig mindestens einen Vorwurf zu erwähnen, und zwar, dass dieses Konzept, vorgestellt in seiner Form von Buzan, Weaver und de Wilde, sich auch trotz der Theorie der Sekuritisation wieder auf die Staaten und ihre Rolle konzentriert. Das kann völlig ausreichend und annehmbar in dem Fall sein, wenn wir uns mit dem Thema der Cybersicherheit vor allem aus dem Gesichtspunkt des Staates, der Politik, der Maßnahmen oder der nationalen

Strategien auseinandersetzen. Aus anderen Blickfeldern und im Bedarfsfall anderer Einstellungen ist es möglich auf die Modifikation einzugehen und z. B. die Arbeiten von P. Hough (Hough 2004) einzubinden, welcher einen umfangreicheren Sektorenkatalog (z. B. auch Gesundheit oder Verbrechen umfassend) ausarbeitete.

Für unseren Illustrationsbedarf – Einsatz der Problematik der Cybersicherheit in einen breiteren analytischen Rahmen – scheint das ursprüngliche Konzept ausreichend zu sein. Es ermöglicht von den (technischen) Merkmalen einzelner Gefährdungsarten abzusehen und sie zu analysieren, beziehungsweise im Rahmen der oben abgegrenzten Sektoren auf sie zu reagieren. So ist der Cyber-Krieg, gewöhnlich verstanden als eine auf dem Gebiet der Computernetze durchgeführte Militäroperation gegen den Feindstaat – in den militärischen Sektor sowie jeder beliebige Typ der Militäroperation eingesetzt. Der Hacktivismus, durchgeführt im Rahmen des gesellschaftlichen oder politischen Sektors, kann auf dieselbe Weise als Aktivismus verarbeitet werden. Kybernetische Sabotagen, die gewaltige Umweltschäden verursachen können, können ohne größere Probleme im Rahmen des environmentalen Sektors analysiert werden.

Militärischer Sektor	Environmentaler Sektor	Wirtschaftlicher Sektor	Gesellschaftlicher Sektor	Politischer Sektor
cyberwar[4]	Unfall, Sabotage[5]	kybernetische Spionage, Sabotage, Kriminalität	Hacktivismus, netwar	Cyber-Terrorismus

Abb. 1 Sektoren der Sicherheit

3   Sekuritisation der kybernetischen Sicherheit

Die Problematik der Cybersicherheit hat bereits einen spezifischen Prozess der Sekuritisation hinter sich gebracht. Die Sekuritisation wird als eine spezifische, höhere Form der Politisierung des Problems betrachtet, wenn eine bestimmte Er-

---

4   Zum Beispiel im Jahre 2007 griffen die Israelis kybernetisch erfolgreich das syrische Flugabwehrsystem an und setzten die syrische Radaranlage außer Kontrolle.

5   Als Beispiel kann der Fall von Vitek Boden in Maroochy Shire in Austlalien dienen (2000), der nach einer Auseinandersetzung mit seinem Arbeitgeber elektronisch das System des Abfallwassermanagements angriff und dadurch enorme Abfallmenge in örtliche Gewässer ausließ.

scheinung von dem Referenzobjekt als existenzielle Gefährdung bezeichnet wird (Emmers 2007: 112). Ein traditionelles Referenzobjekt der Sicherheit und zugleich ein dominierender Akteur der Sekuritisation war und bleibt immer noch der Staat. Die Staaten vereinigten sich in Koalitionen und Allianzen und diese wurden und werden auf diese Weise auch zu Referenzobjekten (was aus der Sicht der internationalen Zusammenarbeit auf dem Gebiet der Cybersicherheit wichtig ist). Zurzeit verschiebt sich das Interesse oft zur Sicherheit bestimmter Gesellschaftsgruppen, die nicht unmittelbar mit dem Bedarf ihrer Existenz für den Staatsapparat verbunden werden (Mareš, Zeman 2010). Die allgemeine Auffassung der Sekuritisation ist mit dem folgenden Schema dargestellt.

Unpolitisierte Erscheinung/ unpolitisiertes Problem	Politisierte Erscheinung/ politisiertes Problem	Sekuritisierte Erscheinung/ sekuritisiertes Problem
Das Referenzobjekt interessiert sich nicht für die Erscheinung/das Problem auf der politischen Ebene und es beschäftigt sich damit nicht systematisch.	Das Referenzobjekt beschäftigt sich mit der Erscheinung/dem Problem im Rahmen seines Standardsystems ohne das Sicherheitssystem zu nutzen.	Das Referenzobjekt versteht die Erscheinung/das Problem als eine gewichtige Sicherheitsgefährdung und beschäftigt sich damit im Rahmen eines spezifischen Sicherheitssystems.

Abb. 2 Sekuritisation

Quelle: Emmers 2007: 112. Modifiziert von Mareš, Zeman 2010: 12.

In der Cybersicherheit ist der Prozess der Sekuritisation auf der staatlichen und internationalen Ebene jedoch spezifisch, und zwar dadurch, dass er den oben geschilderten generellen Kriterien des schrittweisen Übergangs von einer unpolitisierten Erscheinung zu einer sekuritisierten Erscheinung nicht entspricht. Selbst der Umstand der Entstehung der Cybertechnologien und -netze (einschließlich des Internets) im Militärbereich, bestimmte die Cybersicherheit dazu, dass sie bereits bei ihrer Entstehung ein „sekuritisiertes Problem" war.

Es ist hier möglich, mehrere Sekuritisationsphasen im Zusammenhang damit, wie sich der Cyberbereich verbreitete, wahrzunehmen. Aus dem Militärbereich expandierte er in verschiedene nicht-militärische Bereiche, in der politischen und wirtschaftlichen Dimension, in den Staats- und Privatbereich. Der Übergang der Regierung zum e-government, das Verarbeiten verschiedenster Angaben (einschließlich der Personalangaben) im Cyberraum, bedeutete für die Sekuritisation verschiedener Subbereiche der Cybersicherheit auch neue Herausforderungen.

Die Sekuritisation wurde auch dadurch sichtbar, dass die Cybersicherheit zum Bestandteil verschiedener Sicherheitskonzeptionen (einschließlich der Sicherheitsstrategien des Staates) wurde, dank der Sekuritisation wurden auch spezifische Rechtsvorschriften angenommen und für besondere Institutionen gebildet (war es im Rahmen bereits bestehender Sicherheitsstrukturen, z. B. Armeezentren oder Polizeiorgane für den Kampf gegen Cyber-Gefährdungen), bzw. ganz neue spezialisierte Institutionen gebildet. Die Cybersicherheit wurde zur Herausforderung für den Privatsektor, wo sie sich zu einem spezifischen Bereich entwickelte, der manchmal in den Prozess der Kommerzialisierung der Sicherheit eingeordnet wird (Kameník, Brabec 2007: 21).

4   Analyse der Politik der Cybersicherheit

Die Politikfeldanalyse[6] (*Policy-Analyse*) als eine spezifische Teildisziplin der Politikwissenschaft untersucht Inhalte, Determinanten, Gründe, Ursachen, Wirkungen, Ergebnisse und Zusammenhänge einzelner Politiken, die von den politischen Akteuren mit Steuerungskompetenzen angenommen werden. Die Politikforschung kommt aus der „dreidimensionalen Auffassung des Begriffs Politik. „[…] Polity bezeichnet den normativen, institutionellen (formalen) Bestandteil, politics drückt den prozessuellen Aspekt der Politik aus und policy dann die übrige inhaltliche und materielle Seite" (Fiala, Schubert 2000: 13-37).

Als Gründer der modernen Politikfeldanalyse sind Harold D. Lasswell und Daniel Lerner zu nennen, die am Anfang der 1950er Jahre das Buch *The Policy Sciences* herausgaben, wo sie sich auf konkrete Problemlösungen im Rahmen der Politikwissenschaft mithilfe exakter Wissenschaftsmethoden konzentrierten und vorstellten. In Kontinentaleuropa entwickelte sich die Politikfeldanalyse zu einer Teildisziplin der Politikwissenschaft erst in den 1960er und 1970er Jahren. Die Entwicklung der Politikfeldanalyse hatte für die deutsche Politikwissenschaft seit den 70er Jahren des 20. Jahrhunderts eine Schlüsselbedeutung, weil sie unter anderem zur Annahme der Politikwissenschaft in der deutschen Gesellschaft beitrug, und ihre Schlussfolgerungen konnten in der Praxis verwendet werden. Hand in Hand hat sich damit auch die Politikberatung entwickelt (Fiala 1995: 131).

---

6   Policy analysis definiert Dye als Untersuchung dessen, was die Regierung tut, warum sie es tut und welchen Unterschied es macht. Laut Fiala und Schubert ist es jedoch zutreffender über politische Akteure, d. h. über Institutionen mit Steuerungskompetenzen, die eine gesellschaftliche Bedeutung haben, zu reden, als über Regierung (Fiala, Schubert 2000: 13; Dye 1976).

Die Politikfeldanalyse ist theoretisch und methodologisch ambivalent und ist mit keiner konkret definierten Methode vereinbar. Jeder Wissenschaftler verwendet nur solche Methoden, die er für seinen bestimmten Zweck geeignet findet (Fiala, Schubert 2000: 38-39). Einige deutsche Politikwissenschaftler wie Ulrich Alemann oder Klaus von Beyme, sowie Petr Fiala, verstehen die Policy-Analyse als ein eigenständiges Thema der politikwissenschaftlichen Forschung. Akademiker wie Carl Böhret, Frank Mols und Wolf Wagner halten sie im Gegenteil für eine Methode, die bei der Untersuchung verschiedener politikwissenschaftlichen Themen verwendet werden kann (Fiala 1995: 169-175). Für die Politikforschung wird eine Reihe von klassischen theoretischen Modellen verwendet: 1. *Systemkonzeption* (das „Input-Output-Modell" von David Easton[7], die Funktionsanalyse des politischen Systems von Gabriel A. Almond und G. Bingham Powell[8]), 2. *Akteurskonzept*, das von der Verhaltenstheorie von Talcott Parsons ausgeht (Untersuchung der Politikarenen von Theodor J. Lowi[9], der Politikzyklen[10] oder der Politiknetzwerke) (Fiala, Schubert 2000: 55-98).

Hinsichtlich ihrer theoretischen Offenheit und ihres theoretischen Pluralismus, kann die Politikfeldanalyse auf eine geeignete Art auch für die Untersuchung der Politik der Cybersicherheit genutzt werden. Dabei werden primär die ‚Einzelteile' der Politik untersucht und anschließend können die theoretischen Modelle angewendet werden. Im Rahmen von polity ist es bei der Annahme der Cybersicherheitspolitik nötig, die bestehenden internationalen menschenrechtlichen Instrumente und Verfassungsgesetze zu berücksichtigen. Insbesondere auf dem Gebiet der Cybersicherheit kommt es oftmals zur Kollision der Menschenrechte

---

7 Das Input-Output-Modell konzentriert sich auf die Anforderungen und Interessen (demands), die aus der äußeren Umgebung kommen (environment) und im Rahmen des politischen Systems unterstützt werden (support). Demands und support bilden die Inputs, die im politischen System in politische Entscheidungen und politische Handlung, d.h. in die Outputs, verarbeitet werden (Fiala, Schubert 2000: 55-59).

8 Sie definieren sechs Grundfunktionen des politischen Systems: 1. Anforderungsformulierung, 2. Interessenaggregation, 3. Regelformulierung, 4. Regelanwendung, 5. Regeladjudikation, 6. Kommunikation (Almond, Powel 1966: 29).

9 Er geht von der Voraussetzung aus, dass politics von policy determiniert wird, d.h. dass politische Probleme die Organisationsformen beeinflussen. Lowi definierte vier Politikarenen: 1. distributive Politik; 2. redistributive Politik; 3. regulative Politik; 4. konstitutive Politik. Später wurden zwei weitere Arenen identifiziert: 5. selbstregulative Politik und 6.persuasive Politik (Fiala, Schubert 2000: 69).

10 Das Modell des Politikzyklus geht von der Auffassung der policy als einem dynamischen Prozess aus, der durch folgende Merkmale charakterisiert wird: 1. Politikformulierung (Initialisierung und Selektion); 2. Politikimplementation; 3. Politikevaluation; 4. Politiktermination oder Politikreformulierung (Fiala, Schubert 2000: 76).

und Freiheiten mit der Sicherheitsgewährleistung. Die Politik (policy) der Cybersicherheit reagiert auf die Gefährdungen, die aus der weitreichenden Nutzung der Informations- und Kommunikationstechnologien folgen[11]. Neben den klassischen den Politikbildungsprozess beeinflussenden politischen Akteuren treten bei der Gewährleistung der Cybersicherheit auch Privatsubjekte auf. Da die Politik der Cybersicherheit in der heutigen Form ein relativ neues Phänomen darstellt, wird die Policy-Analyse eins der wünschenswerten Instrumente für die Formulierung und Evaluation einzelner Politiken sein.[12]

5   Politik der Cybersicherheit auf der staatlichen Ebene

Die Politik der Cybersicherheit wurde in dem Militär- und Zivilbereich an die Entwicklung der Cyber-Technologien gebunden, was uns im Fall der entwickelten Länder (insbesondere den USA) ermöglicht, die Wurzeln der Politik der Cybersicherheit bereits in den 1940er Jahren festzustellen. Die wirkliche Expansion der Cybersicherheit erfolgte ungefähr in den 90er Jahren, als sie in der Bemühung der sich dem Kalten Krieg anschließenden Staaten zum Ausdruck kam. Zum Beispiel führte das Bundesamt für Verfassungsschutz bereits im Jahresbericht für 1989 an:

> „Eine hochaktuelle Variante der Spionage wurde erstmals in einem Fallkomplex aufgedeckt, bei dem im März 1989 mehrere Festnahmen erfolgten. Die Verfassungsschutzbehörden konnten nachweisen, dass ein gegnerischer Nachrichtendienst über Jahre gezielt westliche Datenbanken ausgeforscht hatte. Dem sowjetischen KGB war es durch die nachrichtediensliche Zusammenarbeit mit deutschen Hackern gelungen, Erkenntnisse über zahlreiche westliche Rechnersysteme und darin gespeicherte Daten zu erlangen" (Bundesamt für Verfassungsschutz 1990: 188).

---

11 Zum Zweck der Identifikation der im Cyberraum begangenen Straftaten ist es nötig das hohe Anonymitätsmaß der Benutzer der Informations- und Kommunikationsnetze zu reduzieren, wodurch jedoch zur Einschränkung der Menschenrechte und Freiheiten wie z. B. des Briefgeheimnisses, des Rechts auf Privat-und Familienleben usw. kommt.

12 Als Beispiel kann das nationale CERT erwähnt werden. Es handelt sich um eine Arbeitsstelle, die in der Regel von einem Privatrechtssubjekt aufgrund eines öffentlich-rechtlichen Vertrags betrieben wird und den Informationsaustausch (Meldung über Sicherheitsereignisse, Sicherheitsverletzungen usw.) im nationalen und internationalen Kontext (auch als eine Kontaktstelle letzter Instanz) gewährleistet und vermittelt. Die Adressaten sind insbesondere Privatrechtssubjekte, der akademische Bereich, der Verwaltungsbereich und der gemeinnützige Sektor.

In den 90er Jahren wurde sie zum Bestandteil des Wettbewerbs unter den neuen Sicherheitsbedingungen und zeigte sich auch im Krieg gegen den Terrorismus nach dem 11. September 2011. Die Politik der Cybersicherheit ist sowohl in die generellen Sicherheitsstrategien (z. B. Nationale Sicherheitsstrategie der USA) als auch in die spezialisierten Strategien und Doktrinen (z. B. „Cyberspace Operations" in USA) eingearbeitet (The Military Balance 2011: 32). Die politischen Debatten über die Cybersicherheit werden in den ‚gewöhnlichen' Bestandteilen des politischen Systems geführt, wie den Regierungen und Parlamenten (einschließlich der spezialisierten Ausschüsse). Die Cybersicherheit stellt zugleich eine Herausforderung für die Gerichtsbarkeit und ihre Entscheidungen dar, z. B. im Bereich des Rechts auf Privatsphäre im Cyberraum. Merkbar sind jedoch insbesondere ihre spezialisierten Bestandteile im Verwaltungsbereich. Ihre Aufteilung mit Beispielen ist in der folgenden Tabelle zusammengefasst.

Institutionstyp	Beispiel
Militärorgane	US Army Cyber-command
Polizeiorgane	Technische Ermittlungsdivision Carabinieri
Nachrichtendienste	The Canadian Security Intelligence Service
Behörden der Zivilverwaltung	Bundesamt für Sicherheit in der Informationstechnik
Universitätsinstitutionen	Institute for Information Security Issues, Moscow State University
Mit dem Staat verbundene Privatsubjekte	Russian Business Network

Abb. 3   Institutionen im Bereich der Cybersicherheit

Quelle: The Military Balance 2011: 28-32.

Zu Beispielen der Institutionalisierung der Politik der Cybersicherheit als einer relativ eigenständigen Politik (die auch in weitere Politikbereiche durchdringt) wurden die großen neu eingerichteten spezialisierten Staatsinstitutionen, deren Aufstieg seit dem ersten Jahrzehnt des neuen Jahrtausends erfolgte. Es handelt sich unter anderem um nationale Institutionen CERT (Cyber Emergency Response Team) (Kropáčová 2011). Ihre Aufgabenabgrenzung ist laut dem Nationalzentrum der Cybersicherheit der Tschechischen Republik folgende:

> „Die Regierungsteams wie CERT / CSIRT spielen eine Schlüsselrolle beim Schutz der Kritischen Informationsinfrastruktur. Jedes Land, dessen kritische Systeme mit Internet verbunden sind, muss im Stande sein, effizient und wirksam den Sicherheits-

herausforderungen zu widerstehen, auf die Zwischenfälle zu reagieren, die Tätigkeiten bei ihrer Lösung zu koordinieren und bei der Vorbeugung von Zwischenfällen effizient zu wirken. Die Aufgabe dieser Teams ist zugleich als primäre Quelle der Sicherheitsinformationen und der Hilfe für Staatsorgane, Organisationen und Bürger zu wirken. Eine nicht weniger wichtige Rolle spielen sie bei der Ausbildungsverbesserung auf dem Gebiet der Internetsicherheit" (Nationalzentrum der Cybersicherheit der Tschechischen Republik).

Diese Institutionen stellen heute in der Regel auch Verbindungstelle der internationalen Zusammenarbeit auf dem Gebiet der Cybersicherheit dar. Sie sind von globaler Bedeutung.

6   Die Politik der Cybersicherheit auf der internationalen Ebene

Die Cybersicherheit stellt ein globales Problem dar, was bereits in den 80er Jahren des vergangenen Jahrhunderts[13] deutlich zum Ausdruck kam. Angesichts der Ausbreitung des Internets wurde die Frage der internationalen Zusammenarbeit in diesem Bereich immer aktueller.

Im Bereich der technischen Zusammenarbeit und in Hinblick auf das Bedürfnis einer schnellen Reaktion auf kybernetische Zwischenfälle, war die Gründung der ersten Arbeitsstelle CERT (Computer Emergency Response Team) im Jahre 1988 an der Carnegie Mellon University aufgrund des Vertrags mit der amerikanischen Verwaltung ein wichtiger Schritt.[14] Zusammen mit der Ausbreitung und massiven Entwicklung des Internets breiteten sich auch die CERT Arbeitsstellen (bzw. CSIRT – Computer Security Incident Response Team) aus. Zurzeit bilden sie die größte, zu rechtzeitiger Identifikation und Lösung von Cyberangriffen bestimmte (wissenschaftlich-technische), netzartige Infrastruktur.[15]

Das Problem der Cybersicherheit hat aber nicht nur technischen Charakter. Es wurde bald klar, dass es sich ebenfalls um eine politische Frage handelt. Eins

---

13 Erwähnen wir den bekannten Fall des deutschen Hackers Markus Hesse, der in den 80er Jahren für eine gewisse Zeit amerikanische Computersysteme erfolgreich angriff und die Informationen dem KGB verkaufte.

14 Dazu kam es als Reaktion auf den ersten Flächenangriff gegen Internet, den Robert Morris mit seinem Computerwurm startete, welchen er in die Netzumgebung hineinließ (Morris Worm).

15 ENISA (European Network and Information Security Agency) gibt am Ende des Jahres 2011 fast 200 CERT Arbeitsstellen nur in Europa an (ENISA 2011).

der bedeutenden und zu lösenden Probleme war (und ist) die Disparitätsfrage der nationalen Gesetze in diesem Bereich (Sofaer, Goodman 2001: 15-19). Das Problem liegt in der Tatsache beschlossen, dass Aktivitäten, die in einigen Staaten gesetzmäßig sind, in anderen Staaten erhebliche Schäden verursachen können.[16] Das Bedürfnis der Harmonisierung der gesetzlichen Rahmen und der kontinuierlichen Zusammenarbeit führte zu einer ganzen Reihe von politischen Vereinbarungen und Maßnahmen.

Auf der höchsten Ebene beschäftigt sich mit der Problematik der Cybersicherheit seit den 1990er Jahren die Vereinten Nationen (UNO). Es kommen auch regelmäßige Versuche vor (von dem Entwurf der International Law Commission im Jahre 1996 bis zu dem bisher letzten erfolglosen Versuch das internationale Abkommen über Cyberkriminalität aus dem Jahre 2010 durchzusetzen), die Cybersicherheit unter die Fragen der internationalen Rechts einzuordnen. Als eine der ersten wird die Resolution der UNO-Hauptversammlung Nr. 45/121 aus dem Jahre 1990 erwähnt, die auch die Cyberkriminalität betraf und aufgrund derer im Jahre 1994 ein an die Bewältigung dieser Art der Kriminalität orientiertes Handbuch herausgegeben wurde. Die nächste durch die UNO-Hauptversammlung angenommene Resolution kommt aus dem Jahre 2000 und es handelt sich um die Resolution Nr. 55/63. In dieser Resolution wurde es empfohlen, die nationalen Rechtsordnungen zu harmonisieren, damit den Missbrauch der Lücken in einzelnen nationalen Rechtssystemen zur Begehung von Straftaten mittels Informationstechnologien zu vermeiden. Der Beschluss beinhaltete das Erfordernis der Kapazitätsstärkung der auf der nationalen und internationalen Ebene Recht einfordernden Agenturen, damit sie im Stande sind, die grenzüberschreitende Cyberkriminalität effizient aufzudecken, zu ermitteln und zu verfolgen, somit die Sicherheit auf dem Gebiet der Computersysteme generell zu erhöhen, das Bewusstsein und die Ausbildung der Öffentlichkeit zu verbessern und die internationale Zusammenarbeit zu intensivieren. Die nächste der Bekämpfung der Cyberkriminalität gewidmete Resolution Nr. 56/121 wurde schon zwei Jahre später, d. h. im Jahre 2002, angenommen. In dieser Resolution wurde nochmals das Bedürfnis nach Zusammenarbeit auf regionaler und globaler Ebene geäußert, wobei unter anderem auf einige der möglichen Lösungen verwiesen wurde. Es wurde jedoch ebenfalls die Zusammenarbeit zwischen den Staatsinstitutionen und dem Privatsektor erwähnt. Im Rahmen der UNO wurde den Staaten die Zusammenarbeit mit der *Kommission für Verbrechensverhütung und*

---

16 Z. B. der Computerwurm „I Love You", der im Jahre 2000 Milliardenschäden (nach Einschätzung 5,5 Milliarden $) verursachte, wurde von zwei jungen philippinischen Programmierer (Reomel Ramores a Onel de Guzman) veröffentlicht. Sie wurden ausgeforscht und später entlassen, aber nicht verurteilt – weil die philippinische Rechtsordnung es nicht ermöglichte, ihre Tätigkeit zu bestrafen.

Strafrechtspflege (The Commission on Crime Prevention and Criminal Justice) empfohlen. Weitere der Problematik der Cybersicherheit gewidmete UN-Resolutionen sind die Resolution Nr. 57/239 (der globalen Kultur der Cybersicherheit gewidmet), Nr. 58/199 (unter anderem dem Schutz kritischer Infrastrukturen gewidmet), Nr. 60/177 (den nationalen Maßnahmen und der internationalen Zusammenarbeit im Bereich gewidmet) und Nr. 64/211 (sowohl der globalen Kultur der Cybersicherheit als auch dem Schutz kritischer Infrastrukturen gewidmet).

Wie oben erwähnt, die heftigste Debatte erfolgte im Zusammenhang mit dem XII. Kongress der UNO zur Verbrechensverhütung und Strafrechtspflege in Brasilien im Jahre 2010, wo das Abkommen über Cyberkriminalität als ein internationaler (oder globaler) Standard nicht verabschiedet wurde. Dennoch wurde die UNO-Agentur United Nations Office on Drugs and Crimes (UNODC) als eine organisationelle Grundlage für eine mögliche zukünftige, sich dem Kampf gegen Cyber-Gefährdungen widmende, globale Infrastruktur unterstützt.

Die sowohl die Mitgliedstaaten als auch die Zwischenregierungsorganisationen, die internationalen Organisationen und den Privatsektor repräsentierende Zwischenregierungsgruppen von Experten trat zum ersten Mal im Jahre 2011 in Wien zusammen. Als mögliche, zum Aufbau der globalen Infrastruktur der Cybersicherheit nutzbare Instrumente, wurden das Übereinkommen gegen die grenzüberschreitende organisierte Kriminalität (UNTOC) und das Übereinkommen des Europarates über Computerkriminalität vorgeschlagen.

Die UNO engagiert sich jedoch (außer der Verhandlungen im Rahmen der UNO-Hauptversammlung oder UNODC) in der Problematik auch mit Hilfe weiterer, anderer spezialisierter Agenturen, unter anderem das United Nations Interregional Crime & Justice Research Institute. Es muss jedoch hinzugefügt werden, dass die Bemühungen, die Problematik der Cybersicherheit dem internationalen Recht und beziehungsweise auch der Gerichtsbarkeit eines internationalen Strafgerichtshofs unterzuordnen, konkret seitens einiger Staaten zurückgewiesen wurden.

Eine weitere markante Aktivität stellt die Tätigkeit der International Telecommunication Union (ITU) dar, die im Jahre 2007 das Programm Global Cybersecurity Agenda (GCA) eröffnete, das unter anderem einen Rahmen für die Koordination globaler Aktivitäten im Bereich der Cybersicherheit bilden soll. Das Ziel von ITU ist, nicht nur zur Standardisierung technischer Standards der Cybersicherheit, sondern auch zur Harmonisierung der Rechtssysteme einzelner Länder beizutragen (ITU 2012). Bedeutungsvoll ist die Herausgabe von Empfehlungen, die in vielen Ländern berücksichtigt werden.

Neben globalen Aktivitäten gibt es ebenfalls eine ganze Reihe von regionalen oder internationalen Aktivitäten. Auch die Vertreter der in G8 vereinigten Staaten, die sich zur Problematik der Cybersicherheit seit dem Jahre 1997 regelmäßig äußern, einigten sich und artikulierten das Bedürfnis, auf die sich entwickelnde Problematik der Cyberkriminalität zu reagieren. Das Ziel der G8-Staaten ist vor allem, eine effektive Reaktion auf eventuelle Probleme zu koordinieren und den Zustand zu verhindern, dass es Gebiete oder Länder (safe havens) gibt, aus denen heraus man Angriffe führen kann, ohne Strafe zu befürchten.

Die Organisation für wirtschaftliche Zusammenarbeit und Entwicklung (OECD) ist eine regionale Organisation, die sich mit der Problematik der Cyberkriminalität bereits seit der ersten Hälfte der 80er Jahren des vergangenen Jahrhunderts beschäftigt. Parallel mit der Entwicklung und Verbreitung von Informationstechnologien steigt auch die Intensität ihrer internen Aktivitäten, die jedoch gewöhnlich nur einen Informationscharakter (Handbücher, Berichte) haben. In Asien spielt die Asiatisch-pazifische wirtschaftliche Zusammenarbeit (APEC) eine ähnliche Rolle, die ihre Aufmerksamkeit der lokalen Gesetzgebungen widmet. Für die APEC war das Jahr 2002 entscheidend, als sie einerseits auf das in Budapest verabschiedete Übereinkommen des Europarates über Computerkriminalität reagierte, andererseits nahm sie ihre eigene Strategie der Cybersicherheit an. Die Zusammenarbeit gibt es auch innerhalb des Commonwealth, der Organisation Amerikanischer Staaten (OAS) oder des Golfkooperationsrates (GCC).

Die europäischen Staaten betrifft das sich in der NATO entwickelnde System. Einen bedeutsamen Impuls bekam diese Entwicklung durch die Gipfelkonferenzen in Prag (2002) und Istanbul (2004), wo die Entscheidung über die Gründung von NATO Computer Incident Response Capability (NCIRC) getroffen wurde. Diese Teams haben eine ähnliche Charakteristik wie die CERT Teams. Außer des Netzes von CIRC Teams, wurde im Rahmen der NATO-Struktur die Entscheidung über die Gründung der Cooperative Cyber Defence Centre of Excellence (CCDCOE) in Estland zu einem bedeutsamen Moment, im Jahre 2008 wurde die Entscheidung völlig akkreditiert[17]. Obwohl Estland die Gründung einer Institution dieser Art bereits etliche Jahre vorher vorgeschlagen hatte, war der wirkliche Anlassimpuls erst ein Zwischenfall im April 2007, als die estländische Informationsinfrastruktur zum Ziel pro-russischer Hacker wurde (Carr 2010: 118-127). Es ist jedoch nötig zu bemerken, dass das System der NATO keine Ambitionen auf globaler Ebene hat, es ist rein auf den Schutz der Informationssysteme eigener Mitglieder ausgerichtet. Aus regionalen Systemen, die zurzeit einen globalen Einfluss haben, ist zweifellos das europäische System am bedeutsamsten.

---

17 Die Gründungsländer waren Estland, Italien, Litauen, Lettland, Deutschland, Slowakei und
    Spanien.

7   Politik der Cybersicherheit auf der EU-Ebene

Die Cybersicherheit wurde seit Ende der 1990er Jahre in der Europäischen Union allmählich zum Thema. Dies hing mit der Verabschiedung des Vertrags von Amsterdam und mit der Verbreiterung der Elektronisierung des öffentlichen und privaten Sektors und der damit verbundenen Zunahme von Cyber-Gefährdungen zusammen. Die Agenda der Cybersicherheit der Europäischen Union regelt ein breites Spektrum von Bereichen, d. h. 1. *spezifische Sicherheitsmittel zum Netzwerk- und Informationsschutz*; 2. *regulativer Rahmen für elektronische Kommunikation* und 3. *Kampf gegen Cyberkriminalität* (EU 2012). Im Rahmen der Cyberkriminalität[18] können mehrere Formen der Straftätigkeit unterschieden werden: 1. *ausschließlich mit den IKT verbundene Straftaten* (Angriffe gegen Informationssysteme, Hacking, Phishing); 2. *traditionelle Straftaten, zu deren Begehung die IKT nur ausgenutzt werden* (Betrug); 3. *mit der Verbreitung eines gesetzeswidrigen Inhalts verbundene Straftaten* (Aufreizung zur Gewalt, Kinderpornografie).

Den grundlegenden Rechtsrahmen der Politik der Cybersicherheit bildet der Vertrag über die Arbeitsweise der Europäischen Union, in dessen Titel V *Der Raum der Freiheit, der Sicherheit und des Rechts* im Artikel 67 Absatz 3 Maßnahmen zur Verhütung der Kriminalität geregelt werden. Diese Maßnahmen werden weiter im Stockholmer Programm des Europäischen Rates und der EU-Strategie der inneren Sicherheit mit dem Titel „Fünf Handlungsschwerpunkte für mehr Sicherheit in Europa" (weiter nur ‚Strategien') aus dem Jahre 2010, ausgeführt. Diese Dokumente verweisen unter anderem auf das Übereinkommen des Europarates über Computerkriminalität aus dem Jahre 2001, das ein zentrales internationales Instrument zum Kampf gegen die Cyberkriminalität auf der globalen Ebene darstellt (EU 2012; siehe auch Lange und Bötticher in diesem Band).

Das primäre im Stockholmer Programm im Rahmen der Prävention der Cyberkriminalität erklärte Ziel der Europäischen Union, ist die Annahme der entsprechenden Politiken und Rechtsvorschriften, die ein sehr hohes Maß an Netzsicherheit und eine adäquate Reaktion auf Cyberangriffe gewährleisten sollen. Der Europäische Rat beauftragte die Europäische Kommission Vorschläge vorzulegen, um den Rechtsrahmen für Ermittlungen zur Cyberkriminalität innerhalb der Union zu präzisieren, die Justizzusammenarbeit zwischen den Mitgliedstaaten und die Zusammenarbeit zwischen dem öffentlichen und privaten Sektor in Fällen der Cyberkriminalität zu verbessern. Die Strategie der Europäischen Kommission

---

18 Die Cyberkriminalität definiert die Kommission als „alle kriminellen Handlungen, die mittels elektronischer Kommunikationsnetze und Informationssysteme begangen oder gegen derartige Netze und Systeme verübt werden" (COM 2007: 267).

aus dem Jahre 2010 bezeichnet die Cyberkriminalität als dritte schwerwiegende Gefahr für die Mitgliedstaaten (neben dem Terrorismus und der organisierten Kriminalität). Unter die Grundziele des Kampfes gegen diese Kriminalität setzte die Kommission drei Aufgaben fest: 1. Aufbau von Kapazitäten bei der Strafverfolgung und in der Justiz (Einrichtung des European Cybercrime Centre, EC3); 2. Unterstützung der Zusammenarbeit der Mitgliedstaaten mit der Industrie zum Schutz der Bürger[19]; 3. Verbesserung des Reaktionsvermögens gegenüber Cyberangriffen (d. h. Prävention, Aufdeckung, schnelle Reaktion auf die Angriffe und Netzwerkstörungen). Die Kommission legt weiter den Mitgliedstaaten in der Strategie eine Reihe von Aufgaben fest[20].

Seit dem Jahre 1999, als die Fragen der inneren Sicherheit teilweise in die erste Säule verschoben wurden, wurde von der Kommission eine Reihe von Empfehlungen und Mitteilungen angenommen (Sicherung der Informationsinfrastruktur, Bekämpfung von Spams, Spyware und schädlichen Softwares und der Cyberkriminalität), die jedoch für die Mitgliedstaaten nicht rechtsverbindlich sind. Im Rahmen der Europäischen Union wurden im eigentlichen Sinne jedoch nur wenige Rechtsakte angenommen, die für die Mitgliedstaaten rechtsverbindlich und seitens der Europäischen Union erzwingbar wären. Zur Vergemeinschaftung der Politik der Cybersicherheit kam es deswegen nur im Bereich der Abwehrmaßnahmen gegen Angriffe auf Informationssysteme, der Bekämpfung von Betrug und der Fälschung bargeldloser Zahlungsmittel, der elektronischen Kommunikation im Zusammenhang mit der Sicherung der Privatsphäre oder des sexuellen Missbrauchs von Kindern. Der größte Fortschritt wurde jedoch im Rahmen des Schutzes kritischer Infrastrukturen erreicht, als das European Programme for Critical Infrastructure Protection (EPCIP) angenommen wurde, dessen Grundlage die Directive on the

---

19 Die Zusammenarbeit zwischen dem öffentlichen und dem privaten Sektor auf der europäischen Ebene sollte durch die europäische öffentlich-private Partnerschaft für Robustheit (EP3R, European Public-Private Partnership for Resilience) zum Schutz kritischer Infrastruktur realisiert werden. Zum Zweck der Zusammenarbeit, des Kontaktaustauschs und der gegenseitigen Interaktion entwickelt die Kommission die Kontaktinitiative gegen Cyberkriminalität für Industrie und Strafverfolgung (Contact Initiative against Cybercrime for Industry and Law Enforcement). Weiter sollten alle Mitgliedstaaten sicherstellen, dass Auffälligkeiten im Cyberspace ohne großen Aufwand gemeldet werden können und dass den Bürgern die Beratung zur Verfügung steht.

20 Jeder Mitgliedstaat sollte bis zum Jahre 2012 ein CERT einrichten. Diese Computer-Notfallteams sollten miteinander zusammenarbeiten und so zu einem Grundinstrument des Aufbaus eines European Information Sharing and Alert System (EISAS) im Jahre 2013 werden. Die Mitgliedstaaten sollten weiter eigene Notfallpläne erarbeiten und die Abwehr von Cyberangriffen und die Datenwiedergewinnung nach einem Systemabsturz üben.

Identification and Designation of European Critical Infrastructures und Critical Infrastructure Warning Information Network (CIWIN) bilden.

Auf dem Gebiet der kritischen Infrastruktur entwickelt die Europäische Union die Zusammenarbeit auch mit anderen internationalen Organisationen wie der NATO, der OECD oder der Gruppe der Acht (G8). Der Schutz kritischer Informationsinfrastrukturen wird auf fünf Säulen aufgebaut: 1. Prävention und Abwehrbereitschaft: Gewährleistung der Abwehrbereitschaft auf allen Ebenen; 2. Erkennung und Reaktion: Schaffung geeigneter Frühwarnsysteme; 3. Folgenminderung und Wiederherstellung: Stärkung der EU-Instrumente zur Verteidigung der KII; 4. Internationale Zusammenarbeit: Förderung der EU-Prioritäten auf internationaler Ebene; 5. Kriterien für den IKT-Sektor: Unterstützung der Durchführung der Richtlinie über die Ermittlung und Ausweisung europäischer kritischer Infrastrukturen (COM: 2009: 149).

Im Bezug auf die institutionelle Sicherung ist die *Europäische Kommission* der Hauptkoordinator der Politik der Cybersicherheit. Mit der Problematik der Cyberkriminalität beschäftigt sich konkret die Generaldirektion für Innenangelegenheiten (Directorate-General Home Affairs). Im Jahre 2004 wurde ENISA (European Network and Information Security Agency) als ein Expertenorgan für die Durchführung spezifischer technischer und wissenschaftlicher Aufgaben eingerichtet. Diese Aufgaben betreffen die Informationssicherheit, den Austausch von Informationen und Erfolgsmethoden (*best practices*) und die Gewährleistung der Zusammenarbeit zwischen dem Privatsektor und den Mitgliedstaaten. Ein weiteres Organ der Europäischen Union, das sich mit der Cybersicherheit beschäftigt, ist *EUROPOL*. Seine Hauptaufgabe ist es, die Cyberstraftaten zu identifizieren, auf die Cyberkriminalität bezogene Strategieanalysen zu verarbeiten und eine europäische Plattform für Cybersicherheit bis zum Jahre 2012 einzurichten (*European Cybercrime Centre, EC3*). EC3 soll zu einer europäischen Kontaktstelle für die Cybersicherheit werden, fachliche Erfahrungen aus der europäischen Ebene mit nationalen Kapazitäten teilen und Ermittlung der Cyberkriminalität in den Mitgliedstaaten unterstützen. Im Rahmen dieser Plattform sollte ebenfalls der Austausch der Erfolgsmethoden (*best practices*) zwischen den Mitgliedstaaten erfolgen. EC3 sollte sich auf die Cyberkriminalität konzentrieren, die: 1. durch die organisierten Verbrechergruppen begangen wird; 2. eine erhebliche Wirkung auf die Opfer der Straftaten hat; 3. mit den Angriffe gegen kritische Infrastruktur und Informationssysteme in der Europäischen Union verbunden ist. Im Rahmen von EC3 sollte auch ein CERT eingerichtet werden, der gegen Institutionen, Organe und Agenturen der

Europäischen Union geführte Cyberangriffe[21] vermeiden soll. Er soll ebenfalls zu einer Kontaktstelle für die nationalen CERTs werden. Die Mitgliedstaaten sollten aufgrund der Empfehlungen und Mitteilungen der Europäischen Kommission gemeinsame Standards für Polizei, Richter, Staatsanwälte und forensische Ermittler bei der Verfolgung der Cyberkriminalität gewährleisten und bei der Bekämpfung dieser Kriminalität auch mit *CEPOL, Europol* und *Eurojust* zusammenarbeiten (EU 2011). EC3 hat seine Arbeit nun aufgenommen.

Die Politik der Cybersicherheit der Europäischen Union ist für die Mitgliedstaaten zum großen Teil nicht rechtsverbindlich und nicht erzwingbar, die meisten Instrumente haben nur einen fakultativen Charakter[22]. Obwohl die Europäische Kommission als Initiator und Koordinator der Politik der Cybersicherheit tätig ist, sind die Hauptakteure der Schaffung dieser Politik (bzw. der Integration der Politik) die Mitgliedstaaten. Sie sind zurzeit jedoch nicht bereit, ihre Kompetenzen im Bereich der Cybersicherheit auf die supranationale Ebene zu übergeben. Das betrifft insbesondere große Staaten der Europäischen Union wie Frankreich oder Großbritannien, die kein Interesse daran haben, auf diesem Gebiet zusammenzuarbeiten, weil sie auf nationaler Ebene über hochqualifizierte Beamte verfügen.

Andererseits, wenn es auf der EU-Ebene zu konkreten Schritten zur Stärkung der Politik der Cybersicherheit kommt, geschieht dies mit Hilfe der Staaten, die gerade die Ratspräsidentschaft ausüben[23] (*friends of presidency*). Sie bemühen sich, während ihrer Präsidentschaft im Europäischen Rat bestimmte Maßnahmen zur Stärkung der Cybersicherheit und zur Vereinigung der Rechtsregelungen durchzusetzen. Es hängt jedoch von den Interessen einzelner Mitgliedstaaten ab, ob sie sich auf dem Gebiet der Politik der Cybersicherheit im Rahmen der Europäischen Union engagieren möchten oder nicht.

---

21 Bei einem Angriff gegen das Emissionshandelssystem der Europäischen Union wurden Emissionszertifikate im Wert von mindestens 30 Millionen EUR aus nationalen Registern gestohlen.

22 Als Beispiel kann die Empfehlung der Kommission zur Einrichtung der CERTs in einzelnen Mitgliedstaaten bis zum Jahre 2012 erwähnt werden. In der Tschechischen Republik wird die völlige Inbetriebnahme eines für die Regierung bestimmten CERT erst auf den Jahr 2015 geplant (Gesetzesentwurf zur Cybersicherheit).

23 Bevor er einen Vorschlag vorliegt, verschickt der die Ratspräsidentschaft ausübende Staat anderen Mitgliedstaaten Fragebögen, wodurch er ihre Einstellung und Bereitschaft zur Annahme von Maßnahmen auf der europäischen Ebene erfährt. Im Bereich der Cybersicherheit waren in den letzten Jahren die Hauptinitiatoren die Niederlande und Polen.

Zurzeit erfolgt die Europäisierung[24] der Politik der Cybersicherheit in der Richtung von unten nach oben (*bottom-up*). Die Mitgliedstaaten übertragen auf die europäische Ebene ihre innerstaatlichen Regelungsmodelle und beeinflussen sich dadurch untereinander (Zemanová 2007: 38). Von dieser Vorrausetzung geht auch Adrienne Héritier aus, die das Verhalten der Staaten mithilfe ihrer Bemühung, ihren Status quo zu bewahren und auf die europäische Ebene nur die inländische Praxis[25] zu übertragen, erklärt (Héritier 1995; Zemanová 2007: 38). Es ist zu erwarten, dass die Annahme der koordinierten Vorgehensweisen und rechtsverbindlichen unifizierenden Regeln zur Bekämpfung der Cyberkriminalität eine steigende Tendenz haben wird, was mit dem dynamischen Fortschritt im Bereich der IKT, ihrer grenzüberschreitenden Verbundenheit und der Zunahme der Cyberangriffe zusammenhängt.[26]

8   Schluss

Die Cybersicherheit taucht in mehreren Sicherheitssektoren auf. Ihre Sekuritisation erfolgte bereits bei der Entstehung der Cybertechnologien und Cybernetzwerke im Militärbereich. Die Politik der Cybersicherheit ist in allen drei klassischen, im Rahmen der Politikfeldanalyse abgegrenzten Dimensionen der Politik realisiert. Auf der nationalen und internationalen Ebene gewann die Politik der Cybersicherheit bereits einen einheitlichen und komplexen Charakter. Die Europäisierung dieser Politik ist durch die *bottom-up* Prozesse gekennzeichnet. Im Zusammenhang

---

24 Die Europäisierung ist durch folgende Prozesse gebildet: a) Entstehung, b) Verbreitung, c) Verfestigung formeller und informeller Regeln, Verfahren, Politik-Paradigmen, Stile, Praktiken, Weltbilder und Normen, die zuerst in politischen Prozessen auf der europäischen Ebene definiert und konsolidiert werden und nachher in die Logik des heimischen (staatlichen und substaatlichen) Diskurses, der Identitäten, politischen Strukturen und öffentlichen Politiken inkorporiert werden (Radaelli 2000: 4).

25 Die Maßnahmen der Mitgliedstaaten, die sich auf der nationalen Ebene bewährt hatten (best practice), werden häufig auch von den anderen Staaten angenommen, und zwar 1. im Rahmen ihrer nationalen Gesetzgebungen ohne Rücksicht auf die Unifikation der Regelung auf europäischer Ebene oder 2. direkt auf der EU-Ebene in der Form einer Richtlinie oder Verordnung.

26 Unter die vorgeschlagenen Gesetzgebungsmaßnahmen gehört zurzeit die Bestrafung des Missbrauchs einiger Instrumente zur Begehung der Cyberkriminalität, insbesondere Botnets, oder die Implementation eines neuen Straftatbestandes „eine im Zusammenhang mit dem Identitätsdiebstahl begangene Cyberstraftat" (EU 2012).

mit dem Sturmgeschehen im Cyberraum kann man weitere Entwicklungen der Cybersicherheit erwarten.

Dieser Beitrag wurde in Rahmen des Forschungsprojekts „Veränderungen des politischen und gesellschaftlichen Pluralismus im modernen Europa II" (MUNI/A/0800/2011) erarbeitet.

Literatur

Ackermann, Paul/ Breit, Gotthard/ Cremer, Will/ Massing, Peter/ Weinbrenner, Peter (1994): *Politikdidaktik. Planungsfragen für den Politikunterricht.* Bonn.

Almond, Gabriel/ Powell, Bingham (1966): *Comparative Politics. A developmental Approach.* Boston, Toronto.

Bundesamt für Verfassungschutz (1990): *Verfassungsschutzbericht 1989.* Bonn.

Buzan, Barry/ Weaver, Ole/ de Wilde, Jaap (1998): *Security. A New Framework for Analysis.* Boulder.

Carr, Jeffrey (2010): *Inside Cyber Warfare.* Sebastopol.

Castells, Manuel (2000): *The Rise of the Network Society.* Oxford.

Castells, Manuel (2004): *The Power of Identity.* Oxford.

Clarke, Richard/ Knake Robert (2010): *Cyber War: The Next Threat to National Security and What to Do About It.* New York.

Curran, Kevin/ Concannon, Kevin/ McKeever, Sean (2008): Cyber Terrorism Attacks. In: Janczewski, Lech/ Colarik, Andrew (Hg.): *Cyber Warfare and Cyber Terrorism.* New York.

Denning, Dorothy (2001): Activism, Hacktivism, and Cyberterrorism: the Internet As a Tool for Influencing Foreign Policy. In: Arquilla, John/ Ronfeldt, David (Hg.): *Networks and Netwars.* Santa Monica. 239-288.

Dye, Thomas (1976): *Policy Analysis. What governments Do, Why They Do it, And What Difference It Makes.* Tuscaloosa.

Emmers, Ralf (2007): Securitization. In: Collins, Alan (Hg.): *Contemporary Security Studies.* Oxford. 109-125.

Fiala, Petr (1995): *Německá politologie.* [Deutsche Politikwissenschaft] Brno.

Fiala, Petr/ Schubert, Klaus (2000): *Moderní analýza politiky. Uvedení do teorií a metod policy analysis.* [Moderne Politikanalyse. Die Einführung in die Theorien und Methoden der policy analysis] Brno.

Halpin, Edward F./ Trevorrow, Philippa/ Webb, David/ Wright, Steve (Hg.) (2006): *Cyberwar, Netwar and the Revolution in Military Affairs.* Basingstoke.

Héritier, Adrienne (1995): „Leaders" and „Laggards" in European Clean Air Policy. In: van Waarden, Frans/ Unger, Brigitte (Hg.): *Convergence or Diversity? Internationalization and Economic Policy Response.* Aldershot. 278-305.

Hough, Peter (2004): *Understanding Global Security.* London.

Kameník, Jiří/ Brabec, František et al. (2007): *Komerční bezpečnost. Soukromá bezpečnostní činnost detektivních kanceláří a bezpečnostních agentur.* [Die kommerzielle Sicherheit. Die Privatsicherheitstätigkeit der Detektivbüros und Sicherheitsagenturen] Prag.

Kropáčová, Andrea (2011): *Týmová práce pro zajištění bezpečnosti komunikačních sítí.* [Teamarbeit für die Gewährleistung der Sicherheit der Kommunikationssysteme] https://www.nic.cz/files/nic/doc/Computer_CSIRT. CZ_052011.pdf (letzer Aufruf 25.01.2014).

Libicki, Martin (1995): *What is Information Warfare?* National Defence University.

Mareš, Miroslav/ Zeman, Petr (2010): Úvod do pojetí bezpečnostních hrozeb. [Die Einleitung in die Auffassung der Sicherheitsgefährdungen] In: Smolík, Josef/ Šmíd, Tomáš (Hg.): *Vybrané bezpečnostní hrozby a rizika 21. století.* [Die ausgewählten Sicherheitsgefährdungen und Risiken des 21. Jahrhunderts.] Brno. 9-19.

Molander, Roger C./ Riddile, Andrew/ Wilson, Peter A. (1996): *Strategic Information Warfare. A New Face of War.* Santa Monica.

Radaelli, Claudio (2000): Whither Europeanization? Concept stretching and substantive change. In: *European Integration online Papers* 4. http://eiop.or.at/eiop/texte/2000-008.htm (letzter Aufruf 25.01.2014).

Sofaer, Abraham, Goodman, Seymour (Hg.): (2001): Transnational Dimension of Cyber Crime and Terrorism. Stanford: Hoover Institution Press.

The Military Balance (2011): *The International Institute for Strategic Studies*, London.

Toffler, Alvin (1984): *The Third Wave.* New York.

Toffler, Alvin/ Toffler, Heidi Adelaide (1995): *War and Anti-War: Making Sense of Today's Global Chaos.* New York.

Zemanová, Štěpánka (2007): Výzkum europeizace – aktuální problémy a perspektivy. [Untersuchung der Europäisierung – aktuelle Probleme und Perspektiven] In: *Mezinárodní vztahy* [Internationale Beziehungen] 4. 29-55.

Verzeichnis elektronischer Quellen

ENISA (2011): Inventory of CERT activities in Europe. http://www.enisa.europa.eu/activities/cert/background/inv/files/inventory-of-cert-activities-in-europe

EU (2011): Cyber security: EU prepares to set up Computer Emergency Response Team for EU Institutions. http://europa.eu/rapid/pressReleasesAction.do?reference=IP/11/694

EU (2012): Cybercrime. http://ec.europa.eu/home-affairs/policies/crime/crime_cyber-crime_en.htm

ITU (2012): GCA. A Framework for International Cooperation. Legal Measures. http://www.itu.int/osg/csd/cybersecurity/gca/legal.html

ITU (2011): Understanding Cybercrime. A Guide for Developing Countries. http://www.itu.int/ITU-D/cyb/cybersecurity/legislation.html

Národní centrum kybernetické bezpečnosti ČR (2011): Vládní CERT. Computer Emergency response team. [Nationalzentrum der Cybersicherheit der Tschechischen Republik (2011): Staatliches CERT. Computer Emergency response team] http://www.govcert.cz/cs/govcert/

Communication on Creating a Safer Information Society by Improving the Security of Information Infrastructures and Combating Computer-related Crime (COM (2000) 890 final) http://europa.eu/legislation_summaries/justice_freedom_security/fight_against_organised_crime/l33193b_en.htm

Commission Communication on Network and Information Security: A proposal for an EU policy approach (COM (2001) 298 final) http://ec.europa.eu/information_society/policy/nis/strategy/index_en.htm

Communications on a Strategy for a secure Information society (COM (2006) 251) http://europa.eu/legislation_summaries/information_society/internet/l24153a_en.htm

Communications on Fighting spam, spyware and malicious software (COM (2006) 688) http://europa.eu/legislation_summaries/information_society/internet/l24189a_en.htm

Communication from the Commission to the European Parliament, the Council and the Committee of the Regions: Towards a general policy on the fight against cyber crime. (COM (2007) 267 final) http://ec.europa.eu/home-affairs/doc_centre/crime/crime_cyber-crime_en.htm

Communication from the Commission to the European Parliament, the Council, the European Economic and Social Committee and the Committee of the Regions on Critical Information Infrastructure Protection – „Protecting Europe from large scale cyber-attacks and disuptions: enhancing preparedness, security and resilience (COM (2009) 149 final) http://ec.europa.eu/home-affairs/doc_centre/crime/crime_cybercrime_en.htm

Communication from the Commission to the European Parliament, the Council, the European Economic and Social Committee and the Committee of the Regions on Critical Information Infrastructure Protection „Achievements and next steps: towards global cyber-security" (COM (2011) 163 final) http://ec.europa.eu/home-affairs/doc_centre/crime/crime_cybercrime_en.htm

Communication from the Commission to the Council and the European Parliament. Tackling Crime in our Digital Age: Establishing a European Cybercrime Centre. (COM (2012) 140 final) http://ec.europa.eu/home-affairs/doc_centre/crime/crime_cybercrime_en.htm

Consolidated versions of the Treaty on European Union and the Treaty on the Functioning of the European Union. http://eur-lex.europa.eu/en/treaties/index.htm

Directive 2002/58/EC of the European Parliament and of the Council of 12 July 2002 concerning the processing of personal data and the protection of privacy in the electronic communications sector http://europa.eu/legislation_summaries/information_society/legislative_framework/l24120_en.ht

Directive 2008/114/EC on the Identification and Designation of European Critical Infrastructures http://europa.eu/legislation_summaries/justice_freedom_security/fight_against_terrorism/jl0013_en.htm

Framework Decision 2005/222/JHA on attacks against information systems http://europa.eu/legislation_summaries/information_society/internet/l33193_en.htm

Framework Decision 2001/413/JHA on combating fraud and counterfeiting of non-cash means of payment http://europa.eu/legislation_summaries/fight_against_fraud/fight_against_counterfeiting/l24212_en.htm

Framework Decision 2004/68/JHA on sexual exploitation of children http://europa.eu/legislation_summaries/justice_freedom_security/fight_against_trafficking_in_human_beings/l33138_en.htm

Proposal for a Directive of the European Parliament and of the Council on attacks against information systems and repealing Council Framework Decision 2005/222/JHA. http://eur-lex.europa.eu/SECMonth.do?year=2010&month=09

Regulation (EC) No 460/2004 of the European Parliament and of the Council of 10 March 2004 establishing the European Network and Information Security Agency http://europa.eu/legislation_summaries/information_society/internet/l24153_en.htm

The EU Internal Security Strategy in Action: Five steps towards a more secure Europe. http://ec.europa.eu/home-affairs/policies/iss/internal_security_strategy_en.htm

The Stockholm programme – an open and secure Europe serving and protecting citizens (2010/C115/01). http://eur-lex.europa.eu/LexUriServ/LexUriServ.do?uri=CELEX:52010XG0504%2801%29:EN:NOT

Věcný záměr zákona o kybernetické bezpečnosti. [Gesetzesentwurf zur Cybersicherheit]. http://www.nbu.cz/cs/aktuality/592-pripominkove-rizeni-k-navrhu-vecneho-zameru-zakona-o-kyberneticke-bezpecnosti-/

Die Strukturlandschaft der Inneren Sicherheit der Bundesrepublik Deutschland

Astrid Bötticher

Dieser Beitrag behandelt die Organisationsstrukturen der Inneren Sicherheit der Bundesrepublik Deutschland, die entwickelt worden sind, um Cybersicherheit *herzustellen* und zu *gewährleisten*. Die aus der physischen Welt stammende Abstraktion von Gefährdungsformen wird zunächst auf die Cyber-Welt übertragen, so dass eine Analyse der Entwicklungen zur Cybersicherheit in den Gefährdungsbereichen möglich ist. Dabei handelt es sich um den kritischen Versuch, die traditionellen Begrifflichkeiten der Sicherheitsstudien zu erhalten und auf die Cyberwelt zu übertragen (zur Kritik der Sprachpraxis innerhalb der Cybersecurity Studies siehe den Beitrag von Bastl, Mareš und Tvrdá in diesem Band). Der Wandel durch Technik wird dargestellt, sowie die auf die Cyberwelt abgestimmte und vernetzte Sicherheit als institutionenübergreifendes Kommunikationssystem analysiert.

1 Strukturen der Cybersicherheit – ein Analysemodell

Die Strukturlandschaft der Inneren Sicherheit zu beschreiben bedeutet, einen möglichst ganzheitlichen Blick auf politische Prozesse, Programme und Akteure zu gewinnen. „Strukturelle Veränderungen im Politikfeld Innere Sicherheit" berühren „nicht einfach nur ‚Rahmenbedingungen'", sondern sind „überwiegend Gegenstand und eigentliches Ziel der Policy-Produktion" (Lange 1999: 234). Die zentrale Frage, so Lange, sei demnach, ob strukturelle Veränderungen aufgrund externen Wandlungsdrucks oder aufgrund von interessierten Akteuren zustande gekommen seien. Veränderte Umweltbedingungen sind demnach nicht per se Ursache für strukturelle Veränderungen im Politikfeld Innere Sicherheit. Vielmehr sind Wahrnehmungsprozesse angesprochen, die für das Agendasetting hinzukommen müssen. Die Organisation von Herstellungsprozessen zur Bereitstellung von Cybersicherheit beinhaltet so in verschiedener Hinsicht Fragen zur Sicherung von Demokratie und demokratischen Formen (Prozesse, Abläufe) der Sicherheitsherstellung der Cyberwelt. Die Demokratie, so Rüb (2012: 99), ist dauerhaften und kontingenten Gefährdungen ausgesetzt, auf die auch Sicherheitsbehörden Bezug nehmen (müssen). Gerade die Cybersicherheit, die Sicherheit des Internets und die Bewegung im Internet, sind zentrale Herausforderungen für die Demokratie. So schreibt Bendiek (2012: 5): „A secure Internet is essential to the protection of individual liberties, the right to informational self-determination and democracy as a whole."

Die Fragen der Cybersicherheit sind auch Fragen der Demokratiesicherung. Die Frage, auf welche Weise die Rahmenbedingungen für den Cyberraum im Politikfeld Innere Sicherheit durch Policy-Produktionen gesetzt und verändert wurden, welche Bedeutungen Policies im Bereich der Herstellung von Cybersicherheit für die traditionelle Aufteilung von Innen und Außen haben und welche Arrangements zur Fragmentierung beitragen, sind demnach nicht allein für die Sicherheitsforschung zentral, sondern es sind zugleich Fragen, die sich im Rahmen der Demokratie als solches bewegen. Wir stehen so vor einem Rückkopplungsprozess. Gefährdungen führen zu strukturellen Veränderungen innerhalb demokratischer Systeme, demokratische Systeme verändern jedoch auch das Potenzial von Gefährdungen, indem sie sie minimieren, vergrößern, ignorieren oder beachten, Entscheidungen treffen oder sie nicht treffen.

> „Wo alles zur Entscheidung stand oder steht – wenn auch niemals alles gleichzeitig –, wächst die Verantwortung, müssten und könnten auch die Folgen von unterbliebenen Entscheidungen verantwortet werden. Wo alles disponibel wird, gerät Verantwortung zur zentralen Kategorie und ihre Zurechenbarkeit zu einem Problem, das neue Lösungen verlangt." (Greven 1999: 9)

Der Fakt, dass die Verantwortlichkeit sich auf Entscheidungen und nicht-Entscheidungen beziehen lässt, wir also in einem kontingenten Möglichkeitsraum leben, hat insbesondere für die Betrachtung der Cyberwelt Bedeutung. Diese Bedeutung erschließt sich daraus, dass das Phänomen des Cyberraums – vollkommen neu und in Gänze durch den Menschen strukturiert – durch Beachtung und durch nicht-Beachtung geprägt wird. Auch die Bedeutung des Cyberraums auf die physische Welt wird von dieser Entscheidung zur oder gegen Regulation tangiert.

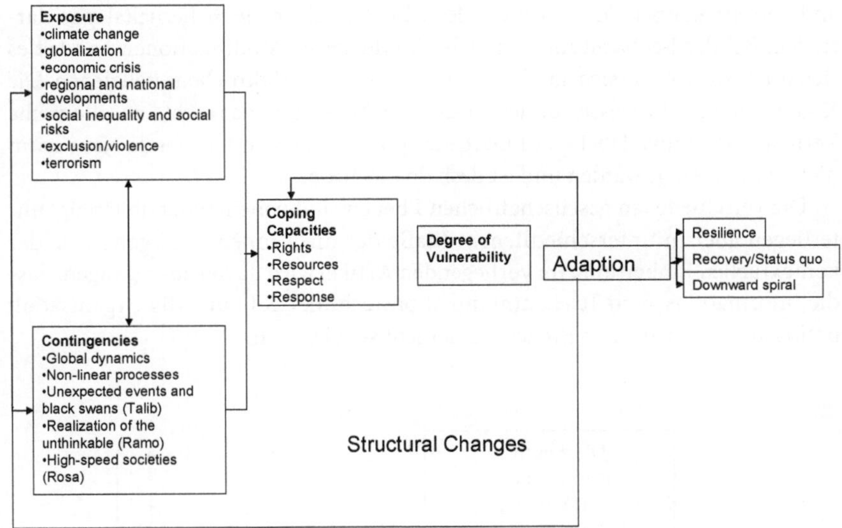

Abb. 1   Friedbert W. Rüb: Die Verletzlichkeit der Demokratie – eine Spekulation (2012: 99).

Die Strukturveränderungen, die durch Prozesse (etwa der Etablierung neuer Institutionen oder die Ausweitung oder Beschneidung von Handlungskompetenzen für Akteure) zur Herstellung von Cybersicherheit eingeleitet werden, verändern unter Umständen das Gesicht der Demokratie und die Demokratie verändert Prozesse zur Herstellung von Cybersicherheit oder Cybersicherheit als Output einer Demokratie. Die demokratischen Herstellungsprozesse und die von Akteuren der Inneren Sicherheit eingeleiteten Programme machen dabei insgesamt nur einen kleinen Teil der Herstellung von Sicherheit aus.

Die Herstellung von Cybersicherheit ist ein durch Kontingenzen geprägtes Feld, welches insbesondere durch Technikinnovationen geprägt wird und diese wiederum prägend begleitet, es mannigfaltige Entscheidungsebenen und Strukturverknüpfungen gibt, die sich in einem Zusammenspiel befinden und zum Teil voneinander abhängig sind. Auf verschiedenen Ebenen lassen sich Neu- und Reorganisationen, vorgegebene und selbstinduzierte Strukturveränderungen vorfinden. Diese Prozesse sind Teil einer schnelllebigen Umwelt und von dieser Umwelt selbst zutiefst tangiert. Die Innovationsfrequenz, die von neuen Techniken im Bereich Informations- und Telekommunikationstechnologie ausgeht, ist bemerkenswert schnell getaktet. Neue Techniken und Innovationen führen einerseits zu Wohlstand und Wachstum, andererseits können Innovationen des IKT-Bereichs neue Sicherheitslagen darstellen. Bei der Beobachtung von technikinduzierten Modifikationen handelt es sich um Prozesse, die sich auf der Mikro-, Meso- und Makroebene vollziehen. Die Komplexität der Prozesse, ihr heterogenes Auftreten und das nicht kausallogische Verhalten lässt uns dabei von Emergenz sprechen. Das auftauchende Neue kann nicht vorhergesagt werden und ist deshalb diachron.

Die verschiedenen gesellschaftlichen Ebenen sind voneinander abhängig, unterliegen aber in unterschiedlichem Maße der diachronen Emergenz, wie der kontextuellen Einbettung. Im vorliegenden Artikel wird davon ausgegangen, dass die Informations- und Telekommunikationstechnik (IKT) und die Organisation politisch-administrativer Prozesse emergent sein können.

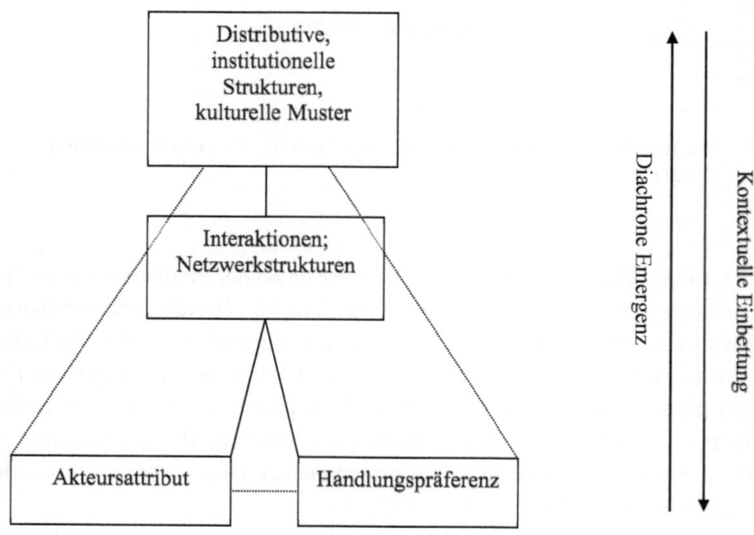

Abb. 2 Bruno Trezzini: Interdependenzen zwischen Mikro-, Meso- und Makroebene und Analysestrategien zu ihrer Erfassung (2010: 197).

Die verschiedenen Akteure, einbezogen in den Prozess der Herstellung von Cybersicherheit, sind kontextuell eingebettet und besitzen Handlungspräferenzen zur Problemwahrnehmung und -lösung.

Innerhalb des Sicherheitsfelds haben sich die verschiedenen Akteure etabliert und mannigfaltige Kontaktstrukturen aufgebaut, die für sich genommen weniger kontextuell eingebettet sind, sich durch Interaktionen in Teilbereichen des Subsystems der Cybersicherheit auszeichnen, auf dessen Ebene eine Zunahme von Komplexität zu verzeichnen ist. Verschiedene Konflikt-, Koalitions- und Konsensprozesse finden sich auf dieser Ebene wieder und lassen sich analysieren. Die sich in Interaktionen äußernden Netzwerkstrukturen sind hochkomplex, doch diese Komplexität wird durch die mannigfaltigen institutionellen Strukturen mit ihren kulturellen Mustern noch überstiegen. Das Politikfeld der Inneren Sicherheit lässt sich regelmäßig durch regulative Policies beschreiben, also handelt es sich hier um ein Politikfeld, welches hauptsächlich mit Steuerungsmaßnahmen im Rahmen von Ge- und Verboten operiert. Im Rahmen der Etablierung von Steuerungsmaßnahmen zur Herstellung von Cybersicherheit lassen sich doch auch konstituierende Policies finden; dies hängt insbesondere mit dem noch jungen Subfeld der Sicherheitspolitik zusammen. Anders als in bereits voll etablierten Politikfeldern sind regelverändernde politische Maßnahmen im Subsystem ein kennzeichnender Moment der sich noch konstituierenden Politik der Cybersicherheit.

Das Akteursmilieu der Sicherheitshersteller – privat wie öffentlich – besteht nicht aus einem Set an autonomen und atomisierten Akteuren (Dolata 2001: 38), sondern ist ein Zirkel mit vielfach rückgekoppelten, rekursiven Austauschprozessen. Die Akteure sind interdependent. Es handelt sich um Netzwerke im Sinne von kooperativen Interaktionsmustern innerhalb einer pluralen und fragmentierten Kooperations- und Austauschlandschaft, die relativ offen und nur lose gekoppelt sein können (Dolata 2001: 43). Die kooperativen Aushandlungssysteme sind z. T. durch fluide Machtbeziehungen charakterisierbar, wie Dolata erklärt (2001: 44):

> „Ihre Basis bilden strukturelle, nicht lediglich situativ vorfindliche und beliebig variierbare Machtpotenziale, die die Beteiligten als Trümpfe ins Feld führen können und die sich aus ihrer Verfügung über Ressourcen, Kompetenzen und soziale Bindungszusammenhänge ergeben."

Diese Machtpotenziale sind gerade in neuen, sich noch etablierenden Feldern fluktuid. Die Machtbeziehungen, die aus diesen Potenzialen entstehen, gehen zunächst durch eine Phase großer Unsicherheiten. Dolata (2001: 46) beschreibt diese Umbruchsituation in der neue Machtpotenziale und neue Machtbeziehungen auf die Bühne treten als ein insgesamt durch Fluktuation und Unsicherheit gekennzeichneten Prozess: „In derartigen Umbruchsituationen konstituieren sich neue Verhandlungsthemen und Aushandlungsarenen, betreten bis dahin unbekannte (oder unbedeutende) Akteure das Feld und haben sich alte Akteure zu repositionieren."

2 Der Cyberraum als Wahrnehmungsproblem parlamentarischer Sicherheitsakteure

Um auf die komplexen Herstellungsprozesse im Rahmen von Akteursinteraktionen und strukturellen Mustern eingehen zu können, soll hier zunächst der Cyberraum selbst beschrieben werden.

Der Cyberraum wird im Rahmen der Cybersicherheitsstrategie für Deutschland (Bundesministerium des Innern 2011: 14) beschrieben als „der virtuelle Raum aller auf Datenebene vernetzten IT-Systeme im globalen Maßstab."

Der Cyberraum ist eine durch den Menschen vollständig kreierte, virtuelle Umwelt. Der Cyberraum wurde *hergestellt*; Sicherheit dient hier dem Zwecke der Aufrechterhaltung des Netzes, der Fortdauer des Gesetzes als Ausdruck gesellschaftlicher Normen, dem Schutz zentraler Versorgungsdienstleistungen und deren kritischer Infrastruktur. Der Cyberraum ist durch Kommunikation insgesamt gekennzeichnet. Neben menschlicher Kommunikation ist die elektronische Kommunikation zu nennen. Neben der Unterscheidung der Kommunizierenden (Mensch zu Mensch, Mensch zu Maschine, Maschine zu Maschine) ist der Kommunikationsinhalt eine Unterscheidungsform (z. B. grundrechtsrelevante Kommunikation.etc). Es existiert auch die kriminelle Kommunikation (zum Zweck der Vorbereitung von Straftaten etc.). Die Europäische Kommission definiert Cyber-Kriminalität als: „all criminal acts comitted using electronic communications networks and information systems or against such networks and systems" (COM (2007) 267 vom 22. Mai 2007).

Diese Definition ist äußerst umfassend. Neben ungenügenden Programmierungen, sogenannten „Sicherheitslücken" (Backdoors etc.), entsteht die Unsicherheit des Cyberraums auch durch gezielte Programmierungen, von Schadsoftware usw. Dabei ist die Wahrnehmung des Problems „Unsicherheit im virtuellen Raum" erst seit einigen Jahren auf der Agenda der parlamentarischen Akteure, wenngleich Sicherheitsinstitutionen, wie der Verfassungsschutz, schon seit den späten 1980ern auf das Problem hinweisen. Dabei hatte das Parlament jederzeit die Aufgabe, den Bürger und seine Rechte im Cyberraum vor kriminellen Machenschaften, wie auch vor überstarken staatlichen Eingriffen zu schützen. Regulierungen des Cyberraums vollzogen sich in Deutschland immer auch mit Blick auf den Datenschutz (z. B. Eckpunkte der deutschen Kryptopolitik vom 2. Juni 1999). Die Diskussionen auf parteipolitischer Ebene waren in den 1990er Jahren jedoch insbesondere durch einzelne Personen vorangetrieben worden (Manfred Kanther forderte schon im Jahr 1995 ein Kryptogesetz). So beschreibt ein Interviewpartner, im Rahmen des Teilprojektes Telekommunikationsüberwachung des Sicherheitsgesetzgebungspr ojekts (SIGG), über die sicherheitsherstellenden Prozesse der späten 1990er Jahre im Rahmen der Cybersicherheitspolitik:

„Die Wahrnehmung ist einfach nicht da gewesen. Das Thema war für viele einfach zu abstrakt, sie haben die Bedeutung nicht erkannt, nicht verstanden was da eigentlich entschieden werden sollte. Nun nimmt das Interesse immer mehr zu, ich vermute einen Zusammenhang mit dem Social Web, die Netzwerkprogramme haben die Problematik für den Einzelnen konkreter gemacht. Die Medienkompetenz hat zugenommen, heute kennen sich die Erwachsenen in Verantwortung einfach besser aus, sie sind mit Computern aufgewachsen. Damals fehlte einfach die Fantasie, man konnte sich nicht vorstellen, wie so etwas funktioniert. Ich denke hier auch an das OSINT, die Triangulation, die Aktionsmuster greifbar werden lässt, das ist alles ziemlich abstrakt. Carsten Nahl hat ja den Handy-Algorithmus geknackt, Security research labs, das sind Menschen die verstehen, was ein Gesetzgebungsprozess bedeutet." (SIGG Interview TKÜ5)

Die Nichtbeachtung der Fragen zur Cybersicherheit ist insofern erwähnenswert, als dass das Internet zunächst eine militärische Entwicklung war, die Frage der Sicherheit also direkt mit der Entwicklung des Cyberraumes verknüpft ist (Bendiek 2013). Die Schlussfolgerungen der parlamentarischen Akteure, die sich durch die heutige Problembetrachtung ergeben haben, sind höchst unterschiedlich und widersprechen sich zum Teil. Die Wahrnehmung von Cybersicherheit als wichtiges Subfeld der Inneren Sicherheit hat zugenommen, was auch auf den zunehmenden Sachverstand der politischen Akteure zurückzuführen ist. Ein politischer Wettbewerb um die besseren Lösungen beginnt jedoch gerade erst sich auszubilden – die Parteien haben die Netzpolitik lange Zeit stiefmütterlich behandelt.

Während die Vereinten Nationen bereits am 14.12.1990 auf dem von ihr veranstalteten Kongress für Verbrechensverhütung und Behandlung Straffälliger empfahlen, computerbezogene Kriminalitätsformen zu bekämpfen und gesetzliche Maßnahmen für diesen Zweck zu erlassen (Resolution 45/121), handelten die Bundesregierungen der Bundesrepublik sehr zeitversetzt. Strategische Ansätze wurden erst rund zwanzig Jahre später formuliert, institutionelle Ausgestaltungen und die Ausbildung operativer Fähigkeiten der zuständigen Akteure waren eher vereinzelt und hauptsächlich reaktiv.

Eine wichtige Gelegenheit, um das Problem der Unsicherheit *im* Cyberraum und *durch* den Cyberraum auf die Agenda zu setzen und bereits diskutierte Lösungen umzusetzen, ergab sich z. B. durch die Cyberattacke gegen Estland (2007). Wenngleich der Nationale Plan zum Schutz kritischer Infrastrukturen durch die Bundesregierung bereits 2005 beschlossen wurde, hatte die massive DDoS Attacke auf die Infrastruktur Estlands tiefgreifende Wirkung auf EU-Ebene. Interessant ist, dass das Subsystem der Inneren Sicherheit, Cybersicherheit, durch das Mehrebenensystem gekennzeichnet ist und internationale Akteure durchweg schnell reagiert haben und generelle Politikziele formulierten. Erst später wurde den Verantwortlichen auf Bundesebene bewusst, dass die gesellschaftliche Technologie-Adaption eine größere Umstellung derjenigen Institutionen bedeutete, die zur Produktion von Sicherheit beauftragt sind. Gerade ein Blick auf internationale Zusammenhänge deutet auf eine zeitliche Diskrepanz hin, die zwischen supranationalen Akteuren der Fachebene und national organisierten Parteienlandschaften und ihrer Aufmerksamkeitsstruktur besteht.

Die Cybersicherheitsstrategie der Bundesregierung wurde im Jahr 2011 beschlossen. Einerseits bedeutete dies, dass die Institutionen selbst Telekommunikations- und Informationstechnologie adaptieren mussten, gleichzeitig stellte sich aber auch die Herausforderung, die Telekommunikations- und Informationstechnologie nach vorgeordneten Sicherheitsbedürfnissen zu regulieren. Die vorgeordneten Sicherheitsbedürfnisse kollidierten schnell mit den Freiheitsbedürfnissen des Bürgers und seine, durch die Netzkommunität ausgedrückten Bedürfnisse – hier bildete sich, allerdings erst in den letzten Jahren, eine Vielzahl an Akteuren heraus. Gerade die Piratenpartei, aber auch Einzelpersonen innerhalb verschiedener Parteien (bekannt unter Anderem als ‚Netzpolitiker' oder ‚junge Wilde') sind ein Beispiel für den Prozess der Parlamentarisierung von Bedürfnissen des Cyberraums und dem Bedürfnis von Parteien zur Cyberisierung des Parlaments (siehe auch den Beitrag von Kettner und Brabanski in diesem Band).

Die Strukturlandschaft der Cybersicherheit herstellenden Akteure kann als historisch-kontextuell eingebettete Antwort auf ein zeitspezifisches Phänomen betrachtet werden. Es handelt sich um eine historische Problemsituation und historisch kontextuelle Lösungsversuche der Probleme. In dieser Hinsicht wird zunächst ein Überblick über die Summe der Herausforderungen bereitgestellt, um die massive Herausforderung, die das Aufkommen der Telekommunikations- und Informationstechnologie für die gesellschaftlichen Institutionen bedeuteten, darzustellen. Wie wird Cybersicherheit hergestellt, wie wird Cybersicherheit gewährleistet?

Die gängigste Definition von Cybersicherheit in Deutschland liefert das Bundesamt für Sicherheit in der Informationstechnik:

> „Cybersicherheit erweitert das Aktionsfeld der klassischen IT-Sicherheit auf den gesamten Cyber-Raum. Dieser umfasst sämtliche mit dem Internet und vergleichbaren Netzen verbundene Informationstechnik und schließt darauf basierende Kommunikation, Anwendungen, Prozesse und verarbeitete Informationen mit ein. Damit wird praktisch die gesamte moderne Informations- und Kommunikationstechnik zu einem Teil des Cyber-Raums." (Bundesamt für Sicherheit in der Informationstechnik: Cybersicherheit. Internetveröffentlichung)

Das Verständnis von Cybersicherheit ist also an die Vorstellung von Sicherheit insgesamt gekoppelt.

3 Sicherheitsverständnis

3.1 Eine Begriffsdiskussion

Der Begriff Sicherheit hat sich in Europa durch stetige Diskussionen, neue Gefahrenlagen, Reflexionen und Konzepte erweitert. Die Erweiterung des Sicherheitsbegriffs ist eine wichtige Tendenz der Sicherheitsforschung und -praxis.

> „Die Erweiterung des Sicherheitsbegriffs bzw. der erweiterte Sicherheitsbegriff entstammt ursprünglich der militärischen und sicherheitspolitischen Diskussion. Er orientiert sich an der Auflösung der strikten, historisch bedingten Trennung zwischen äußerer und innerer Sicherheit" (Heinrich, Lange 2008: 253).

Der erweiterte Sicherheitsbegriff umfasst verschiedene Dimensionen der Sicherheit. Von kollektiver Sicherheit und kollektiver Verteidigung hin zu einer kooperativen Sicherheit, die verschiedene Ebenen der Sicherheit umfasst. Die Prävention, die Risikoberechnung und die Beurteilung von Sachlagen unter Einbeziehung von Sicherheitsansprüchen ist durch den erweiterten Sicherheitsbegriff inkorporiert (Heinrich, Lange 2008: 256). Garland spricht hier von der „Culture of Control" (Garland 2001) und Hans-Jürgen Lange (2013) sowie Christopher Daase (2012) sprechen von einer „Sicherheitskultur", während Tobias Singelnstein und Peer Stolle von der „Sicherheitsgesellschaft" sprechen (2008).

Sicherheitskultur bezeichnet als Begriff die Gesamtheit der politischen Kommunikation, die auf die Herstellung Innerer Sicherheit referiert und politische Organisationen (Parteien, Regierungen, öffentliche Verwaltungen, Verbände, Gewerkschaften etc.), die darüber entscheiden, wie Sicherheit herstellt werden soll. Sicherheit ist insofern ein Kulturprodukt, als dass gesellschaftliche Kommunikationsprozesse einen erheblichen Anteil daran haben, was als zu Sicherndes gut wahrgenommen wird, und durch diese Prozesse auch Schwellen der Risikoakzeptanz festgelegt werden. Hier ist die von Trezzini beobachtete zunehmende diachrone Emergenz bei gleichzeitiger Abnahme der kontextuellen Einbettung hinsichtlich institutioneller Strukturen gemeint. Dabei bleibt zentral, dass die Einführung von Policies zur Herstellung von Sicherheit kulturabhängig ist, genauso wie die Akzeptanz der Policies eine kulturabhängige Frage ist (Verba 1965: 517).

Der erweiterte Sicherheitsbegriff korrespondiert dabei mit der tendenziellen Überlappung verschiedener Formen von Sicherheit. Richard Cohen und Michael Mihalka (2001) verstehen die Entwicklung des Sicherheitsbegriffs als dreistellige Relation. Dabei unterscheiden sie verschiedene Entwicklungsstufen der Wahrnehmung der Bereiche von Sicherheit:

„Collective Security looks inward to attempt to ensure security within a group of sovereign states. [...] A Collective Defence organization looks outward to defend its members from external aggression. [...] Cooperative Security is a strategic system which forms around a nucleus of liberal democratic states linked together in a network of formal or informal alliances and institutions characterized by shared values and practical and transparent economic, political, and defence cooperation." (Cohen, Mihalka 2001: 6-10)

Abb. 3   Richard Cohen, Michael Mihalka: Cooperative Security. New Horizons for International Order. 2001. S. 10.

Die Dimensionen der Sicherheit umfassen militärische, polizeiliche, ökonomische, soziale und ökologische Aspekte (Heinrich, Lange 2008: 253). Alan Collins (2010) nennt einige weitere Sektoren der Sicherheit: militärische Sicherheit steht neben der Regime-Sicherheit, der gesellschaftlichen Sicherheit, der ökologischen Sicherheit, der ökonomischen Sicherheit und der Entwicklungssicherheit. Dies ist nicht zuletzt der Entwicklung der Sicherheitsstudien insgesamt geschuldet, die sich gerade in den 1990ern um eine intensive Konzeptarbeit bemühten sowie der Aufmerksamkeit, die sich mit dem globalen Krieg gegen den Terror sprunghaft erhöhte (Buzan, Wæver 2010: 464). Die Diskussionen um eine Theorie der Sicherheit sind dabei auch geographisch unterscheidbar: während in Europa hauptsächlich die traditionelle Sicherheitsforschung, die Kopenhagen-Schule, die Pariser Schule, die Kritische Sicherheitsforschung und feministische Ansätze diskutiert werden, wird in den USA John J. Mearsheimers Postulat des „offensive realism" (das von einer anarchistischen

Staatenwelt ausgeht) und Charles Glasers „defensive realism" (das von Staaten als sozialisierten Spielern ausgeht) diskutiert. Hier wird insbesondere deutlich, dass die Sicherheitsforschung in den USA eng an das Fach Internationale Beziehungen geknüpft ist, während dies in Europa so nicht gelten mag. Die theoretische Diskussion um den Sicherheitsbegriff, der in die Vorstellung einer Sicherheitskultur mündete, ist klar von amerikanischen Theorien zu unterscheiden, die sich eher aus der Praxis heraus entwickeln (Buzan, Wæver 2010: 464-471).

Aufgrund der dynamischen Debatte um den Sicherheitsbegriff, die Entwicklung neuer Dimensionen und Sektoren der Sicherheit und die Wahrnehmung neuer, komplexer Gefahren sowie die zunehmende Technisierung des gesellschaftlichen Lebens, haben in sich zusammenhängende Kontrollarrangements gebildet, die die Aufgabe erfüllen sollen, Sicherheit herzustellen und ihren Zustand zu kontrollieren. Neue Bedrohungsmuster führen zu neuen Entscheidungsstrukturen. Der Staat „reklamiert [...] neue Zuständigkeiten oder baut bestehende aus" (Lange, Ohly, Reichertz 2008: 11).

Insbesondere ist der Wandel auf die Aufstellung der Sicherheitsbehörden, ihre Strategien und ihre gesellschaftliche Importanz bezogen (Garland 2001: 168). Dabei hat sich auch ein Wandel in der Selbstbeschreibung ergeben, denn mit dem Auftrag, Sicherheit herzustellen, geht der Anspruch einher, auch Kriminalitätsfurcht zu begegnen (Schairer, Schöb, Schwarz 2010: 705).

> „Galt es ehemals, als Kriminalität definierte Handlungen zu verhindern, so gilt es heute, zusätzlich auch noch der ‚Kriminalitätsfurcht' der Bevölkerung entgegen zu wirken. Die Entdeckung einer (nur) subjektiv wahrgenommenen Bedrohung der Gesellschaft als ausreichende Politikgrundlage hat die (scheinbare) Legitimationsgrundlage repressiver Strategien verbreitert." (Groll, Reinke, Schierz 2008: 345)

Die Sicherheit gerät mehr und mehr in den Fokus der staatlichen Regulierungsbemühungen – dies gilt auch auf multinationaler Ebene. So beschreibt Bendiek die Entwicklung von EU-Policies auf den Gebieten des Inneren und der Justiz als hauptsächlich auf die Sicherheitsdimension fokussiert (Bendiek 2012: 21). Die Sicherheitsgewährleistung als zentraler Aufgabenbereich der Politik der Inneren Sicherheit wird auch von Singelnstein und Stolle thematisiert: „Er [der Staat] wird nicht mehr ausschließlich als Prinzip der Einhegung und Formalisierung staatlicher Macht angesehen, sondern als Institution, die ihre rechtlichen Möglichkeiten dazu einsetzt, Sicherheit zu gewährleisten." (Singelnstein, Stolle 2008: 147f.)

3.2   Die Gewährleistung Innerer Sicherheit

Für die verschiedenen Akteure gleichermaßen stellte sich mit der gesellschaftlichen Adaption von Telekommunikations- und Informationstechnologie eine immense Herausforderung komplexer Natur, gerade auch, weil Cybersicherheit *gewährleistet* werden sollte. Organisationsstrukturen mussten selbst neu justiert, der Haushalt musste angepasst werden und viele weitere Schritte waren nötig, um eine sinnvolle Regulierung des Internets zu ermöglichen. In einem ersten Schritt mussten, den rechtstaatlichen Vorgaben entsprechend, gesetzliche Grundlagen geschaffen werden, die die eigene Tätigkeit und sämtliche Aktivitäten im Cyberraum regulierten. Der benötigte hohe Sachverstand, der an die Technologiegesetzgebung gekoppelt ist, musste sich in den Ministerien und den demokratischen Institutionen erst herausbilden, um den Anforderungen gerecht zu werden. Der noch in den 1990er Jahren vorherrschende fehlende Sachverstand bildet sich seit den 2000ern stetig, aber langsam heraus. Erwähnenswert sind die sogenannten Netzpolitiker, die mittlerweile in allen Parteien Fuß fassen konnten und im Bundestag vertreten sind, doch gleichwohl Exoten ihrer Parteien geblieben sind. Prominente Netzpolitiker, die immer wieder ihren Kopf hinhalten müssen, um der Öffentlichkeit zu belegen, dass man doch Interesse an dem Thema habe, sind Dorothee Bär, Manuel Höferlin, Jimmy Schulz, Konstantin von Notz, Kerstin Andreae usw. Gleichwohl muss leider festgestellt werden, dass die Politik immer der technologischen Weiterentwicklung hinterherhinkt – und diese Asymmetrie auch dadurch entstanden ist, dass der weitgehend fehlende Sachverstand mit einem weitgehend fehlenden Interesse gepaart war. Die Netzpolitik ist ein Randthema der Parteien, wenngleich es die Diskussion um Edward Snowden schaffte, das Thema kurzzeitig in den gesellschaftlichen Mittelpunkt zu rücken. Die Einflussnahme der Netzpolitiker auf Prozesse des Agendasettings ist jedoch heute noch äußerst gering. Die Parteien im Bundestag haben aufgrund einer interfraktionellen Beschlusslage zunächst einmal die Enquete Kommission „Internet und digitale Gesellschaft" eingerichtet, deren Ziel eine Bestandsaufnahme zur digitalen Gesellschaft und die Formulierung von Handlungszielen war. Von den dreizehn Projektgruppen der Enquete Kommission, beschäftigte sich insbesondere die Gruppe „Zugang, Struktur und Sicherheit im Netz" unter dem Vorsitz des Sachverständigen Harald Lemke mit Fragen der Cybersicherheit. Dabei wurden insbesondere die Themen Schutz Kritischer Infrastrukturen im Internet, Kriminalität im Internet, Spionage und Sabotage behandelt (Bundestagsdrucksache 17/12541). Die Enquete Kommission wurde dann auf Antrag verlängert (Bundestagsdrucksache 17/9939). Am 15.04.2013 wurde der Schlussbericht der Enquete Kommission veröffentlicht (Bundestagsdrucksache 17/12550).

Gerade auch der Haushalt musste genügend Geldmittel zur Anschaffung von Technologie und zur Ausbildung von technologischem Expertenwissen für die Sicherheitsinstitutionen zur Verfügung stellen. Neben der gesetzlichen Grundlage zum Handeln, musste genügend Sachverstand in den eigenen Institutionen geschaffen werden, so dass nötige Handlungen zur Herstellung von Sicherheit auch tatsächlich erkannt und vollzogen werden konnten. Neben dem durch die Gesellschaft bereits vorgegebenen Stand der technologischen Adaption, musste das Expertenwissen über den gesellschaftlichen Stand hinausgehen, und die Herausforderung, stetig auf dem allerneuesten Stand der Technologie zu sein und Entwicklungen vorauszusehen, war monetär wie personell enorm. Die technologische Aktualität ist eine dauerhafte Notwendigkeit des Cyberbereichs und für alle Ministerien und nachgeordneten Behörden insgesamt ein Dauerthema.

 Eine weitere Herausforderung bestand für die sicherheitsherstellenden, föderal organisierten Akteure darin, neue Praktiken auszubilden, auszuweiten und als Handlungen selbst zu institutionalisieren. Das Neue musste zu einer gewohnten Praxis transformiert werden. Dies stellte hohe Anforderungen an das Personal, denn ein grundsätzlich neues Verständnis von Umwelt und eine (möglichst vollständige) Geographie des Cyberraumes musste das Personal sich erst grundsätzlich aneignen. Die in der physischen Umwelt erlangte Expertise reichte dazu nicht aus, auch die bereits vorgegebenen Handlungsstrukturen der physischen Welt konnten nicht einfach für den Cyberraum adaptiert werden, sondern mussten „experimentell" gefunden werden. Dies bedeutete für das Personal, dass neue, gesetzlich legitimierte Verhaltensweisen erdacht und erprobt werden mussten.

Für die Sicherheitsakteure wurde die Notwendigkeit, neue Erkenntnisse und Erfahrungen zu kommunizieren, zu einer Herausforderung für die sich bereits etablierten internen und externen Kommunikationsstrukturen. Der rasante gesellschaftliche Wandel der Informationsgesellschaft bedeutete für die Sicherheitsbehörden auch, dass die geschaffenen Organisationsstrukturen ständig erweitert, erneuert und überdacht werden mussten, um sich dem gesellschaftlichen Wandel anzupassen und ihm gerecht zu werden. So schreibt Dolata (2001: 37):

> „Industrielle Technikentwicklung und politische Technikregulierung finden längst nicht mehr vornehmlich innerhalb einzelner Organisationen und Instanzen statt, sondern sind hochgradig interaktiv betriebene Unterfangen, bei denen sich alle relevanten Akteure eines Technikfelds in der einen oder anderen Weise auf einander beziehen."

Die Anforderungen an die Sicherheitsinstitutionen, legitime Sicherheitsinteressen durchzusetzen, werden dabei auch durch eine liquide Gesellschaft gestellt, die sich ständig transformiert und einen hohen Grad an Diversität des Verhaltens aufweist. Dies geschieht bei gleichzeitig sich ständig neu entwickelnden geographischen Veränderungen des Cyberraums, der seinerseits einen hohen Grad an Diversität und Liquidität aufzeigt. Dies bedeutete für die Sicherheitsinstitutionen wiederum, dass ihre organisationsintern benötigten stabilen Strukturen, die nicht zuletzt auf der Durchsetzung von Rechtssicherheit basierten, hohe adaptive Fähigkeiten besitzen mussten. Die durch bürokratische Anforderungen an Stabilität und Nachweisbarkeit entstandene sprichwörtliche „langsame Behördenmühle" wurde so selbst zu einer Gefahr und die Sicherheitsinstitutionen befanden sich in einem Dilemma. Die durch eine offen organisierte Gesellschaft gestellten legitimen Anforderungen an behördliches Handeln, zur Wahrung von Rechtssicherheit und aller weiteren bürgerlichen Rechte, erforderte die Etablierung von stabilen Strukturen und Maßnahmen, das hohe Veränderungspotential der in sich selbst liquiden Informationsgesellschaft erforderte, dass alle Maßnahmen auch nach ihren adaptiven Fähigkeiten beurteilt werden mussten. Die verschiedenen, technologiebasierten neuen Umweltbedingungen bedeuteten dementsprechend auch neue Anpassungsanforderungen insgesamt.

> „Zugleich haben die gesellschaftlichen Bedingungen auch Einfluss auf das jeweils herrschende Bild von Abweichung. So entwickeln sich Formen der Kriminalistik beispielsweise im Bereich der Überwachung, Identifizierung, Datenerfassung und -sammlung vor dem Hintergrund der gesellschaftlichen Bedingungen und des technischen Fortschritts und bringen je spezifische Formen von Abweichung hervor, die sie erkennen und erfassen können." (Singelnstein, Stolle 2008: 13)

Die Herausforderungen waren vielfältig, dementsprechend musste eine ganze Vielzahl an Maßnahmen erfolgen, um die Sicherheitsarchitektur der Bundesrepublik Deutschland auf die neuen Herausforderungen abzustimmen.

3.3   Gefahr im Cyberraum

Gefahr ist unserer Definition nach die Möglichkeit des Eintritts eines Ereignisses mit Schadensfolge. Gefahren sind im Cyberraum allgegenwärtig, diese Gefahren lassen sich zunächst abstrakt begreifen: Gefahren, die operationalisiert werden, sind unserem Verständnis nach Risiken. Die Operationalisierung von Gefahr ist demnach ein Vorgang der Transformation von Gefahr zu Risiko. Die in der physischen Welt gängige Auflistung von Gefährdungsformen muss dann übersetzt werden in eine der Bits-und-Byte-Welt angemessene Form. Die Gutenberg-Galaxis (Gebhardt 2013) des Gefahrenraums wird hier verlassen. Gefahr hat verschiedene Dimensionen, diese Dimensionen lassen sich zum Teil in die Cyber-Welt übersetzen. Die unterschiedlichen Dimensionen überlagern sich in der Regel.

Risikodimensionen:

1. physische (Zerstörung von Objekten)
2. persönliche (Zerstörung von Subjekten)
3. psychologische (Zerstörung der psychischen Gesundheit)
4. kohärente (sich verbreitende und Bereiche überlappende)
5. ökonomische
6. politische
7. vitale (Ökosystem and überleben)

Die physische Zerstörung von Objekten kann in der Cyber-Welt, die sich durch Virtualität kennzeichnen lässt, übertragen werden auf die Vernichtung von Daten. Es ist zum Beispiel möglich, Daten vom Hard-Drive (durch Boot & Nuke) zu löschen. Hardware ist ein physisches, und Software ein logisches Betriebsmittel. Die physische Gefahr lässt sich allerdings auch über den Zugang zu Daten verstehen. Dann ist das Datum, an sich logisch, ein physisches Element der Cyberwelt. Die Zerstörung des Zugangs zu einem Netzwerk durch eine Denial of Service Attacke (DoS) ist dann als physische Gefahr zu verstehen.

Die Gefahr der Zerstörung von Subjekten lässt sich in der Bits-und-Byte-Welt zum Beispiel auf den Fall des Identitätsdiebstahls im Netz übertragen. Dabei werden persönliche Daten dazu missbraucht, an weitere Daten zu gelangen und Personen auszuforschen, um Straftaten im Namen eines Anderen zu begehen. Gerade im Bereich E-Commerce ist der Identitätsdiebstahl eine gängige Gefahr, die Kreditkartenbetrug und den Diebstahl von Bankkonten (allgemein: Informationsdiebstahl) nach sich ziehen. Ein weiterer Aspekt der Personengefährdung geht durch Mordaufrufe im Internet aus. Wenngleich die zum Mord aufrufenden Personen meistens durch ihre IP-Adressen ermittelt und strafrechtlich verfolgt werden, bedingt die fälschlich angenommene Anonymität im Netz eine niedrige Hemmschwelle. „Die Annahme, dass Personen, wenn sie in Gruppen auftreten, aggressiver sind als wenn sie als Einzelpersonen handeln, findet durch vielfältige Alltagsbeobachtungen ihre Bestätigung" (Piontkowski 2011: 73).

Zentrale Annahme der Deindividuationstheorie (Festinger, Pepitone, Newcomb 1952; Zimbardo 1969 und 2004; Bandura 2004) ist, je mehr Anonymität vorherrscht, desto mehr Aggressivität wird freigesetzt: Alles, was dazu beiträgt, „dass eine Person sich anonym fühlt, das Potential für aggressives und bösartiges Verhalten steigert", führt demnach zu einer Herabsetzung der Hemmschwelle (Piontkowski 2011: 74). Wichtige weitere Stichworte für den abstrakt gefassten persönlichen Gefahrenbereich sind Nicknapping (Pseudonymdiebstahl), Phishing (Datendiebstahl mittels Email), Pharming (Datendiebstahl mittels manipulierter

DNS-Anfragen und Weiterleitung an gefälschte Webseiten), Spoofing (Manipulation der Absenderadresse, um Authentifizierungsvorgänge zu umgehen) und Snarfing (Informationsdiebstahl über Drahtlos-Netzwerke). Die Gefahr der Zerstörung der psychischen Gesundheit in der Cyber-Welt wird bereits breit diskutiert, gerade auch, weil oft junge Menschen im Cyberraum massiv angegriffen werden. Oft handelt es sich dabei um Cyber-Mobbing, also Mobbing im Cyberraum. In Deutschland gab es bereits einige Aufsehen erregende Selbstmordfälle von Jugendlichen, die in Sozialen Netzwerken massiv gemobbt wurden und keine Möglichkeiten sahen, sich gegen diese Art von Angriffen zu wehren. Auch die als Shit-Storm bekannt gewordene Welle an Beleidigungen, oft ausgeübt gegen Personen des öffentlichen Lebens, stellt eine Gefährdung der psychischen Gesundheit derjenigen dar, die diesen Shit-Storm über sich ergehen lassen müssen. Die psychische Gesundheit ist eng verknüpft mit der physischen Gesundheit. Die medizinische Komponente von Unsicherheit ist Stress. Permanente Unsicherheit führt zu dauerhaftem Stress, der schwere körperliche Schäden anrichtet. Ist die Amygdala aktiv, treten kontrollierte Denkprozesse in den Hintergrund, automatische und affektive Prozesse hingegen werden ausgelöst. Bei Gefahr, oder Erinnerung an Gefahr, vermindert sich die Aktivität des präfrontalen Kortex (Carvalho Fernando 2009). Der Kortex, das assoziative Gebiet der Großhirnrinde ist jedoch auch der Träger von „Bewusstsein" und „Moralwächter" des Hirns (Breuer 2003). Angst ist aber auch eine soziale Konstruktion und äußerst wirkmächtiger Faktor, was soziale Prozesse angeht (Furedi 2007). Während das Risiko heute abnimmt, nimmt die Angst zu, fand Jean Twenge heraus (Twenge 2000). In diesem Sinne findet sich auch eine Verknüpfung von psychischer Gefährdung und Kohärenz.

Kohärente Risiken wurden durch Artzner, Delbaen, Eber und Heath in ihrer Arbeit „Coherent Measures of Risk" (1999) als dynamische Risiken beschrieben. Es handelt sich dabei um zusammenhängende Maßnahmen, basierend auf vier Axiomen, die das Risiko beschreiben. Letztlich lassen sich die meisten Gefährdungen des Cyberraumes als kohärente Risiken beschreiben. Im engeren Sinne handelt es sich z. B. um Multiprozessorarchitekturen und deren Fähigkeit auf aktuelle Daten zurückzugreifen (durch einen Zwischenspeicher). Sicherheit ist in diesem engen Zusammenhang dann erreicht, wenn das *Zusammenspiel* gesichert ist. Im abgewandelten Sinne ist hier etwa an Prozessleitsysteme (Supervisory Control and Data Acquisition, auch SCADA genannt) zu denken, deren Störung eine ganze Reihe an Schäden nach sich ziehen kann, da sie Industriekontrollsysteme sind. SCADA-Systemangriffe sind bekannt geworden durch Stuxnet und Duqu, die Industrieanlagen und technische Infrastruktur angreifen. Die Vernetzung mit dem Internet stellt gerade für Unternehmen ein Risiko dar, wie etwa der von trendmicro aufgestellte Honeypot beweist, der massiven Cyber-Angriffen aus China, den USA und Laos ausgesetzt war (Wilhoit 2013). Hier findet sich der Übergang zu den ökonomischen Risiken.

Ökonomische Risiken des Cyberraums können systemisch sein (für den Bankensektor z. B. in unregulierten Onlinewährungen manifestiert, oder Software, die Marktkurse bestimmt) und verfügen demnach über ein sehr hohes Schadenspotential; nicht nur die direkten Nutzer von Telekommunikations- und Informationstechnik sind betroffen. Es finden sich auch zahlreiche spezifische ökonomische Risiken im Cyberraum, die hier nicht im Einzelnen aufgeführt werden können und mit kriminellen Aktivitäten zusammenhängen.

Das politische Potential des Cyberraums ist immens. Gerade die ‚Web 2.0 Revolutionen‘ beweisen, welches Potential das Netz besitzt, um Revolutionen zu gewinnen. Während der Aufstände in Nordafrika wurde z. B. das Internet abgeschaltet oder es wurde versucht z. B. Facebook-Messenger zu identifizieren und zu verfolgen; auch die türkische Regierung versuchte Proteste zu verhindern und die Ausbreitung von ihnen nicht genehmen Informationen, durch die Sperre von Twitter zu unterbinden. Die virale Ausbreitung von Protest im Netz, der sich über den Cyberraum auch in manifester Form organisieren lässt, stellt gerade für autoritäre Regierungen ein Gefährdungspotenzial ihrer Machtansprüche dar. Auch autoritäre Systeme wie China, zensieren das Internet dauerhaft und ausgeprägt, wie etwa die staatlich verordnete Sperre von Google beweist. Die Internetzensur Chinas hat mittlerweile sogar einen eigenen Spitznamen bekommen: The Great Firewall of China. Die Blockade von IP-Adressen, das Filtern und Blockieren von Suchbegriffen und weitere Eingriffsmöglichkeiten werden von Regierungen immer wieder genutzt, um kritische Inhalte, Protest usw. abzublocken. Hierbei handelt es sich möglicherweise und im Einzelfall zu prüfen, um Extremismus von oben. Auch Zensurvorgänge aufgrund von Geschmacksfragen oder ‚ethisch bedenklichen Inhalten‘ sind bekannt, so hat etwa die Bezirksregierung Düsseldorf im Jahr 2001 den Provider einer Website zur Sperrung ebendieser aufgefordert (rotten.com). „Seit Mitte Juni 2001 plant die Bezirksregierung Düsseldorf Sperrungen. Am 8.10.2001 sind 56 Provider in Nordrhein-Westfalen Aufforderungen zugeschickt worden, vier amerikanische Seiten zu blockieren“ (Dreher o. J.).

Ein Gefahrenpotential geht von extremistischen und terroristischen Netzwerken aus, die sich im Internet ideologisch schulen, sich kommunikativ vernetzen und so die Möglichkeit bekommen haben, eine für Sicherheitsbehörden weitgehend schlecht zu kontrollierende, virtuelle Örtlichkeit für menschenverachtende Zwecke zu missbrauchen. Dazu gehört auch die Möglichkeit, Infrastrukturen der Gesellschaft anzugreifen. Ein Beispiel für die politische Potenz von Algorithmen ist der Computerwurm Flame, der tausende Rechner im Nahen Osten infizierte. Hier geht es nicht mehr um Kriminalität, sondern um hoch entwickelte Cyber-Waffen

(Flame ist ein Schadprogramm mit einer Größe von 20 Megabyte). Jedoch auch Stuxnet und Duqu sind von Entwicklern mit politischen Zielen gebaut worden. Dies gilt auch für das 2009 entdeckte GhostNet und das damit zusammenhängende GhostRat, einem Spionageprogramm, von dem auch die NATO und verschiedene Botschaften betroffen waren. Hier muss deutlich zwischen Cyberwar und Cybercrime unterschieden werden. Die mit der steigenden Nutzung des Internets insgesamt einhergehende, steigende Kriminalität im Netz birgt ein politisches Risikopotenzial. Der Staat garantiert dem Individuum Rechte (z. B. Rechtssicherheit) und Prozesse (z. B. demokratische Wahlen), und im Gegenzug erhält er Legitimität. Ein Risiko ergibt sich z. B. für die Rechtsicherheit dort, wo die national organisierte Strafverfolgung auf eine sekundenschnelle, grenzüberschreitende Kriminalität trifft. Ohne eine effektive Strafverfolgung auch im globalen Bereich ist Rechtsicherheit nicht erhältlich. Daraus ergibt sich aber auch ein Gefährdungspotenzial für die Freiheit; welche Daten können von wem in welcher Weise genutzt, gespeichert, kombiniert werden? Das politische Risiko ist auch ideologischer Natur, da sich der Anspruch an Transparenz in einem Maße steigert, die die alte Aufteilung von Privat und Öffentlich gefährdet: Gerade weitgehend unkontrollierte Datensammlungen von Privatakteuren stehen für ein politisches Risiko, da die hier gesammelten Daten leicht gegen Bürger eingesetzt werden können. So ist die Datensicherheit von Privatakteuren nicht mehr nur eine private Angelegenheit, sondern eine politische. Zu den politischen Gefahren gehört auch das Investigative Data Mining (IDM):

> „This framework aims to connect the dots between individuals and ‚map and measure complex, covert, human groups and organizations'. The method focuses on uncovering the pattering of peoples interaction, and correctly interpreting these networks assists ‚in predicting behaviour and decision-making within the network'" (Best 2008: 346).

Vitale Risiken sind dann angesprochen, wenn es um das Internet als Infrastruktur geht; die virtuelle Welt kann dann als ökologisches System verstanden werden. Hier geht es darum, die ‚Datenautobahn' in Stand zu halten. Die Sicherheit der Netze, ihr Ausbau und ihre Gestaltung sind vitale Angelegenheiten der Informationsgesellschaft und der sie sichernden Akteure. Vitale Risiken sind auch dort angesprochen, wo Computermanipulationen z. B. Katastrophen auslösen können. Die Zentralität der Informationstechnologie für das heutige Leben beschreibt die Enquete-Kommission Internet und digitale Gesellschaft (2013: 28): „Ein Leben ohne Informationstechnologie (IT) ist heutzutage kaum vorstellbar."

4 Entwicklungen in der Informationsgesellschaft

4.1 Sprunghafter Anstieg elektronischer Techniken im Alltag

Die verbreitete Nutzung von Telekommunikations- und Informationstechnologien und die daraus entstandene Notwendigkeit, zur Begrenzung negativer gesellschaftlicher Folgekosten im Rahmen des Internets zu regulieren, wurde dem Bundestag insgesamt erst relativ spät bewusst. Die Wahrnehmung telekommunikationsförmiger Technologieentwicklung als ein „Gefahrenstrom", hat sich dabei frühzeitig etabliert und steht gleichwertig neben einer Wahrnehmung von telekommunikationsbasierter Technologieentwicklung als Möglichkeitsraum. Die rasante Entwicklung des telekommunikations- und informationstechnologischen Marktes und die damit verbundene gesellschaftliche Adaption technologiebasierter Fähigkeiten, kann durch einige Hinweise schnell deutlich gemacht werden.

Noch im Jahr 1995 antwortete die Bundesregierung auf die kleine Anfrage einiger Abgeordneter der Grünen zur Einführung des Electronic Cash Verfahrens (EC-Karte):

> „Eine Beurteilung der Auswirkungen elektronischer Geldeinheiten auf Kreditinstitute und den Barzahlungsverkehr ist derzeit jedoch nicht möglich, weil über die Akzeptanz der neuen Zahlungsmedien bei Kunden und Händlern bislang allenfalls vage Erkenntnisse vorliegen."

Laut EHI Retail Institute lag der Bargeldanteil beim Einzelhandelsumsatz im Jahr 2011 bei 57,2 Prozent, kartengestützte Zahlungsverfahren stiegen demgegenüber auf 39,7 Prozent. Der Debitkartensatz belief sich in Deutschland im Jahr 2011 auf rund 128 Mrd. Euro.

Dabei bleibt die Nutzung elektronischer Zahlungsverfahren nur ein Beispiel für die langsame Bewusstwerdung des Potentials telekommunikations- und informationstechnischer Dienste. Gerade das Internet hat in der Bundesrepublik Deutschland einen gesellschaftlich zentralen Stellenwert bekommen. So hat sich die Zahl an Internetnutzern vom Jahr 2001 bis zum Jahr 2012 mehr als verdoppelt. Die User nutzen Soziale Netzwerke, tauschen Fotos aus, tätigen Bankgeschäfte, schreiben vertrauliche Emails an Geschäftspartner, Anwälte oder Freunde, stellen Webseiten bereit oder nutzen berufliche Onlineplattformen, spielen gemeinsam Spiele usw. Das Internet bietet eine ideale Plattform für alle möglichen Tätigkeiten, die aus der physischen Welt in die Cyber-Welt übertragen werden können.

Im Jahr 2013 betrug die durchschnittliche Nutzungsdauer des Internets 169 Minuten am Tag. In der Gruppe der 14-29 Jährigen liegt die durchschnittliche

Nutzungsdauer bei 219 Minuten. Die Nutzung Sozialer Netzwerke nahm dabei 37 % der Nutzungsdauer insgesamt ein. Circa 54,2 Millionen Menschen in Deutschland sind online, dies sind 77,2 Prozent der Erwachsenen ab 14 Jahren. Davon nutzen etwa 24 Millionen Personen in Deutschland Soziale Netzwerke.

 Das wirtschaftliche, das politische und das soziale Potenzial des Internets wächst exorbitant und wird zu einem zentralen Politikfeld werden, auch wenn der Start bisher recht holprig war. Die staatlichen Instanzen können der rasanten Entwicklung bisher nicht folgen. Eine europäische Internetinfrastruktur existiert bisher nicht und liegt in beinah utopisch weiter Ferne.

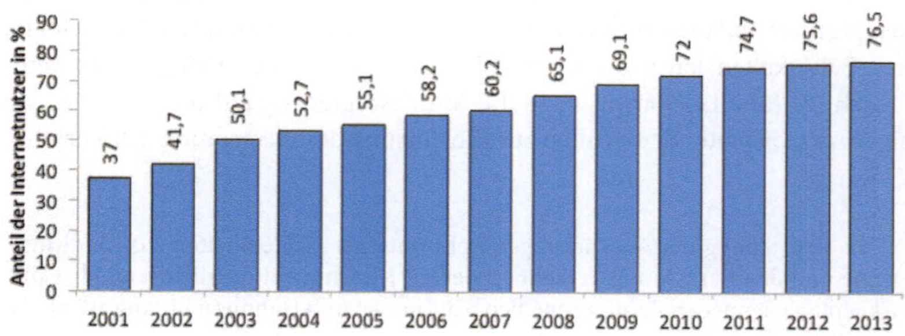

Abb. 4   Anteil der Internetnutzer in Deutschland 2001-2013

Quelle: Initiative D21, D21-Digital-Index, S. 10.

So haben sich mehrere virtuelle Währungen entwickelt, die in Online-Spielen gehandelt werden oder die – über die Online-Spiele hinaus – als Währung genutzt werden.

Das Cyber-Geld ist nicht nur auf Online-Spiele begrenzt, wie etwa die neue Netzwährung „Bit-Coin". Dabei ist „Cyber-Kriminalität" als eigenständiges Handlungsfeld lange nicht wahrgenommen worden und die Reorganisation von Behörden mit Sicherheitsaufgaben und deren inter-organisationale Kommunikationsstrukturen zur Bekämpfung von Cyber-Kriminalität zentrierten sich lange um eigenständige Deliktsfelder:

„Im Vergleich zu anderen Deliktsfeldern besteht hier aber erkennbar Nachholbedarf. Während neuartige Formen der Kriminalität, etwa im Zusammenhang mit dem Internet, auf internationaler Ebene (z. B. Europarat und G 8) zu breiten Initiativen in Richtung Verbesserung der Zusammenarbeit und Schaffung neuartiger Instrumente der Rechtshilfe geführt haben, was ähnlich in Bezug auf Geldwäsche und Korruption festzustellen ist, sind vergleichbare übergreifende internationale Initiativen auf dem Feld der Wirtschaftskriminalität bislang noch eher selten" (Kersten 2003: 42).

Die Zahl an Nutzern widerspiegelt auch die Kriminalitätsrate im Cyberraum; je mehr Nutzer und je mehr das Internet Relevanz in den alltäglichen Handlungen für die Gesellschaftsmitglieder bekommt, desto mehr Kriminalität ist auch im Netz feststellbar. So schreibt Oerting (2012: 705): „8 Milliarden Webseiten werden jeden Tag indiziert. 2,8 Milliarden Emails werden jede Sekunde verschickt – etwa 90 % sind Spams."

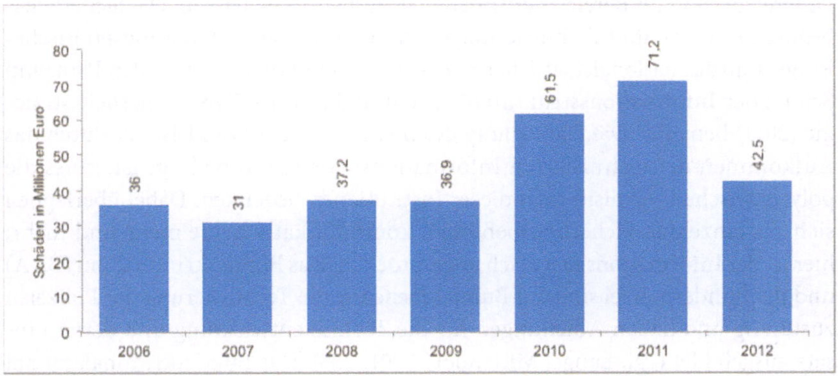

Abb. 5 Schäden durch Cyberkriminalität in Deutschland 2006-2012 (in Millionen Euro)

Quelle: Bundeskriminalamt, Cybercrime – Bundeslagebild 2012, S. 4.

Das Internet ist eine vollkommen durch den Menschen generierte Umwelt, in dieser Umwelt spiegelt sich das menschliche Verhalten. Die Kriminalität im Netz gilt als eigenständiges Kriminalitätsfeld. Das Tatortprinzip z. B. ist durch Cyberkriminalität in seinem Mark erschüttert. Diesen neuen Entwicklungen gilt es seitens der Institutionen nachzukommen.

4.2 Vernetzte Sicherheit

In der physischen Welt wird der Kriminalität, die ein normales Phänomen innerhalb jeder Gesellschaft ist, ein vielfältiges System zu ihrer Bekämpfung entgegengestellt.

Das System der Kriminalitätsbekämpfung der physischen Welt kann aber nicht einfach ins Netz übertragen werden, die Sicherheit im Cyberraum benötigt eigene Strukturen, die an die Cyberumwelt angepasst sind. Da die Cyberwelt eine Kommunikationswelt ist, basierend auf Informations- und Kommunikationstechnik, handelt es sich bei der Vernetzung von Sicherheitsinstitutionen und den speziell auf Cybersicherheit abgestimmten neuen Einrichtungen interessanterweise ebenfalls um eine hauptsächliche Änderung der Kommunikationskanäle und die Nutzung kommunikativer Vernetzungspotentiale.

Es liegt im Verantwortungsbereich der Exekutivbehörden, für eine Technisierung der Sicherheitsbehörden zu sorgen (vgl. Heinrich 2007: 38-44). Dabei ist die historisch gewachsene und durch pragmatische Überlegungen geleitete institutionelle Differenzierung im Bereich der Inneren Sicherheit zu bedenken. Die Sicherheitsbehörden steuern ihre Technisierung relativ autonom, ein verwaltungspolitisches Programm auf nationalstaatlicher Ebene ist etwa mit dem „Nationalen Plan zum Schutz der Informationsstrukturen" (2005) und mit der Cybersicherheitsstrategie (2011) benannt. Die Darstellung des institutionellen Wandels, der durch das Aufkommen der technisierten Informationsgesellschaft bedingt ist, muss die polyzentrische Organisiertheit dieser Institutionen bedenken. Dabei überlappen sich die einzelnen Sicherheitsbehörden kommunikativ heute mehr und mehr; hier ist der Informationsaustausch angesprochen. Das Bundeskriminalamt (BKA) und die Bundespolizei sind auf Bundesebene für die Technisierung der Polizeien zuständig und haben Abteilungen für die Technikentwicklung und deren Einsatz ausgebildet (vgl. Lange, Mittendorf 2001: 285). Das Bundeskriminalamt hat dabei eine zentrale Rolle in der Nutzung neuer Informationstechnologien inne. Unterstützende Funktionen haben das Bundesamt für Sicherheit in der Informationstechnik, die Wehrtechnischen Erprobungsanstalten der Bundeswehr und die Physikalisch-Technische Bundesanstalt, so Stefan Heinrich noch 2007 (Heinrich 2007: 40-44); gerade hier zeigt sich auf Bundesebene ein Wandel. Die Knoten des institutionenübergreifenden Kommunikationssystems liegen im Cyberbereich auch und gerade beim Bundesamt für Sicherheit in der Kommunikationstechnik, und sind damit beim Bundesinnenministerium angesiedelt. Von einer bloß unterstützenden Funktion des BSI kann heute nicht mehr gesprochen werden. Vielmehr hat sich das Bundesamt für Sicherheit in der Informationstechnik zu einem zentralen Akteur der Sicherheitslandschaft entwickelt. Dies gründet sich auf die immer zentraler werdende Stellung des Internets und der damit zusammenhängenden Zentralität des Bundesamts. Das BSI hat durch den Auftrag der technischen Abwehr von Cyber-Attacken eine zentrale Stellung. Die vernetzte Sicherheit hat jedoch nicht nur auf nationalstaatlicher Ebene institutionelle Neuverknüpfungen mit sich gebracht, auch in der EU haben sich neue Knotenpunkte des Sicherheitsnetzwerkes ergeben.

Neben den Neuerungen auf EU-Ebene ist ein neues Phänomen hinzugetreten: die informellen Zirkel, die eine autonome Selbststeuerung von Technisierung mit sich gebracht haben, sind vermehrt feststellbar. Die informellen Zirkel sind akteursabhängig, es sind einzelne Mitarbeiter, die Informationen weiterleiten und Programme zur Technisierung besprechen. Innerhalb dieser autonomen, informellen Zirkel sind die Grenzen zwischen Privatwirtschaft, Polizeien und privaten Firmen tendenziell verwischt. So finden sich in mehreren Bereichen Überlappungen und Überschneidungen. Auf EU-Ebene gehört die tendenzielle Verwischung militärischer und geheimdienstlicher Aufgaben dazu, wie etwa an der Neuorganisation von INTCEN zu sehen ist. Dabei ist der Informationsaustausch zwischen Europol und die durch den Informationsfluss dazugehörigen nationalstaatlich organisierten Polizeikräfte und dem neuen EU-Geheimdienst mit Militärabteilung (und damit engen Kontakten zur NATO) kaum noch aufschlüsselbar, geschweige denn demokratisch kontrollierbar. Das Problem demokratischer Kontrolle stellt sich über die neugeschaffenen Institutionen hinaus auch für die informellen Zirkel.

Bereits 2005 wurde das „Krisenreaktionszentrum IT" des Bundes im Rahmen des „Nationalen Plan[s] zum Schutz der Informationsstrukturen" beim BSI eingerichtet. Der Umsetzungsplan KRITIS, der damit eng in Zusammenhang steht, da hier die Implementierung gesteuert wird, wird in dem Beitrag von Michael Freiberg in diesem Band beschrieben.

Im Rahmen der Cybersicherheitsstrategie (2011) hat das Bundesamt für Informationstechnik eine zentralere Rolle bekommen, dies spiegelt sich z. B. in der Anbindung des Cyber-Abwehrzentrums an das Bundesamt wieder. Im Nationalen Cyber-Abwehrzentrum (NCAZ) hat sich der Informationsaustausch zwischen BSI, dem Bundesamt für Bevölkerungsschutz und Katastrophenhilfe (BBK) und dem Bundesamt für Verfassungsschutz institutionalisiert. Die drei Ämter können im Rahmen des Cyber-Abwehrzentrums anlassbezogen auch weitere Behörden in ihre Kommunikation einbeziehen und berichten durch die Erstellung von Lagebildern an den Cybersicherheitsrat, der zusammengesetzt ist aus unterschiedlichen Ministerien. Die beiden direkt mit der Kriminalitätsbekämpfung beauftragten Behörden, Bundeskriminalamt und Bundespolizei, sind erstaunlicherweise nicht fest in den kommunikativen Zusammenhang eingebunden, sondern wirken anlassbezogen mit. Das Bundesministerium für Inneres ist durch das Bundesamt für Verfassungsschutz und das BSI auf operativer Ebene vertreten.

Die Vernetzung mit Bereitstellern Kritischer Infrastruktur wird durch KRITIS geleistet. Eine Verbindung nach Europa ist durch die Kooperation mit der Europäischen Agentur für Netz- und Informationssicherheit (ENISA) geschaffen. Durch diese Kooperation ist auch das Bundesministerium des Inneren in europäische Prozesse eingebunden, da im Verwaltungsrat von ENISA das BMI vertreten ist.

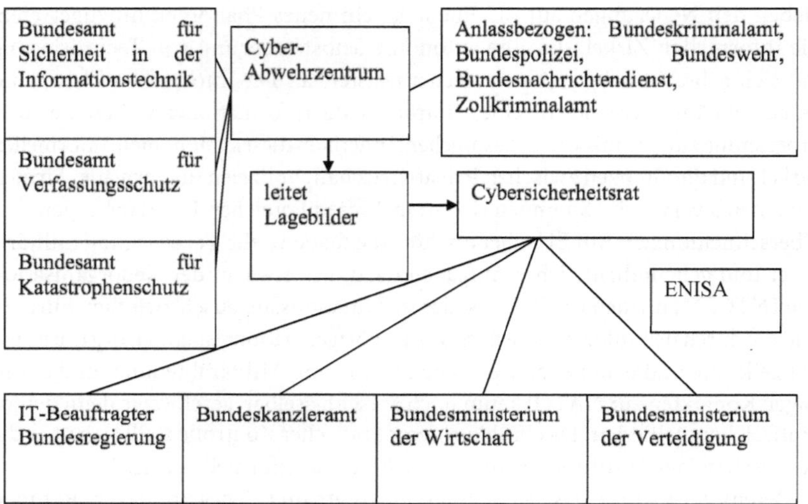

„Das nationale Cyber-Abwehrzentrum des Bundesinnenministeriums ist Unsinn" und das „Bundesamt für Sicherheit in der Informationstechnik (BSI) mache schon jetzt gute Arbeit – mehr werde das Abwehrzentrum auch nicht leisten können", zitierte die Informationsstelle Militarisierung e. V. Sandro Gaycken (Jokisch 2011). Mit an den Fingern abzuzählenden Stellen ist das NCAZ recht klein, der strukturelle Wandel von behördlicher bzw. ministerieller Sicherheitskommunikation im Rahmen von „vernetzter Sicherheit" ist hier jedoch bereits feststellbar. 210 Mitarbeiter arbeiten im GTAZ, deren Aktivitäten sind immens gestiegen:

> „So gab es bisher seit Ende 2004 rund 1000 tägliche Lagebesprechungen, bei denen rund 3.500 Themen behandelt wurden. In der AG Operativer Informationsaustausch fanden rund 280 Sitzungen statt, die AG Gefährdungsbewertung wurde seit der Gründung des GTAZ vor zwei Jahren in fast 60 Fällen einberufen. In der AG Status-rechtliche Begleitmaßnahmen wurden in ca. 30 Sitzungen rund 170 Personen des islamistischen Spektrums behandelt." (Ziercke 2008: 45)

Das Gemeinsame Internetzentrum (GIZ) wurde im Januar 2007 eröffnet. Verschiedene Behörden mit Sicherheitsaufgaben arbeiten hier zusammen, um den islamistischen Terrorismus im Internet zu observieren (insbesondere Webseitenmonitoring). Das Bundesamt für Verfassungsschutz, das Bundeskriminalamt, die Bundespolizei, der Militärische Abschirmdienst und das Büro des Generalbundesanwalts und der

Bundesnachrichtendienst nutzen die Informationsplattform zum Austausch über ihre Erkenntnisse. Das GIZ hat eine Verbindung zum europäischen Programm „Check the Web" von EUROPOL. Mit 51 Mitarbeitern ist die Personaldecke jedoch recht dünn (Bundestagsdrucksache 17/5557).

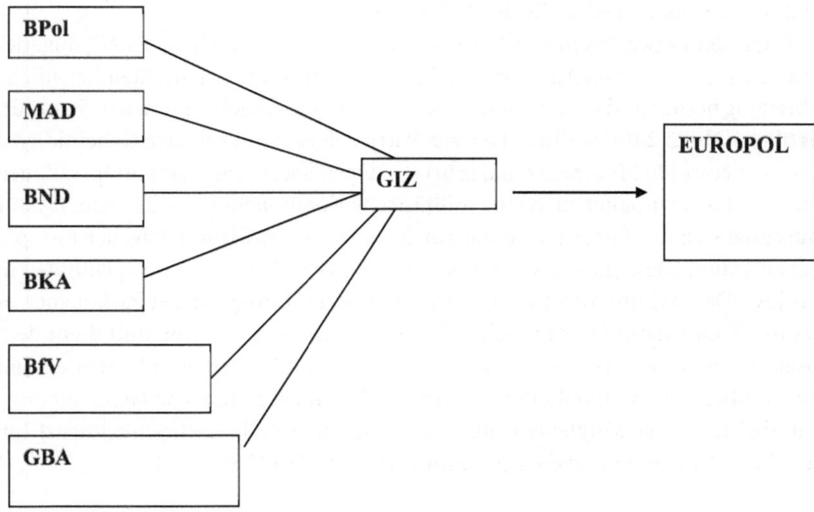

Auch auf der europäischen Ebene lässt sich die Kooperation verschiedener Dienste feststellen, die sich bereits auf nationaler Ebene zeigten. Die EU ist ein eigenständiger, wenngleich multilateraler Sicherheitsakteur geworden.

> „Indeed, the EU Security and Defence Policy of today is no longer a vision but a reality, as are its instruments, such as the new committees – namely, the Political and Security Committee, the Civil Committee, and the European Union Military Committee – and the new elements of the EU Council General Secretariat, such as the EU Policy Unit, the Joint Situation Center, and the EU Military Staff, located just three blocks away from the Justus Lipsius Building on Corthenberg Avenue, Brussels." (Vaz Antunes 2005)

Diese Kooperationen sind zentral für die vernetzte Sicherheit. Die Vernetzung ist ein für den globalisierten Verkehr von Telekommunikationsdaten wichtiger Kontrapunkt – mittels Vernetzung wird den Risiken der vernetzten Gesellschaft begegnet. Die Mitteilung der Europäischen Kommission an das Europäische Parlament und den Europäischen Rat (KOM 2005 313) enthält insbesondere eine Passage für die Bekämpfung des Terrorismus im Rahmen des Telekommunikationsverkehrs (Fernsehen gem. Artikel 22a der Richtlinie 97/36/EG; Internet gem. Richtlinie 2000/31/EG). In festgestellten Fällen, in denen das Internet „zur Aufstachelung zu Radikalisierung und Gewaltbereitschaft oder zur Rekrutierung von Terroristen" missbraucht worden sei, seien die Mitgliedstaaten dazu angehalten, wirksame Maßnahmen zu ergreifen (KOM 2005 313: 4).

Dazu zählt etwa das Joint Situation Centre (JSC oder auch SITCEN), angesiedelt beim europäischen Auswärtigen Dienst, welches eine nachrichtendienstliche Abteilung besitzt und auf Ratsbeschluss von 1999 zurückgeht (zur neuen Struktur: Artikel 4 Abs. 3 2010/427/EU). Der von Patrice Bergamini geleitete Geheimdienst umfasste etwa 100 Mitarbeiter und führt u. a. Open Source Intelligence Operationen aus. Das JSC beinhaltet auch eine militärische Komponente: Am 22. Januar 2001 entschied sich der Europäische Rat zur Einsetzung des Militärstabs der Europäischen Union (Beschluss des Rates Nr. 2001/80/GASP), dieser ist eingebunden in das JSC. Das JSC unterliegt nicht der Kontrolle des Europäischen Parlaments, es hat die Koordination europäischer Geheimdienste zur Aufgabe und dient dem losen Informationsaustausch zwischen den Geheimdiensten der EU-Staaten und Geheimdiensten außerhalb der EU. Angestellt sind verschiedene Geheimdienstmitarbeiter aus den Mitgliedsstaaten. So ist auch der Bundesnachrichtendienst Teil des SITCENgewesen und dies gilt nunmehr auch für EU SITCEN.

> „First, within SITCENa merger is taken place between internal and external aspects of EU counterterrorism policy. Second, SITCENis an important channel through which horizontal structures of intelligence cooperation outside the formal scope of the EU merges with formalised vertical EU counterterrorist structures." (van Buuren 2009: 2)

Seit 2012 ist SITCENumbenannt in European Union Intelligence Analysis Centre (EU INTCEN) und wurde im Rahmen des Single Intelligence Analysis Capacity Programm (SIAC) mit EU Military Staff (EUMS Intelligence Directorate) zusammengelegt (EEAS DEC (2012) 018). Damit sind militärische Aufgaben und geheimdienstliche Aufgaben zwar nicht prinzipiell zusammengelegt, doch findet sich hier eine starke Überschneidung statt, die auch Polizeiaufgaben erfasst. Geleitet wird der Dienst heute von Salmi Ilkka.

> „Since 2007 the EU SITCEN is working together with the EU Military Staff (EUMS) Intelligence Directorate in a so called Single Intelligence Analysis Capacity (SIAC). All intelligence assessments issued to Member States are joint products prepared under SIAC." (EU Intelligence Analysis Centre (EU INTCEN) Fact Sheet)

Europol (File Nr. 3710-202, LA-05-147196), Frontex und nationalstaatliche Geheimdienste liefern Informationen zur Lagebildanalyse.

> „The principal objective of the mutual collaboration between Europol and the General Secretariat of the Council is cooperation in the establishment of assessments on terrorism between Europol and the Situation Centre of the Council (SitCen). This cooperation does not include the exchange of personal data." (Solana 2005)

Die Zusammenarbeit zwischen Europol und SITCEN (nunmehr EU INTCEN) ist im Rahmen der Korrespondenz zwischen Javier Solana und Max-Peter Ratzel im Jahre 2005 beschlossen worden. Eine Zusammenarbeit zwischen FRONTEX und dem US-Amerikanischen Department of Homeland Security ist anvisiert (Bundestagsdrucksache 17/12427, Bundestagsdrucksache 17/14474).

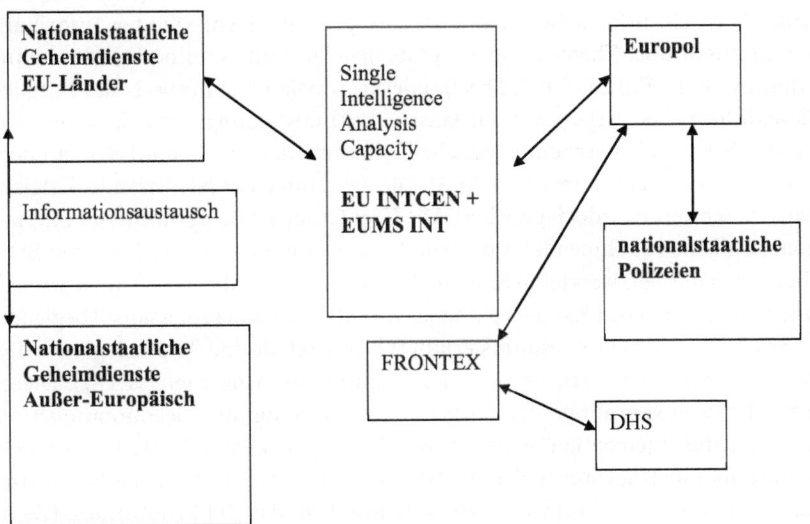

Dabei ist INTCEN nur ein kleiner Teil der Response Management Struktur innerhalb der EU. Dies wird insbesondere durch den strukturellen Aufbau von EEAS ersichtlich. In den einzelnen Abteilungen lassen sich Informationsaustausch und persönliche Netzwerkbeziehungen bis hinein in die Bundesrepublik Deutschland verfolgen.

Die schiere Unübersichtlichkeit der einzelnen Dienste (BOS) und ihrer Kooperationsformen hat nicht nur zu einer erschwerten Prüfungslandschaft für Abgeordnete geführt, sondern deutet auch auf die tendenzielle Vermischung von Polizei und

Geheimdiensten auf EU Ebene hin. Dabei ist nicht nur die Tendenz der Vermischung verschiedener BOS ersichtlich, auch die Innen-Außenbeziehungen werden im Rahmen der EU INTCEN tendenziell intransparent miteinander verschränkt.

> „As SITCENconsolidates its new role, it becomes a better partner for intelligence communities in third countries, especially that of the United States. Since 9/11, the transatlantic intelligence community has grown, and a stronger SITCENenables further areas of cooperation in achieving US-EU shared security goals." (Davis Cross 2011: 14)

Wenngleich die nachfolgend beschriebenen informellen Zirkel keine Exekutivbefugnisse besitzen, ist gerade der Informationsaustausch und die Zusammenarbeit (z. T. Polizei-, Geheimdienst und militärübergreifende Kooperationen) zentral für die unter dem Aspekt der vernetzten Sicherheit firmierenden, etablierten internationalen Sicherheitsplattformen zur Bekämpfung von Gefahren aus dem Cyberraum.

Die „Remote Forensic Software User Group" (RFS – zuvor „DigiTask User Group") ist ein informelles Netzwerk zum grenzüberschreitenden Informationsaustausch über Themen wie etwa Quellen-TKÜ und Online-Durchsuchung (Monroy 2011; Wilkens 2011). Das Bundeskriminalamt ist initiierendes Mitglied dieses informellen Zirkels zum Austausch über Entwicklungen von Spähsoftware. Cecilia Malmström verneinte jegliche Teilnahme der EU-Kommission an dem informellen Zirkel (Malmström 2013). Die Teilnahme der Niederlande, Belgiens und der Schweiz ist jedoch gesichert. Die User Group ist Beleg für die auf internationaler Ebene zunehmende Informalität des Informationsaustausches von BOS. Hier treten die Netzwerkteilnehmer in den Vordergrund, die die Technisierung in einem internationalen Rahmen autonom vorantreiben und professionell begleiten.

Seit 1992 ist das Bundesministerium für Wirtschaft und Technologie ein Teil des „Europäischen Instituts für Telekommunikationsnormen" (ETSI). Dieses entwickelt weltweit gültige Standards zur Überwachung von Telekommunikation, auch „Lawful Interception" genannt (Bundestagsdrucksache 17/11239). Seit 1996 ist die Bundesnetzagentur (BNetzA) ebenfalls Mitglied im Institut, das Bundesamt für Verfassungsschutz (BfV) ist seit 2003 Mitglied, das Zollkriminalamt (ZKA) seit 2009. Auch Länderpolizeien (LKA Bayern) sind im Rahmen des Instituts aktiv, und das BKA nahm als Gast an einigen Veranstaltungen teil, ebenso der MAD (Bundestagsdrucksache 17/11239). Die Gruppe TC LI des European Telecommunications Standards Institute bereitet insbesondere technische Maßnahmen zur Telekommunikationsüberwachung vor. Hier tauschen sich die verschiedenen Behörden der beteiligten Länder im Sinne eines Best-Practice-Erfahrungsaustausches aus. Wenngleich nicht auf gleiche Weise informell, wie etwa die Remote Forensic User Group, so ist die Teilnahme und der Informationsaustausch kaum reguliert und Polizei und Geheimdienst arbeiten gemeinsam in den Gremien. Zu den Teilnehmern gehören auch zahlreiche Telekommunikationsunternehmen (Bundestagsdrucksache 17/14474).

Das „International Business Secretariat" (IBS) tauscht sich über taktisch-operative Maßnahmen der verdeckten Ermittlung, z. B. im Internet, aus (taz 31.01.2012). Das IBS ist Teil der International Working Group on Undercover Policing (IWG), die sich mit Sicherheitstechnik mit Grundrechtsrelevanz befasst. Teilnehmer sind verschiedene Polizeibehörden innereuropäischer und außereuropäischer Länder. Das Bundeskriminalamt und das Zollkriminalamt der Bundesrepublik sind Mitglieder der Gruppe. Auch geheimdienstliche Organisationen, etwa der National Crime Intelligence Service Norwegens, sind beteiligt. Australien, Belgien, Dänemark, Finnland, Frankreich, Großbritannien, Kanada, Niederlande, Neuseeland, Polen, Portugal, Spanien, Südafrika, Schweden und die Schweiz nehmen ebenfalls im Rahmen von Polizeikräften teil (Bundestagsdrucksache 17/14474).

Die EU-US Working Group on Cybersecurity and Cybercrime (EU-US-WG) wurde 2010 gegründet. „The establishment of an EU-US Working Group on Cyber security and Cybercrime at the Summit in November 2010 was our first step to identify common strategic goals and concrete actions" (Malmström 2013).

Das auf dem Gipfeltreffen am 20. November 2010 in Lissabon gemachte Statement legte seinen Fokus auf die Frage, wie die Sicherheit der EU-Bürger und der amerikanischen Bürger zu erhöhen sei. Dabei ging es weniger um Fragen des Datenschutzes als Maßnahme zur Verbesserung der Bürgersicherheit, vielmehr um Maßnahmen, um gemeinsame Sicherheitskooperationen hinsichtlich des Internets zu befördern. Das BMI und das Bundesamt für Sicherheit in der Informationstechnik sind an der Gruppe beteiligt (Monroy 2013). Die Unterarbeitsgruppen teilen sich in „Public-Private-Partnerships", „Cyber-Incident-Management", „Awareness Raising" und „Cybercrime". Die EU-US-WG bereitete im Rahmen ihrer Aktivitäten die CYBER ATLANTIC 2011 vor. Diese Initiative ist Teil der Digital Agenda for Europe der Europäischen Kommission. Doch nicht nur hier ist die EU-US-Zusammenarbeit eng gediehen, auch die Zusammenarbeit deutscher und US-Behörden kann festgestellt werden.

Die operative Zusammenarbeit zwischen dem BKA und dem Bundesamt für Verfassungsschutz und dem Departement of Homeland Security DHS wird seit 2008 in einer „Security Cooperation Group" ausgestaltet (Großbritannien unterhält hierfür mit dem DHS eine „Joint Contact Group"). Die Gruppe trifft sich halbjährlich auf Ebene der Vizeminister bzw. Staatssekretäre des Innern zum „Austausch zur Gefährdungslage" (Monroy 2013).

Das European Cybercrime Centre – EC3 – ist eine Abteilung von Europol mit Sitz in Den Haag. Das Zentrum wurde zu Beginn des Jahres 2013 eröffnet und dient der Zusammenarbeit von Behörden, Einrichtungen und Unternehmen (Oerting 2012).

„In addition to the analytical and operational support already provided by Europol, the European Cybercrime Centre will serve as the European information hub on cybercrime, developing cutting edge digital forensic capabilities to support investigations in the EU and building capacity to combat cybercrime through training, awareness raising and delivering best practice on cybercrime." (Europol 2013)

Teilnehmer sind: EUCTF (European Union Cybercrime Taskforce), CIRCAMP (COSPOL Internet Related Child Abusive Material Project), ENISA (European Network and Information Security Agency), ECTEG (European Cybercrime Training and Education Group), CEPOL (European Police College), EUROJUST (European Union's Judicial Cooperation Unit), CERT-EU (Computer Emergency Response Team), INTERPOL (International Criminal Police Organization), Europäische Kommission und EEAS (European External Action Service) und die Cyberkriminalitäts-Stelle der NATO. Zugang hat das Zentrum zu dem Herz von Europol, den Analysis Work Files. Neben diesen Daten wird EC3 hauptsächlich im Rahmen von Open Source Intelligence und Datamining arbeiten (Europol Website).

5   Resümee

Die Ausgangsfrage des Artikels, ob Strukturveränderungen aufgrund externen Wandlungsdrucks oder Akteursinteressen induziert worden sind, ist nicht ohne Weiteres zu beantworten.

Solange sich das Problem der Cybersicherheit umgehen ließ, so der Eindruck, wurde das Problem nicht auf die Agenda gesetzt. Die IKT-Branche entwickelte jedoch schon zu Beginn des neuen Jahrtausends eine immense Schlagkraft und wurde zu einem zentralen Wirtschaftsakteur. Das alltägliche Leben wurde immer mehr durch die Informatik tangiert. Letztlich ist der Cyberraum als zweite Realität in den gesellschaftlichen Raum getreten. Diese immense Änderung des alltäglichen Lebens zwang die politischen Akteure dazu, Regulierungen und Sicherheitsstrukturen neu aufzubauen. Die neuen Sicherheitsstrukturen wurden der liquiden Realität der Cyberwelt angepasst und es entstanden kooperative Interaktionsmuster mit rekursiven Austauschprozessen innerhalb einer pluralen und fragmentierten Austauschlandschaft, die die bisherigen Formen der demokratischen Kontrolle schlicht überfordern. Die neuen Sicherheitsstrukturen zu etablieren, war angesichts der neuen Herausforderungen der Cyberwelt notwendig. Die fehlende Sensibilität gegenüber demokratischen Prozessen und der fehlenden Adaptionsfähigkeiten der Demokratie gegenüber einer fluiden und fragmentierten, über alle Formen der

Grenzziehung hinausgehende Sicherheitsherstellungslandschaft, ist bedenklich – dies zeigt nicht zuletzt die durch Edward Snowden angestoßene Debatte über Datenaustausch, Datensicherheit, Datenschutz und den technikinduszierten Wandel des sicherheitsbehördlichen und geheimdienstlichen Vorgehens.

Die Cybersicherheit ist einem extremen Wandel unterworfen. Wurde das Internet durch die relevanten Akteure auf Bundesebene noch in den 1990er Jahren so gut wie gar nicht wahrgenommen, so hat sich die Wahrnehmung der Akteure insbesondere zu Beginn des Jahrtausends stark verändert. Dabei sind Fragen der Sicherheit zentral für die Wahrnehmung des Internets durch die Akteure gewesen. Gleichzeitig hat die Wahrnehmung von Sicherheitsfragen durch die Akteure eine gewisse Schlagseite – Fragen des Datenschutzes sind zum Beispiel zunächst kaum in die Sicherheitsstrategien der Akteure eingeflossen.

Neben den hier beschriebenen neuen Knoten der vernetzten Sicherheit, die sich zum Teil in informellen Zirkeln abspielen, existieren weitere Zirkel des Informationsaustausches mit dem Zweck der Erhöhung von Cybersicherheit. Die Gesamtheit der Zirkel und Formen der Zusammenarbeit lässt auf eine Aufweichung des Trennungsgebotes zwischen Nachrichtendiensten und der Polizei im Rahmen internationaler Kooperationen schließen. Gerade die Teilnahme von militärischen Kräften ist jedoch für die Analyse der Sicherheitslandschaft zur Herstellung von Cybersicherheit besonders relevant. Die drei Ebenen Polizei, Geheimdienst und Militär vermengen sich. Diese tendenzielle Verwischung der Aufgabenbereiche, so argumentieren die Akteure, ist dem Phänomen an sich geschuldet. Die Cyberwelt, potenziell grenzenlos, hat demnach zu einer grenzenlosen Kooperation der einzelnen Sicherheitsakteure geführt. So lässt sich neben der vertikalen auch eine horizontale Verknüpfung feststellen.

Die Sicherheitslandschaft, mit ihrer traditionellen Aufteilung von innerer und äußerer Sicherheit, ist gerade im Bereich der Cybersicherheit starken, technikinduzierten Wandlungen unterworfen. Gleichzeitig organisieren die Akteure ihre Technisierung relativ autonom, wenngleich hier von unterschiedlichen Graden der Autonomie gesprochen werden muss. Die schiere Unübersichtlichkeit, die teilweise vorhandenen doppelten Strukturen und die Tatsache, dass Akteure zur Herstellung von Cybersicherheit nicht alle der Prüfung eines demokratischen Parlaments unterliegen (hier sei vor allem die fehlende Koppelung von INTCEN an das Europäische Parlament genannt), sind dabei potentiell demokratiegefährdend, wenngleich den Akteuren als solches keine demokratiegefährdende Einstellung unterstellt werden soll. Die Kopplung parlamentarischer Aufsicht, gerade was den multinationalen Bereich der EU angeht, ist jedoch eine Aufgabe, die erst noch geleistet werden muss.

Literatur

Bendiek, Annegret (2012): *Europäische Cybersicherheitspolitik.* SWP-Studien 2012/S 15, Juli 2012.

Bendiek, Annegret (2013): *Umstrittene Partnerschaft. Cybersicherheit, Internet Governance und Datenschutz in der transatlantischen Zusammenarbeit.* SWP-Studien 2013/S 26, Dezember 2013.

Breuer, Hubertus (2003): Im Hirn des Verbrechers. In: *Gehirn & Geist* 1. 70-72.

Bundesamt für Sicherheit in der Informationstechnik: *Cybersicherheit.* https://www.bsi.bund. de/DE/Themen/Cyber-sicherheit/Cybersicherheit_node.html (letzter Abruf 7.2.2014).

Buzan, Barry/Weaver, Ole (2010): After the return to theory. The past, present, and future of security studies. In: Collins, Alan (Hg.): *Contemporary Security Studies.* Oxford. 463-481.

Carvalho Fernando, Silvia et al. (2009): Neuronale Korrelate traumatischer autobiographischer Erinnerungen. In: Jacobs, Stefan (Hg.): *Neurowissenschaften und Traumatherapie.* Göttingen.

Chen, Yan/ Bargteil, Adam/ Bindel, David/ Katz, Randy/ Kubiatowicz, John (o. J.): *Quantifying Network Denial of Service. A Location Service Case Study.* Universität Berkeley. http:// oceanstore.cs.berkeley.edu/publications/pa-pers/pdf/icics.pdf (letzter Abruf 7.2.2014).

Cohen, Richard/ Mihalka, Michael (2001): *Cooperative Security – New Horizons for International Order.* Garmisch-Partenkirchen.

Collins, Alan: What is security studies? In: *Contemporary Security Studies.* Oxford. 1-10.

Davis Cross, Mai'a K. (2011): *EU Intelligence Sharing & The Joint Situation Centre: A Glass Half-Full. Prepared for delivery at the 2011 Meeting of the European Union Studies Association.* http://www.euce.org/eusa/2011/papers/ 3a_cross.pdf (letzter Abruf 7.2.2014).

Deflem, Mathieu (2006): Europol and the Policing of International Terrorism: Counter-Terrorism in a Global Perspective. In: *Justice Quarterly* 23/3. 336-359.

Dolata, Ulrich (2001): Risse im Netz- Macht, Konkurrenz und Kooperation in der Technikentwicklung und –regulierung. In: Simonis, Georg/ Martinsen, Renate/ Saretzki, Thomas (Hg.): *Politik und Technik. Analysen zum Verhältnisvon technologischem, politischem und staatlichem Wandel am Anfang des 21. Jahrhunderts.* Opladen. 37-54.

Dreher, Thomas (o. J.): Link, Filter und Informationsfreiheit: ODEM. http://iasl.uni-muenchen.de/links/lektion12.html (letzter Abruf 7.2.2014).

EU Intelligence Analysis Centre (EU INTCEN): *Fact Sheet.* http://www.asktheeu.org/de/ request/637/response/2416/ attach/5/EU%20INTCEN%20Factsheet%20PUBLIC%20 120618%201.pdf (letzter Abruf 7.2.2014).

European Commission (2010): *EU-U.S. Summit 20 November 2010, Lisbon – Joint Statement.* http://europa.eu/rapid/press-release_MEMO-10-597_en.htm (letzter Abruf 7.2.2014).

Europol (2013): *Establishing a European Cybercrime Centre.* https://www.europol.europa. eu/ec3old (letzter Abruf 7.2.2014).

Fraas, Claudia/ Meier, Stefan/ Pentzold, Christian (2012): *Online-Kommunikation – Grundlagen, Praxisfelder und Methoden.* München.

Furedi, Frank (2007): Das Einzige, vor dem wir uns fürchten sollten, ist die Kultur der Angst selbst. In: *Novo* 89. 42-47.

Gebhardt, Richard (2013): Politisches System Deutschland. Rezension. In: *Politische Vierteljahresschrift* 1. 196-199.

Glaser, Charles L. (1995): Realists as Optimists: Cooperation as Self-Help. In: *International Security* 19/3. 50-90.

Greven, Michael Th. (1999): *Die politische Gesellschaft. Kontingenz und Dezision als Probleme des Regierens und der Demokratie.* Opladen.

Groll, Kurt H. G./ Reinke, Herbert/ Schierz, Sascha (2008): Der Bürger als kriminalpolitischer Akteur: Politische Anstrengungen zur Vergemeinschaftung der Verantwortung für Sicherheit und Ordnung. In: Hans-Jürgen Lange (Hg.): *Kriminalpolitik.* Wiesbaden.

Heinrich, Stephan/ Lange, Hans-Jürgen (2008): Erweiterung des Sicherheitsbegriffs. In: Lange, Hans-Jürgen/ Ohly, Peter/ Reichertz, Jo (Hg.): *Auf der Suche nach neuer Sicherheit. Fakten, Theorien und Folgen.* Wiesbaden. 253-268.

Jokisch, René (2011): Cybercrime & Gendarmerien. Bericht von den 5. Berliner Sicherheitsgesprächen mit dem Bund Deutscher Kriminalbeamter. In: *Ausdruck* 1. 16-18.

Kersten, Ulrich (2003): Wirtschaftskriminalität als Strukturkriminalität. In: Bundeskriminalamt (Hg.): *Wirtschaftskriminalität und Korruption – Vorträge anlässlich der Herbsttagung des Bundeskriminalamts vom 19. bis 21. November 2002.* München.

Kommission der Europäischen Gemeinschaften: *Mitteilung der Kommission an das Europäische Parlament und den Rat.* KOM(2005) 313. 21.09.2005.

Lange, Hans-Jürgen/ Ohly, Peter/ Reichertz, Jo (2008): Auf der Suche nach neuer Sicherheit – Eine Einführung. In: Lange, Hans-Jürgen/ Ohly, Peter/ Reichertz, Jo (Hg.): *Auf der Suche nach neuer Sicherheit. Fakten, Theorien und Folgen.* Wiesbaden. 11-17.

Lange, Hans-Jürgen (1999): *Innere Sicherheit im Politischen System der Bundesrepublik Deutschland.* Opladen.

MacCallum, Gerald C. (1991): Negative and positive Freedom. In: Miller, David (Hg.): *Liberty.* Oxford.

Malmström, Cecilia (2013): *Next step in the EU/US cooperation on Cyber security and Cybercrime.* 30.4.2013 Homeland Security Policy Institute, George Washington University, Washington. http://europa.eu/rapid/press-release_SPEECH-13-380_en.htm (letzter Abruf 7.2.2014).

Monroy, Matthias (2011): Internationaler Trojaner-Stammtisch. In: *Telepolis* 02.11.2011. http://www.heise.de/ tp/artikel/35/35805/1.html (letzter Abruf 07.02.2014).

Monroy, Matthias (2012): Spitzel und Sicherheitsindustrie in geheimer Arbeitsgruppe organisiert. In: *Telepolis* 01.02.2012. http://www.heise.de/tp/blogs/8/151335 (letzter Abruf 7.2.2014).

Monroy, Matthias (2013): US-Bedienstete von Polizei, Zoll und Militär übernehmen Sicherheitsaufgaben in Deutschland und der EU. In: *Netzpolitik* 11.07.2013. https://netzpolitik.org/2013/us-bedienstete-von-polizei-zoll-und-militar-ubernehmen-sicherheitsaufgaben-in-deutschland-und-der-eu/ (letzter Abruf 7.2.2014).

Noelle-Neumann, Elisabeth (1989): Öffentliche Meinung – Die Entdeckung der Schweigespirale. Frankfurt am Main.

Oerting, Troels (2012): Das Europäische Cybercrime Centre (EC3) bei Europol. In: *Kriminalistik* 12. 705-706.

Piontkowski, Ursula (2011): *Sozialpsychologie – Eine Einführung in die Psychologie sozialer Interaktion.* München.

Rizzo, Carmine/ Brookson, Charles (2014): *ETSI White Paper No. 1 – Security for ICT – the Work of ETSI* http://www.etsi.org/images/files/ETSIWhitePapers/etsi_wp1_security.pdf (letzter Abruf 7.2.2014).

Rüb, Friedbert W. (2012): Die Verletzlichkeit der Demokratie – eine Spekulation. In: Asbach, Olaf/ Schäfer, Rieke/ Selk, Veith/ Weiß, Alexander (Hg.): *Zur kritischen Theorie der politischen Gesellschaft. Festschrift für Michael Th. Greven zum 65. Geburtstag.* Wiesbaden. 99-120.

Schairer, Martin/ Schöb, Anke/ Schwarz, Thomas (2010): Öffentliche Sicherheit in Stuttgart – das Sicherheitsgefühl ist so wichtig wie die Kriminalstatistik, Ergebnisse der Bürgerumfragen von 1999 bis 2009. In: *Kriminalistik* 12. 705-718.

Singelnstein, Tobias/ Stolle, Peer (2008): *Die Sicherheitsgesellschaft – Soziale Kontrolle im 21. Jahrhundert.* Wiesbaden.

Trezzini, Bruno (2010): Netzwerkanalyse, Emergenz und die Mikro-Makro-Problematik. In: Stegbauer, Christian/ Häußling, Roger (Hg.): *Handbuch Netzwerkforschung.* Wiesbaden. 193-204.

Twenge, Jean M. (2000): The Age of Anxiety? Birth Cohort Change in Anxiety and Neuroticism 1952-1993. In: *Journal of Personality and Social Psychology* 79/6. 1007-1021.

van Buuren, Jelle (2009): *Secret Truth – The EU Joint Situation Centre.* Amsterdam. http://www.statewatch.org/ news/2009/aug/SitCen2009.pdf (letzter Abruf 7.2.2014).

Vaz Antunes, João Nuno Jorge (2005): Developing an Intelligence Capability. The European Union. In: *Studies in Intelligence* 49/4. https://www.cia.gov/library/center-for-the-study-of-intelligence/csi-publications/csi-studies/ studies/vol49no4/Intelligence%20Capability_6. htm (letzter Abruf 7.2.2014).

Verba, Sidney (1965): Conclusion: Comparative Political Culture. In: Pye, Lucian W./ Verba, Sidney (Hg.): *Political Culture and Political Development.* Princeton. 512-560.

Wilhoit, Kyle (2013): *Who's Really Attacking Your ICS Equipment?* Cupertino. http://www.trendmicro.com/cloud-content/us/pdfs/security-intelligence/white-papers/wp-whos-really-attacking-your-ics-equipment.pdf (letzter Abruf 7.2.2014).

Wilkens, Andreas (2011): BKA initiierte internationale Staatstrojaner-Arbeitsgruppe. In: *Heise Online* 14.11.2011 http://www.heise.de/newsticker/meldung/BKA-initiierte-internationale-Staatstrojaner-Arbeitsgruppe-1378367.html (letzter Abruf 07.02.2014).

Zierke, Jörg (2008): Terrorismusbekämpfung – Die Zusammenarbeit der Sicherheitsbehörden in Deutschland aus Sicht der Polizei. In: *Terrorismusbekämpfung in Europa Herausforderung für die Nachrichtendienste. Vorträge auf dem 7. Symposium des Bundesamtes für Verfassungsschutz am 8. Dezember 2008.* Bundesamt für Verfassungsschutz. Internetpublikation.

Bundesdrucksachen

Bundestagsdrucksache 13/2134
Bundestagsdrucksache 13/2218
Bundestagsdrucksache 17/8958
Bundestagsdrucksache 17/14474
Bundestagsdrucksache 17/12541
Bundestagsdrucksache 17/5557
Bundestagsdrucksache 17/12427
Bundestagsdrucksache 17/11239

Grenzen und Möglichkeiten der öffentlich-privaten Zusammenarbeit zum Schutz Kritischer IT-Infrastrukturen am Beispiel des Umsetzungsplan KRITIS

Michael Freiberg[1]

1 Einleitung

Im Jahre 2007 wurde der Umsetzungsplan KRITIS (UP KRITIS) durch die Einrichtung von vier Arbeitsgruppen aktiviert. Nach fünf Jahren ist es angemessen, eine erste Bilanz zu ziehen.

Dieser Beitrag wird sich nicht damit begnügen, einen Sachstand wiederzugeben, indem Erreichtes dokumentiert und die Erfahrungen des Entwicklungsprozesses der Gruppe beschrieben werden. Durch die Herausarbeitung der Interessenlagen, Motivationen und anderer beeinflussender Faktoren soll die Tragfähigkeit des Ansatzes ermittelt werden.

Der Autor ist der Überzeugung, dass der Zusammenschluss öffentlicher und privater Interessenvertreter (im folgenden PPP abgekürzt, von der englischen Variante „Public-Private- Partnership" kommend) eine relativ hochentwickelte Form gesellschaftlichen Wirkens ist. Es ist jedoch wahrscheinlich, dass in Zukunft weitere Formen der gemeinsamen Willensbildung entstehen, weil die Grenzen der Zusammenarbeit andere Lösungen erzwingen werden.

Wie diese Lösungen möglicherweise aussehen können, soll unter Zuhilfenahme der integralen Theorie und Konzepten der Organisationsentwicklung erarbeitet werden. Die Nutzung des Cyberspace spielt dabei eine prominente Rolle, aus dem Blickwinkel der Ganzheitlichkeit jedoch lässt sich eine alternative Sicht zu den Schutz- und Sicherheitsbedürfnissen im Internet entwickeln.

Im Juni des Jahres 2012 hat das BSI (Bundesamt für Sicherheit in der Informationstechnik) ihre erste Cybersecurity Konferenz veranstaltet und die Gefahren von Cyberwar, Cyberterrorismus und -kriminalität als die fundamentale Herausforderung für Wirtschaft und Gesellschaft herausgestellt. Als Vertreter des privaten

---

1 Stand des Artikels: Oktober 2012.

Sektors und AG-Leiter des UP KRITIS musste ich diese Einschätzung relativieren und äußerte, dass mir der „Normalbetrieb" größere Sorgen bereitet, der uns in Spekulationsblasen, Bankenkrisen, überhöhte Staatsverschuldung und EU/Eurokrise gebracht hat und nicht Gewaltanwendungen physischer oder virtueller Natur.

Es lohnt sich, einen kurzen Blick auf das Gesamtbild zu werfen, um dann den Schutz kritischer Infrastrukturen und Cybersecurity besser einordnen zu können.

2   Herausforderungen für unsere Gesellschaft

Wenn wir uns die Frage nach Risiken für die Versorgungsicherheit der Bevölkerung stellen, dann ragen in dieser Zeit die Sicherheit des Geldes und die Energieversorgung klar heraus. Volkswirte halten eine Inflation für unvermeidbar, obwohl keine wirklichen Anzeichen dafür zu erkennen sind. Dennoch müssen wir von hohen Kosten der Eurorettung ausgehen und in den industriellen Staaten hat die Staatsverschuldung ein Niveau erreicht, das Folgekosten für die Bevölkerung mit sich bringen wird. Schon jetzt bedeutet das geringe Zinsniveau einen Realverlust von Vermögen und es ist weniger eine Frage, ob es eine Geldentwertung bzw. einen Vermögensabbau gibt, sondern wie hoch sie sein werden.

Im Winter 2011/12 bestand die Gefahr eines Blackouts und für den folgenden Winter häufen sich die Warnungen nicht nur aus der Wirtschaft, sondern auch von der Bundesnetzagentur (Gaugele, Poschardt 2012: 1). Das Problem der Energieversorgung ist selbstgewählt durch unsere Regierung, die durch zwei Kehrtwendungen die Kernenergie betreffend, in eine schwer lösbare Situation geraten ist. Es zeigt sich auch, dass die politischen Rahmenbedingungen für Energieversorger sich so entwickelt haben, dass die Betreiber im Rahmen der Risikovermeidung ihr Kerngeschäft einschränken (Handelsblatt/dpa 2012: 23).

Dies gilt auch für den Mineralölbereich, wo in den westlichen Ländern seit Jahrzehnten Raffineriekapazitäten abgebaut werden und nun vor den Folgen gewarnt wird. (Die letzte Raffinerie in den USA ist 1976 gebaut worden. Neukosten würden zwischen 2-4 Mrd USD betragen und 800 Gesetzgebungen müssen berücksichtigt werden.)

Selbst wenn der Leser vielleicht andere Themen eine ebenso hohe oder höhere Bedeutung beimessen möchte, wird sich eine Grundtendenz finden, die Otto Scharmer so zusammengefasst hat:

> „Quer durch alle Lebensbereiche produzieren wir gemeinsam Ergebnisse (und Nebenwirkungen), die – hoffentlich – niemand will. Und dennoch sehen sich die zentralen Entscheidungsträger nicht in der Lage, den Verlauf der Dinge in eine sinnvollere

Richtung zu lenken. Sie fühlen sich ebenso gefangen in dem, was zuweilen aussieht wie ein Wettrennen gegen die Wand, wie wir selbst. Das gleiche Problem betrifft das massive institutionelle Versagen: Wir haben noch nicht gelernt, wie wir unsere jahrhundertealten kollektiven Muster des Denkens, Sprechens und der Institutionalisierung so umschmelzen und umformen können, dass sie den neuen Realitäten entsprechen und angemessen sind." (Scharmer 2009: 24f.)

Mit drei Thesen möchte ich die Ursachen dieser Problematik erläutern:

Erste These:

„Das Grundproblem ist, dass die politischen und auch wirtschaftlichen Entscheidungen zu kurzfristig ausgerichtet sind. Es wird nicht in Systemzusammenhängen gedacht. In unsere Entscheidungen müssen alle Facetten einfließen: die politische und die wirtschaftliche Komponente, aber auch die ökologische, soziale und die kulturelle Dimension." (von Koerber, Handelsblatt 10.5.2012)

Die zweite These ist, dass die Spielräume für Entscheidungen sich verengen, obwohl Milliardenbeträge zur Sicherung der Sozialsysteme verwendet werden, gibt es Engpässe, die in einer alternden Gesellschaft nicht geringer werden. Hinzu kommt die Globalisierung: *„Di Fabio ging so weit, von ‚einer Kapitulation des demokratischen Selbstbestimmungsanspruchs vor einer transnationalen Wirtschaft' zu sprechen"* (Küveler 2012: 21).

Die *„Diktate komplexer Konsense"* (ebd.) führen zur Alternativlosigkeit, ein Zustand, der mit ziemlicher Sicherheit vom Krisenzustand zur Katastrophenlage führt.

Die aktuelle Finanzkrise hat eine weitere Kernproblematik unserer Gesellschaft deutlich gemacht, die zu meiner dritten These führt: Die Entkopplung von Risiko und Verantwortung. Ein offensichtliches Beispiel ist ein Management, das mit Millionenboni rechnen kann, an den Verlusten des Unternehmens jedoch nicht beteiligt ist (falls keine kriminelle Handlungen vorliegen). Auf höherer Ebene ist es eine Bank mit überhöhten Risiken, die staatliche Hilfe in Anspruch nimmt. In der Aufzählung darf nicht der überschuldete Staat fehlen, der die Hilfe anderer Staaten in Anspruch nimmt. Der Berliner Flughafen, Nürburgring, Elbphilharmonie und EnBW-Aufkauf sind deutsche Beispiele für die Entkoppelung von Risiko und Verantwortung im staatlichen Sektor.

Die Schuldigen sind schnell benannt und zumindest medial verurteilt (Die Gaukler von London, Kielinger 2012: 3). Es sollte uns jedoch darum gehen, Regeln zu gestalten, die Risiko und Verantwortung wieder zusammenführen. Die kurz- und langfristigen Folgen des eigenen Handelns sind abzuschätzen und Geschäftsmöglichkeiten und -risiken gemeinsam erfasst.

Der Mensch hat kein Recht auf Nichtüberforderung (Nietzsche, nach Peter Sloterdijk 2009: 699f.). Der Gedanke, auf etwas verzichten zu können, scheint uns zu überfordern, wie auch der Gedanke, die eigenen Interessen nicht bis zum Letzten verteidigen zu müssen. Andererseits wird von der Seite der Politik eine solche Diskussion gemieden, vielleicht ist die Bevölkerung schon weiter, als es ihr zugetraut wird?

Natürlich gibt es Ratschläge zu Hauf, oft verbunden mit der Behauptung, nur so sei die Krise zu besiegen. Leider handelt es sich in der Regel um alten Wein in neuen Schläuchen und die verdeckte Wahrnehmung eigene Interessen, sei es die Forderung nach dem freien Markt oder einer weiteren Wachstumsspritze nach Keynes, die dann wieder die Schuldensituation verschärft. Es gibt aber auch nachdenkliche Stimmen, die sagen, wer behauptet, die Lösung zu wissen, denkt zu kurz.

Beim Schutz kritischer (IT) Infrastrukturen sind wir bis zu diesem Punkt der Nachdenklichkeit vorgestoßen, in diesen Tagen haben sich öffentlicher und privater Sektor nun eher wieder in ihre prinzipiellen Grundpositionen zurückgezogen und riskieren die zuvor stattgefundene Annäherung.

Im nächsten Abschnitt sollen sowohl das Erreichte als auch die „Stolpersteine" des UP KRITIS dargestellt werden. Annegret Bendieck hat mit ihrer Analyse „Europäische Cybersicherheitspolitik" einen wichtigen Beitrag zur europäischen und sogar globalen Verortung von Cybersecurity geleistet, der zur Einordung der UP KRITIS Beschreibung ergänzend zu Rate gezogen wird.

3   UP KRITIS – Ziele und Arbeitsthemen

3.1   Zielsetzungen UP KRITIS

Die Ziele des UP KRITIS wurden in dem Dokument UPK 2007 definiert und einer Präsentation zum Thema wie folgt zusammengefasst:

> „Kritische Infrastrukturen sind die Lebensadern unserer Gesellschaft. Die verlässliche Bereitstellung der Dienstleistungen dieser Infrastrukturen ist eine Grundvoraussetzung für die wirtschaftliche Entwicklung in unserem Land, für das Wohlergehen unserer Gesellschaft und für politische Stabilität. Kritische Infrastrukturen sind Organisationen und Einrichtungen mit wichtiger Bedeutung für das Gemeinwesen, bei deren Ausfall oder Beeinträchtigung nachhaltig wirkende Versorgungsengpässe, erhebliche Störungen der öffentlichen Sicherheit oder andere dramatische Folgen eintreten würden. Der Schutz Kritischer Infrastrukturen wird von Bundesregierung und Wirtschaft als wichtige nationale Aufgabe gesehen, weil die Innere Sicherheit immer stärker von der IT-Sicherheit beeinflusst wird. Es werden in Deutschland die

notwendigen Anstrengungen unternommen, um die IT-Infrastrukturen angemessen abzusichern. Der Umsetzungsplan KRITIS leistet einen wesentlichen Beitrag zur verlässlichen Bereitstellung der lebensnotwendigen Dienstleistungen durch einen angemessenen IT-Schutz."

Der Schutz der Kritischen Infrastrukturen verfolgt drei strategische Ziele:

- Die Prävention (Informationsinfrastrukturen angemessen zu schützen)
- Die Reaktion (Wirkungsvoll bei IT-Sicherheitsvorfällen zu handeln)
- Die Nachhaltigkeit (Deutsche IT-Sicherheitskompetenz zu stärken)

3.2 Die Gründung von UP KRITIS aus dem Blickwinkel des privaten Sektors

Die IT Abhängigkeit der Branchen steigt ständig, bei Banken und Versicherungen ist sie bereits fundamental, bei physischen Produkten wie Öl, Strom und Gas gibt es Ausfallprozeduren, die die Abhängigkeit relativieren. Auch die externen Abhängigkeiten steigen, z. B. durch Outsourcing, Cloud Services und spezialisierte Dienstleistungen. Diese gegenseitigen und externen Abhängigkeiten können im UP KRITIS branchenübergreifend erfasst und behandelt werden. Auch die Behandlung der Konvergenz von physischer und IT Welt, die zu diesem Zeitpunkt noch vereinzelt zu erkennen ist, kann hier in seinen möglichen Auswirkungen betrachtet werden. Ein weiterer großer Vorteil ist, dass Kontakte und Informationsflüsse werden hergestellt bevor es zu spät ist.

Im privaten Sektor gilt jedoch das Szenario einer IT Katastrophe als unwahrscheinlich im Vergleich zu physischen oder menschenbezogenen Szenarien (z. B. Pandemie), das Risikomanagement im privaten Sektor ist heutzutage holistisch orientiert.

In kritischen Beiträgen wurde zudem hervorgehoben, dass die Rahmenbedingungen zu unverbindlich für einen wirklich vertraulichen Informationsaustausch sind.

3.3 Die Inhalte und Aktivitäten des Umsetzungsplans KRITIS

Die inhaltliche Arbeit wird im Wesentlichen durch 4 Arbeitsgruppen geleistet, die sich an den Kernthemen Prävention, Reaktion und Nachhaltigkeit orientieren. Für alle Aktivitäten gilt die Konzentration auf sektorübergreifende Probleme und Handlungsoptionen.

Die AG 1 „Notfall- und Krisenübungen" führt eigene Übungen durch, beteiligt sich aber ebenso an anderen Übungen wie z. B. der LÜKEX 2011 und auch der CyberEurope Übungen, die die Reaktionen auf IT-Notfälle und –Krisen durchspielen. Dabei werden auch die in der AG 2 „Krisenreaktion und -bewältigung" entwickelten Rollen und Prozesse geübt. Eine bedeutende Rolle haben die sogenannten Single Points of Contacts (SPOCs), die Meldungen aus den Unternehmen an das BSI weiterleiten, wie auch umgekehrt Warnungen des BSI an die Unternehmen weiterleiten. Dieser Kommunikationsmechanismus soll der Etablierung branchenübergreifender Krisenreaktionsprozesse dienen, von der IT-Lageanalyse über Warnung und Alarmierung bis hin zur koordinierten Krisenbewältigung.

Damit werden gleichermaßen Prävention wie auch die Krisenreaktionsfähigkeit gestärkt. Die frühzeitige Ergreifung von Schutzmaßnahmen ist eine weitere Möglichkeit, eine Art Spätprävention zur Vermeidung des Kriseneintritts bzw. zur Entschärfung der Schadenswirkung.

Innenministerium (BMI) und BSI sind insbesondere an Meldung besonderer Vorkommnisse für eine verbesserte Einschätzung der gesamten IT-Sicherheitslage interessiert. Eine Lagebild für die ganze Republik zu haben, ist zur Kernforderung des Innenministers geworden und stellt seinerseits einen Lackmustest der erreichten Zusammenarbeit dar.

Zwei Rahmenkonzepte zum eben Ausgeführten sind der Öffentlichkeit zur Verfügung gestellt worden

- IT-Notfall- und Krisenübungen in Kritischen Infrastrukturen
- Früherkennung und Bewältigung von IT-Krisen

Das erste Dokument beschreibt die verschiedenen Übungstypen und Rollen, die abgedeckt werden sollten, wie auch Vorschläge, in welcher Häufigkeit die jeweiligen Übungstypen durchgeführt werden sollten. Das zweite behandelt das SPOC Konzept, Krisenkommunikationsmittel und die Kommunikationswege. Ein ergänzendes Dokument definiert die Meldeschwellen, die eine Überflutung mit unwichtigen Vorfällen vermeiden sollte, aber im Ergebnis blieb der Meldefluss weiterhin zu schwach aus dem Blickwinkel von BSI/BMI.

Für beide Arbeitsgruppen ist es wichtig, mit welchen Krisenszenarien überhaupt gerechnet werden kann und für Übungen oder Planungen für Alternativversorgung verwendet werden sollen. Das Thema gestaltete sich schwierig, weil die jeweiligen Sektorvertreter den Totalausfall ihrer Services als zu unwahrscheinlich bezeichneten. Inzwischen sind wir einer Lösung näher gekommen.

Der Aspekt der Nachhaltigkeit wird in der AG 3 „Aufrechterhaltung kritischer Infrastrukturdienstleistungen" abdeckt. Hier wurde die sogenannte IKT Studie durchgeführt. Ergebnis der Studie soll eine Erfassung der Vital Services der KRITIS-Sektoren und ihrer Kritikalität für die Gesellschaft sein. Der Fokus lag dabei bei den sektorübergreifenden gegenseitigen Abhängigkeiten. Staat und Privatwirtschaft sollten dabei Entscheidungshilfen an die Hand bekommen

- Für die staatliche Priorisierung seiner IT-Sicherheit-Aktivitäten im KRITIS Bereich wie auch im europäischen und internationalen Umfeld,
- über erforderliche IT-Sicherheitsmaßnahmen bei Betreibern Kritischer Infrastrukturen Entscheidungen,
- zur frühzeitigen Erkennung von Risikopotenzialen aus der Nutzung neuer Technologien
- sowie zur Anpassung der Schutzkonzepte, und Regelungen zur vorrangigen Versorgung von KRITIS Betreibern

Die letzte Arbeitsgruppe (AG 4 „Nationale und internationale Zusammenarbeit") deckt hauptsächlich die EU Initiativen im Bereich Informationssicherheit ab. Das BSI gibt regelmäßig einen Überblick über EU-Vorhaben und nimmt für UP aktiv teil. Durch UP KRITIS ergeben sich so Möglichkeiten für die deutsche Wirtschaft bei der Mitgestaltung von europäischen Vorhaben. Wunsch ist die Etablierung eines vergleichbaren Mindestniveaus der IT-Sicherheit in Kritischen Infrastrukturen auf internationaler Ebene, beginnend im europäischen Raum.

Weiterhin hat sich UP KRITIS auf Grundsätze der gemeinsamenZusammenarbeit geeinigt, eine Diskussionsplattform zum Informationsaustausch und ein Welcome Package für Neuaufnahmen erstellt. Zusätzlich finden Ad Hoc Sitzungen oder Telefonkonferenzen zu Bedrohungen oder neuen Herausforderungen im IT Sektor statt. Durch die Etablierung der Cyberiniative der Bundesregierung wurde es auch nötig, die eigenen Ziele von 2007 zu überprüfen und UPK neu zu positionieren. Hier haben sich durchaus unterschiedliche Positionen des BMI/BSI und den Vertretern des privaten Sektors herausgestellt, deren Grundzüge im folgenden Abschnitt berücksichtigt werden.

3.4 Stolpersteine

3.4.1 UPK-spezifische Stolpersteine

UP KRITIS blickt auf eine langwierige und schwierige Vertrauensbildung zurück. Anfangs stand seitens des Innenministeriums die Idee einer KRITIS Gesetzgebung im Raum, seit einigen Monaten steht eine gesetzliche geregelte Meldepflicht von IT-Vorfällen im Raum (Krumrey 2012: 104). Während der Staat als Sachverwalter

der Bevölkerungsinteressen die Meldepflicht für Vorfälle im Datenschutzbereich
einführen konnte, ist hier die Argumentation sehr viel schwieriger, solange der
Schaden im Unternehmen bleibt und nur geringe Auswirkungen auf die Liefer-
fähigkeit hat.

Es gab und gibt auch unterschiedliche Interessenschwerpunkte

- Seitens des privaten Sektors: die Komplexität der Beziehungen zwischen Bun-
  des- und Landesbehörden zu erfassen
- Seitens des öffentlichen Sektors: Evidenz einer hinreichenden IT Katastrophen-
  vorbereitung des private Sektors herzustellen

Der private Sektor behandelt IT Krisen in der Regel im Rahmen des Business Continuity Management und will damit im Wesentlichen die Folgen einen Kriseneint-
tritts bekämpfen und den ausgefallen Service wiederherstellen. Dies relativiert die
Bedeutung von Informationssicherheit als reines Mittel zum Zweck der Serviceer-
bringung. Das BSI hat als einzigen Auftrag IT Security, schon allein die operativen
Aspekte der Lieferung einer IT Dienstleistung steht außerhalb des Auftrags, von
der inhaltlichen Nutzung ganz zu schweigen. Die Zuständigkeit ist ein Kernbegriff
des öffentlichen Sektors und in seiner föderalen Ausprägung ein Versuch der Al-
liierten, die Wiederholung einer Diktatur in Deutschland auszuschließen. Feste
Aufgaben kennt der private Sektor nur bedingt, Portfoliomanagement und flexible
Strategien können den Unternehmenskern in relativ kurzer Zeit stark verändern.

3.4.2   Zur Situation der europäischen Cybersicherheitspolitik

Bendieck stellt fest, dass die Trennung zwischen Innen und Außen sowie Privaten
und öffentlichen Sektor aufgehoben ist: *„Die traditionelle Aufgabenteilung zwischen
Zivilschutz, militärischer Verteidigung und Polizei gerät ebenso ins Wanken wie die
überkommene Vorstellung, öffentliche Gewalt und privates Unternehmertum seien
streng voneinander geschieden."* (Bendieck 2012: 13) Hinzu kommt, dass Cyberrisiken üblicherweise grenzüberschreitend sind. Dies gilt auch für das Außen und
Innen eines Unternehmens.

Die Gefährdung gewachsener Strukturen (und Aufgaben) will der Staat durch
die Versicherheitlichung ihrer Politik bekämpfen:

> „Angesichts der wahrgenommenen Cyberbedrohungen verlagert sich die politische
> Schwerpunktsetzung weg von Freiheit und hin zur Sicherheit. [...] Die Cybersicher-
> heitspolitik müsse zwar ebenfalls »auf gemeinsamen Werten aufbauen [...], u. a.
> auf dem Grundsatz der Rechtsstaatlichkeit und der Achtung der Grundrechte«,
> doch wird diesem Punkt inhaltlich kaum Rechnung getragen. Ausführlich geht die
> Kommission auf die sicherheitspolitischen Herausforderungen und Zielsetzungen

sowie auf notwendige Maßnahmen ein. Sie sagt jedoch nichts darüber, dass parallel ein umfassendes Regelwerk geschaffen werden müsste, das die informationellen Grundrechte der Bürger gegenüber expansiven staatlichen Eingriffen schützt. [...] Bemerkenswert ist weiterhin, dass sich die Dynamik der europäischen Sicherheitspolitik immer mehr auf administrative Akteure konzentriert." (Bendieck 2012: 21)

Die Gewährleistung Freiheit, Sicherheit und Recht auch im Internet bezeichnete der IT Direktor im Bundesministerium des Inneren, Martin Schallbruch als Kernaufgabe unserer Europäischen Gemeinschaft (2. Handelsblatt-Konferenz „Cybersecurity2012"). Es ist unser aller Aufgabe, den Staat in dieser Hinsicht nicht allein zu lassen und für eine ausgewogene Verteilung zu sorgen, die im nächsten Abschnitt thematisiert wird.

4   Modelle verbesserter Partizipation

„Wir müssten weg von einer ‚Konsumenten'- beziehungsweise einer ‚Nutzerdemokratie' hin zu größerer Teilhabe an den demokratischen Prozessen." (Küveler 2012: 21)

„A good Governance is one which contributes to positioning the organism on a road in its environment that is both durably comfortable and energizing." (de Vulpian 2005: 14)

Meine persönliche Vision einer besseren Partizipation ist die verantwortungsbewusste und entscheidungsfähige Selbstregulierung eines Volkes oder Gemeinschaft. Wir alle (als Individuen und in unserer Rolle als Politiker, Beamter, Forscher, Angestellter, Manager oder Unternehmer) haben eine Verantwortung für das Wohl unserer Gesellschaft und unserer Erde, die wir alle nur unvollkommen wahrnehmen. Es soll hier kein kategorischer Imperativ erneuert werden, es geht darum, Bedingungen zu schaffen, die uns helfen, unsere Weiterentwicklung zur Selbstregulierung zu fördern.

Das Potenzial einer Bevölkerung lässt sich nur nutzen, wenn es sich frei entwickeln kann und die Ergebnisse dieser Entfaltung genutzt werden. Die Komplexität unserer entwickelten Gesellschaft und ihrer globalen Dimension fordert eine hochentwickelte Partizipation, für die es nicht ein einziges Mittel geben wird. Dabei ist es wichtig, die unterschiedlichen Betrachtungswinkel wahrzunehmen: „Abschottung in der Gruppe gefährdet die Gesellschaft: Ob Manager, Politiker oder Künstler: Wer sich nur auf Innensichten stützt, wird der Komplexität der Welt nicht gerecht werden" (Leibinger 2009: 9).

Auf den Bereich der Cybersecurity bezogen fordert Bendieck eine verbesserte Bewusstseinsbildung durch einen Informationsaustausch über die Quantität und

Qualität von Cyberangriffen unter Beteiligung politischer Instanzen, Sicherheitsbehörden und dem privaten Sektor. Damit wäre das Fundament einer zweiten Kernforderung von Bendieck gelegt: Die Verbesserung des Wissensstands.

Hier zeigt sie jedoch auch einen grundsätzlichen Konfliktstoff auf, der uns auch im UP KRITIS seit Jahren begleitet:

> „Ähnlich wie in den USA gibt es in der EU derzeit eine unter Experten breit diskutierte Initiative, private Unternehmen darauf zu verpflichten, Cyberangriffe an die zuständigen staatlichen Stellen zu melden. Diesen Eingriff in die informationelle Selbstbestimmung von Unternehmen verteidigt die US-Regierung mit dem Argument der nationalen Sicherheit. Dem entgegen steht die Freiheit des Einzelnen oder des einzelnen Unternehmens, eigenständig darüber zu bestimmen, wem welche Informationen zugänglich gemacht werden. Hier handelt es sich um eine schwierige, kontroverse Abwägung hoher politischer Güter. Sie führt vor Augen, wie notwendig es ist, Fragen der Internetregulierung nicht nur in technischen Expertengremien zu besprechen, sondern in einem möglichst partizipativen Kontext unter Einschluss parlamentarischer Gremien." (Bendieck 2012: 25)

Aus den sich bereits entstandenen Beteiligungen zeichnen sich mehrere Instanzen ab, die zentrale Rollen spielen können:

- Eine freie, wahrscheinlich weitgehend Internet basierte Vorschlags- und Diskussionsöffentlichkeit
- Stakeholder- und/oder Expertengremien
- Eine Transformation der Legislative zu mehr und schneller Entscheidungsfähigkeit, die aber vorläufige Entscheidungen trifft

Wir können schon heute beobachten, welche Macht und welcher Ideenreichtum durch die Kommunikation im Internet entsteht, ungefiltert jedoch mag eine Welle über uns hereinbrechen, im nächsten Moment ist wieder alles still (z. B. der arabische Frühling und die folgenden Wahlergebnisse oder die Jasminspaziergänge in China). Wie können Initiativen stabil Einfluss ausüben und dabei entgegengesetzte Positionen integrieren? Ein Modell zur Umsetzung hat Otto Scharmer vom MIT unter dem Namen Theorie U vorgestellt. Als erster Baustein wird eine Verbesserung der Diskussionskultur angestrebt, wie sie im folgenden Diagramm aufgezeigt wird:

Feldstruktur der Aufmerksamkeit	Feld	Sprechweise, Struktur des Systems
Ich-in-mir	1. Downloading: Höflichkeitsfloskeln	• sagen, was die anderen hören wollen • höfliche Routinen, leere Phrasen • autistisches System (nicht sagen, was man denkt)
Ich-in-Es	2. Debatte: differenzierende Konfrontation	• sagen, was ich denke • divergierende Sichtweisen: Ich bin mein Standpunkt • adaptives System (sagen, was man denkt)
Ich-in-dir	3. Dialog: reflektives Erkunden	• von sich als einem Teil des Ganzen her sprechen • vom Verteidigen zum Erkunden von Standpunkten • selbstreflexives System (sich selbst sehen)
Ich-in-Gegenwärtigung	4. Presencing: generatives Fließen	• von der entstehenden Möglichkeit her sprechen • stille, kollektive Kreativität, schöpferisches Fließen • schöpferisches System (authentisches Selbst)

Abb. 1 Vier Felder des kommunikativen Handelns, nach Scharmer 2009: 232.

Die AG Sitzungen des UP KRITIS seit 2007 haben tatsächlich die Entwicklung von Stufe 1 zu Stufe 3 geschafft, mit Rückfällen in die Debatte, aber selbst die findet auf einem von gemeinsamen Verständnis geprägten Hintergrund statt. Lernen Zuzuhören und Positionen in aller Offenheit auszutauschen gehört inzwischen zum Alltag der AG Sitzungen. Dies basiert auf der Kollaboration bei gemeinsamen Krisenübungen wie auch dem Erfahrungsaustausch zu Cyberrisiken und -vorfällen. Es soll nicht verschwiegen werden, dass seitens der AG-Leiter ein gehöriges Maß an Geschick, Geduld und Einsatz von Mediations-Techniken gefordert wurde, um positive Ergebnisse zu erzielen.

Was fehlt den Teilnehmern, um Stufe 4 *Presencing* des schöpferischen Entwickelns einer gemeinsamen Umsetzung des Bevölkerungsschutzes vor (IT) Katastrophen zu erreichen? Nach Scharmer wird der Wendepunkt (der untere Punkt des U) durchschritten, indem die Beteiligten ihre eigenen Positionen aufgeben. Danach erst entwickelt sich der Raum, gemeinsame Lösungen zu finden.

Im nächsten Abschnitt werde ich einige Positionen des privaten und des öffentlichen Sektors aufzeigen, die der Integration der gegensätzlichen Haltungen entgegen stehen.

5   Privatwirtschaftliche/Öffentliche Grundpositionen

Für viele Jahre öffnete das Konzept ‚denk an Dich selbst, damit nutzt Du allen' den Weg zu wenig gebremsten Gewinnstreben und die Rolle des Staats als Kontrollinstanz und Schiedsrichter wurde erfolgreich zurückgedrängt. Top Gehälter in England sind inzwischen 120-fach höher als das Durchschnittseinkommen (Maisch 2012: 12). Precht fasst Roger de Weck zitierend zusammen: „Zu wenig Markt schwächt die Leistung und mithin den Erhalt der Gesellschaft, zu viel Markt schwächt ihren Zusammenhalt" (Precht 2012: 396). Zudem ergeben sich daraus Konsequenzen für die individuelle Befindlichkeit:

> „Unsere Wirtschaft, die uns vielen Dingen weit nach vorn gebracht hat, hat uns in anderen geschadet. Noch nie zuvor war eine Gesellschaft so sehr auf Materielles fixiert, ohne dadurch glücklicher zu werden. [...] Das Hamsterrad, in dem wir uns abstrampeln, ist die Folge unserer Ideologie, dass das materielle Wachstum unser Glück mehrt." (Precht 2012: 352)

Precht greift ebenfalls die Monopolisierungstendenz auf und fasst zusammen: *„Kein Kapitalist liebt den Markt, allenfalls seine beherrschende Stellung darin"* (Precht 2012: 378).

Eine weitere Beobachtung möchte ich aus eigener Anschauung hinzufügen: Die wachsende Bedeutung des Cash Flow führte zu der Einschätzung, dass investierte Güter Ballast sind. Im Rahmen des Portfoliomanagements wurden fixe Kapitalpositionen systematisch zurückgefahren und durch gemietete Nutzung ersetzt. Da die Gewinnmöglichkeiten für Energie- und Mineralölfirmen unter starker Beobachtung und Kritik stehen, zeichnen sich Versuche ab, aus diesen hochinvestiven Geschäftsbereichen auszusteigen. So sinnvoll dies aus privatwirtschaftlicher Sicht sein mag, muss die Gesellschaft beobachten, ob ihre Versorgung auch in Zukunft noch sichergestellt ist. Für Precht ist die Lage eindeutig: *„Was zur Daseinsfürsorge der Bürger einer Stadt gehört, darf nicht in die Hände von multinationalen Unternehmen geraten"* (Precht 2012: 443).

Die grundsätzliche Fähigkeit im privaten Sektor ist die, innovativ zu sein und sich selbst erneuern zu können. Das folgende Statement der neuen Vorstandsvorsitzenden der Deutschen Bank deutet an, dass die Notwendigkeit zu gesellschaftsförderndem Handeln sich auch im Topmanagement herumgesprochen hat: „Wir müssen die richtige Mischung aus Gewinnstreben und gesellschaftlicher Verantwortung finden, wobei das kein Widerspruch sein muss" (Fitschen 2012: 31). Noch einmal sei Precht zitiert: *„Auf allen Ebenen müssen Instrumente wirksam werden, welche die Spielräume für Fahrlässigkeit, Gier und Missbrauch verkleinern und soziale Verantwortung fördern"* (Precht 2012: 411).

Im privaten Sektor gibt es eine prinzipielle Abneigung gegen neue Regeln. Die vorhandenen Regeln, selbst wenn sie auch belastend und einschränkend sind, behindern den Markteintritt neuer Konkurrenten. Die Herstellung und Sicherung von Monopolen und saturierter Marktpräsenz muss aufgegeben werden ganz im Sinne der Prinzipien der sozialen Markwirtschaft und dem Grundgesetz: *„Eigentum verpflichtet. Sein Gebrauch soll zugleich dem Wohle der Allgemeinheit dienen"* (Grundgesetz, Art. 14, Abs. 2).

Während im privaten Bereich Innovationsfähigkeit und Flexibilität die Stärke ausmachen, aber unkontrolliert Risiken für die Versorgungssicherheit der Bevölkerung mit sich bringen, ist die Festigkeit die Stärke wie auch die Schwäche des öffentlichen Sektors. Die Kontrolle zu behalten, Hoheitsrechte auszuüben bilden den Kern der Festigkeit und damit auch das Risiko zu diktatorischen Herrschaftsformen, die sich letztlich auch schon bilden, wenn eine Politik als alternativlos bezeichnet wird. Im Cyberspace hat Bendieck das Risiko an folgendem Beispiel festgemacht: *„Stuxnet und Flame sind Lehrbuchbeispiele für ‚die janusköpfige Natur der Forschung an Sicherheitslücken' und eindrückliche Nachweise für die neuen Offensivfähigkeiten, die sich viele Staaten zulegen"* (Bendieck 2012: 11).

Die neu entwickelte Angriffsfähigkeit wird jedoch die Verwundbarkeit der Staaten noch erhöhen. Durch die Globalisierung der Wirtschaft und der steigenden Rolle des Internets bedeutet das Festhalten am Prinzip der Zuständigkeit und Festigkeit eine vollkommene Überforderung der staatlichen Seite. Allein die Geschwindigkeit, in der Probleme auftauchen und durch neue ersetzt werden, kann die herkömmliche Rollenverteilung sprengen. Damit sollen die Prinzipien der Gewaltenteilung, der ‚checks and balances' und der behördlichen Zuständigkeit, nicht in Zweifel gezogen werden, aber anstatt die Grenzen willkürlich zu überschreiten, bedarf es einer prinzipiellen Neuorientierung. Es ist für den Staat an der Zeit, sich vom Hoheitsanspruch zu verabschieden und in eine partnerschaftliche Rolle zu finden, z. B. in einer Art Schiedsrichterrolle (Hoppe 2012: 40f.). Auch gegenüber der Bevölkerung ist eine Erneuerung notwendig:

> „Das Ziel einer neuen gesellschaftlichen Moral besteht darin, die Bürger unserer Demokratie rechtlich, politisch und sozial besser an den Staat zu binden. Auf der anderen Seite brauchen sie mehr Freiheiten, um sich unabhängig vom Staat zu organisieren und den sozialen Zusammenhalt und die Selbstverantwortung zu stärken." (Precht 2012: 436f.)

Für den Cyberspace fordert Bendieck die Beschlussfassung und Umsetzung des schon lange diskutierten globalen Verhaltenskodexes:

„Um Rechenschaftspflicht weltweit zu fördern, muss ein globaler Verhaltenskodex für den Cyberspace aufgestellt werden. Er sollte sowohl für Staaten als auch für nichtstaatliche Akteure wie Unternehmen und Individuen gelten und wesentliche Tatbestände definieren. Hierzu gehören der Angriff auf kritische Infrastrukturen, der Einbruch in fremde Datenbanken, der unerlaubte Zugriff auf private Daten und deren Verwendung sowie die private oder staatliche Spionage." (Bendieck 2012: 25f.)

Aus dem UP KRITIS ist ein weiteres, fachliches Thema hinzuzufügen: Während IT Security sich stark in die Ursachenanalyse begibt, ist im privaten Sektor eher der Business Continuity Management (BCM) Ansatz verbreitet, der rein die Auswirkungen eines Schadensereignisses zu bekämpfen sucht.

Im Präventionsbereich sind beide Ansätze nicht weit voneinander entfernt, aber im Schadensfall. Zwar hat BCM die Behandlung von Cybervorfällen mit abgedeckt und akzeptiert die Notwendigkeit der Analyse. Ob aber im Falle konvergenter Szenarien wie z. B. virtuelle Angriffen mit physischen Auswirkungen eine schnelle und hinreichende Verzahnung von Analyse und Aktion scheint mir zweifelhaft, da sie unterschiedlichen Ansätze noch nicht wirklich integriert wurden. Der Cyberspace hält besondere Herausforderungen für uns bereit, die im folgenden Abschnitt wenigstens angedeutet werden sollen, bevor sich die abschließende Schlussfolgerung anschließt.

6   Rolle des Cyberspace

Unsere Welt ist heiß, flach und übervölkert schreibt Thomas Friedman (2009: 41-43), mit Begriff „flach" meint er die globale Vernetzung der Menschen im Internet. In der Auffassung einiger Begründer ist das Web eben ein Netz von Menschen und nicht von Computern, die Vision des Webs war freier Zugang zur Bildung für alle Menschen (Krüger 2004 über Tim Barners-Lee). Über viele Jahre spielte der Wissensaustausch eine große Rolle und Modelle wie OpenSource und OpenContent bildeten sich aus, in der sich die Netzgemeinschaft für die Entwicklung und Verbesserung von Applikationen bzw. zur Sammlung von Wissen zusammengeschlossen hatte. Natürlich gab auch schon früh Kommerz, hauptsächlich jedoch rund um den Computer. Wir kennen diesen Zustand heute noch, wobei der Kommerz doch sehr deutlich in den Vordergrund zu den gemeinnützigen Aktivitäten getreten ist. Immerhin entwickelten sich auch Mischformen, wie freiwillige Zahlung von Lizenzgebühren, Spenden oder das Hinnehmen von Werbung für die Nutzung der gewünschten Dienste.

Es bilden sich jedoch auch primär gewinnorientierte Firmen mit offenem oder verdecktem Monopolanspruch wie z. B. Apple, die mit Funktionalität und Design im Unterhaltungsbereich eine Vorrangstellung erobert hat und mit einem Patentkrieg den Markt bereinigen will. Durch Amazon sind klassische Handelsfirmen in Schwierigkeiten geraten und auch hier wird eine vorrangige Rolle im Kultur- und Unterhaltungsbereich angestrebt.

Firmen wie Google und Facebook bieten ihre Dienste kostenlos an und erhalten dafür Informationen über das Nutzerverhalten und ihr Interessen. Sie finanzieren sich aus der Werbung und haben damit eine Art Robin Hood Modell gewählt. Sie nehmen das Geld der Kapitalisten und stellen damit ihre Services zur Verfügung, was nur solange gut geht, wie die Ersteren auch Geld verdienen. Auch hier führt der Normalbetrieb beider Geschäftsmodelle zu der von Precht festgestellten Vorliebe für Marktbeherrschung anstatt Marktwettbewerb.

Die Selbstregulierung funktioniert über weite Strecken, Transaktionen werden bewertet, anstößige Inhalte könne gemeldet werden. Die Steigerung der Internetnutzer und des Ausmaßes der Nutzung können nach meinem Eindruck die Schäden nicht folgen, selbst wenn wir es auch hier mit stattlichen Zahlen zu tun haben. Nach einer Phase des individuellen Hackings etablierte sich die organisierte Kriminalität, zuletzt haben auch Staaten Interesse am Cyberspace gefunden, einerseits, um sich zu schützen, anderseits, um anzugreifen. Damit steigt in der virtuellen Welt das Risiko von Krisen und Katastrophen, auch mit möglichen Rückwirkungen auf die physische Welt.

Es wird eng im Cyberspace, weil gerade die neueren Beteiligten einen großen Fußabdruck aus der physisch-sozialen Welt mitbringen (z. B. politischer Hoheitsansprüche, kommerzielle Ansprüche wie das Urheberrecht). Bisher hat der virtuelle Raum den physisch-sozialen Raum entlastet, nun entstehen Verteilungskämpfe, die wir aus früheren Epochen kennen.

Zwar gibt es eine Anonymous-Bewegung, die sich als Aktivisten gegen die Eindringlinge verstehen und ihre Freiheitsrechte verteidigen und in der Wahl ihrer Mittel nach dem Prinzip „der Zweck heiligt die Mittel" verfahren. Grundsätzlich verhalten sich die „digital natives" relativ ruhig, Politik und Hierarchien scheinen schon gar nicht mehr wahrgenommen zu werden. So sehr das Thema zur Vertiefung reizt, möchte ich es mit einem Zitat von Sascha Lobo und einem Hinweis von Michael Kranawetter belassen:

> „Eure Internetsucht ist unser Leben. Ein digitaler Riss geht durch Deutschland: Auf der einen Seite stehen die Abgehängten, die das dumm und süchtig machende Internet verdammen. Ihnen gegenüber stehen jene, für die das Web selbstverständlicher Teil ihres Lebens ist. Es wird Zeit, dass sie aufeinander zugehen." (Lobo 2012: 1)

Auf der Cybersecurity Konferenz 2012 des Handelsblatts bezeichnete Kranawetter Identität (im Sinne von gestohlenen Benutzerkonten) und Datenschutz als Probleme der Gegenwart bzw. Vergangenheit. ‚Mind' dagegen ist für ihn die Herausforderung der Zukunft, also eine weitgehende Verlagerung der Sinn- und Verstandsbildung ins Web. Die Folgen sind für uns nur schwer vorstellbar, dennoch wird es Menschen nicht vollkommen gelingen, die physische Welt zu verlassen:

> „Atome können ohne weiteres ohne Moleküle existieren, aber Moleküle nicht ohne Atome. [...] Wenn man die Biossphäre, das heißt also alle Lebensformen, zerstören würde, dann könnte und würde der Kosmos oder die Physiosphäre weiter existieren. Denn man dagegen die Physiosphäre zerstört, ist damit gleichzeitig die Biosphäre zerstört." (Wilber 1997: 56f.)

Welche ‚worst case' Szenarien sind vorstellbar, die unser Leben zum Stillstand bringen könnten? Das könnte ein digitaler Vernichtungsschlag gegen Staat und kritische Infrastrukturen sein. Da fast die gesamte Welt durch Handelsbeziehungen vom gegenseitigen Wohlergehen abhängig sind, bleiben hier nur wenige mögliche Täter: die von G.W. Bush gebrandmarkte Achse des Bösen und terroristische Organisationen. Frontstaaten wie Südkorea, Israel oder die USA müssen hier von hohen Wahrscheinlichkeiten oder bereits von Realitäten sprechen (Information Age 2011). Da die sogenannten Schurkenstaaten durch ihre Paten unter gewisser Kontrolle stehen, bleiben terroristische Aktivitäten als unberechenbare Größe. Die komplette Unterwanderung der IT Infrastruktur ist jedoch eine Herausforderung, die nach meiner Meinung in diesen Organisationen weder heute noch in absehbarer Zeit zu meistern wäre.

Ein weiteres Szenario könnte die Erpressung von Wohlverhalten sein. Im Kleinen ist es bereits ein ‚Geschäftszweig', gegen Zahlung die eigenen unerreichbaren Daten wieder zurückzubekommen. Dies Beispiel auf einen Staat und ein Volk hochzurechnen, klingt sehr gewagt, aber immerhin wahrscheinlicher als die Vernichtung der Infrastrukturen.

Das unberechenbarste, aber dennoch mögliche Szenario wären Massenaufstände gegen Missstände oder Herrschaftsansprüche. Gerade in diesem Szenario können staatliche und private Organisationen durch die Aufgabe von Monopolbildung und Hoheitsansprüchen und einer aktiven Beteiligung aller betroffenen Gruppen die Eintrittswahrscheinlichkeit weitgehend reduzieren.

7 Schlussfolgerungen

Das Internet als Netzwerk der Menschen bildet die Plattform für Bildung, Mündigkeit und Initiative Aller und kann sich damit zu einer Säule der verantwortungsbewussten und entscheidungsfähigen Selbstorganisation entwickeln.

Da die Interessengebiete nach anfänglicher Begeisterung schnell abebben können, es aber dauerhafte gesellschaftliche Herausforderungen gibt, die gelöst werden müssen, werden wir um eine organisierte Bürgervertretung nicht herumkommen. Die Einführung staatlicher Hoheitsrechte scheint mir eher unwahrscheinlich, es ist aber möglich und sinnvoll, sich partizipativer aufzustellen. Eine Form der Mitwirkung sind NGO's (Non Government Organisations), die inzwischen international eine recht bedeutende Stellung einnehmen. Nachteil dieser Organisationen ist oft, dass sie lediglich ein Thema auf der Agenda haben, sei es Naturschutz, Menschenrechte oder unbedingte Freiheitsrechte im Internet. Welche gegenseitige Auswirkungen möglich sind, welche Themen eine größere Bedeutung oder Dringlichkeit haben, ist nicht diskussionswürdig, es gibt nur das eine Thema. Auch ist die Beteiligung oft eher oppositioneller Natur, weil Idealpositionen und nicht die derzeitige Realität in die Betrachtung einbezogen wird.

Hier lässt sich die Erfahrung multidisziplinärer Partnerschaften nutzen, um einen Entwicklungsschritt zu machen. Die eingangs geschilderten Ursachen für die derzeitigen Krisenherde werden adressiert: Anstatt kurzfristiger Einzelorientierungen wird die langfristige Versorgungssicherheit aus allen Blickwinkeln bearbeitet und damit auch Risikoeinschätzung und zu übernehmende Verantwortung. Einzig die Handlungsspielräume scheinen eher noch geringer geworden zu sein. Hier wird es darauf ankommen, die gegensätzlichen Positionen zu transformieren. PPP's wie UP KRITIS sind Übungsfelder für eine entwickelte Form der Partizipation, sie sind ein guter Weg, nachhaltige Resultate zu erreichen und bessere Formen der Partnerschaft zu entwickeln.

Literatur

Bendieck, Annegret (2012): *Europäische Cybersicherheitspolitik*. Berlin.
Fitschen, Jürgen (2012): Das geht nicht ohne Schmerzen. In: *Welt am Sonntag* 38. 31.
Friedmann, Thomas L. (2008): *Was zu tun ist. Eine Agenda für das 21. Jahrhundert*. Frankfurt am Main.
Gaugele, Jochen/ Poschardt, Ulf (2012): Industrie warnt vor Stromausfällen. In: *Die Welt* vom 22.9.2012. 1.

Handelsblatt/ dpa (2012): Eon will Kraftwerke vom Netz nehmen. Der Betrieb von Gasanlagen rechnet sich nicht. In: *Handelsblatt* 97. 23.

Hoppe, Hans-Hermann (2012): Der Staat als bloßer Konkurrent. In: *Focus* 35. 40-42.

Information Age (2011): S Korea accuses N Korea of cyber attack on bank. In: *www.information-age.com* vom 3.5.2011.

Kielinger, Thomas (2012): Die Gaukler von London. In: *Die Welt* vom 7.7.2012. 3.

Koerber, Eberhard von (2012): Fast vorrevolutionäre Stimmung. In: *Handelsblatt* 91. 17.

Kranawetter, Michael (2012): *Cyber-Security heute, morgen, übermorgen: Wie sichern wir das Netz der Zukunft?* 2. Handelsblatt Konferenz „Cybersecurity 2012". Berlin 6./7.9.2012.

Krüger, Alfred (2004): Tim Berners-Lee. Der „Gutenberg" des Cyberspace. In: *Heise Online* vom 04.01.2004. http://www.heise.de/tp/artikel/16/16446/1.html (letzer Aufruf 25.01.2014).

Krumrey, Henning (2012): Gewisse Starrheit. In: *Wirtschaftswoche* 18. 104-105.

Küveler, Jan (2012): Eliten aller Länder, vereinigt Euch! In: *Die Welt* vom 3.5.2012. 21.

Leibinger, Berthold (2009): Abschottung in der Gruppe gefährdet die Gesellschaft. In: *Handelsblatt* 247. 9.

Lobo, Sascha (2012): Eure Internetsucht ist unser Leben. In: *S.P.O.N.* vom 4.9.2012.

Maisch, Michael (2012): Manager bekommen die Wut der Eigentümer zu spüren. In: *Handelsblatt* 94. 12.

Precht, Richard David (2012): *Die Kunst, kein Egoist zu sein. Warum wir gerne gut sein wollen und was uns davon abhält.* München.

Schallbruch, Martin (2012): *Ein Jahr nationale Cybersicherheitsstrategie: Lehren und Perspektiven aus Sicht der Politik.* 2. Handelsblatt Konferenz „Cybersecurity 2012". Berlin 6./7.9.2012.

Scharmer, C. Otto (2009): *Theorie U. Von der Zukunft her führen.* Heidelberg.

Sloterdijk, Peter (2009): *Du mußt dein Leben ändern.* Frankfurt am Main.

Surowiecki, James (2004): *The wisdom of crowds.* New York.

Vulpian, Alain de (2005): *Listening to ordinary people. The process of civilisation that is at work leads to a hypercomplex society and new forms of governance.* SoL International Forum Vienna, 13-16.9.2005.

Wilber, Ken (1997): *Eine kurze Geschichte des Kosmos.* Frankfurt am Main.

Cybersicherheit in Österreich
Erfahrungsbericht zum Aufbau der Öffentlich-Privaten Sicherheitszusammenarbeit im Cyberspace

Heiko Borchert, Wolfgang Rosenkranz und Wolfgang Ebner[1]

Erreichbarkeit, beinahe uneingeschränkte Konnektivität und technische Vernetzung zwischen Maschinen, Menschen, Organisationen und Ländern sind zentrale Merkmale einer globalisierten Welt. Die Informations- und Kommunikationstechnologie (IKT) ist damit zur zentralen Voraussetzung für effektive und effiziente wirtschaftliche Prozesse, bürgernahe staatliche Dienstleistungen und einen spezifischen Lebensstil geworden. Rund „ein Viertel der Zunahme des Bruttoinlandsproduktes und ca. 30-45 % des Produktivitätszuwachses in den EU-Staaten" geht auf fortschrittliche, IKT-gestützte Anwendungen zurück (Bundesregierung 2008a: 64). Den unbestrittenen Chancen des IKT-Einsatzes stehen Risiken gegenüber. Von den fünf als besonders wahrscheinlich eingeschätzten Top-Risiken, die das World Economic Forum jedes Jahr erhebt, standen gezielte Cyberangriffe 2012 erstmals nicht nur unter den Top, sondern gleich auf Platz 4 (WEF 2012: 12). Die Kosten der Cyberkriminalität belaufen sich nach Schätzungen weltweit auf ungefähr 296 Milliarden € (Norton 2011). Nicht überraschend spricht daher der Jahresbericht 2011 des Österreichischen Bundesamtes für Verfassungsschutz und Terrorismusbekämpfung mit Blick auf die Cyberrisiken von einem Gefahrenpotenzial, das „einen bisher nicht bekannten Reifegrad erreicht hat" (BVT 2011: 87).

Daraus folgt: Je stärker die Entwicklungschancen einer Gesellschaft, eines Staates bzw. einer Volkswirtschaft an den IKT-Einsatz geknüpft sind, desto relevanter wird die Frage, ob die Technologien und die damit verbundenen Produkte und Dienstleistungen sicher, zuverlässig, leistungsfähig und vertrauenswürdig sind. Cybersicherheit geht damit weit über technische Sicherheitsaspekte hinaus. Weil die Nutzung des Cyberspace für Bürgerinnen und Bürger, für die Unternehmen und auch für den Staat selbst immer mehr zu einer Selbstverständlichkeit wird,

---

1 Das Manuskript wurde im Herbst 2012 abgeschlossen und berücksichtigt die Entwicklungen bis zu diesem Zeitpunkt.

entwickelt sich die Cybersicherheit zu einer zentralen gesellschaftspolitischen Herausforderung – eine Herausforderung, die für die Gestaltung des individuellen Lebensstils genauso relevant ist wie für die Attraktivität eines Wirtschaftsstandorts und die öffentliche Sicherheit.

Vor diesem Hintergrund arbeitet das Kuratorium Sicheres Österreich (KSÖ), ein privatrechtlicher Verein mit dem Aufgabenschwerpunkt öffentliche Sicherheit, seit Mitte 2011 im Auftrag des Bundesministeriums für Inneres (BM.I) an verschiedenen konzeptionellen Bausteinen zur Verbesserung der Cybersicherheit in Österreich. Diese Arbeit unterstützt die laufenden Bemühungen der österreichischen Bundesregierung zur Erarbeitung und Umsetzung einer nationalen Cybersicherheitsstrategie. Im Mittelpunkt steht dabei die enge Zusammenarbeit zwischen staatlichen Ministerien und Behörden sowie privatwirtschaftlichen Partnern.

Ziel des vorliegenden Beitrags ist es, diesen partnerschaftlichen Ansatz sowie die bis Herbst 2012 erarbeiteten Ergebnisse aus Sicht der daran beteiligten Akteure zu beschreiben (Borchert et al. 2012). Die Ausarbeitung beginnt mit Grundsatzüberlegungen zur Öffentlich-Privaten Sicherheitszusammenarbeit an der Nahtstelle zwischen Cybersicherheit und dem Schutz Kritischer Infrastrukturen. Gestützt darauf werden die Grundlagen der Cybersicherheit in Österreich und die Hauptergebnisse der KSÖ-Cyberrisikoanalyse beschrieben. Die Ausführungen werden ergänzt durch die Zusammenfassung der wesentlichen Forderungen eines Fünf-Punkte-Programms zur Verbesserung der Cybersicherheit in Österreich, das auf Basis der Risikoanalyse definiert und im Mai 2012 von der österreichischen Innenministerin als strategische Leitlinie für die weiteren Arbeiten zu diesem Thema vorgestellt wurde. Einige Gedanken zu den Lehren für das Stakeholder Management komplexer politischer Prozesse, die aus der BM.I/KSÖ-Cybersecurity-Initiative gezogen werden können, runden den Beitrag ab.

1　Cybersicherheit, Schutz Kritischer Infrastrukturen und Öffentlich-Private Sicherheitszusammenarbeit: Grundsatzüberlegungen

Cybersicherheit und der Schutz Kritischer Infrastrukturen beschreiben zwei der zentralen Herausforderungen der nationalen Sicherheitsvorsorge. Die Bedeutung beider Themenfelder steht außer Zweifel, doch in welchem Verhältnis diese zueinander stehen, ist nicht immer eindeutig. Das hängt sowohl mit definitorischen als auch mit konzeptionellen Abgrenzungsschwierigkeiten zusammen.

Cybersicherheit kann verstanden werden als die Sicherheit (1) des Raumes, der durch die Nutzung der globalen, IKT-gestützten Hard- und Softwareinfrastruktur entsteht, (2) der Nutzung dieses Raumes für unterschiedliche elektronische Dienste sowie (3) der Nutzer in diesem Raum vor Gefahren aus diesem Raum. Akteursbezogene, technische, organisations- und naturbedingte Gefahren können die Sicherheit des Cyberspace bedrohen. Weil Bürgerinnen und Bürger, Unternehmen und staatliche Einrichtungen gleichermaßen von der Nutzung des Cyberspace profitieren, ist ein partnerschaftlicher Ansatz unerlässlich, um das Vertrauen der Nutzer in die Verfügbarkeit, die Integrität und die Vertraulichkeit der digitalen Infrastruktur und der digitalen Dienste zu gewährleisten. Partnerschaftliche Maßnahmen zur Förderung der Cybersicherheit sind deshalb darauf ausgerichtet, Störungen im und aus dem Cyberspace zu erkennen, zu bewerten und bewältigen, die damit verbundenen Folgen zu mindern sowie die Handlungs- und Funktionsfähigkeit der davon betroffenen Akteure, Infrastrukturen und Dienste wieder herzustellen (Borchert 2012).

Das Österreichische Programm zum Schutz Kritischer Infrastrukturen (Bundesregierung 2008b: 5) definiert diese als „jene Infrastrukturen oder Teile davon, die eine wesentliche Bedeutung für die Aufrechterhaltung wichtiger gesellschaftlicher Funktionen haben und deren Störung oder Zerstörung schwerwiegende Auswirkungen auf die Gesundheit, Sicherheit oder das wirtschaftliche und soziale Wohl der Bevölkerung oder die effektive Funktionsweise von Regierungen haben würde". Das Programm beschreibt eine umfassende Strategie zu deren Schutz und stellt damit die bislang von den zuständigen Ressorts sowie den einzelnen Infrastrukturbetreibern ergriffenen Maßnahmen in ein gemeinsames Gesamtkonzept.

Diese Definitionen verdeutlichen, dass Cybersicherheit und der Schutz Kritischer Infrastrukturen teilweise komplementär sind, gleichzeitig aber auch eigenständige Aufgabenspektren abdecken. Entscheidend ist somit, wie die sektorübergreifende Koordination im Hinblick auf die jeweiligen Zielsetzungen, die Umsetzungsmaßnahmen sowie die Einhaltung der Zielvorgaben erfolgen. Von ganz besonderer Bedeutung ist dabei die Risikoanalyse: Eine Risikoanalyse, die beide Aspekte gleichzeitig berücksichtigt, trägt wesentlich dazu bei, dass die darauf aufbauenden Maßnahmen harmonisiert und koordiniert werden können, weil zwischen allen Beteiligten ein gemeinsames Lagebewusstsein und Lageverständnis im Hinblick auf die relevanten Herausforderungen entsteht. Genau aus diesem Grund startete die BM.I/KSÖ-Cybersecurity-Initiative Mitte 2011 mit der Risikoanalyse als Basis der gemeinsamen „Sprech- und Beurteilungsfähigkeit".

Cybersicherheit und der Schutz Kritischer Infrastrukturen beschreiben – wenn auch aus unterschiedlichen Perspektiven – eine zentrale Aufgabe, nämlich die Sicherheit jener Prozesse und Dienste, die für das Wohlergehen und die Prosperität der Gesellschaft, der Wirtschaft sowie des staatlichen Gemeinwesens unerlässlich sind. Die Infrastrukturen sind dabei gewissermaßen die „Träger" dieser Prozesse und Dienste, die vielfältigen Risiken ausgesetzt sind. In den meisten Industrieländern werden diese Infrastrukturen von privatwirtschaftlichen Akteuren unterhalten und betrieben. Das beschreibt eine weitere Gemeinsamkeit beider Aufgaben: In beiden Fällen ist der Staat für seine Sicherheitsvorsorge auf die Unterstützung und die Zusammenarbeit dieser privatwirtschaftlichen Akteure angewiesen – und diese bedürfen wiederum der Unterstützung durch den Staat, wenn es z. B. um spezifische Aspekte der Bedrohungs- und Gefährdungsanalyse geht.

Für eine erfolgreiche Öffentlich-Private Sicherheitszusammenarbeit zur Förderung der Cybersicherheit und des Schutzes Kritischer Infrastrukturen – sowie weiterer Sicherheitsaufgaben – bedarf es eines geeigneten Rahmens bestehend aus den Zielen und Regeln der Zusammenarbeit, den Strukturen im Sinne der erforderlichen Gremien und Prozesse sowie gegebenenfalls der benötigten technischen Unterstützung (z. B. Führungsinformationssysteme für die Entscheidungsunterstützung, Lagedarstellung). Ein entscheidender Punkt ist und bleibt die kulturelle Dimension im Sinne der Qualität der Kooperation zwischen allen beteiligten Akteuren.

Dabei ist es ganz wichtig, dass die Öffentlich-Private Zusammenarbeit eingebettet wird in die Öffentlich-Öffentliche und die Privat-Private Sicherheitspartnerschaft. Erstere beschreibt als notwendige Voraussetzung den reibungslosen Austausch und die Kooperation zwischen den staatlichen Sicherheitsbehörden. Dazu zählt – für die Cybersicherheit und den Schutz Kritischer Infrastrukturen gleichermaßen maßgeblich – ein gemeinsames Verständnis über die Ziele, mit deren Hilfe die staatliche Seite die privatwirtschaftlichen Partner zur Zusammenarbeit gewinnen will. Das bedingt auch sektorübergreifende Abstimmungen zwischen staatlichen Akteuren, die mitunter sehr unterschiedliche ordnungspolitische Leitvorstellungen verfolgen. Werden diese aber nicht im Vorfeld der Zusammenarbeit mit der Wirtschaft zumindest angesprochen (und im besten Fall harmonisiert), droht die Kooperation ins Stocken zu geraten oder gar zu scheitern. Die Privat-Private Sicherheitspartnerschaft stellt das Pendant im Unternehmensumfeld dar. Die umfassende Zusammenarbeit der Unternehmen in Sicherheitsfragen ist angesichts weit verzweigter unternehmerischer Wertschöpfungsprozesse und der daraus resultierenden Abhängigkeiten zwischen Unternehmen auf den vor- und nachgelagerten Stufen der jeweiligen Lieferketten ebenfalls unerlässlich.

Diese Grundsatzüberlegungen haben das KSÖ veranlasst, für seine Arbeit im Bereich Cybersicherheit in umfassender Weise die Zusammenarbeit mit den Ministerien und Behörden sowie mit der Privatwirtschaft zu suchen. Gleichzeitig wurde die Logik, die der Definition Kritischer Infrastruktursektoren in Österreich zugrunde liegt, für die Auswahl der jeweiligen Gesprächspartner genutzt. Damit sollte sichergestellt werden, dass Aspekte der Cybersicherheit gleichzeitig auch die Anliegen des Schutzes Kritischer Infrastrukturen berücksichtigen. Welche Ergebnisse das KSÖ mit diesem Ansatz erzielt hat, wird in den folgenden Abschnitten beschrieben.

2   Sicherheitsvorsorge und Cybersicherheit in Österreich

2.1   Bestandsaufnahme

Die Österreichische Sicherheitsstrategie sieht in den Schattenseiten der Nutzung des Cyberspace „neue Herausforderung für alle betroffenen Akteure", die ein „breites Zusammenwirken im Rahmen eines Gesamtkonzepts" erfordern (Bundesregierung 2011: 8). Zur Umsetzung dieses allgemeinen, durch die Sicherheitsstrategie definierten Anspruchs, wurden in den letzten Jahren in Österreich verschiedene politische Grundsatzdokumente erarbeitet und veröffentlicht. Von besonderer Bedeutung sind dabei – in Ergänzung der bestehenden rechtlichen Vorschriften – insbesondere:

- Das Österreichische Programm zum Schutz Kritischer Infrastrukturen betont mit seinem umfassenden Risikoverständnis einen holistischen Ansatz und legt damit eine wichtige Basis für die Förderung der Cybersicherheit in strategisch bedeutenden Infrastruktursektoren. Das Programm stellt darüber hinaus den partnerschaftlichen Ansatz zwischen Ministerien, Behörden und privatwirtschaftlichen Infrastrukturbetreibern in den Mittelpunkt (Bundesregierung 2008b).
- Der vom Bundeskanzleramt, dem BM.I, dem Bundesministerium für Landesverteidigung und Sport sowie dem Bundesministerium für europäische und internationale Angelegenheiten gemeinsam eingebrachte Ministerratsvortrag „Cybersecurity-Gesamtkonzept" vom Mai 2012 fordert die „Herausbildung einer gesamtstaatlichen Strategie zur Cybersicherheit" als einen „breiten, alle relevanten Akteure integrierenden Ansatz", der „umfassend, pro-aktiv zum Schutz des Cyber Space und der Menschen im virtuellen Raum" beitragen soll (Bundesregierung 2012).
- Die Strategie „Innen Sicher" des BM.I aus dem Jahre 2010 definiert vor dem Hintergrund sich dynamisch verändernder Sicherheitsherausforderungen verschiedene strategische Stoßrichtungen zur Gewährleistung der öffentlichen Sicherheit in Österreich. Die Koordination zwischen und die Vernetzung mit unterschiedlichen Akteuren spielt dabei eine zentrale Rolle (BM.I 2010).

- Die im Juni 2012 veröffentlichte „Nationale IKT-Sicherheitsstrategie Österreich" versteht sich als „proaktives Konzept zum Schutz des Cyber-Raums und der Menschen im virtuellen Raum". Das Konzept schlägt hierfür verschiedene Maßnahmen in den fünf Kernbereichen Stakeholder und Strukturen, Kritische Infrastrukturen, Risikomanagement und Lagebild, Bildung und Forschung sowie Awareness vor (Bundeskanzleramt 2012).
- Das „Österreichische Informationssicherheitshandbuch" beschreibt in umfassender Weise die Grundlagen und Bausteine eines umfassenden Informationssicherheitsmanagements als kontinuierlicher Prozess, um die Informationssicherheit zu gewährleisten (Bundeskanzleramt 2007).

Vor diesem Hintergrund verstärkt das BM.I seit Mitte 2011 seine konzeptionellen und strategischen Anstrengungen im Umgang mit Cyberrisiken. Bereits davor wurden Maßnahmen zur Stärkung jener Kräfte der öffentlichen Sicherheit ergriffen, die der Erkennung, Abwehr und Bewältigung verschiedener Phänomene der Cyberkriminalität dienen. Mit dem Schwerpunkt Cybersicherheit geht es darum, diese bisherigen Bemühungen in einen größeren Kontext einzuordnen und damit auch die eingangs erwähnte Brücke zwischen der öffentlichen Sicherheit und den industrie- bzw. wirtschaftspolitischen Anliegen rund um die Attraktivität bzw. Prosperität des Wirtschaftsstandorts Österreich zu schlagen.

Hierfür nutzt das BM.I das KSÖ als überparteiliche Plattform, um das Zusammenwirken zwischen staatlichen und privatwirtschaftlichen Bedarfsträgern zu koordinieren.[2] Im Rahmen ihrer Cybersecurity-Initiative haben BM.I und KSÖ mit Expertinnen und Experten aus Österreich eine Cyberrisikomatrix erarbeitet (Abschnitt 2.2), eine vertiefende Cyberrisikoanalyse durchgeführt (Abschnitt 2.3), das erste Öffentlich-Private Planspiel zur Sensibilisierung für Aspekte der Cybersicherheit organisiert und umgesetzt (Abschnitt 2.4) sowie Handlungsempfehlungen zur Stärkung der Cybersicherheit in Österreich erarbeitet (Abschnitt 3). Zwei Expertenveranstaltungen zur Präsentation der Ergebnisse, eine öffentliche Diskussionsveranstaltung und ein White Paper zu Aspekten der Regulierung der Cybersicherheit (Borchert 2012) sowie die Durchführung des KSÖ-Sicherheitskongresses 2012[3] und des ersten, in Zusammenarbeit mit dem Verein Cyber Security Austria organisierten Talentwettbewerbs Cybersecurity Challenge[4] runden die BM.I/KSÖ-Cybersecurity-Initiative ab. Die hierbei erarbeiteten Ergebnisse flossen in die

---

2　http://www.kuratorium-sicheres-oesterreich.at (letzter Zugriff: 1. Oktober 2012).

3　http://www.kuratorium-sicheres-oesterreich.at/news/detail-ansicht/artikel/it-sicherheit-cybersecurity-im-fokus-des-ksoe-sicherheitskongresses-2012/ (letzter Zugriff: 1. Oktober 2012).

4　http://www.verbotengut.at (letzter Zugriff: 1. Oktober 2012).

Österreichische Cybersicherheitsstrategie ein, die nach Abschluss des vorliegenden Textes im Frühjahr 2013 veröffentlicht wurde. Dass wichtige Erkenntnisse bereits vor der Verabschiedung dieser Strategie erarbeitet wurden, stellt den Strategieentwicklungsprozess auf eine robuste Grundlage und ermöglicht es, Schwerpunkte zu definieren, deren Validität bei einem anderen Vorgehen erst nach der Veröffentlichung der Strategie hätten geprüft werden können.

2.2 Cyberrisikomatrix

Die Arbeit an der Cyberrisikoanalyse wurde mit der Erstellung einer Cyberrisikomatrix lanciert. Diese zwischen Juli bis September 2011 erarbeitete Darstellung hatte den Zweck, den relevanten Risikoraum auszuleuchten und damit auch zur Herausbildung eines gemeinsamen Begriffs- und Risikoverständnisses beizutragen. Erste Entwürfe erstellte das KSÖ-Team auf Basis nationaler und internationaler Dokumente sowie der wissenschaftlichen Literatur und unter Verwendung von Informationen aus informellen Fachgesprächen. Der Entwurf wurde danach in zwei Diskussionsrunden mit Expertinnen und Experten aus strategisch bedeutenden Infrastruktursektoren besprochen und validiert. Der Schwerpunkt lag dabei auf einer repräsentativen Darstellung der Sichtweise von Vertreterinnen und Vertretern aus den Sektoren Energie, Finanzen und Versicherungen, Transport und Verkehr, IKT sowie Behörden. Das Ergebnis dieser gemeinsamen Risikobeurteilung illustriert Abbildung 1. Diese Cyberrisikomatrix wurde im September 2011 von Österreichs Innenministerin, Mag.[a] Johanna Mikl-Leitner, gemeinsam mit dem KSÖ-Generalsekretär, Christian Kunstmann, an einer gemeinsamen Veranstaltung vorgestellt. Dabei sprach auch Richard A. Clarke, ehemaliger Cybersicherheitsverantwortlicher der US-Regierung, der den innovativen Charakter der Matrix als Ausgangspunkt eines nationalen Strategieentwicklungsprozesses hervorhob.

2.3 Cyberrisikoanalyse für ausgewählte Kritische Infrastruktursektoren

Die erste gemeinsame Risikobewertung auf Basis der Cyberrisikomatrix wurde zwischen Oktober 2011 und März 2012 in zwei Interviewrunden mit Expertinnen und Experten aus den genannten fünf strategisch bedeutenden Infrastruktursektoren vertieft. Ziel dieser Vertiefung war es, die allgemeine Risikodarstellung aus sektorspezifischer Sicht detaillierter zu betrachten, Auskunft über den aktuellen Stand der Vorbereitungsmaßnahmen zur Abwehr bzw. zur Bewältigung der identifizierten Risikokategorien zu gewinnen und mit den Expertinnen bzw. Experten den bestehenden Handlungsbedarf zu diskutieren.

Die erste Interviewrunde umfasste 31 Einzelinterviews mit 55 Sektorexpertinnen und -experten. Die in der Cyberrisikomatrix aufgeführten Risiken wurden mit den Expertinnen und Experten besprochen sowie anhand einer Skala von 1 (sehr geringe Relevanz für den jeweiligen Sektor) bis 4 (sehr hohe Relevanz für den jeweiligen Sektor) bewertet. Die daraus resultierende Gesamtübersicht illustriert Abbildung 2. In der zweiten Interviewrunde standen 45 Gesprächspartner zur Verfügung, die in 26 Interviews befragt wurden. In dieser Runde ging es vor allem darum, gemeinsam mit den Gesprächspartnern konkrete Maßnahmen zu identifizieren, die dazu beitragen, die Cybersicherheit in und für Österreich zu verbessern (Abschnitt 3).

Die Gesamtübersicht bietet eine äußerst wertvolle Orientierungshilfe, stellt allerdings erst eine Trendaussage dar. Daher sollten die Ergebnisse vorsichtig interpretiert werden. Zum einen bestehen qualitative Bewertungsunterschiede, die beim bloßen Blick auf die Zahlenwerte in Abbildung 2 und Abbildung 3 gerne übersehen werden. Zum anderen werden nur grundsätzlich denkbare Risikopotenziale bewertet, weil keine umfassende Prozess- und Verwundbarkeitsanalyse durchgeführt wurde. Trägt man diesen Einschränkungen gebührend Rechnung, können aus der Gesamtbewertung verschiedene Schlussfolgerungen abgeleitet werden:

- Der *Faktor Mensch* erfährt in der Beurteilung der Experten die größte Beachtung. Von den acht Risikofaktoren, die als besonders relevant eingestuft wurden, sind vier direkt mit dem Verhalten des Menschen in komplexen IKT-gestützten Infrastrukturen verbunden. Die Gefahr fahrlässigen Verhaltens, mangelndes Sicherheitsbewusstsein, das Risiko der Informationsabschöpfung durch Social Engineering sowie mangelndes Fachpersonal lassen keinen Zweifel daran, dass der Wert aller Bemühungen zur Förderung der Cybersicherheit mit der Expertise der Mitarbeitenden – und in weiterer Folge aller IKT-Nutzer – steht und fällt.
- Dass *sektorübergreifende Abhängigkeiten* durch den allgegenwärtigen Einsatz von IKT verstärkt werden, kommt in der Beurteilung ebenfalls deutlich zum Ausdruck. Stellvertretend dafür steht an erster Stelle das potenzielle Risiko, das mit einer Manipulation der IKT-Systeme der Energieerzeugung und Energieversorgung verbunden ist. Die Manipulation von Kommunikations- und Satellitenverbindungen sowie die Manipulation der IKT-Systeme des Zahlungsverkehrs und der Finanztransaktionen unterstreichen dieses Argument.

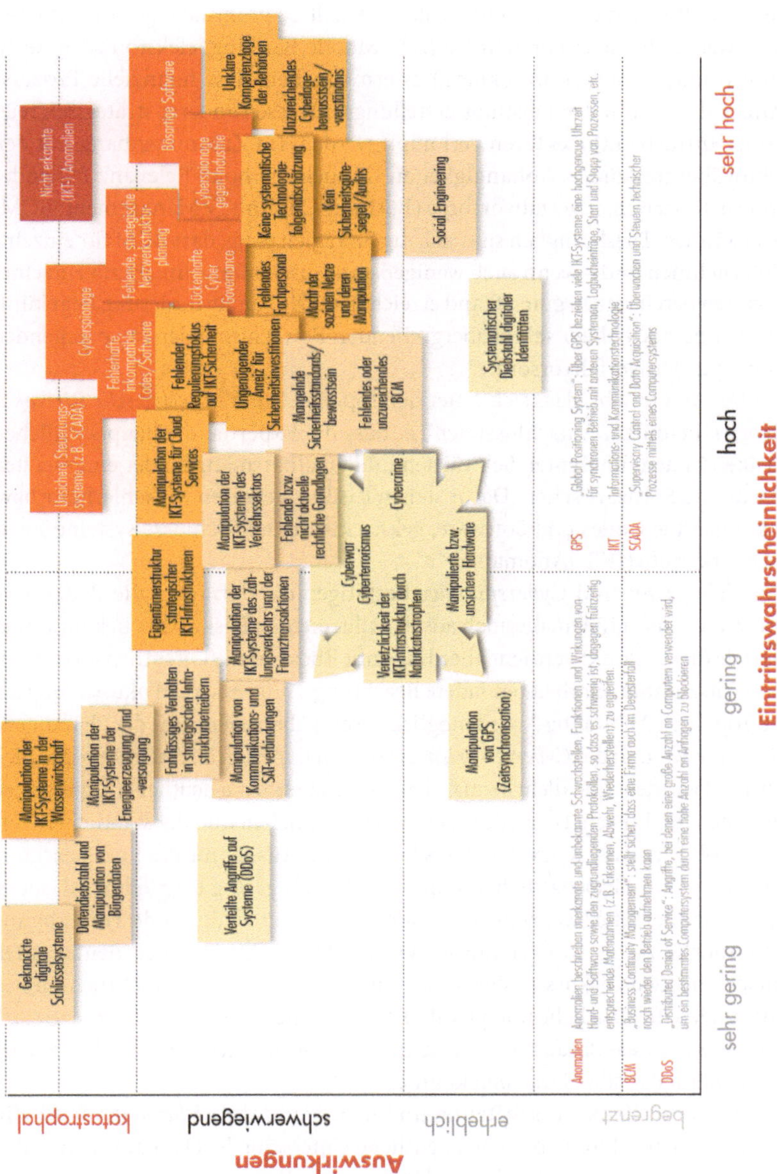

Abb. 1 KSÖ-Cyberrisikomatrix 2011

Quelle: Kuratorium Sicheres Österreich

Letzteres Risiko dürfte vermutlich auch deshalb so prominent genannt worden sein, weil technische Fortschritte (z. B. Mobile Banking, elektronische Rechnungs- und Zahlungsabwicklung) es ermöglichen, dass finanzielle Prozesse immer stärker mit den Leistungserstellungsprozessen anderer strategisch relevanter Infrastruktursektoren verknüpft werden. Im Zusammenhang mit den sektorübergreifenden Abhängigkeiten ist auch die hohe Relevanz fehlender unternehmerischer Notfallvorsorge (Business Continuity Management, BCM) zu erwähnen. Diesbezüglich sind sich die Befragten einig, dass BCM für einzelne Unternehmen und – wenn auch weniger stark ausgeprägt – innerhalb einzelner Sektoren bereits einen guten Stand erreicht hat. Die Herausforderung liegt künftig aber gerade bei der sektorübergreifenden Betrachtung der entsprechenden Konzepte der Notfallvorsorge.

- Es überrascht nicht, dass sich unter der Top-15-Liste fünf *technische Risikokategorien* befinden. Aufschlussreich ist, dass die Experten die hauptsächlichen Risiken in den inhärenten Schwächen und Qualitätsmängeln der eingesetzten Hard- und Software sehen. Dafür stehen Risikokategorien wie fehlerhafte bzw. inkompatible Codes und Software, geknackte digitale Schlüsselsysteme sowie nicht erkannte (IKT-)Anomalien.

- Mit *Cybercrime* und *Cyberspionage* bestätigen die Befragten die Bedeutung von zwei Tatbeständen, die auch aus der allgemeinen Diskussion bekannt sind. Gerade dieser Punkt verdient allerdings mit Blick auf die Öffentlich-Private Sicherheitszusammenarbeit besondere Beachtung. Aufgrund der Fokussierung auf die Top-15 in Abbildung 3 wird möglicherweise übersehen, dass die Phänomene des *Cyberwar* und des *Cyberterrorismus* von den Experten höchst unterschiedlich bewertet wurden. Vor allem beim Cyberwar zeigte sich ein deutlicher Unterschied zwischen der Einschätzung der privatwirtschaftlichen und der staatlichen Vertreter. Während die Relevanz dieses Risikos mit Ausnahme des Energiesektors von den privatwirtschaftlichen Experten eher als gering beurteilt wird, sehen darin vor allem die Experten des Bundesministeriums für Landesverteidigung und Sport eine zentrale Herausforderung. Dieser Unterschied deutet einen entsprechenden Diskussionsbedarf an, um zu vermeiden, dass Wahrnehmungsdifferenzen die staatliche und privatwirtschaftliche Sicherheitsvorsorge so stark beeinflussen, dass daraus eine Lücke entsteht, die möglicherweise selbst wieder ein Sicherheitsrisiko darstellen könnte.

- Zwischen der Risikoeinschätzung und dem *Stand der Sicherheitsvorsorge* in den einzelnen Sektoren bestehen deutliche Unterschiede. Das kam auch in den Interviews zum Ausdruck. Während in der ersten Interviewrunde immer wieder auf die Auswirkungen der möglichen Manipulation der IKT-Systeme der Energieerzeugung und Energieversorgung Bezug genommen wurde, spielte dieses

Thema in der zweiten Interviewrunde kaum noch eine Rolle. Das unterstreicht, wie bedeutend die Differenzierung zwischen Fremd- und Eigenbewertung ist, macht gleichzeitig aber auch klar, wie wichtig es ist, dass über die Maßnahmen der Sicherheitsvorsorge ebenso berichtet wird wie über reelle und vermeintliche Risiken. Daraus lassen sich bereits erste Handlungserfordernisse mit Blick auf die Kommunikation und die Bewusstseinsbildung ableiten.

Zusätzlich zu dieser generellen Bewertung erlauben die Ergebnisse der Interviews auch spezifische Aussagen zur Risikobeurteilung aus Sicht der befragten Sektorexpertinnen und -experten. Die Ergebnisse dieser sektorspezifischen Sichtweise, die in Abbildung 3 dargestellt sind, können folgendermaßen zusammengefasst werden:

- *Energie*: Mit knapp 1.570 Unternehmen und ungefähr 28.300 Beschäftigten erzielten Österreichs Energieunternehmen 2010 einen Bruttowertschöpfungsanteil von gut 5,3 Milliarden € (Statistik Austria, 2010). Die Gesprächspartner dieses Sektors rücken mit potenziell unsicheren Steuerungssystemen und der möglichen Gefährdung durch manipulierte IKT-Systeme zwei Top-Cyberrisiken in den Mittelpunkt ihrer Risikobetrachtung. Damit sprechen sie zwei Risikokategorien an, die mit Blick auf die Abhängigkeit anderer strategischer Infrastruktursektoren von der Energieversorgung von großer Bedeutung sind. Zudem bewerten die Energieexperten die Phänomene Cyberwar und Cyberterrorismus als hochrelevant. Dies ist Ausdruck der Betroffenheit des Sektors beispielsweise im Falle der flächendeckenden Lahmlegung des Internet als mögliches Ziel eines kriegerischen oder terroristischen Angriffs im Informationsraum. Auffällig ist auch, dass die Gesprächspartner mögliche Lücken in der präventiven Sicherheit als sehr relevant erachten, was in der Betonung von Risiken wie dem fahrlässigen Verhalten in strategisch relevanten Infrastrukturbetrieben, fehlenden bzw. nicht aktuellen rechtlichen Grundlagen (z. B. mit Blick auf das Risikopotenzial neuer Technologien) oder einer nicht systematischen Technologiefolgeabschätzung zum Ausdruck kommt.

Abb. 2 Cyberrisiken aus Sicht der Interviewpartner der KSÖ-Cyberrisikoanalyse
Quelle: Borchert et al. 2012: 22

- *Finanzen und Versicherungen*: Ungefähr 18 Milliarden € betrug 2010 der Brutto-wertschöpfungsanteil, den ca. 118.000 Mitarbeitende in gut 6.800 Unternehmen der Finanz- und Versicherungswirtschaft Österreichs erarbeiteten (Statistik Austria, 2010). In diesem volkswirtschaftlich bedeutenden Sektor steht – ähnlich wie im Energiesektor – die Sorge um die Gefährdung der eigenen Geschäftsprozesse ganz vorne in der Risikobewertung der befragten Expertinnen und Experten. Daher werden die potenziellen Risiken manipulierter IKT-Systeme des Zahlungsverkehrs und der Finanztransaktionen sowie geknackter digitaler Schlüsselsysteme als besonders relevant erachtet. In dieses Bild passt auch der hohe Stellenwert, den der Finanzsektor der systematischen Technologiefolgenabschätzung einräumt, weil das eigene Geschäftsmodell unmittelbar von der Sicherheit und Funktionsfähigkeit neuer Technologien abhängt (Stichworte: E-Banking, Mobile Banking). Zudem ist die hohe Relevanz der Cyberkriminalität ein Spiegel der aktuellen Gefährdungslage.

- *Informations- und Kommunikationstechnologie*: Volkswirtschaftlich ist der IKT-Sektor mit einem Bruttowertschöpfungsanteil von 30 Milliarden € einer der wichtigsten Wirtschaftszweige Österreichs. Die gut 13.300 Unternehmen beschäftigen knapp 135.00 Mitarbeitende (Statistik Austria, 2010). Sicherheitsaspekte, die diesen Sektor betreffen, sind damit immer auch besonders relevant für die Prosperität des Wirtschaftsstandorts Österreich. Vor diesem Hintergrund erachten auch die Expertinnen und Experten des IKT-Sektors die Rolle des Menschen im Umgang mit IKT als besonders wichtig. Risiken, die mit fehlendem Fachpersonal und mangelndem Sicherheitsbewusstsein einhergehen, erhielten von den IKT-Experten die höchste Bewertung. Ebenfalls deutlich stärker als die übrigen Experten betonen die IKT-Fachleute die sektorübergreifenden Abhängigkeiten. Das Risiko fahrlässigen Handelns erhält von ihnen mit deutlichem Abstand die Höchstnote aller durch die IKT-Experten bewerteten Cyberrisiken. Auch die Relevanz fehlender bzw. unzureichender unternehmerischer Notfallvorsorge (BCM) wird von den Gesprächspartnern des IKT-Sektors stärker gewichtet als von den anderen Interviewpartnern. Das mag mit der besonderen Sensibilität für die unternehmensweiten und sektorübergreifenden Folgen der IKT-Störung bzw. des IKT-Ausfalls zusammenhängen. Ausdruck der Risiken für die eigenen Geschäftsprozesse durch technische Gefährdungen sind die als hochrelevant eingestuften Risikokategorien fehlerhafter bzw. inkompatibler Codes/Software, manipulierte Kommunikations- und Satellitenverbindungen, geknackte digitale Schlüsselsysteme und unsichere Steuerungsinstrumente. Dass die IKT-Unternehmen schließlich auch attraktive Ziele für Cyberspionage und Cyberkriminelle darstellen, verdeutlicht die entsprechende Bewertung dieser beiden Risiken. Auffällig ist dabei, dass das Risiko der Cyberspionage von den IKT-Experten deutlich höher bewertet wird als von den anderen privatwirtschaftlichen Gesprächspartnern.

- *Transport und Verkehr*: Mit einer Bruttowertschöpfung von knapp 13 Milliarden € zählt auch der Transport- und Verkehrssektor, der knapp 184.000

Mitarbeitende in beinahe 13.800 Unternehmen beschäftigt, zu den Stützen der österreichischen Volkswirtschaft (Statistik Austria, 2010). Angesichts der engen Verflechtung von Transport und Verkehr mit den Leistungserstellungsprozessen in unterschiedlichsten Wirtschaftssektoren ist es besonders beachtenswert, dass die Experten des Transportsektors der sektorübergreifenden Abhängigkeit hohe Bedeutung beimessen. Dementsprechend wird das Risikopotenzial einer potenziellen Manipulation der IKT-Systeme in der Energieerzeugung und Energieversorgung sogar noch höher bewertet als die eigene Abhängigkeit von IKT-Systemen. Damit einher geht auch die hohe Relevanz der Gefahr fahrlässigen Verhaltens in strategischen Infrastrukturbetrieben, deren Bedeutung als Sicherheitsrisiko nur im IKT-Sektor noch höher bewertet wird. Da die Sicherheit des Transports und Verkehrs auch stark durch physische Faktoren beeinflusst wird, haben die Experten in diesem Bereich auch ein besonderes Bewusstsein für Naturgefahren entwickelt, die die Funktionsfähigkeit der IKT- und der Transportinfrastruktur gefährden können. Risiken für die IKT-Infrastruktur als Folge von Naturgefahren erhalten von den Transportexperten die höchste Bewertung aller Befragten. Schließlich spielt der Faktor Mensch auch in der Bewertung der Transportexperten eine wichtige Rolle, die in der hohen Gewichtung der Risikokriterien fehlendes Fachpersonal, Social Engineering und mangelndes Sicherheitsbewusstsein zum Ausdruck kommt.

- *Behördensektor*: Die Vertreterinnen und Vertreter der öffentlichen Hand sind sich der Verwundbarkeit staatlicher IKT-Systeme durch Cyberrisiken sehr genau bewusst. Das zeigt sich an der Bewertung der Risikofaktoren Social Engineering, Cybercrime und Cyberspionage in Verbindung mit der Gefahr des Diebstahls bzw. der Manipulation digitaler Identitäten und Bürgerdaten. Cybercrime und Cyberspionage dürften auch deshalb so hoch eingestuft worden sein, weil die Behördenvertreter in ihrer Zuständigkeit für die gesamtstaatliche Gefahrenabwehr und die öffentliche Sicherheit für die Minimierung dieser Risiken zuständig sind. In der Bewertung der Behördenvertreter zeigen sich aber auch Unterschiede. Diese erklären sich zum einen aus der Grundaufgabe der Behördenvertreter und damit auch der Rolle der IKT. Zum anderen ist relevant, ob die Behörden in direktem Kontakt mit Bürgerinnen und Bürgern sowie Unternehmen stehen und dazu beispielsweise auf internetgestützte Dienste zurückgreifen. In diesem Fall ist die Betroffenheit bei Ausfall der entsprechenden Dienste entsprechend höher. Zusätzlich kommt in den Antworten der Behördenexperten die Sorge um die Abhängigkeiten zwischen verschiedenen Infrastruktursektoren zum Ausdruck, was sich in der Bewertung potenziell manipulierter IKT-Systeme in den Sektoren Energie, Verkehr, Kommunikation und Finanzen niederschlägt.

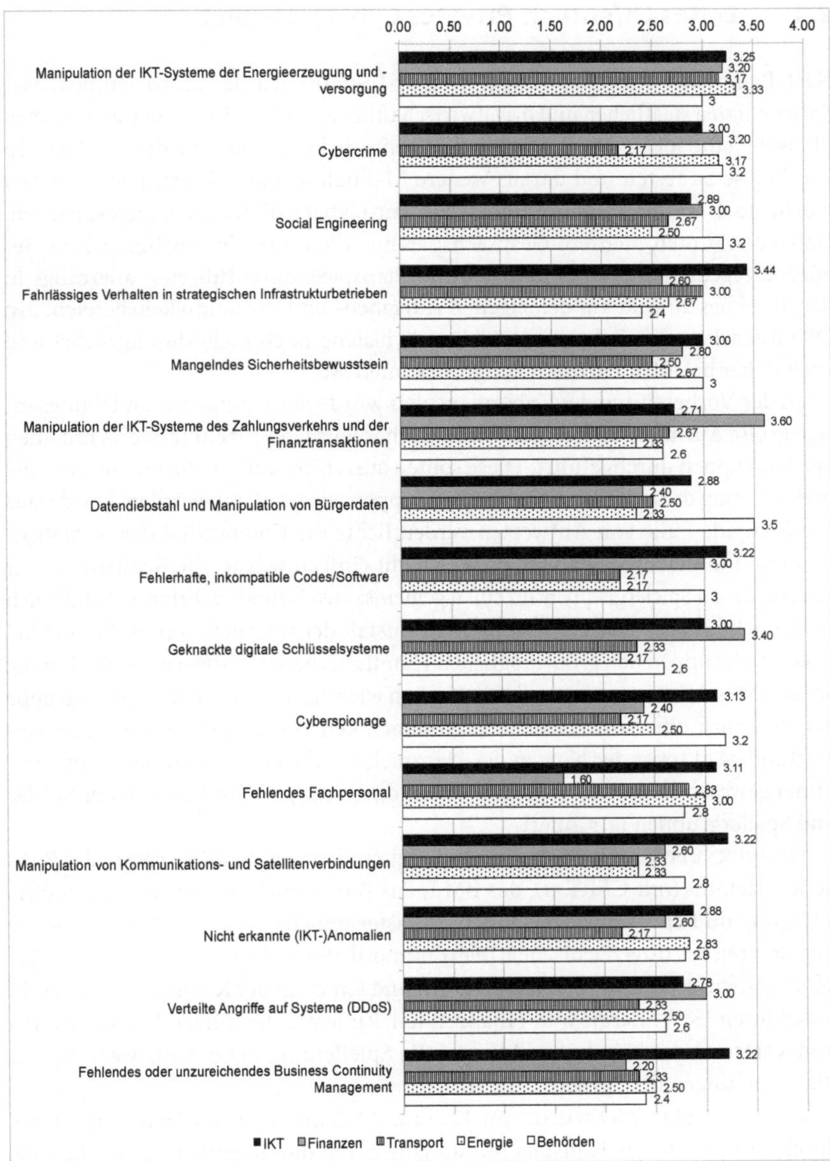

Abb. 3 Top-15-Cyberrisiken aus KRITIS-spezifischen Sicht der Interviewpartner der KSÖ-Risikoanalyse

Quelle: Borchert et al. 2012: 24

2.4   Erstes Öffentlich-Privates Cyberplanspiel

Nach Beginn der BM.I/KSÖ-Cybersecurity-Initiative wurde schnell deutlich, dass die beteiligten staatlichen und privatwirtschaftlichen Partner in einem gemeinsamen Planspiel eine ideale Möglichkeit sahen, um die Praxisrelevanz der erarbeiteten Ergebnisse zu testen und daraus weitere Maßnahmen abzuleiten. Dieser Bedarf wurde auch in den Experteninterviews zur Cyberrisikoanalyse angesprochen. Dabei erwähnten mehrere Gesprächspartner, dass ihre Unternehmen bzw. Behörden regelmäßig Notfallübungen und Planspiele durchführen – allerdings in der Regel beschränkt auf den eigenen Aufgaben- und Zuständigkeitsbereich. Ein Öffentlich-Privates Cyberplanspiel wurde bislang noch nicht durchgeführt und stieß daher bei allen Partnern auf großes Interesse.

In der Vorbereitung des Cyberplanspiels wurde der realitätsnahen Übungsanlage große Aufmerksamkeit geschenkt. Daher wurden Einzelinterviews mit allen Spielergruppen durchgeführt. Diese sollten aufzeigen, auf welche Ereignisse – die in der Übung darzustellen wären – die Gruppen wie reagieren würden. Die daraus resultierende Fülle von Antworten verdeutlichte die Komplexität der Aufgabenstellung und machte auch klar, dass es nicht einfach würde, die Bedürfnisse der verschiedenen Spielergruppen auf einen gemeinsamen Nenner zu bringen. Schließlich stellte sich heraus, dass der großflächige Ausfall der Internetkommunikation bei allen Spielgruppen den größtmöglichen Handlungsbedarf auslösen würde. Für die Szenariobeschreibung war es allerdings auch wichtig, dass bei keiner Spielergruppe der Eindruck einer vollkommenen Abhängigkeit von den Handlungen Dritter entstand, weil sonst der Nutzen des Planspiels für die entsprechende Gruppe minimal gewesen wäre. Dieses Risiko wurde durch die gezielte Auswahl der Spieler und Spielergruppen minimiert.

Gestützt auf diese Überlegungen beteiligten sich von staatlicher Seite das Bundeskanzleramt (mit CERT.at), das BM.I, das Bundesministerium für Landesverteidigung und Sport sowie das Finanzministerium ebenso an der Übung wie die Regulatoren des österreichischen Telekommunikations- bzw. Energiemarktes. Aus der Privatwirtschaft nahmen Expertinnen und Experten der Kritischen Infrastruktursektoren IKT, Energie und Finanzen teil. Zudem unterstützen Vertreterinnen und Vertreter der beteiligten Akteure die Spielleitung bei der Auswertung der Rückmeldungen der Spieler.

Das Cyberplanspiel wurde am 12. Juni 2012 im Haus der Industrie, Wien, durchgeführt. Da das Planspiel nur an einem Tag durchgeführt werden konnte, musste das Szenario innerhalb weniger Stunden bewältigt werden können. Dementsprechend wurden für das Cyberplanspiel über 300 Ereignisse vorgegeben, die die Spielergruppen bearbeiten mussten. Das Interesse am Planspiel war groß

– gegen 80 Teilnehmerinnen und Teilnehmer wollten zusätzlich zu den Spielern den Ablauf des Cyberplanspiels beobachten. Sie konnten sich zwar nicht direkt an den Beratungen der Spielgruppen beteiligen, wurden aber laufend über die Spielentwicklung informiert. Hierfür wurde mit Unterstützung von Thales Austria auch eine großflächige Projektion zur Lagedarstellung aufgebaut. Vorträge und Diskussionsmöglichkeiten rundeten das Rahmenprogramm für die Beobachter ab.

Die Rückmeldungen der Spielerinnen und Spieler zur Auswertung des ersten Öffentlich-Privaten Cyberplanspiels in Österreich waren durchweg positiv und verdeutlichten verschiedene Lerneffekte:

- Es ist mit Hilfe des Cyberplanspiels gelungen, Missverständnisse zu den Rollen und den Aufgaben verschiedener Akteure im Fall eines schwerwiegenden Cyberzwischenfalls zu klären. Gleichzeitig hat das Planspiel auch verdeutlicht, welche Akteure in einer solchen Situation über welche Unterstützungsfähigkeiten verfügen. So war beispielsweise das Einsatz- und Krisenkoordinationscenter (EKC) des BM.I, das in der Übung eine wichtige Rolle spielte, vielen beteiligten Akteuren vor der Teilnahme am Planspiel überhaupt nicht bekannt.
- Das Planspiel zeigte auch, dass einige Spieler einen großflächigen Ausfall der Internetkommunikation noch nicht in ihren Notfallhandbüchern vorgesehen hatten. Diese Lücke wurde im Anschluss an das Planspiel geschlossen.
- Alle Beteiligten haben erfahren, wie wichtig gerade bei einem Cyberzwischenfall die möglichst zeitverzugslose Kommunikation und Koordination zwischen Ministerien, Behörden und der Privatwirtschaft ist. Diese Interaktion wurde jedoch bislang zu selten geübt. Das liegt teilweise auch daran, dass die rechtlichen Vorschriften für den Informationsaustausch zwischen Staat und Wirtschaft nicht vorhanden sind bzw. dort, wo diese bestehen, der Austausch teilweise behindert wird (z. B. Vorschriften zu Vertraulichkeit und Datenschutz). Das Planspiel hat damit die Erkenntnis verstärkt, dass Fragen zu den Rahmenbedingungen der Öffentlich-Privaten Sicherheitszusammenarbeit vordringlich aufgegriffen und beantwortet werden müssen.

Insgesamt hat die erfolgreiche Durchführung des ersten Öffentlich-Privaten Cyberplanspiels bei allen Beteiligten das Verständnis für den Nutzen solcher Übungen gefördert. Es wurde daher bereits mehrfach der Wunsch nach einer Fortsetzung des Planspiels geäußert. Dabei könnten Auswahl und Zusammensetzung der Spielergruppen variiert werden und Maßnahmen, die aus dem ersten Planspiel abgeleitet wurden, bei einer Neuauflage der Übung auf ihre Praxistauglichkeit überprüft werden. Ebenso wäre es möglich, technische Aspekte der Szenariobewältigung, die im ersten Planspiel zugunsten der Koordination und Kommunikation eher im Hintergrund standen, in einem zweiten Planspiel intensiver zu beleuchten.

3 Fünf-Punkte-Programm zum Ausbau der Öffentlich-Privaten Sicherheitszusammenarbeit im Cyberspace

Die zweite Runde der KSÖ-Experteninterviews und das Cyberplanspiel dienten dazu, den Handlungsbedarf mit Blick auf künftige Maßnahmen zur Förderung der Cybersicherheit aus Sicht der Gesprächspartner zu identifizieren. Aus deren Empfehlungen und den Überlegungen des KSÖ resultierte ein Fünf-Punkte-Programm zusammengesetzt, das Mag. Erwin Hameseder, Präsident des KSÖ, am 14. Mai 2012 in Wien vorgestellt hat. Die wesentlichen Empfehlungen werden in der Folge zusammengefasst.

3.1 Bewusstsein für Cyberrisiken fördern und Nutzer qualifizieren

Bewusstseinsförderung zu Cyberrisiken ist wichtig, steht jedoch – wenn es um die öffentliche Berichterstattung geht – immer auch in der Gefahr, ins Sensationelle abzurutschen und damit Unternehmen bzw. Branchen zu stigmatisieren. Gefragt ist daher eine ausgewogene Balance, in der die Gefahren für die Sicherheit des Cyberspace genauso angesprochen werden wie die Sicherheitsmaßnahmen, die von Unternehmen und Behörden dagegen ergreifen. Vier Aspekten gilt in diesem Zusammenhang die besondere Aufmerksamkeit:

- Erstens geht es darum, junge Anwender für die besonderen Gefahren im Cyberspace zu sensibilisieren und ihnen gleichzeitig auch Tipps zu vermitteln, wie sie sich davor schützen können.
- Damit zusammen hängt zweitens der richtige und sichere Umfang mit sozialen Medien. Hier zeigte die Cyberrisikoanalyse für Österreich, dass einige Unternehmen in kritischen Infrastruktursektoren Richtlinien für die Nutzung sozialer Medien am Arbeitsplatz erlassen haben, die als Basis für Sensibilisierungskampagnen in einzelnen Sektoren und darüber hinaus genutzt werden können.
- Drittens sind die besonderen Bedürfnisse der kleinen und mittelgroßen Unternehmen zu beachten, die durch Wirtschaftskammern oftmals am besten angesprochen werden können.

- Schließlich ist auch zu berücksichtigen, dass sich die Rolle der Verbraucherinnen und Verbraucher durch die fortschreitende IKT-Nutzung verändert, weil diese immer stärker in unternehmerische Abläufe integriert werden. Stichworte hierzu sind intelligente Stromnetze oder E-Banking. Dementsprechend müssen die Verbraucherinnen und Verbraucher verstärkt auch in die Sicherheitskonzepte der jeweiligen Anbieter integriert und über ihre steigende Verantwortung aufgeklärt werden.

Die Aus- und Weiterbildung zur Herausbildung qualifizierten Personals war daneben ein Punkt, dem die besondere Aufmerksamkeit der Gesprächspartner galt. Besonders wichtig sind in diesem Zusammenhang nicht nur unternehmens- und branchenspezifische Kenntnisse; in zunehmendem Maß muss auch das Verständnis zur Bewältigung sektorübergreifender Ereignisse gefördert und trainiert werden. Darüber hinaus können Programme des Personalaustauschs zwischen Behörden und Unternehmen das gegenseitige Verständnis und den Aufbau wichtiger persönlicher Netzwerke fördern.

3.2 Aktuelle und künftige Cyberrisiken erkennen, verstehen und bewerten

Hierbei spielt aus Sicht der befragten Expertinnen und Experten eine Organisationseinheit, die die unterschiedlichen Informationen staatlicher und privatwirtschaftlicher Partner bündeln würde, eine besondere Rolle. Ein mögliches Cyberlagezentrum könnte die Informationen der Partner zu einem gemeinsamen Lagebild integrieren; die cyberspezifische Lage und deren Entwicklung erfassen, bewerten und verfolgen; bei sich abzeichnenden, gravierenden Ereignissen alle relevanten Akteure informieren sowie die Aufklärung bzw. die Strafverfolgung unterstützten. Teilweise wurden einem möglichen Cyberlagezentrum auch Aufgaben im Bereich des Cyberkrisenmanagements zugeschrieben, doch in diesem Punkt waren sich die Befragten uneinig – nicht zuletzt deshalb, weil im Bereich des Krisenmanagements bereits unterschiedliche Organisationen tätig sind. Offen ist aus Sicht der österreichischen Gesprächspartner auch, wer an einem möglichen Cyberlagezentrum beteiligt werden sollte. Ein Ansatz könnte darin bestehen, zwischen verschiedenen Nutzergruppen wie z. B. staatlichen Behörden, Anbietern von Hard- und Software, IKT-Betreibern, Betreibern anderer Kritischer Infrastrukturen, der allgemeinen Wirtschaft sowie den Bürgerinnen und Bürgern zu unterscheiden. Ob die Partner ihre Informationen zu Cyberzwischenfällen freiwillig weitergeben sollen oder ob dazu gegebenenfalls eine Meldepflicht erforderlich ist, konnte noch nicht abschließend geklärt werden.

3.3 Zusammenarbeit im Umgang mit Cyberrisiken systematisch organisieren

Unumstritten ist, dass Österreichs Cybersicherheitsarchitektur partnerschaftlich aufgebaut sein soll. Ebenso besteht Einigkeit bei den Befragten, dass es gegenwärtig zu viele Initiativen gibt, die es zu straffen gilt, um effektiver zusammenarbeiten zu können. Wie die Zusammenarbeit institutionell konkret ausgestaltet sein soll, ist dagegen noch offen. Das Modell eines Cybersicherheitsrates mit staatlichen und privatwirtschaftlichen Partnern, wie es in Deutschland und in den Niederlanden etabliert wurde, findet auch in Österreich seine Befürworter. Ein Cyberlagezentrum könnte zusätzlich als „Arbeitsmuskel" dienen. Ebenso wichtig wie die Institutionen der Öffentlich-Privaten Sicherheitszusammenarbeit sind auch jene zur Förderung der Cyberkooperation zwischen den Unternehmen. Hierbei geht es auch um die Rolle der Verbände in den einzelnen Kritischen Infrastruktursektoren, die mit Blick auf Fragestellungen der Cybersicherheit noch offen ist.

Weitaus das größte Interesse äußerten die Gesprächspartner an der Klärung der rechtlichen Rahmenbedingungen des Informationsaustauschs. Diese bestehen bislang nicht oder erst ansatzweise. Daher muss Klarheit geschaffen werden darüber, wer welche Informationen an wen weitergeben darf, wer was damit tun darf und an wen die Informationen weitergegeben werden können. Ebenso ist zu präzisieren, auf welchem Wege der Informationsaustausch erfolgt, welche Verfahren dazu genutzt werden sollen und wie die Sicherheit der ausgetauschten Informationen gewährleistet werden kann. Bestehende Meldewege und Informationsaustauschprozesse, die es bereits gibt, sollten dabei berücksichtigt werden, um Doppelspurigkeiten zu vermeiden.

3.4 Cyberrisikoprävention stärken

Die KSÖ-Experteninterviews haben deutlich gemacht, dass sich Behörden und Unternehmen in Österreich bereits in vielfältiger Weise gegen Cyberrisiken absichern. Eine Auswahl der dabei genannten Maßnahmen verdeutlicht Abbildung 4. Das Erreichte kann mit Maßnahmen in zwei Bereichen ausgebaut werden:

- Ein *nationales Cyberrisikomanagement* kann als gesamtstaatliches Managementsystem zur Konsolidierung und besseren Koordination einzelner Initiativen beitragen. Wichtig ist dabei, dass ein solcher Ansatz das gemeinsame Verständnis über aktuelle und künftige Herausforderungen der Cybersicherheit stärkt; dazu beiträgt, erkannte Cyberrisiken zu bewerten und zu verfolgen sowie die technischen und nicht-technischen Ursachen konkreter Gefährdungen im Einzelfall zu identifizieren.
- Ein solcher Ansatz des Cyberrisikomanagements sollte durch die *systematische und sektorübergreifende betriebliche Notfallvorsorge (BCM)* ergänzt werden. Zu diesem Zweck sollten Behörden, Verbände und Unternehmen gemeinsam u. a. klären, wie BCM zur Förderung der Cybersicherheit und des Schutzes Kritischer Infrastrukturen beitragen kann; ob dabei Freiwilligkeit ausreicht oder allenfalls eine BCM-Verpflichtung in den Kritischen Infrastruktursektoren erforderlich ist; wie die Wechselwirkungen zwischen den BCM-Vorkehrungen in den einzelnen Sektoren verstärkt sektorübergreifend koordiniert werden können; für welche Prozesse und Dienste, die von sektorübergreifender Bedeutung sind, möglicherweise eigenständige BCM-Vorgaben sinnvoll sind und wie bzw. durch wen die Umsetzung von BCM in den strategisch relevanten Infrastruktursektoren überprüft wird.

- Aufbau modernster Notstromsysteme
- Betrieb eigener, komplett unabhängiger Netze
- Betrieb mehrerer physisch voneinander getrennter Rechenzentren und alternativer Standorte für kritische IT-Prozesse
- Definition besonderer Spezifikationen für Hard- und Software bei öffentlichen Ausschreibungen
- Durchführung von Lieferantenaudits
- Entwicklung eigener digitaler Schlüssel und Zertifikate
- Penetrationstests für kritische Systeme, die Verbindungen zur Außenwelt ermöglichen und für kritische unternehmensinterne Systeme
- Richtlinien für Mitarbeitende zur Nutzung sozialer Medien
- Test der Mitarbeiter durch Einsatz staatlicher Sicherheitskräfte
- Unternehmenseigene Programme zur Spionageabwehr

Abb. 4 Auswahl aktueller Maßnahmen zur Stärkung der Cyberrisikoprävention in Österreich

Quelle: Borchert et al. 2012: 99

3.5   Cybersicherheit mit Verhaltensanreizen fördern

Zusätzlich zum Informationsaustausch äußerten sich die Befragten auch zur Rolle von Standards, der Möglichkeit staatlicher Sicherheitsleistungen sowie zu gemeinsamen Übungen als Verhaltensanreize.

Die Rolle von Standards wurde insgesamt kontrovers diskutiert. Ausschlaggebend dafür war für viele die Feststellung, dass es nicht an Standards, sondern an deren konsequenter Umsetzung bzw. Einhaltung mangelt. Damit eng verbunden ist die Frage, welche Standards für welche Bereiche relevant sind. Das ist mit Blick auf den engen Zusammenhang von Cybersicherheit und dem Schutz Kritischer Infrastrukturen sowie der Fülle von Standards, die es in einzelnen Kritischen Infrastruktursektoren bereits gibt, ein zentraler Punkt. Damit einer geht – ähnlich wie bei BCM – die Frage, ob und durch wen überprüft wird, ob die Standards eingehalten werden. Schließlich wurden auch die Sanktionsmechanismen im Fall der Nichteinhaltung von Standards angesprochen.

Mehrfach wurde erwähnt, dass der Staat mehr machen könnte, um die Sicherheitsanstrengungen der Unternehmen zu unterstützten. Und auch die staatlichen Interviewpartner gaben zu verstehen, dass sie sich vorstellen könnten, bislang nur für den eigenen Bereich entwickelte Sicherheitsmaßnahmen auch Dritten anzubieten. Dazu zählen u. a. digitale Schlüssel und Zertifikate, spezifische Auditverfahren, sichere Cloud-Dienste, die Bereitstellung von Extrakapazitäten zur Bewältigung von Krisenereignissen oder die Entsendung staatlicher Experten im Krisenfall. In allen Fällen wird jedoch eine ordnungspolitische Grundsatzfrage zu beachten sein: Wenn der Staat im Bereich des Risiko- und Krisenmanagements als Dienstleister auftritt, steht er in potenzieller Konkurrenz zu Anbietern aus der Privatwirtschaft. Ob und in welchem Umfang dies gewünscht ist, sollte eingehend diskutiert werden.

Gemeinsame Übungen und Planspiele stellen aus Sicht der Befragten schließlich einen weiteren Verhaltensanreiz dar, um sowohl die Ministerien und Behörden als auch die privatwirtschaftlichen Partner vom Nutzen der Zusammenarbeit zu überzeugen. Das war einer der Gründe für die Durchführung des ersten Öffentlich-Private Cybersicherheitsplanspiel Mitte 2012 in Wien (Abschnitt 2.4).

4   Lehren und Ausblick

Die in der vorliegenden Ausarbeitung beschriebenen Initiativen zur Förderung der Öffentlich-Privaten Cybersicherheitszusammenarbeit in Österreich stellen eine Momentaufnahme dar. Weiterführende Maßnahmen wie die Erarbeitung der

Österreichischen Cybersicherheitsstrategie sowie die Fortsetzung der Arbeit an der KSÖ-Cyberrisikoanalyse befinden sich in Vorbereitung. Auch weiterhin wird es entscheidend darauf ankommen, die einzelnen Initiativen erfolgreich in ein immer dichter werdendes Netz aus staatlichen und privatwirtschaftlichen Programmen und Aktionen einzubetten. Das erfolgreiche Management der Beziehungen zu den maßgebenden Akteuren (Stakeholder Management) spielt dabei eine ganz entscheidende Rolle. In vielerlei Hinsicht können daher die Erfahrungen, die bislang gesammelt wurden, auch für andere, anspruchsvolle Prozesse des Stakeholder Managements im politischen Umfeld von Nutzen sein. Das gilt insbesondere für folgende Lehren und Einsichten:

- *Neutrale Plattform – Wille – Mittel*: In dieser Trias liegt der eigentliche Erfolg der bisherigen Arbeit der BM.I/KSÖ-Cybersecurity-Initiative. Die neutrale Plattform bereitete die Basis, um Akteure aus unterschiedlichen Bereichen – phasenweise sprichwörtlich – um einen Tisch zu versammeln, und die verschiedenen Arbeitsschritte gemeinsam zu bewältigen. Ausschlaggebend dafür sind zudem der klare Gestaltungswille der österreichischen Innenministerin und des KSÖ-Präsidenten, die beide die vorhandene Plattform nutzen wollen, um Fortschritte zugunsten von Österreichs Cybersicherheit zu erzielen. Dass die Wirtschaft bereit ist, hierfür eigene Mittel bereitzustellen, ist als wichtiger Beitrag zur Professionalisierung der Arbeit in diesem Bereich zu werten.
- *Persönliche Netzwerke schaffen*: Die vom KSÖ bereitgestellte Plattform ist als Rahmen der Zusammenarbeit wichtig, doch in der Praxis lebt die Zusammenarbeit von der Qualität des persönlichen Austauschs. Daher war es für die BM.I/KSÖ-Cybersecurity-Initiative entscheidend, dem Aufbau und der Pflege persönlicher Netzwerke ausreichend Raum zu geben. Diesem Zweck dienten die verschiedenen Expertengespräche, die gemeinsamen Diskussionsrunden und mehrere Veranstaltungen für ein breites Publikum. Diese Maßnahmen haben entscheidend dazu beigetragen, Vertrauen zwischen den Akteuren aufzubauen.
- *Substanz entscheidet*: Ein Prozess wie die BM.I/KSÖ-Cybersecurity-Initiative lebt nicht aus „Freude an der Zusammenarbeit". Vielmehr muss der Prozess inhaltlich vorbereitet und gesteuert werden. Diesem Zweck dienten zum einen die Expertengespräche und die gemeinsamen Diskussionsrunden, um das Wissen und die Erfahrung der beteiligten Akteure in die gemeinsamen Produkte einzubringen. Zum anderen hat das KSÖ-Kernteam durch eigene Ausarbeitungen und Analysen Impulse für die Diskussion gesetzt, die mit den beteiligten Akteuren kritisch und konstruktiv besprochen wurden. Es erwies sich zudem als besonders wertvoll, punktuell und systematisch Wissensträger aus Deutschland, den Niederlanden und aus der Schweiz in den Prozess einzu-

beziehen. Der Blick von außen schärfte die Einsicht dafür, welche Lehren aus ausländischen Erfahrungen gezogen und welche Ansätze auch auf Österreich übertragen werden können. Dass die kulturellen und auch die politisch-administrativen Rahmenbedingungen in Deutschland, den Niederlanden und in der Schweiz mit Österreich sehr gut vergleichbar sind, hat den Erfahrungstransfer erleichtert und damit den Nutzen dieses Austauschs zusätzlich erhöht.

- *Entscheidungsträger aktiv einbinden*: Bislang hat die BM.I/KSÖ-Cybersecurity-Initiative entscheidend von der Bereitschaft ausgewählter Entscheidungsträger profitiert, die sich aktiv in den Prozess einzubringen. Die Innenministerin und der KSÖ-Präsident spielten dabei in vielerlei Hinsicht eine hervorgehobene Rolle. Den Einladungen beider zu Präsentation der Cyberrisikomatrix und der Cyberrisikoanalyse folgten jeweils mehr als 250 Personen. Beide nutzten diese Veranstaltungen, um den Anwesenden zu verdeutlichen, mit welchem persönlichen Engagement sie sich für die Förderung der Cybersicherheit in Österreich einsetzen. Diskussionsrunden mit weiteren Entscheidungsträgern aus den Kritischen Infrastruktursektoren haben ebenfalls dazu beigetragen, sich ihrer aktiven Unterstützung zu versichern. Das damit nach außen vermittelte Bild der Entschlossenheit und Geschlossenheit bei der Bewältigung der für die Cybersicherheit maßgeblichen Fragestellungen war ein wichtiger Beitrag zur Förderung der Akzeptanz.
- *Personelle Kontinuität*: Der innere Kern des KSÖ-Teams bestand aus fünf bis sieben Personen, die die bisherigen Initiativen getragen haben. Die enge Abstimmung zwischen diesen und deren weit verzweigte Kontaktnetze in den Behördensektor und in die Privatwirtschaft bildeten das Rückgrat der bisherigen Arbeiten. Hinzu kam die hohe personelle Kontinuität bei den staatlichen und privatwirtschaftlichen Partnern, die sich an den Interviews und an den gemeinsamen Gesprächsrunden beteiligten. Auf diese Weise konnte persönliches Vertrauen aufgebaut werden, das die Zusammenarbeit ermöglicht hat.
- *Schwerpunkte und resultatorientiertes Vorgehen*: Angesichts der breiten Aufgabenstellungen, die im Rahmen der Cybersicherheit zu bearbeiten sind, hat das KSÖ-Team gezielt konkrete Schwerpunkte gesetzt und diese an das Erreichen konkrete Ergebnisse (z. B. Risikomatrix, Risikoanalyse, Planspiel, Handlungsempfehlungen) geknüpft. Dadurch konnte die Arbeit klar und erfolgreich strukturiert werden. Zudem konnte allen beteiligten staatlichen und privatwirtschaftlichen Partnern klar vermittelt werden, in welchem zeitlichen Umfang und für welches Ziel sie sich engagieren – angesichts der sonstigen Arbeitsbelastung dieser Personen ein wichtiger Erfolgsfaktor.
- *Elektronische Medien flankierend nutzen*: Der KSÖ-Prozess setzte im Kern auf den persönlichen Dialog und persönliche Interviews. Das war angesichts der

Sensibilität der bearbeiteten Fragestellungen auch sinnvoll. Nachdem Entwürfe der Cyberrisikoanalyse und ihrer Empfehlungen vorlagen, wurden auch elektronische Plattformen genutzt, um eine möglichst breite Gruppe von Expertinnen und Experten zusätzlich zu den Interviewpartnern zu erreichen. Von den mehr als 500 eingeladenen Teilnehmerinnen und Teilnehmern nutzten 155 die Möglichkeit, sich an der elektronischen Konsultation zu den Empfehlungen der Cyberrisikoanalyse zu beteiligten. Mehr als 4.300 überwiegend positive Stimmen sowie 170 Kommentare wurden abgegeben. Auf diese Weise konnten zusätzliche Erkenntnisse für die Formulierung der Empfehlungen gewonnen werden, und die breite Zustimmung stärkt die Stoßrichtung der Empfehlungen.

Literatur

BM.I (2010): *Innen. Sicher. Mehr Ordnung. Mehr Freiheit. Die Zukunftsstrategie des Innenministeriums.* Wien.

Borchert, Heiko (2012): *Cybersicherheit intelligent regulieren: Warum, wie und durch wen?* Wien. http://www.bmi.gv.at/cms/cs03documentsbmi/1124.pdf (letzter Zugriff: 1. Oktober 2012).

Borchert, Heiko/ Eysin, Ursula/ Gattringer, Wolfgang/ Rosenkranz, Wolfgang/ Rose, Karl (2012): *Cybersicherheit in Österreich. Risikopotenziale und Handlungsoptionen am Beispiel ausgewählter Infrastruktursektoren.* Wien.

Bundeskanzleramt (2012): *Nationale IKT-Sicherheitsstrategie Österreich.* Wien.

Bundeskanzleramt (2007): Österreichisches Informationssicherheitshandbuch. Wien.

Bundesregierung (2012): *Cyber Security Gesamtkonzept. Österreichische Strategie zur Cybersicherheit. Vortrag an den Ministerrat (143/15).* Wien.

Bundesregierung (2011): Österreichische Sicherheitsstrategie. Sicherheit in einer neuen Dekade – Sicherheit gestalten. Wien.

Bundesregierung (2008a): *Regierungsprogramm 2008-2013. Gemeinsam für Österreich.* Wien.

Bundesregierung (2008b): *Masterplan Österreichisches Programm zum Schutz Kritischer Infrastruktur, APCIP.* Wien.

BVT (2011): *Verfassungsschutzbericht 2011.* Wien.

Norton (2011): *2011 Norton Cybercrime Report.* http://www.symantec.com/content/en/us/home_homeoffice/html/ncr/ (letzter Zugriff: 1. Oktober 2012).

Statistik Austria (2010): *Produktions- und Dienstleistungsunternehmen – ausgewählte Strukturmerkmale.* http://www.statistik.at/web_de/services/wirtschaftsatlas_oesterreich/branchendaten_nach_wirtschaftszweigen/024336.html (letzter Zugriff: 1. Oktober 2012).

WEF (2012): *Global Risks 2012. Seventh Edition. An Initiative of the Risk Response Network.* Genf.

Veränderungen polizeilicher Alltagsarbeit durch die Entwicklung der IT und die Auswirkungen auf das Berufsbild des Polizeibeamten

Jürgen Fauth[1]

1 Der rasante Wechsel hin zum digitalen Zeitalter

Kein anderer Bereich veränderte die Arbeit der Polizei in den vergangenen Jahren so umfassend und so rasant wie die Informations- und Kommunikationstechnologie. Viele Polizeibeamte haben die Zeit noch in Erinnerung, als erste Computer ihren Arbeitsplatz grundlegend veränderten. Schreibprogramme, von denen heute niemand mehr redet, wurden als revolutionäre technische Entwicklung eingeschätzt und lösten die Arbeit an mechanischen Schreibmaschinen ab. Eine weitere revolutionäre Veränderung machte sich bemerkbar. Beamte, die größere Wegstrecken in einer Distanz zurücklegten, in der die örtlichen Funkfrequenzen längst verlassen waren, mussten sich plötzlich nicht mehr nach passendem Kleingeld und einer Telefonzelle umsehen, um mit der weit entfernten Dienststelle den erforderlichen Kontakt herzustellen. Mobiltelefone, nach heutigen Maßstäben unhandlich und schwer, machten es möglich, sich auf zuvor nicht denkbare Art von nahezu jeder Örtlichkeit direkt mit den Kollegen auf der Dienststelle in Verbindung zu setzen. Darüber hinaus begann die Zeit, in der das Internet als zusätzliche Informationsquelle zunehmend zur Verfügung stand.

Was damals nur wenige erahnten, waren Ausmaß und Geschwindigkeit, in der diese Technologien das gesamte Berufsbild des Polizeibeamten eklatant veränderten. Wurden Computer und Mobiltelefone anfangs vordergründig als fortschrittliche Hilfsmittel der polizeilichen Alltagsarbeit betrachtet, so musste bald erkannt werden, dass sich damit auch den Kriminellen vollkommen neue Wege erschlossen.

Erpresser kommunizierten ihre Forderungen per E-Mail, womit Erpresserbriefe in Papierform nicht mehr als Spurenträger zur Verfügung standen. Ein Schriftbild des Erpresserschreibens, welches bis dahin in vielen Fällen Rückschlüsse auf die

---

1 Stand des Artikels: Mai 2013.

Person des Täters zugelassen hatte, war nicht mehr vorhanden. Tätertelefonate wurden nicht mehr über das Festnetz geführt, über das bis dahin bei entsprechenden Überwachungsmaßnahmen der Standort des Telefons bekannt geworden war. Aufwändig erhobene Verbindungsdaten mussten von nun an mit Daten aus Funkzellen abgeglichen werden.

Ein neues Zeitalter hatte ganz offensichtlich begonnen. Zwischenzeitlich ist es für eine Vielzahl von Polizeibeamten zum Alltag geworden, sich mit Angriffen aus einer virtuellen Welt zu befassen, die zunehmend Wirtschaftsunternehmen und Privatpersonen betreffen. Angriffe können weltweit von jedem Ort aus und unter Einsatz von technischen Mitteln geführt werden, die für die Angreifer ein äußerst geringes Entdeckungsrisiko darstellen. Es hat sich im World Wide Web eine illegale Programmiererszene entwickelt, die sich dem Zugriff deutscher Sicherheitsbehörden weitgehend und faktisch entzieht. Im „dark market" sind Kontendaten real existierender Konteninhaber in beliebiger Anzahl zu erlangen, mit denen anschließend durch Einsatz speziell hierzu programmierter Software die Konten unwissender Bürger leer geräumt werden. Trojanerprogramme werden tausendfach verkauft, dabei nicht selten an Strukturen, die eindeutig der Organisierten Kriminalität zuzurechnen sind. Erpressungen werden über so genannte Botnetze[2] begangen. Tausende mit Schadsoftware infizierte Rechner ahnungsloser Nutzer warten auf Anweisung, gemeinsam den Server eines Wirtschaftsunternehmens anzugreifen und dadurch lahmzulegen. Diese immer wieder durchgeführten Angriffe, die jeweils mit immensen Umsatzeinbußen für das betroffene Unternehmen verbunden sind, können durch Bezahlung eines Geldbetrags an die Verursacher beendet werden. Derartige Bezahlungen erfolgen nicht durch herkömmlich bekannte Überweisungen oder gar Geldübergaben wie in der Vergangenheit. Komplizierte digitale Bezahlverfahren werden eingesetzt, die durch Strafverfolgungsbehörden kaum mehr nachvollziehbar sind.

Der Internetnutzer, dessen infizierter Rechner zur Begehung von Straftaten benutzt wird, bekommt von alldem nichts mit. In Internetforen tauchen Angebote auf, die in Ausmaß und Angebotsvielfalt in der realen Welt niemals realisierbar wären. Sogenannte Bulletproof-Provider[3] bieten Technik an, mit der Fake-Webshops betrieben werden können, ohne dass die Polizei eine ernsthafte Möglichkeit hat, an Serverstandorte oder gar Täter zu gelangen. Kunden werden gezielt mit dem Angebot geworben, die Server an Standorten zu platzieren, die sowohl vor Zugriff

---

2   Netzwerk von Rechnern, die aufgrund der Infizierung mit einer Schadsoftware weitgehend selbstständig sich wiederholende Aufgaben abarbeiten, ohne dabei auf eine Interaktion mit dem Nutzer – in der Regel dem Besitzer des Rechners – angewiesen zu sein.

3   Anbieter, die ihre Kunden mit einem Server-Standort versorgen, der sicher vor Zugriffen internationaler Ermittlerinnen und Ermittler ist.

von nationalen als auch internationalen Ermittlern sicher sind. Derart gefakte Shops verschwinden nach kurzer Zeit der Tätigkeit von der zwischenzeitlich nicht mehr überschaubaren Online-Shop-Bildfläche, um danach oder gar überschneidend bereits den nächsten derart funktionierenden Betrieb zu gründen. Tätergruppierungen, denen der Betrieb von bis zu tausend derartiger Shops nachweisbar war, richteten Schaden in mehrstelliger Millionenhöhe an.

Das Deliktsfeld Kinderpornografie nimmt durch neue Technologien Ausmaße an, wie sie noch vor Jahren nicht zu vermuten waren. Ein riesiges globales Netzwerk von Herstellern und Tauschpartnern kinderpornografischen Materials hat sich gebildet. Die Öffentlichkeit erlangt davon meist nur dann Kenntnis, wenn in diesen Massen einzelne Politiker oder andere Prominente identifiziert werden.

Non-profit-Angriffe aus den 90er-Jahren, damals noch von Versuchen und persönlichem Forschungsdrang im Umgang mit den neuen Medien gezeichnet, haben sich zu professionell durchgeführten Angriffen mit kommerziellem Hintergrund gewandelt. Aber auch heute noch kann Geltungsdrang, das Bedürfnis, mediale Aufmerksamkeit zu erregen, oder aber schlichtweg Langeweile hinter der Motivation manch eines Täters erkannt werden.

Alleine dem als sogenannten Ransomware[4] bezeichneten Deliktstyp sind in den vergangenen Jahren unzählige Bundesbürger zum Opfer gefallen. Dunkelziffern in derartigen Deliktsfeldern sind nur schwer erfassbar. Aber selbst die offiziellen Zahlen sprechen bis zum Jahr 2012 von mehreren zehntausend Opfern solcher Serien und einem tatsächlich entstandenen Schaden von mehreren Millionen Euro. Einer Summe, die trotz umständlich zu erfüllender Forderungen durch Zahlung der erpressten Summe über komplizierte Zahlverfahren wie Ucash- und Paysafecardzahlungen an die Täter fließen konnte. Dabei sind diese Zahlen nur auf die Bundesrepublik Deutschland bezogen. Im gesamten europäischen Raum sind derartige Vorgehensweisen zwischenzeitlich weit verbreitet. Ermittlungen hierzu laufen in mehreren europäischen Ländern und werden bei Europol analysiert und koordiniert.

Die beispielhaft dargestellten Vorgehensweisen sind komplex und eine Bearbeitung ist nur durch eine begrenzt vorhandene Anzahl von spezialisierten Polizeibeamte möglich. Die bereits festgestellte Entwicklung einer qualitativen und quantitativen Veränderung des Organisationsgrades der Täter und der durch sie eingesetzten Techniken hält an und scheint sich zu verstärken.

Auch Terroristen diskutieren über und erproben den durch sie bezeichneten „Cyber-Jihad". Nicht nur Islamisten, auch Rechtsextremisten haben die Plattformen

---

4 Dabei wird Schadsoftware verschickt, die Computersysteme sperrt und die Userinnen und User auffordert, für die Freigabe des PC Geld zu überweisen.

als werbewirksam für sich entdeckt. Cyberspionage und Cybersabotage, Cyberterrorismus bis hin zu Cyberwar sind Themen, mit denen sich Sicherheitsbehörden befassen müssen und mit denen sie auch zunehmend international konfrontiert sein werden.

Doch die überwiegende Masse der Straftaten, die sich gegen das Internet richten, sowie Straftaten, die mit dieser Informationstechnologie begangen werden, wird nicht durch die genannten Spezialisten bearbeitet. Diese bislang nur begrenzt vorhandenen Beamten wären nicht in der Lage, die Masse alltagspolizeilicher Arbeit in den Deliktsfeldern Cybercrime abzudecken. Jeder Polizeibeamte sollte heute in der Lage sein, erste Sicherungsmaßnahmen durchzuführen, wenn geschädigte Bürger mit Datenträgern auf dem Polizeirevier zur Anzeigenaufnahme erscheinen. Wurden Nachweise zu einem betrügerischen Verkauf egal welcher Ware vor Jahren noch durch Unterlagen in Papierform erbracht, so zieht der Geprellte heute seine Daten auf dem mobilen Datenträger aus der Tasche. Nachbarschaftsstreitigkeiten, Beleidigungen, Verleumdungen, all das wird bereits jetzt und künftig noch viel mehr über das Internet ausgetragen. Rauschgift- und Waffenhandel haben einen festen – und nicht zu unterschätzenden – Platz in den elektronischen Medien eingenommen. Betrüger, die ihre Geschäfte an der Haustüre abschließen, werden der Vergangenheit angehören. Der Missbrauch der neuen Technologien zum Austausch und Handel von kinderpornografischem Material ist nur noch schwer zu überschauen. Mobile Endgeräte, mit denen angeblich inkriminierte Seiten aufgerufen worden seien und die erst wieder nach Bezahlung einer Schutzgebühr verwendet werden können, werden dem kurz vor der Pension stehenden Beamten des Polizeipostens im ländlichen Bereich ebenso präsentiert wie dem jungen Beamten auf der Wache, der seine Grundausbildung in der Polizeischule gerade einmal beendet hat. Bei nahezu allen Durchsuchungsmaßnahmen ist eine Sicherung von elektronischen Daten notwendig. Bereits in der Planung der Vorgehensweise bei Durchsuchungen muss berücksichtigt werden, dass vorzufindende Datenträger und Kommunikationsmittel beim Erkennen der bevorstehenden Maßnahmen vor einem plötzlichen Zugriff geschützt werden müssen. Tatverdächtige können heute mit nur einem Tastendruck das gesamte Beweismaterial eines entsprechenden Strafverfahrens unwiderruflich vernichten. Immense Datenmengen müssen aufbereitet und dem Sachbearbeiter des Falles zur Verfügung gestellt werden. Daten müssen analysiert sowie strukturiert und recherchefähig dargestellt werden. Die Datenmengen stellen die Polizei wie alle anderen Sicherheitsbehörden zunehmend vor ein weiteres Problem. Die ständige Erhöhung von Speicherkapazitäten belastet das polizeiliche Budget in erheblichem Umfang.

Spezialisierte Polizeibeamte müssen nicht mehr nur für die Bekämpfung der Cybercrime zur Verfügung stehen, indem sie ihre eigenen, hoch komplizierten Ermittlungsverfahren für die Staatsanwaltschaft anklagereif aufzuarbeiten versuchen. Vorhandenes Spezialwissen wird zunehmend in allen Bereichen der polizeilichen Ermittlungsarbeit gefragt sein. Wer glaubt, intensive Kenntnisse der Informationstechnologie seien zwischenzeitlich lediglich bei der Bearbeitung von Delikten herausragender Kriminalität, bei Delikten der Organisierten Kriminalität oder an Umfang zunehmenden Ermittlungsverfahren der Wirtschaftskriminalität notwendig, der täuscht sich. Quer durch alle Deliktsbereiche zieht sich dieses Erfordernis. Schwere Formen der Kriminalität lassen sich oftmals nur durch eine verdeckte Teilnahme der Polizeibeamten in bestimmten Foren aufklären. Rechtlich sind für eine derartige Vorgehensweise sehr enge Grenzen gesetzt.

Die Dunkelziffer der als Cybercrime eingestuften Kriminalitätsform muss als enorm hoch eingestuft werden. Gründe hierfür sind vielseitig. Schadenssummen liegen oft unterhalb der Schwelle, die vom Opfer als die für eine Anzeigenerstattung bei der Polizei ausreichende betrachtet wird. Kreditinstitute erstatten ihren Kunden, die Opfer von Cyberabgriffen wurden und dadurch ihr Erspartes verloren haben, den entstandenen Schaden, was sich letztendlich auf das gesamte Geschäftsgebaren des Instituts und somit auf die gesamte Kundschaft anderweitig auswirkt. Geschädigte Wirtschaftsunternehmen fürchten um Reputation und haben darüber hinaus kein Interesse, eventuelle Schwachstellen in ihrem System im Zusammenhang mit einer Cyberattacke bekannt zu machen. Doch – und gerade dieser Umstand muss der Polizei zu denken geben – viele Betroffene erstatten keine Anzeige bei der Polizei, weil sie der Meinung sind, dass die Täter ohnehin nicht ermittelt werden können und auf diesem Weg der Umstand eines Angriffes erst an die Öffentlichkeit gelangen wird. Insbesondere Wirtschaftsunternehmen vermeiden aus diesem Grund den Gang zur Polizei. Für die Polizei kann dies fatale Folgen haben, denn der Einsatz personeller und finanzieller Ressourcen richtet sich nach den tatsächlich bekannt gewordenen Straftaten. Im Falle eines größeren oder gar flächendeckenden Angriffs auf IT-Systeme stehen gerade diese Ressourcen dann auf die Schnelle nicht zur Verfügung. Aufklärungsarbeit durch die Polizei scheint dringend notwendig.

Auch die Art der Endgeräte, auf die durch Straftäter zugegriffen wird, ändert sich. Setzten diese noch vor wenigen Jahren darauf, die in Wohn-, Kinderzimmern und Büros stehenden Computer zu infizieren, so sind es heute mobile Kommunikationsgeräte, die zunehmend das Ziel der Kriminellen werden. Immer mehr Kriminelle wissen die scheinbar unendlichen Möglichkeiten von multifunktionalen tragbaren Kommunikationsmitteln zu schätzen. Logische Konsequenz ist, dass diese mobilen Endgeräte in der polizeilichen Alltagsarbeit immer mehr an Bedeutung gewinnen. Geradezu erschreckend für Sicherheitsbehörden sind veröffentlichte Zahlen von Wirtschaftsunternehmen und Verbänden, die sich mit der Entwicklung dieses Marktsektors beschäftigen. Studien zufolge wird sich der mobile Datenverkehr alleine innerhalb der kommenden vier Jahre um über das Zwanzigfache erhöhen. Gesicherter Datenverkehr findet über diese mobile Variante der Datenübertragung indes kaum statt. Nur wenige der Nutzer sichern ihre Geräte durch Virenschutz, wie er bei der Nutzung des Computers zuhause selbstverständlich wäre. Gleichzeitig nutzen immer mehr diese mobilen Endgeräte, um Bankgeschäfte via Onlinebanking zu tätigen. Eine Einladung für Kriminelle. Aber auch eine vorhersehbare Entwicklung, mit welcher sich Sicherheitsbehörden bereits frühzeitig befassen müssen. Die Unendlichkeit der neuen Möglichkeiten wird verdeutlicht, wenn als befreundet eingestufte ausländische Nachrichtendienste flächendeckend Überwachungsmaßnahmen durchführen und die unter dem Vorwand der Terrorismusbekämpfung gesammelten Daten auch zu Zwecken der Wirtschaftsspionage missbrauchen.

2 Einfluss Sozialer Netzwerke auf die polizeiliche Arbeit

Soziale Netzwerke haben das Vorgehen der Polizei in vielen Bereichen sowie das Berufsbild des Polizeibeamten in mehrfacher Hinsicht ganz erheblich verändert.

Eine Masse von Delikten wird über diese Netzwerke begangen. So dient das Internet als Tatmittel für Beleidigungen und Bedrohungen. Straftaten, die unter der Nachbarschaft oder in einem Mietshaus ehemals an der Grundstücksgrenze oder im Treppenhaus begangen wurden, werden digital ausgeführt. War der Polizeibeamte früher noch gefragt, um Zeugen unter den Hausmitbewohnern oder Straßenanliegern ausfindig zu machen, so existieren diese heute nicht mehr. Dafür gilt es, an Kommunikationsmitteln Sicherungsmaßnahmen durchzuführen. Gezielte Demütigungen mit strafrechtlich relevanten Hintergründen finden tausendfach auf Schulhöfen statt. Cybermobbing hat in einzelnen Fällen bereits zum Selbstmord geführt.

Über teils komplizierte Wege sind von im außereuropäischen Ausland befindlichen Anbietern sozialer Netzwerke Informationen einzuholen, um so auf den Absender einer Beleidigung, Bedrohung oder eines Cybermobbings schließen zu können.

Netzwerke, oftmals speziell als Angebot für niedrige Altersklassen gegründet und auch so bezeichnet, werden zum Tummelplatz von Pädophilen. Sogenannte Operationen durch Polizeidienststellen bringen Erschreckendes ans Licht. Erst einmal legendiert und unter Pseudonym als minderjähriges Schulmädchen in einem derartigen Netzwerk eingeloggt, muss auf Interessenten nicht lange gewartet werden. Interessenten allerdings, die lediglich ein Ziel verfolgen: Das Mädchen dazu zu bringen, sich vor der im Laptop installierten Kamera auszuziehen oder gar sexuelle Handlungen an sich vorzunehmen. Sehr wohl wissend, dass es sich bei den Kontaktpersonen im Netz um minderjährige Mädchen handelt, kommt es in Einzelfällen gar innerhalb kurzer Zeit zu Einladungen in Hotels in Wohnortnähe dieser Mädchen. Die unglaublich kurze Dauer bis zur Kontaktaufnahme lässt ermittelnde Beamte ebenso erschrocken aufhorchen wie die Vielzahl von Personen, die im Netz auf derartiger Kontaktsuche sind. Trotz des immensen Zeit- und Personalaufwandes, welchen es sich bei derartigen Operationen bedarf, kann und darf es sich um keine Einzelaktionen handeln. Täter, die sich auf diese anonyme Art des Cybergroomings das Vertrauen junger Menschen zuerst erschleichen und danach eklatant missbrauchen, dürfen sich nicht sicher in den Netzen bewegen können.

Eine besondere polizeiliche Relevanz erlangen soziale Netzwerke, wenn darin befindliche Gefährdungslagen zur Anzeige gelangen. Jeder Polizeibeamte, der mit der Entgegennahme einer derartigen Anzeige auch nur im Entferntesten konfrontiert sein könnte, muss sofort wissen, wie er sich zu verhalten hat und weiter vorgegangen werden muss. Sicherungsmaßnahmen sind unverzüglich einzuleiten und die Ermittlung des Absenders einer derartigen Gefährdungsmeldung ist ohne Verzögerung in die Wege zu leiten. Hinweise auf bevorstehende Amoksituationen oder die Ankündigung des Selbstmordes lassen keinen Spielraum für lange Überlegungen oder gar Fehler in der Vorgehensweise zu.

Zahlreiche große Einsatzlagen für die Polizei haben zwischenzeitlich ihre Ursache im Missbrauch der neuen Möglichkeiten der Sozialen Netzwerke. Wenn mehrere tausend Jugendliche dem Aufruf einer einzelnen Person folgen, an einer Örtlichkeit inmitten eines Wohngebietes eine Massenparty durchzuführen, so stellt dies die Polizei vor nicht unerhebliche Probleme. Tatsächliche Bewegungen hin zu diesem Veranstaltungsort, Zusagen und Verabredungen aber auch die Art und Zeit der Nutzung öffentlicher Verkehrsmittel entnimmt dann die Polizei wiederum diesen sozialen Medien. Denn auch als polizeiliches Einsatzmittel hat dieses Instrumentarium zwischenzeitlich ganz erheblich an Bedeutung gewonnen. In bereits jetzt absehbarer Zukunft wird eine umfassendere polizeiliche Einsatzlage ohne Nutzung und parallel begleitende Auswertung sozialer Netzwerke nicht mehr vorstellbar sein. Auch für diese ganz spezielle Nutzung müssen Beamte hinsichtlich rechtlicher Grenzen und technischer Möglichkeiten ausgebildet sein.

Auch Polizeidienststellen präsentieren sich zwischenzeitlich in Sozialen Netzwerken und profitieren von der Art und Weise, wie Nachrichten und Informationen innerhalb kürzester Zeit eine unbegrenzte Anzahl von Personen erreichen können. Fahndungsaufrufe, aber auch Hinweise zur Prävention und Nachwuchswerbung sowie weitere Themen aus dem Bereich der Öffentlichkeitsarbeit sind den Auftritten zu entnehmen.

Außerhalb dienstlicher Tätigkeiten und Erfordernisse bewegen sich Polizeibeamte zu einem Anteil und in einer Intensität in sozialen Netzwerken wie andere Berufsgruppen. Kritisch wird dies allerdings, wenn ansonsten übliche Details zu beruflichen Tätigkeiten auf diese Art der Masse von Personen zugänglich gemacht werden, die sich in den Netzwerken bewegt. Dienstliche Weisungen in Form von Richtlinien sind zwischenzeitlich unumgänglich, um meist jungen Beamtinnen und Beamten darzulegen, wie sie sich in sozialen Netzwerken präsentieren und auch als Angehörige ihrer Berufsgruppe zu erkennen geben können, ohne dadurch gleichzeitig Schaden zu nehmen.

3   Von der Überwachung des Fernmeldeverkehrs zur Telekommunikationsüberwachung

Auch bei der Durchführung von Überwachungsmaßnahmen bekommt die Polizei die rasante Entwicklung der Informations- und Kommunikationstechnologie zu spüren.

In rechtlich eng umgrenztem Rahmen ist es zur Aufklärung schwerster Straftaten erforderlich, den Kommunikationsverkehr von Tatverdächtigen zu überwachen. In diesen Fällen ist damit zu rechnen, dass Straftäter vor, während oder nach der Tatbegehung Kommunikationsmittel benutzen. Die dabei hinterlassenen Datenspuren sind für die Ermittler in der Beweisführung oft unentbehrlich. Sicherungsmaßnahmen sind verschiedentlich denkbar. Sowohl bei den Netzbetreibern, als auch bei den Nutzern der Kommunikationsgeräte. Fehlende gesetzliche Regelungen sorgen derzeit allerdings dafür, dass Spuren, die zur Aufklärung teils schwerster Straftaten unabdingbar sind, bei Netzbetreibern bereits nach kurzer Zeit nicht mehr zur Verfügung stehen.

Hatten es Ermittler vor Jahren noch mit Festnetzanschlüssen der Deutschen Post zu tun, so ist es zwischenzeitlich erforderlich, ein Kommunikationsprofil des zu Überwachenden zu erstellen. Soziale Netzwerke im Internet, webfähige Spielekonsolen und mittlerweile Navigationsgeräte sowie webfähige Fernsehgeräte sind in diese Analyse einzubeziehen. Mit der Veränderung der Kommunikationsmittel ändern sich auch die Sicherungsmethoden für digitale Spuren. Sprachen gesetzliche Grundlagen vor Jahren noch von der „Überwachung des Fernmeldeverkehrs" so wurde diese Bezeichnung zwischenzeitlich der Entwicklung angepasst. Nun wird von der „Überwachung der Telekommunikation" gesprochen.

Möglichkeiten der Überwachung wurden fortentwickelt. Auch hier sind die dabei anfallenden Datenmengen zwischenzeitlich so groß, dass die Polizei – trotz der rechtlich bedingt nur wenigen Fälle dieser Überwachungen – vor ernsthaften Problemen steht.

4   Kooperationen sind erforderlich

Ermittlungen gegen derartige Täterstrukturen erstrecken sich in aller Regel über mehrere europäische und außereuropäische Länder. Die Koordinierung findet auf Bundesebene, bei Europol und Interpol statt. Ein intensiver Informationsaustausch auf allen polizeilichen Ebenen, aber auch zwischen Polizei und Wirtschaftsunternehmen ist unumgänglich oder gar einzig erfolgversprechend. Es wird immer deutlicher, dass die Bekämpfung dieser Phänomene nur durch staaten- und ressortübergreifende Kooperationen und Ermittlungstätigkeiten erfolgen kann.

Sicherheitsbehörden und Wirtschaftsunternehmen sind sich darüber längst einig, dass dem Phänomen der Cybercrime nur in Kooperationen und Partnerschaften begegnet werden kann. Der rasanten Entwicklung der durch Straftäter eingesetzten Techniken bis hin zur mehrfachen Veränderungen der Programmierung von Seiten der Kriminellen noch während der Bearbeitung eines Ermittlungsverfahrens, kann durch polizeiliche Mittel alleine nicht begegnet werden. Netzwerke von Wirtschaftsunternehmen, Sicherheitsbehörden, Forschung, Lehre und Wissenschaft sind dringend notwendig. Nur enge Verzahnungen lassen eine oftmals sofort erforderliche Reaktion auf Angriffe und Straftaten im Netz zu. Aber auch hier verbirgt sich eine Gefahr für Sicherheitsbehörden. Korruptionsbeauftragte werden zur Planung und Durchführung von vielen Maßnahmen im Rahmen von Kooperationen und Partnerschaften hinzugezogen.

Zwischenzeitlich gibt es Kooperationen zwischen Polizei und Wirtschaftsunternehmen sowie –verbänden. Allianzen und Sicherheitsforen wurden auf Bundes- wie auch auf Länderebene zu der Thematik gegründet. Institutionelle public-private-partnerships entstanden. Nun gilt es, diese Institutionen zu ergänzen und zu erweitern, aber auch die Vielzahl derer zu koordinieren und zu strukturieren.

5   Wandel in der Aus- und Fortbildung

Auf all diese rasanten Entwicklungen muss die Polizei auch im Rahmen der polizeilichen Aus- und Fortbildung reagieren. Weichenstellend und Richtungsweisend wird die Beantwortung der Frage sein, ob polizeiinterne Bildungseinrichtungen es schaffen werden, mit der ständigen Entwicklung der Informationstechnologie und ihrer Nutzung durch international agierende Straftäter standzuhalten. Bereits jetzt zeichnet sich allerdings ab, dass die Inanspruchnahme externer Hochschulangebote unumgänglich sein wird.

Sukzessive müssen Themen des Kriminalitätsfeldes Cybercrime aus bislang durchgeführten Fortbildungsseminaren in die Grundausbildung eines jeden Polizeibeamten übergehen.

Grundkenntnisse über Datenverarbeitung sowie Hard- und Software der Informations- und Kommunikationstechnologie muss künftig jeder Polizeibeamte ebenso beherrschen, wie das Wissen über Sicherungsmaßnahmen an einem klassischen Tatort, an dem in aller Regel nicht die Spezialisten der Cybercrime zu allererst vor Ort sind. Beweissicherung an elektronischen Speichermedien nehmen bereits jetzt einen nicht mehr wegzudenkenden Raum in der Tatortarbeit der Polizeibeamten ein. Eine vollkommen neue Rechtsmaterie – die des Computerstrafrechts – muss einen ausgewiesenen Anteil der polizeilichen Ausbildung darstellen. Eine ausgeprägte Medienkompetenz für jeden polizeilichen Sachbearbeiter wird sich in naher Zukunft als unverzichtbar darstellen.

Trotz aller zwingenden Veränderungen der Aus- und Fortbildung von Polizeibeamten wird es unumgänglich sein, externe Spezialisten einzustellen. Der externe Sachverstand von Informatikern ist in der Polizeiorganisation zwischenzeitlich nicht mehr wegzudenken. Es liegt allerdings nun an der Politik, durch angemessene Rahmenbedingungen dafür zu sorgen, dass sich qualifiziertes Personal auf ausgeschriebene Stellen bewirbt und nach Einstellung auch bei der Polizei verbleibt. In manchen Bundesländern wurden die Weichen bereits gestellt. Wünschenswert wären Reaktionen allerdings in allen Bundesländern. Immer mehr zeigt sich in Deutschland die Notwendigkeit einer Vernetzung von bei den Sicherheitsbehörden vorhandener Spezialisten. Eine von Bund und Ländern gemeinsam gestaltete Projektgruppe zur „Neuausrichtung der kriminalpolizeilichen Spezialfortbildung" erstellte hierzu eine wertvolle Konzeption. Wünschenswert wäre nun eine Umsetzung in allen Bundesländern.

Den sprachlichen Fähigkeiten polizeilicher Ermittler kommt eine wesentliche Bedeutung zu. Fachspezifische Englischkenntnisse der Beamten müssen zunehmend als Voraussetzung für den Einsatz effektiver Ermittlungsmethoden angesehen werden. Phishing, Skimming, Networking und Hacking sind heutzutage Alltagsbegriffe im polizeilichen Berufsleben, ebenso wie Screenshot, surfen, Software und noch viele andere Begriffe. Sprachkenntnisse, die von jedem Polizeibeamten abverlangt werden. Schulungen für Spezialisten hingegen, nicht zuletzt durch Mitglieder international agierender Wirtschaftsunternehmen der IT-Branche, finden in Großbritannien oder den USA statt und werden in kompliziertem Fachenglisch durchgeführt.

6 Das Beispiel einer organisatorischen Reaktion

Der Herausforderung Cybercrime muss mit modernster technischer Ausstattung, Kooperationen mit externen Partnern, vor allem jedoch mit speziell ausgebildeten Mitarbeitern begegnet werden. Ohne adäquates Know-how dieser Mitarbeiterinnen und Mitarbeiter ist der Kampf gegen diese neue Begehungsform, die sich quer durch alle Kriminalitätsformen zieht, nicht zu gewinnen. Aber auch eine strukturelle Anpassung der Polizeiorganisation, die sich den neuen Anforderungen angleicht, kann zusätzliche Vorteile erbringen.

Mit Beginn des Jahres 2012 hat das Landeskriminalamt Baden-Württemberg seine Organisation verändert. Erstmals im Laufe des 60-jährigen Bestehens wurde eine neue Abteilung aufgebaut. Organisationsänderungen hatten zuvor immer nur zur Zusammenlegung von Abteilungen geführt. Die Abteilung „Cybercrime/ Digitale Spuren" bekämpft nun in konzentrierter Form diesen Phänomenbereich. Die nun zusammengefassten Arbeitsbereiche der neuen Abteilung waren vorher organisatorisch quer über die Behörde verteilt. Nun sind sie gebündelt, teilweise deutlich personell verstärkt und im Aufgabenspektrum erweitert worden. Synergieeffekte sind nach kurzer Zeit erkennbar. Konzentriert werden in dieser Abteilung nun komplizierte Ermittlungsverfahren der Cyberdrime mit meist internationalen Bezügen bearbeitet. Internetrecherchen werden durchgeführt, Auswerteprogramme nach spezifischem Bedarf entwickelt. Auch die landesweit zentrale Ansprechstelle für den mittels Internet begangenen Deliktsbereich der Kinderpornographie ist hier angesiedelt. Bereits geschilderte Operationen werden hier durchgeführt.

Spezialisten für die Sicherung und Aufbereitung von Daten aus in Ermittlungsverfahren sichergestellten Datenträgern aller nur denkbaren Art sind hier tätig. Die Aufbereitung derartiger Datenträger stellt im Verlauf der Bearbeitung eines Ermittlungsverfahrens in der Regel einen Engpass dar. Ermittlungsführende Staatsanwaltschaft und sachbearbeitende Kollegen müssen sich oftmals viel zu lange gedulden, bis die Auswertung ihrer Datenträger an der Reihe ist. Derartige Anforderungen liegen in einem Umfang vor, dem die Polizei – auch bei den Dienststellen außerhalb des Landeskriminalamtes – immer weniger gerecht werden kann. Mit teilweise fatalen Folgen für die angeklagten Strafverfahren. Ohne outgesourcte Aufträge wird die Polizei das Aufkommen in absehbarer Zeit nicht mehr bewältigen können.

Auch die Analyse strukturierter Massendaten, wie Funkzellendaten oder Log-Dateien, wurde hier organisatorisch angesiedelt. Die Tätigkeit wurde in den letzten Jahren zunehmend zu einem fundamentalen Prozess für die polizeiliche Ermittlungsführung in vielen Ermittlungsverfahren größeren Ausmaßes.

Darüber hinaus soll hier die digitale Bild-, Audio- und Videobearbeitung angegliedert werden. Beispielsweise wird dort Videomaterial aus Überwachungssystemen durch speziell ausgebildete und mit erforderlicher Technik ausgestatteter Mitarbeiter einer Qualitätsoptimierung zugeführt. Die Erfordernis des Uploads sehr großer Mengen von teils virenbefallenen Audio- und Videodateien sowie die möglichst umgehende Aufbereitung und Auswertung dieses Materials wurde spätestens nach dem terroristischen Angriff auf eine Sportveranstaltung in den USA im Jahr 2013 bundesweit erkannt.

In einer weiteren Inspektion dieser jungen Abteilung ist das Zentrum für Telekommunikationsüberwachung als landesweite Serviceleistung angesiedelt. Hier wird die Umsetzung von staatsanwaltschaftlichen und richterlichen Beschlüssen zur Durchführung von Maßnahmen der Telekommunikationsüberwachung landesweit gewährleistet.

Nicht nur in der organisatorischen Veränderung des Landeskriminalamtes reagierte die Polizei in Baden-Württemberg auf die Entwicklung. Im Zuge der Neustrukturierung der gesamten Polizei des Landes wurden im Jahr 2013 in den zwölf neu eingerichteten Präsidien jeweils die Kriminalinspektionen „Cybercrime/ Digitale Spuren" eingerichtet. Damit entstand in der Polizei des Landes ein Netz von Spezialisten.

7   Ausblick

Die Bundesländer haben die Entwicklung erkannt und investieren zwischenzeitlich größtenteils in Personal, Technik sowie Aus- und Fortbildung. Die Polizei muss auch organisatorisch auf diese Veränderungen reagieren. So sind Entwicklungen, wie die in Baden-Württemberg geschilderten, zunehmend in ähnlicher Form auch in anderen Bundesländern erkennbar.

Ein neues Forschungsfeld für Kriminologen tut sich auf. Die kriminologische Erforschung der Typologie eines Cyberkriminellen steckt noch in den Kinderschuhen. Ergebnisse hieraus müssen sich in polizeilicher Präventionsarbeit wiederfinden.

Auch jetzt schon muss der Prävention der Cybercrime ein Stellenwert eingeräumt werden, wie dies kaum in einem anderen Bereich erforderlich ist. Die Zielgruppen der Prävention, alleine was Aktivitäten in sozialen Netzwerken anbelangt, sind nahezu nicht mehr definierbar. Hinzu kommt Präventionsarbeit bei Wirtschaftsunternehmen, auch um dadurch eine Stärkung des Vertrauens in die Kompetenz polizeilicher Arbeit zu erreichen. Nur dadurch kann es zu einer Aufhellung des Dunkelfeldes kommen. Dies ist wiederum wichtig, um Ansätze für die Vermeidung weiterer Straftaten zu erhalten.

Das Internet samt all seinen Begleiterscheinungen führt bei der Polizei zu grundlegenden Veränderungen und Anpassungsprozessen. Die Entwicklung darf nicht als Bedrohung angesehen werden. Es ergeben sich zusätzliche Möglichkeiten, Kriminalität auf effektive Art und Weise zu bekämpfen. Diese Chance muss genutzt werden.

Dabei kann sich die Bevölkerung auf ihre Polizei verlassen. Die Polizei beachtet bei ihrer Tätigkeit die datenschutzrechtlichen Bestimmungen. Aufgrund meiner langjährigen Erfahrung – auch als Mitarbeiter einer behördlichen Datenschutzbehörde – kann ich feststellen, dass die Sorgen von Bürgern hier unbegründet sind. Bei der Aufklärung der Bürger unseres Landes über Zulässigkeit und Möglichkeiten bei der Verarbeitung und im Umgang mit personenbezogenen Daten unserer Bürger durch die Polizei wäre oftmals mehr Objektivität als unbegründete Panikmache durch die Politik wünschenswert.

Das Berufsbild des Polizeibeamten hat sich im Zusammenhang mit der Bekämpfung von Cybercrime grundlegend verändert. Ein Ende dieser Veränderungsprozesse ist noch lange nicht erreicht, wird wohl auch niemals erreicht werden. Alles in allem jedoch muss die Entwicklung als neue und zusätzliche Herausforderung betrachtet werden.

Bei all in dieser Entwicklung begründeten Veränderung dieses Berufsbildes darf nicht vergessen werden, dass neben den angesprochenen modernen Ermittlungsmethoden und dem Einsatz zeitgerechter Technologien klassische Tugenden nach wie vor benötigt werden, um Straftaten aufzuklären und die Täter überführen zu können. Auch bei der Bekämpfung von Delikten der Cybercrime kann auf kriminalistische Denkweisen sowie klassische kriminalistische Maßnahmen und derartiges Handwerkszeug nicht verzichtet werden.

Begleit- und Beschaffungskriminalität im Zusammenhang mit virtuellen Welten

Thomas Gabriel Rüdiger[1]

Die exzessive Einnahme von süchtig machenden Mitteln und Stoffen können sowohl für den Betroffenen als auch für die Gesellschaft schwerste unmittelbare und mittelbare Auswirkungen haben. Von kriminologischer Relevanz ist hierbei unter anderem die Begehung von sogenannten Begleit- und Beschaffungsdelikten, um die Suchtbefriedigung zu finanzieren. Klassisch hat man diese Thematik bisher überwiegend im Zusammenhang mit Drogen wie Haschisch, Kokain oder auch Heroin diskutiert. In letzter Zeit ist jedoch vermehrt die Frage aufgekommen, ob auch die ausufernde Nutzung des Internets als ‚nichtstoffliche Sucht' zu betrachten und zu behandeln ist. Eine in Deutschland viel beachtete Diskussion dreht sich gegenwärtig um die Frage, ob Online-Spiele wie z. B. World of Warcraft süchtig machen können. Unter der Prämisse, dass dies der Fall ist, ist im nächsten Schritt auch die Frage aufzuwerfen, ob dann auch Delikte begangen werden, um diese Sucht zu finanzieren oder zu ermöglichen?

Der nachfolgende Artikel soll versuchen die bisher wenig beachtete Thematik der Begehung von Begleit- und Beschaffungsdelikte im Zusammenhang mit virtuellen Welten aufzuhellen. Hierzu wird zunächst eine Beschreibung und Klassifizierung von virtuellen Welten und den innewohnenden ökonomischen wie sozialen Mechanismen vorgenommen, die eine exzessive Spielweise begünstigen. Im nächsten Schritte soll anhand von nationalen wie internationalen Beispielssachverhalten die These des Vorhandenseins von Begleit- und Beschaffungsdelikten untersucht werden. Im Rahmen der Schlussfolgerung soll die Frage erörtert werden, ob insbesondere der gegenwärtige Kinder- und Jugendschutz in virtuellen Welten vor diesem Hintergrund ausreichend ist oder einer Reform bedarf.

---

1   Stand des Artikels: Januar 2013.

1   Was sind virtuelle Welten?

Fast zwei Milliarden Menschen sind tagtäglich online (Pingdom 2012). Von diesen zwei Milliarden verbringen wiederum Millionen von Menschen ihre Freizeit in sogenannten virtuellen Welten. Unter virtuellen Welten versteht man Computerprogramme in denen durch Programmierer mehr oder wenig realistisch oder fantastisch erscheinende virtuelle Umgebungen geschaffen werden. In diesen Umgebungen bewegen sich die Nutzer zumeist mit einer virtuellen Spielfigur, dem Avatar. Das Besondere an virtuellen Welten ist, dass die Nutzer nicht nur mit dem Computer sondern mit Hunderten oder Tausenden anderen Mitspielern gleichzeitig weltweit interagieren und kommunizieren. Durch diese Prozesse werden jedem Moment abertausende ‚soziale Handlungen' generiert. Wie in der physischen Realität auch können diese Handlungen dabei sowohl positive wie auch negative Auswirkungen auf die sozialen Akteure haben.

Eine verbindliche Definition, was genau virtuelle Welten darstellen, konnte sich in der Wissenschaft bisher nicht etablieren. Was jedoch übereinstimmend festgestellt wird ist, dass nicht in allen virtuellen Welten das Spielen im Mittelpunkt steht und nicht alle Computerspiele auch virtuelle Welten sind (Krebs, Rüdiger 2010). Gegenwärtig werden zwei primäre Sorten von virtuellen Welten unterschieden, die nach ihrer inhaltlichen Ausrichtung differenziert werden können. Metaversen oder auch LifeSimulations genannt, versuchen das kommunikative Erlebnis in den Mittelpunkt der Online-Erfahrung zu setzen. Um einen Vertreter dieser Sorte zu benennen – sei hier nur das bekannte Second Life erwähnt – welches versucht das physische Leben in all seinen Facetten nachzuahmen (Krebs, Rüdiger, 2010). Andere Metaversen orientieren sich noch stärker an sozialen Interaktionen – wie das Knüpfen von Freundschaften – und visieren insbesondere Minderjährige als Zielgruppe an. Einige bekannte Vertreter dieser auch als 2D oder 3D Communitys bezeichneten Welten sind Habbo Hotel, Freggers oder Club Cooee.

Die zweite primäre Gruppe der virtuellen Welten bilden die Onlinegames. Unter Onlinegames versteht man virtuelle Welten, die primär einen Spielecharakter aufweisen. Ein Unterschied zu früheren Computerspielen besteht insbesondere darin, dass man diese Spiele nicht mehr alleine, sondern mit Millionen von anderen Mitspielern spielt. Die Artenvielfalt solcher Spiele reicht von Browsergames[2], über klassische Massen-Mehrspieler-Online-Rollenspiele (den sogenannten M(assively)

---

2   Unter Browsergames versteht man Spiele, die direkt im Internetbrowser gespielt werden können und somit nicht das Herunterladen von weiteren Daten benötigen.

M(ultiplayer) O(nline) R(ole) P(laying) G(ames)[3]), bis zu online-basierten Multiplayerparts ‚normaler' Computerspiele[4].

Virtuelle Welten stellen kein kulturelles Randphänomen, sondern vielmehr eine dominierende Medienplattform für die digital natives, also die mit dem Internetzeitalter aufgewachsenen Nutzer, dar, die von ihren Einfluss auf die Medienlandschaft mit sozialen Netzen und Videoplattformen gleichgesetzt werden kann. Alleine in Deutschland geben ca. 24 Millionen Menschen an, bereits Computerspiele genutzt zu haben (Bitkom 2012). Von diesen spielen wiederum knapp 65 Prozent – also ca. 15 Millionen Menschen – online (BIU 2011). Die Zahl der Spieler – insbesondere der Gelegenheitsspieler (Casual Gamer) – wird sich perspektivisch nochmals immens erhöhen. Dies liegt unter anderem an der raschen Verbreitung von Smartphones, die im Kern handliche Minicomputer darstellen, begründet. Alleine im ersten Quartal 2012 war jedes dritte Mobilfunkgerät in Deutschland ein Smartphone (Pakalski 2012). Auch bei Kindern und Jugendlichen sind Smartphones beliebt. Immerhin 63 Prozent aller Kinder besitzen ein Handy und jedes fünfte bereits ein Smartphone (YouGov 2012). Im Zusammenhang mit immer preisgünstigeren Internetflatrate-Tarifen für Smartphones, setzen immer mehr Spielbetreiber auf Produkte, die ein gemeinsames Spielen auf mobilen Endgeräten ermöglichen. Gerade Kinder nutzen die neuen mobilen Spielmöglichkeiten. So spielen bereits jetzt 73 Prozent der Kinder auf einem Handy oder Smartphone (ebd.).

2 Ökonomie virtueller Welten

Virtuelle Welten sind ein Milliarden-Geschäft und sollen Umsatz generieren. Alleine für das Jahr 2011 schätzt man den Umsatz den virtuelle Welten erwirtschaftet haben auf annähernd 18 Milliarden US-Dollar (InStat 2011). Um diesen Umsatz zu erzeugen setzten Firmen wie Blizzard mit World of Warcraft bisher sehr erfolgreich auf ein monatliches Finanzierungsmodell ihrer Online-Spiele. Das Finanzierungsmodell basiert darauf, dass der Kunde eine monatliche fixe Summe – im Fall von World of Warcraft beläuft sich diese auf ca. 12 Euro – an den Spielebetreiber überweisen muss, dafür steht ihm dann – mit geringen Ausnahmen – das komplette Spiel zur Verfügung. Dieses Finanzierungsmodell wird auch als „pay to play" (p2p) Modell bezeichnet. Teilweise wird dieses Modell noch durch den Verkauf von virtuellen

---

3   Das bekannteste MMORPG ist vermutlich World of Warcraft, das in den Jahren 2010/2011 annähernd 12 Millionen zahlende Nutzer verzeichnen konnte.

4   Ein Beispiel hierfür sind z. B. die Onlinespielmodi von Spielereihen wie Call of Duty und Battlefield aber z. B. auch von Sportspielen wie Fifa oder Pro Evolution Soccer.

Gütern oder Service-Leistungen ergänzt. So können Kunden z. B. virtuelle Reittiere – sog. Pets – in World of Warcraft für ‚echtes' Geld (im Ggs. zu virtuellen Spielewährungen) erwerben.

Gerade in den letzten Jahren kann man bei allen Betreibern den Trend zu einem Paradigmenwechsel im Finanzierungsmodell, hin zu vermeintlich kostenlosen Online-Spielen, erkennen. Diese Spiele setzen darauf, dass der Zugang zum medialen Erlebnis möglichst einfach und tatsächlich auch zunächst kostenfrei beworben und gehalten wird (Krebs, Rüdiger 2010: 18). Finanziert werden solche Spiele dann dadurch, dass die Spieler animiert werden virtuelle Zusatzgüter (sog. Items) oder Zusatzleistungen für reales Geld zu erwerben. Im Spielejargon nennt man dieses Finanzierungsmodell auch „free to play" (f2p) Modell. Allein im Jahr 2011 haben bereits ca. 3,5 Millionen Computerspieler in Deutschland Geld für solche virtuellen Vermögenswerte ausgegeben (BIU 2012). Insgesamt erwirtschaftet der Verkauf von virtuellen Gütern weltweit mittlerweile fast 8 Milliarden US-Dollar jährlich und soll sich nach Markanalysten bis zum Jahr 2015 auf fast 16 Milliarden US-Dollar verdoppeln (Instat 2011). Bei dieser immensen Zahl wird aber noch nicht einmal der Schwarzmarkt für den An- und Verkauf virtueller Güter berücksichtigt (Krebs, Rüdiger 2010: 18).

Eines haben aber beide Formen virtueller Welten und auch beide Finanzierungsmodelle gemein. Sie basieren darauf, dass möglichst viele Kunden stetig neu animiert werden müssen sich anzumelden. Gerade im f2p Bereich ist eine stetige Rekrutierung von essentieller Bedeutung, denn im Unterschied zu p2p, das immerhin eine fixe monatliche Rate einbringt, ist nicht jeder Nutzer der sich anmeldet auch per se ein zahlender Kunde. Man geht davon aus, dass im Durchschnitt jeder zehnte, bei der Zielgruppe der 18- 29jährigen immerhin jeder fünfte Nutzer bereit ist für virtuelle Güter zu zahlen (Zeit 2012; Bitkom 2012). Daher gestalten die Betreiber – unabhängig vom jeweils gewählten Finanzmodell – die Spielabläufe und Anmeldeprozesse in einer ähnlichen Form. Zunächst wird die Anmeldeprozedur möglichst einfach gehalten. Der Betreiber möchte nicht schon zu Beginn potentielle Kunden durch eine umständliche Anmeldeprozedur abschrecken. So genügen für eine erfolgreiche Anmeldung zumeist die Eingabe eines Nutzernamens, einer Email-Adresse und ein Passwort. Aus demselben Grund ist der Spielbeginn gezielt einfach gehalten und mit leicht erreichbaren motivierenden Erfolgserlebnissen verknüpft. Insofern spricht man auch von davon, dass der Nutzer in ein fließendes stetiges Spielerlebnis integriert werden soll, welches möglichst lange anhält, dem sogenannten Flow.

Was für einen ökonomischen Einfluss Online-Spiele haben kann in letzter Zeit vor allem daran abgelesen werden, dass immer häufiger Fernsehwerbung für Onlinegames bei allen großen deutschen Privatfernsehsendern ausgestrahlt wird.

3 Warum entfalten virtuelle Welten eine Attraktion?

Die Attraktivität, die virtuelle Welten entfalten können, rührt maßgeblich von der Interaktion und Kommunikation der Nutzer unter einander und von einer damit einhergehenden Form von Anerkennung einher.

Die Betreiber versuchen im Prinzip – je nach Spielgenre – mit zwei Methoden diese Attraktivität hervorzurufen. Gerade in MMORPGs und artverwandten Spielen (z. B. Diablo 3) setzen die Betreiber, durch die Jagd auf immer besser werdende und seltenere Items, auf die Herausbildung eines Sammeltriebes und einer damit zu erreichenden optischen Abgrenzung von anderen Mitspielern. In vielen Spielen erhält der Nutzer für das Besiegen von Gegnern oder dem Lösen von Herausforderungen Gegenstände – wie neue Waffen oder Rüstungen – die seinen Avatar stärker machen. Üblich ist dabei, dass diese Gegenstände, wenn sie getragen werden, auch optisch am Avatar erkennbar sind. Viele Belohnungen werden rein zufällig ausgegeben. Teilweise ergeben mehrere Gegenstände erst im Set, z. B. ein Drachenschwert in Verbindung mit einer Drachenrüstung und einem Drachen-schild, einen wirklichen Mehrwert (sog. Set-Items). Je länger der Nutzer das Spiel spielt, umso seltener hinterlassen Gegner wertvolle Items. Ein Nutzer kann mit entsprechend seltenen Gegenständen also seinen Mitspielern seinen Rang, die in dem Spiel verbrachte Zeit, sowie seine Erfahrung in dem jeweiligen Spiel anzeigen (Krebs, Rüdiger 2010). Dies ist auch der Grund warum ein Spieler, um z. B. zu den besten Spielern zu gehören, immer häufiger, länger und vor allem konstant und wiederkehrend das Spiel nutzen muss.

Ab einem gewissen Zeitpunkt im Spiel wird der „Jagdtrieb" häufig um den Faktor des Gruppenspiels ergänzt. Der Spieler kann fast nur noch Erfolge verzeichnen, wenn er in einer Gruppe agiert. Hierzu schließt sich der Spieler meistens festen Gruppen, Gilden oder Allianzen an. Diese Gruppierungen haben zumeist Hierar-chien und regelrechte Verhaltensvorschriften (Trippe 2009). Hieraus ergeben sich für das Mitglied feste Aufgaben und Verpflichtungen. Kommt er diesen nicht nach, kann er im Gruppengefüge zurückgestuft werden. Dies kann z. B. bedeuten, dass sich Mitglieder um 2 Uhr früh zu einem gemeinsamen virtuellen Angriff oder dem Lösen einer Aufgabe verabreden. Diese Integration in ein soziales Gruppengefüge erhöht den Druck auf Nutzer regelmäßig online zu sein, um seinen Verpflichtungen gerecht zu werden. Wenn sich der Nutzer zudem noch entscheidet eine besondere Gruppenposition, z. B. den Leiter der Gruppe, einzunehmen, steigert sich dieser Druck nochmals. Diese Faktoren können insbesondere bei einer exzessiven Nutzung faktisch suchtartige Erscheinungsformen bei dem Spieler auslösen.

4 Suchtartige Erscheinungsformen

Eine Vielzahl von deutschsprachigen Untersuchungen hat für den hiesigen Markt herausgearbeitet, dass die Nutzung von Online-Spielen tatsächlich zu suchtartigen Reaktionsformen bei den Nutzern führen kann. Eine der ersten aussagekräftigen Studien wurde vom Kriminologischen Forschungsinstitutes Niedersachsen im Jahr 2009 veröffentlicht und kam zu dem Schluss, dass man von ungefähr drei Prozent Süchtigen oder suchtgefährdeten Nutzern ausgehen kann (Pfeiffer et al. 2009). Eine Studie des Hans Bredow Instituts aus dem Jahr 2010 kam zu leicht verringerten Suchtzahlen um einem Prozent der Nutzer herum (Fritz et al. 2010). Zu den bisher höchsten absoluten Suchtzahlen kam die durch die Bundesdrogenbeauftragte in Auftrag gegebene PINTA I Studie, die von mehr als 560.000 internetsüchtigen Deutschen ausgeht (Rumpf et al. 2011). Die letzte Studie definierte zudem die beiden gegenwärtig dominierenden Faktoren einer Internetsucht, die Nutzung von Social Communities und Online-Spiele (ebd.). Unabhängig von der Hinterfragung der jeweiligen methodologischen Stärken und Schwächen zeigt sich die Tatsache, dass nur um die Frage der Höhe und nicht um die Frage des Vorliegens von Online-Spielsucht diskutiert wird, dass man hier wohl das Vorhandensein einer solchen bejahen muss. Diese Entwicklung kann man auch daran festmachen, dass sich mittlerweile in Deutschland bereits medizinische und pädagogische Einrichtungen auf die Behandlung von Online-Spielsucht spezialisiert haben (BKH 2009; Internetsuchthilfe 2012; ELSA 2012). Eine solche Annahme wird weiterhin gestützt, wenn man sich in Erweiterung der Diskussion auch internationale Untersuchungen und Erkenntnisse anschaut.

So kam beispielhaft eine Studie zur Online-Spielsucht in Südkorea bereits im Jahr 2006 zu dem Ergebnis, dass ungefähr 10 Prozent der Bevölkerung, ca. 5 Millionen Menschen, süchtig oder suchtgefährdet sind (Faiola 2006). Einige asiatische Länder, wie Vietnam, Südkorea und China, reagieren auf diese Entwicklung indem sie die Betreiber von Spielen verpflichten, Mechanismen zur Unterbindung einer übermäßigen Nutzung ihrer Spiele einzubauen (Woong-Ki 2010).

Diese Überlegungen zur staatlichen Regulierung sind durchaus nachvollziehbar, da die Betreiber anscheinend gezielt Mechanismen in Spiele einbauen, die eine exzessive Nutzung durch die Nutzer begünstigen, wenn nicht sogar anstreben. In einem Interview auf Spiegel Online hat sich Joshua Hong, Betreiber des Online-Spieldienstes Gamerfirst, wie folgt geäußert: „Gelegenheitsspieler interessieren uns nicht, wir wollen Kunden, die 20 Stunden die Woche spielen" und „in den USA gibt es wenige Spieler, aber sie geben viel aus. In Brasilien und Osteuropa geben die Spieler derzeit weniger aus, weil sie jünger sind. Aber wir nehmen sie früh auf und wir erziehen sie" (Lischka 2011).

Noch deutlicher wird Tim Chang von Northwest Venture Partners, der ebenfalls in einem Online-Interview davon spricht, dass die Spieler süchtig gemacht werden sollen: „You get your users addicted. You start annoying them with how long it takes them to get something done. That triggers impulse buys of goods that will save them time. That is at the heart as a good compulsion loop" (Takahasi 2009).

Die Betreiber sind sich also bewusst, dass ihre Spiele zu suchtartigen Erscheinungsformen bei den Nutzern führen können. Einige wollen diesen Zustand sogar gezielt herbeiführen.

Aber nicht nur bei den Betroffenen und in der wissenschaftlichen Diskussion ist die Thematik der exzessiven Nutzung von Online-Spielen angekommen. Neben einer Vielzahl von dokumentarischen Filmbeiträgen zur Online-Spielsucht (u. a. Frontal 21, 2012; Akte, 2010) hat diese Thematik bereits Einzug in den Massenmedien gefunden, was weiterhin für eine gewisse Relevanz spricht. In der Episode 3 „Das Conan-Spiel" der zweiten Staffel der immens populären Fernsehserie „The Big Bang Theory", in der das Leben von vier hochintelligenten aber auch etwas gesellschaftsentfremdeten Wissenschaftlern verfolgt wird, wird die Serienantagonisten Penny süchtig nach dem Spiel Age of Conan (*Funcam*). Auslöser für diese Sucht sind private und berufliche Probleme. Diese Serie scheint dabei durchaus das Lebensgefühl der Netzcommunity zu treffen, da sie es bis jetzt immerhin auf 7 Staffeln gebracht hat. Ein anderes Beispiel ist der ebenfalls immens erfolgreichen Zeichentrickserie „Southpark" zu entnehmen. In der Episode 147 „Make Love, not Warcraft" werden die World of Warcraft spielenden Hauptprotagonisten in dem Spiel von einem sehr starken menschlichen Gegenspieler stetig besiegt, sodass ein erfolgreiches Weiterspielen nicht mehr möglich ist. Die Serienantagonisten beginnen daraufhin mit allen Freunden immer intensiver World of Warcraft zu spielen, um möglichst stark und dem Gegner gleichwertig zu werden. Dafür vertiefen sich die Kinder immer mehr in das Spiel, sodass durch die Serienfigur Eric Theodore Cartman sogar die Notdurft vor dem Computer vollzogen wird. Während die Avatare immer mächtiger werden, bauen die Kinder gleichzeitig in der physischen Realität ab und werden körperlich immer schwächer. Diese Folge von Southpark greift dabei mit der bewusst karikativen Überzeichnung der Probleme in einer satirischen Art und Weise die Diskussion über Online-Spiele auf.

4.1 Begleitdelikte

Im Zusammenhang mit Online-Spielen können unter Begleitdelikten Handlungen verstanden werden, die von strafrechtlichem Charakter sind und entweder das Spielen als solches ermöglichen oder etwaige Störungsquellen unterbinden sollen.

Ähnlich den Begleitdelikten im Drogenmilieu finden auch hier viele Straftaten im sozialen Nahraum der Betroffenen statt.

In den letzten Jahren sind in Deutschland immer wieder Sachverhalte – insbesondere mit Gewalteinwirkung – bekannt geworden, die man zumindest strukturell unter den Begriff der Begleithandlungen von Computerspielen subsumieren kann. Dabei muss zunächst jedoch eine klare Unterscheidung zur Diskussion über die Gewaltwirkung von Computerspielen vorgenommen werden. In dieser Diskussion steht der Gedanke im Mittelpunkt, dass der Konsum – insbesondere von als Killerspiele bezeichneten First-Person-Shooter – als solches die Gewalttätigkeit der Nutzer erhöht. Bei den Begleitdelikten – die häufig im Bereich der Gewaltdelikte zu finden sind – muss man davon ausgehen, dass nicht die Nutzung als solches gewaltbereiter macht. Die ausgelebte Gewalt soll vielmehr nur das Spielen ermöglichen. Sie führt nicht per se zu einer höheren Gewaltbereitschaft. Vielmehr ist Gewalttätigkeit der einfachste und effektivste Weg, um das ungestörte Spielen zu ermöglichen. Auch muss beachtet werden, dass die meisten Online-Spiele gerade nicht auf realitätsnahe und detaillierte Tötungshandlungen setzen, sondern vielmals eine eher kindgerechte Optik besitzen.

Einer der ersten bekannt gewordenen Sachverhalte in Deutschland, den man den Begleitdelikten zuordnen kann, fand Anfang 2007 in München statt. Ein 36jähriger Mann brachte seine Ehefrau mit vier Messerstichen um. Auslöser für die Tat soll gewesen sein, dass die Ehefrau zu lange Word of Warcraft gespielt hat, sodass der Ehemann selbst nicht am Computer spielen konnte (Soltau 2007). In einem anderen Fall brachte eine 27jährige Frau aus Sachsen-Anhalt 2007 und 2008 zwei ihrer drei Kinder um. Als Begründung für diese Tat gab ihr damaliger Freund zu Protokoll, dass sie immer mehr Zeit für das Spielen von World of Warcraft benötigt hätte und die Kinder ihr dabei vermutlich hinderlich waren. Sie wurde durch das Landgericht Halle wegen Totschlages 2009 zu 8 ½ Jahre Haft verurteilt (Focus 2009). Ein weiterer Fall musste 2010 in Gießen vor Gericht verhandelt werden. Hier wurde ein 19jähriger Mann verhaftet, da er seine 23jährige Schwester mit einem Messer erstochen hatte. Hintergrund war, dass seine Schwester, die auch seine Erziehungsberechtigte war, Angst hatte, dass der Junge sein Abitur nicht schafft, da er die gesamte Zeit Online-Spiele spielte (Mainz-Netz 2010). Im Ort Grünberg in der Nähe von Gießen wurde bereits im Jahr 2009 ein Sachverhalt bekannt bei dem ein Sohn seine Mutter mit einem Messer angriff. Als Begründung gab er an, dass seine Mutter ihm das online-spielen verboten und den Laptop weggenommen hätte (Gießener-Allgemeine 2009).

Eine Aussage zum konkret vorhandenen nationalen Hell- oder Dunkelfeld ist dabei methodisch problematisch und entsprechende Daten wurden noch nicht erhoben. Dies liegt unter anderem darin begründet, dass im Rahmen der

Begleitdelikte üblicherweise – wie die vorgenannten Beispiele aufzeigen –, nur Begleithandlungen mit schweren Auswirkungen, bekannt werden. Auch kann man keine Hellfelddaten den polizeilichen Kriminalstatistiken der Länder und des Bundes entnehmen, da diese nur selten qualitativen Aussagen zur Kausalität und etwaigen Zusammenhängen von Delikten zulassen. Zudem müsste dann bei entsprechenden Delikten auch der Zusammenhang mit einer exzessiven Nutzung von Online-Spielen oder online-basierten Multiplayer-Parts erkannt werden, um eine empirische Auswertung überhaupt zu ermöglichen. Hierbei muss auch noch beachtet werden, dass eine Vielzahl von Beschaffungs- und Begleitdelikten häufig im familiären Nahfeld stattfinden. Dies ist per se eine der höchsten Hürden die verhindern, dass Delikte aus dem Dunkel- in das Hellfeld gezogen werden können. Die dargestellten nationalen Sachverhalte von Begleithandlungen fanden beispielsweise alle im sozialen Nahraum der Familie statt, bzw. die Opfer waren Familienangehörige. Dies ergibt tatsächlich auch einen tieferen Sinn. Die Spielgeräte, insbesondere der PC und Spielekonsolen wie Playstation und Xbox, waren bisher und vor allem in den letzten Jahren überwiegend an die Nutzung zu Hause gebunden. Eine exzessive Nutzung kann daher bereits aufgrund der örtlichen Nähe und teilweise auch Enge zu Konflikten mit übrigen Familienangehörigen oder Mitbewohnern führen. Der Täter sieht dabei die Mitbewohner vermutlich einfach nur als Hindernis bei der Befriedigung seines Spielinteresses an. Was wiederum in besonderen Ausnahmesituationen zu entsprechenden Delikten führen kann. Eventuell findet hier gegenwärtig zumindest eine Entspannung bei den Begleitdelikten durch die Verlagerung des Spielerlebnisses, weg von stationären Plattformen hin zu mobilen Spieleplattformen (wie Smartphones und Tablets) statt. Denn wenn einen Spieler etwas zu Hause stört, kann er unproblematisch den Spielort wechseln und sich somit der Konfliktsituation entziehen. Faktisch muss man aber durchaus auch Schilderungen aus entsprechenden Selbsthilfegruppen, insbesondere von alleinerziehenden Müttern ernst nehmen, die immer wieder davon berichten, dass ihre jugendlichen Söhne so exzessiv Online-Spiele spielen, dass sie aggressiv und gewalttätig werden, wenn der Computer durch die Eltern beispielsweise abgeschaltet wird. Ein betroffener Vater hat am 22. Mai 2011 im Forum der Selbsthilfegruppe „Rollenspielsucht.de" folgende Schilderung veröffentlicht:

> „Erpressungsversuche, wenigstens am Wochenende rund um die Uhr Internet zu bekommen, wurden von mir abgelehnt, allerdings wurde mir mit Gewalt und Aggressivität gedroht. Selbstmorddrohungen sind in dem Zusammenhang auch von ihm geäußert worden. Ich schließe mich nachts in meinem Schlafzimmer ein" (B164, 2011).

Eine andere Betroffene beginnt ihr Posting im selben Forum mit „Hallo mein Sohn spielt täglich bis zu 9 Stunden und droht mich zu schlagen sollte ich den

Ruter ausmachen! [sic!]" (B113, 2009). Eine andere Mutter wiederum schilderte ihre Erfahrungen:

> „[…] wir hatten einen Modem-Anschluss ans Internet, so passierte es ab und dann, dass er durch ein Telefonat, das ich führte, aus dem Netz flog. Er reagierte darauf so aggressiv, dass mir schlagartig klar wurde, wie sehr er sich psychisch verändert hatte. Sein Zimmer war eine Müllhalde aus leeren Pizzakartons, achtlos in die Ecke gefeuerter Kleidung, leeren Dosen mit energy drinks, um die langen Nächte vor dem PC zu überstehen; er wechselte weder Bettwäsche noch Kleidung; verwahrloste vor meinen Augen […]" (Angela 2008).

Obwohl dieses Thema zumindest in Deutschland noch als relativ unbedeutendes Randphänomen wahrgenommen wird, zeigen gerade internationale Sachverhalte, dass es sich um eine globale Problematik handelt. Einer der ersten Sachverhalte, die weltweit bekannt wurden und bei dem ein Online-Spiel der Auslöser für eine Gewalthandlung war, fand bereits im Jahr 2005 in China statt. Neben den Aspekt, dass dieser Sachverhalt weltweit für Aufsehen gesorgt hat, war der Auslöser zudem noch ein weiterer interessanter Aspekt virtueller Welten, der (illegale) Handel mit Items. Es ging letztlich um den „Besitz" eines virtuellen Schwertes in dem Spiel Legend of Mir III. Der spätere Täter lieh dieses Schwert einem befreundeten Spieler, da er selbst in den Urlaub fuhr und keine Zeit zum Spielen hatte. Das Opfer entschied aber das geliehene Schwert absprachewidrig für umgerechnet 900 Euro zu verkaufen. Nachdem das Opfer und in Personalunion spätere Täter diesen Umstand registrierte und der besagte Bekannte einen Vergleich ablehnte, ging er zur chinesischen Polizei. Diese wiederum lehnte aber eine Anzeigenaufnahme ab, da diese Handlung zum damaligen Zeitpunkt gegen kein chinesisches Gesetz verstoßen hat[5]. Der ehemalige geprellte Eigentümer brachte den Verkäufer des Schwertes daraufhin um und wurde in erster Instanz zum Tode und in zweiter zu lebenslanger Haft verurteilt (Li, Xiaoyang 2005). Streng genommen kann man diesen Sachverhalt zwar nicht unter die Thematik Begleitdelikte subsumieren, da es dem späteren Täter nicht um die Befriedigung seines Spieltriebes ging, sondern es sich vielmehr um eine Form von Vigilantismus gehandelt hat. Die enge Verknüp-

---

5   Letztlich könnte es sich bei dem Verkauf des Schwertes nach deutschem Recht um eine Unterschlagung und dem neuen Kunden gegenüber um einen Betrug gehandelt haben. Ende 2010 wurde ein ähnlicher Sachverhalt in Deutschland abgeurteilt, bei dem ein 16jähriger Täter die Items von zwei befreundeten Spielen, die ihm vorübergehend überlassen wurden, mit einem vierstelligen Gewinn verkaufte. Das Amtsgericht Augsburg sah hier eine strafbare Datenveränderung erfüllt und verurteilte den Täter zu Sozialstunden und den Ersatz des entstandenen Schadens (AG Augsburg 2010). Weltweit kann verzeichnet werden, dass unterschiedlichste Delikte die im Zusammenhang mit virtuellen Welten geschehen immer mehr zunehmen (Krebs, Rüdiger 2010).

fung zwischen einem Online-Spiel und einer schweren Gewalttat, macht diesen Sachverhalt jedoch auch für die hiesige Diskussion gewinnbringend. Was der MIR III Sachverhalt erstmalig angedeutet hat, wiederholte sich in den nächsten Jahren international. Immer häufiger werden insbesondere Gewaltdelikte in einem engen Zusammenhang zur Nutzung von Online-Spielen begangen. Auffällig ist dabei, dass sich im westlichen Kulturbereich solche Delikte insbesondere im Zusammenhang mit World of Warcraft ereignen.

So wurde im Jahr 2011 beispielhaft Rebecca Colleen Christie in New Mexico zu 25 Jahren Haft verurteilt, da sie so exzessiv World of Warcraft gespielt hat, dass sie nicht mehr die Zeit fand ihre dreijährige Tochter zu versorgen – das Kind verhungerte. Das Gericht wertete dies als einen Fall von Totschlag (Thompson 2011). Ein ähnlicher Sachverhalt wurde aus Taiwan berichtet, bei dem ein Paar sich so in die Pflege eines virtuellen Kindes in einem Spiel vertiefte, dass es ebenfalls ihre eigene Tochter in der physischen Realität verhungern ließ (Standard 2011). In den Vereinigten Staaten wurde eine 22jährige Frau zu 50 Jahren Haft verurteilt, da sie ihren dreimonatigen Sohn so intensiv schüttelte das der Junge verstorben ist. Hintergrund war, dass das Schreien des Jungen die Frau beim Farmeville-Spielen (ein Social Game bei Facebook) störte und sie mit der Handlung Ruhe erreichen wollte (Hunt 2011).

4.2   Beschaffungsdelikte

Fast jedes Freizeitverhalten erfordert Geld entweder um überhaupt spielen zu können – beispielsweise durch Eintrittsgelder oder den Kauf von dringend notwendigen Ausrüstungsgegenständen – oder um das Erlebnis noch zu verbessern – z. B. durch den Kauf von optionalem Equipment. Auf den Online-Spielebereich bezogen bedeutet dies, dass entweder bereits die Ermöglichung des Spiels direkt Geld kostet – z. B. bei World of Warcraft die monatliche Grundgebühr – oder dass der Spieler sich von anderen Spielern abheben und Anerkennung gewinnen wird, in dem er sich essentielle Spielvorteile, besondere Items, Verkürzungen von Bauzeiten usw. kauft. Relevant wird diese Feststellung, wenn das Freizeitverhalten in suchtartige Erscheinungsformen übergeht. Je nach individuellen Finanzrahmen kommt irgendwann der Punkt an dem der Spieler so in die Struktur des Spiels eingebunden ist, dass er sich gezwungen fühlt immer weiter zu machen, um einerseits seinen erreichten Status zu halten und andererseits seine eventuell vorhandenen Mitspieler nicht zu enttäuschen. Die Finanzierung dieser Spielleidenschaft kann auch zu einem Problem werden. Gerade Jugendliche sind hier zu problematisieren, da sie typischerweise noch nicht das Geld zur Verfügung haben um das Spiel entsprechend zu finanzieren. Auch die Ressource Zeit, die in Spiele investiert werden muss, darf man nicht unterschätzen. Insbesondere Browsergames setzen z. B. darauf, dass spielimmanente Aktionen, wie das Aufbauen bzw. Aufwerten von Gebäuden, oder die Energie die notwendig ist um spezielle Aktionen aufzubauen, im Laufe des Spieles immer mehr Zeit benötigen. So kann man eventuell am Anfang eines Spiels eine Sägemühle noch innerhalb von zwei Minuten aufbauen, wohingegen eine Aufrüstung derselben Sägemühle gegen Ende des Spiels bereits fast einen ganzen Tag dauern kann. Der Betreiber bietet dann im Gegenzug an, diese Zeit zu verkürzen, wenn man reales Geld investiert. Hier schließt sich der Kreis, da der Spieler so animiert wird, noch mehr Geld in sein Spielerlebnis zu investieren. Nicht jeder Spieler hat jedoch die notwendigen finanziellen Ressourcen, um auch im fortschreitenden Spiel erfolgreich zu sein. Daher kann es bei einigen Spielern dazu kommen, dass sie zur Finanzierung ihrer Spielleidenschaft auch auf strafrechtlich relevante Verhaltensweisen zurückgreifen – erneut häufig im familiären Nahbereich.

Ein besonders schwerwiegendes Beispiel für ein solches Beschaffungsverhalten fand im Januar 2012 in Vietnam statt. Die Medien berichteten über die Verurteilung eines 17jährigen zu 18 Jahren Haft, da er drei Mitglieder eines Juwelenhändlers umgebracht hatte. Als Begründung gab der Mann an, dass er sein Online-Spiel „Kiem The" finanzieren wollte (Spiegel 2012). Ein anderes Beispiel wurde im August 2012 aus den USA berichtet. Hier erpresste ein 17jähriger Spieler von einem anderen Spieler mit vorgehaltener Waffe die Übertragung von Vermögenswerten aus dem Online-Spiel Runescape (Bain 2012). Ähnliche Sachverhalte findet man rund um den Globus. Im Jahr 2010 wurden zwei Jugendliche wegen einer räuberischen Erpressung von virtuellen Gütern aus dem Spiel Runescape verurteilt. Die Täter hatten unter Schlägen und mit Morddrohungen, wobei sie ein Küchenmesser einsetzten, das Opfer gezwungen eine virtuelle Kette auf ihre eigenen Accounts zu übertragen (Middleburg 2008). In China wurden im Jahr 2011 Eltern verhaftet, da sie zur Finanzierung ihrer Online-Spielsucht, ihre drei Kinder als Sklaven verkauft haben (abc news radio 2011).

Einem anderen Aspekt der Finanzierung haben sich in Deutschland insbesondere Fernsehdokumentationen und Gerichte gewidmet. So berichtet Akte 2010 über einen Fall bei dem ein 17jähriger Schüler über das Handy der Mutter in einem Monat – ohne ihrem Wissen und Zustimmung – virtuelle Güter im Wert von 1.000€ für das Spiel Metin 2 gekauft hat (Akte, 2010). Dabei ging der Junge konspirativ vor, in dem er beispielsweise Bestätigungs-SMS sowie die gesendeten SMS über den Kauf sofort vom Handy seiner Mutter löschte. In einem ähnlichen Beitrag von ZDF Wieso aus dem Jahr 2011 wird über einen Jungen berichtet, der virtuelle Güter für 1600 Euro über den Telefonanschluss der Eltern gekauft hat (Wieso, 2012). Die Eltern werden – trotz der Tatsache, dass die Käufe typische ohne ihr Wissen und ohne ihr Einverständnis erfolgten – üblicherweise zu Begleichung der Rechnung durch Gerichte verurteilt (u. a. 14.782,95 Euro in Metin 2, LG Saarbrücken 2009 sowie 2.427 Euro in Metin 2, LG Darmstadt 2009). Eine Ausnahme von dieser Praxis machte im Juni 2011 das LG Saarbrücken, dass über die Bezahlung einer 2.800 € Rechnung im Spiel Gladiatus zu urteilen hatte. Das Gericht sah das Geschäft mit virtuellen Gütern über 0900- Telefonnummern, bei Spielen ohne eine wirksame Altersüberprüfung und -einstufung für sittenwidrig an. Im Gerichtsurteil wurde argumentiert

> „Wer Minderjährige – bildlich gesprochen – animiert, unbefugt in den Geldbeutel der Eltern zu greifen, handelt sittenwidrig, auch wenn die Eltern so fahrlässig waren, den Geldbeutel nicht wegzuschließen. Er handelt auch dann noch sittenwidrig, wenn entsprechendes zuvor schon einmal vorgekommen ist, die Eltern also hätten gewarnt sein müssen." (LG Saarbrücken 2011)

4.3   Finanzierung durch Sexualdelikte

Eine besonders unbeachtete aber hoch relevante Form von strafrechtlich relevanten Handlungen soll hier – bedingt auch durch die gesamtgesellschaftliche Bedeutung – besonders herausgehoben werden. Wie bereits dargelegt versuchen Betreiber – insbesondere von Spielen, die mit dem f2p-Modell finanziert werden – Nutzer soweit an sich zu binden, dass sie bereit sind für virtuelle Gegenstände reales Geld zu bezahlen. Dieser Aspekt im Zusammenhang mit einem mangelnden bzw. teilweise nicht vorhandenen Kinder- und Jugendschutz in Spielen hat auch eine ganz besondere Form der Beschaffungskriminalität geschaffen. Täter bezahlen oder ködern Kinder oder Jugendliche in virtuellen Welten mit virtuellen Gütern, Geld etc. für die Übersendung von Nackt- oder Posingbilder oder die Übermittlung von persönlichen Daten. Hierbei handelt es sich um eine besondere Form des sogenannten Cybergroomings. Also der gezielten Kontaktaufnahme mit sexuellem Hintergrund von Minderjährigen über die spezifischen Möglichkeiten des Internets (Rüdiger 2012). Teilweise kann man z. B. in virtuellen Welten wie Habbo Hotel lesen „welches Mädchen mit cam, möchte sich Taler verdienen?" (ebd.). Taler sind dabei die virtuelle Währung in Habbo Hotel mit denen Kinder und Jugendliche beispielsweise für das virtuelle Haustier Futter kaufen können oder besonders herausragende Möbelstücke, mit denen sie sich von Mitspielern abheben können. Die Bilder, die von den Kinder und Jugendlichen übersandt werden sollen, oder die im Rahmen eine Live Webcam-Session – z. B. über Skype – mit den potentiellen Opfern entstanden sind, sind üblicherweise im Bereich der strafbaren Kinder- oder Jugendpornografie anzusiedeln. Das solche Methoden auch europäisch verbreitet sind kann selbst offiziellen Berichten der Europäischen Union entnommen werden. So berichtete ein 12jähriger Junge aus Tschechien auf die Frage was ihn im Internet stört: „In online games where you can get some bonus points. When a child meets someone unknown in such game and that person offers him or her buying those points if the child sends him some naked photos" (Livingstone et al. 2011-1). Im selben Report berichtet ein elfjähriger Junge: „I was playing a game with [my friend] online and we bumped into something like sex and it was all over the screen" (ebd.). Auch in dem Nachfolgebericht findet sich eine ähnliche Aussage von einem 15jährigen Mädchen: „When I am playing games with my older sister on the internet, naked people pop up and it is very bad" (Livingstone et al. 2011-2).

Gerade an diesen Beispielen wird deutlich wie relevant es ist sich perspektivisch mit virtuellen Welten also Orten verschiedenster kriminogener Handlungen auseinanderzusetzen und insbesondere eine Debatte zum Kinder- und Jugendschutz anzustoßen.

5   Fazit Kinder- und Jugendschutz

Die Bedeutung der suchtartigen Nutzung von virtuellen Welten und Online-Spielen und der damit verbundenen Begehung von Handlungen, die zumindest einen strafrechtlichen Anfangsverdacht rechtfertigen oder aus einer sozialwissenschaftlichen Betrachtung heraus als sozial abweichende Handlungen bezeichnet werden können, ist im öffentlichen Bewusstsein noch nicht hinreichend angelangt und problematisiert. Die Begehung solcher Delikte hängt maßgeblich davon ab, dass Nutzer diese Spiele teilweise exzessiv bis hin zu suchtartig spielen. Genau hier muss daher angesetzt werden, insbesondere im Bereich des Kinder- und Jugendschutzes wäre daher eine Problematisierung sinnvoll.

Im Bereich der klassischen datenträgerbasierten Computerspielen existiert im Prinzip nur eine Form von Jugendschutz – die Alterseinstufung durch die (Freiwillige) Unterhaltungssoftware Selbstkontrolle (USK) und die Überwachung der Einhaltung des Erwerbs nach diesen Einstufungen. Dieses Konzept basiert primär darauf, dass Spiele auf jugendbeeinträchtigende und -gefährdende Inhalte – speziell pornografische und gewaltverherrlichende Aspekte – geprüft werden. Die Zuständigkeit der USK ist dabei gesetzlich nur gegeben, wenn ein Spiel auf einem Datenträger (CD/DVD/CARDS usw.) verkauft wird. In einer Zeit in der aber immer weniger Betreiber auf einen klassischen Verkaufsweg in einem Laden setzen und eine Vielzahl von Spielen nur noch online zu beziehen oder zu spielen sind – z.B. Browsergames und Gameapplications – greift dieser Schutzmechanismus immer weniger. Dies führt dazu, dass für Online-Spiele, die nicht auf Datenträger ausgeliefert werden, durch den Betreiber im Prinzip überhaupt keine Alterseinstufungen vorgenommen werden müssen. Entsprechend existiert auch keine Verpflichtung das Alter der Kunden bei der Anmeldung effektiv zu prüfen. Die gegenwärtig gültigen nationalen Regelungen für den Online-Bereich sind u. a. dem Staatsvertrag über den Schutz der Menschenwürde und den Jugendschutz in Rundfunk und Telemedien (Jugendmedienschutz-Staatsvertrag – JMStV) zu entnehmen. Aber auch dieser spricht nur davon, ob die Inhalte der Medien jugendgefährdend oder -beeinträchtigend sind, erst dann greifen geringe Schutzmechanismen. Von den Gefährdungen der Spielmechanismen, bspw. des Micropayments, oder wie im Beispiel des Cybergroomings, der Interaktions- und Kommunikationsrisiken, wird nicht gesprochen. Anbieter von Online-Spielen können sich jedoch mittlerweile freiwillig durch die USK einer Alterseinstufung unterziehen, die teilweise jedoch keine faktischen Auswirkungen auf die Spielebetreiber hat. Denn selbst wenn sich Online-Spiele freiwillig einer Alterseinstufung unterziehen, so erhalten diese häufig eine Freigabe ab 0 Jahren (u. a. Gladiatus, OGame, Ikariam [Gameforge 2012]), da die Inhalte ja typischerweise kindgerecht programmiert werden und die USK gerade nicht die typischen Web 2.0 Risiken zu bewerten hat. Dies ist insbesondere problematisch, da solche Alterseinstufungen in Verbindung mit dem Slogan der Gratis Spiele gerade Eltern nicht genug vor den Risiken von Online-Spielen sensibilisiert. Wie die dargelegten Fallbeispiele aufzeigen, sind jedoch vielfach junge Menschen, die Täter von Begleit- und Beschaffungsdelikten im Zusammenhang mit dem exzessiven Online-Spielen. Dies mag sicherlich auch daran liegen, dass Erwachsene bereits vielfach andere Lösungsmechanismen und -ressourcen zur Verfügung stehen, um beispielsweise die Kosten ihres Spielinteresses selbst zu bezahlen. Auch darf man nicht unterschätzen, dass gerade ältere Spieler häufig weiteren regelmäßigen Verpflichtungen unterliegen, die ein permanentes Spielen am Computer erschweren.

Vor diesem Hintergrund erscheinen die bisherigen Mechanismen zur Regulierung der Risiken von Online-Spielen als nicht mehr (zeit-)angemessen. Weder verhindert die nationale Regulierung, dass virtuelle Welten telefonische Bezahlmodelle in Spielen, die auch für Kinder freigegeben, sind anbieten können, noch werden explizit Spielmechanismen, die zu suchtartigen Erscheinungsformen führen können, kritisch hinterfragt. So muss kritisiert werden, dass Kinderspiele theoretisch ohne Unterbrechung gespielt werden können. Hier erscheint der Ansatz asiatischer Staaten gewinnbringend, die Betreiber verpflichten die Spielanreize im Rahmen einer stundenlangen Spielrunde immer weiter zu minimieren oder das Spielen nach einer gewissen Zeit gleich ganz zu unterbrechen. Ob eine solche Maßnahme notwendig ist, muss letztlich eine gesamtgesellschaftliche Debatte entscheiden. Das eine solche aber vor dem Hintergrund das virtuelle Welten unsere Medienrealität immer mehr durchziehen notwendig ist kann vermutlich nicht mehr bestritten werden. Zwar kann eine nationale Lösung dabei niemals ausreichend sein, da eine Vielzahl der Spielebetreiber nicht dem deutschen Rechtssystem unterliegt, jedoch wäre dies ein Anfang. Perspektivisch muss eine ähnliche Diskussion auf europäischer Ebene initiiert werden, um möglichst ein einheitliches und damit effektives Vorgehen sicherzustellen. Diese Debatten sollten jedoch durch wissenschaftliche Erkenntnisse geleitet und flankiert werden, um einen seriösen Umgang mit dem Medium der virtuellen Welten zu ermöglichen.

In jüngster Zeit zeigt sich zudem tendenziell, dass sich der Staat immer intensiver mit sozialen Netzwerken als Orte mit kriminogenen Risiken auseinandersetzt. Dabei wird auch bewusst, dass diese sozialen Internetrisiken die Sicherheitsbehörden vor andere Herausforderungen stellen, als dies bisher im Rahmen der Bekämpfung klassischer, überwiegend technisch basierter Cybercrimedelikte, wie die Nutzung von Malware, Phishing etc., der Fall war. Die Diskussion über Ermittlungshandlungen z. B. direkt in Facebook oder präventive virtuelle Polizeistreifengänge in Sozialen Medien sind hier nur einige Ausprägungen. Im selben Maße wie der Staat sich dieser Bereiche des Internets als Sphären von sozialen Interaktionsrisiken gewähr wird, wäre es folgerichtig auch virtuelle Welten und alle damit verbundenen Phänomene (Krebs, Rüdiger 2010) als Orte und Auslöser für kriminogenes Verhalten zu erkennen und zu akzeptieren. Denn nur ein solches Bewusstsein ermöglicht eine effektive und zukunftssichere Auseinandersetzung mit diesem Medium und seinen Phänomenen.

Literatur

ABC News (2011): *Chinese Couple Sells All Three Kids to Play Online Games*. Online verfügbar unter http://abcnewsradioonline.com/world-news/chinese-couple-sells-all-three-kids-to-play-online-games.html (zuletzt geprüft am 30.12.2012).

AG Augsburg (2010): *Urteil vom 20.10.2010*, Aktenzeichen 33DS603JS120422/O9jug.

Akte (2010): *Metin 2 verursacht 1.000€ Rechnung*. Ausgestrahlt am 12.01.2010. SAT1. Online verfügbar unter http://www.youtube.com/watch?v=kDiT0hGmeS4 (zuletzt geprüft am 30.12.2012).

Angela (2008): *Mein Sohn war WOW-süchtig*. Online verfügbar unter http://rollenspielsucht.de/ tinc?key=AIiGsfYQ&start=437&epp=100&reverse=1 (zuletzt geprüft am 30.12.2012).

Bain, Jennifer (2012): *Douglas Montero Todd Venezia*. Online verfügbar unter http://www.nypost.com/p/news/local/ bronx/game_over_for_vid_kid_robber_DQgYQB3lApPV-WB4FXXRiFN (zuletzt geprüft am 27.12.2012).

Bezirkskrankenhaus Augsburg (BKH) (2009): *Pathologische Internetnutzung – Online-Rollenspielsucht*. Online verfügbar unter http://www.bkh-augsburg.de/index.php?onlinesucht (zuletzt geprüft am 30.12.2012).

Bundesverband Informationswirtschaft, Telekommunikation und neue Medien e. V. (Bitkom) (2012-1): *Zahlungsbereitschaft für Online-Games steigt*. Online verfügbar unter http://www.bitkom.org/files/documents/BITKOM-Presseinfo_Online-Gaming_07_11_2012.pdf (zuletzt aktualisiert am 30.12.2012).

Bundesverband Informationswirtschaft, Telekommunikation und neue Medien e. V. (Bitkom) (2012-2): *Zahlungsbereitschaft für Online-Games steigt*. Online verfügbar unter http://www.bitkom.org/files/documents/bitkom-presseinfo_online-gaming_07_11_2012.pdf (zuletzt geprüft am 30.12.2012).

Bundesverband Interaktive Unterhaltungssoftware e. V. (BIU) (2011): *Marktzahlen Online- und Browser-Games*. Online verfügbar unter http://www.biu-online.de/de/fakten/marktzahlen/online-und-browser-games.html (zuletzt geprüft am 30.12.212).

Bundesverband Interaktive Unterhaltungssoftware e. V. (BIU) (2011): *Marktzahlen – Virtuelle Zusatzinhalte*. Online verfügbar unter http://www.biu-online.de/de/fakten/marktzahlen/virtuelle-zusatzinhalte.html (zuletzt geprüft am 30.12.2012).

B113 (2009): *Hallo mein Sohn spielt täglich bis zu 9 Stunden*. Online verfügbar unter http://rollenspielsucht.de/tinc?key=AIiGsfYQ&start=437&epp=100&reverse=1 (zuletzt geprüft am 30.12.2012).

B164 (2011): *Wer kann mir Tipps geben, wie ich mich als Vater meinem therapieunwilligen Sohn verhalten soll*. Online verfügbar unter http://rollenspielsucht.de/tinc?key=AIiGsfYQ&start=-1&reverse=1 (zuletzt geprüft am 30.12.2012).

Elternberatung bei Suchtgefährdung und Abhängigkeit von Kindern und Jugendlichen (ELSA) (2012): *Computerspiele & Internet*. Online verfügbar unter https://www.elternberatung-sucht.de/computerspiele-internet (zuletzt geprüft am 30.12.2012).

Faiola, Anthony (2006): When Escape Seems Just a Mouse-Click Away. In: *The Washington Post*. Online verfügbar unter http://www.washingtonpost.com/wp-dyn/content/article/2006/05/26/AR2006052601960.html (zuletzt geprüft am 30.12.2012).

Focus (2009): *Mutter muss wegen zweifachen Totschlags in Haft*. Online verfügbar unter http://www.focus.de/panorama/vermischtes/kindstoetung-mutter-muss-wegen-zweifachen-totschlags-in-haft_aid_393830.html (zuletzt geprüft am 30.12.2012).

Fritz, Jürgen/ Lampert, Christian/ Schmidt, Jan-Hinrik/ Witting, Tanja (2011): *Kompetenzen und exzessive Nutzung bei Computerspielern: Gefordert, gefördert, gefährdet. Zusammenfassung der Studie*. Hamburg. Online verfügbar unter http://www.hans-bredow-institut.de/webfm_send/563 (zuletzt geprüft am 29.12.2012).

Frontal 21 (2012): *In der Kostenfalle – Kinderspiele im Internet*. Ausgestrahlt am 11.12.2012. ZDF. Online verfügbar unter http://www.zdf.de/ZDFmediathek/beitrag/video/1794544/Frontal21-Sendung-vom-11.-Dezember-2012#/ beitrag/video/1794544/Frontal21-Sendung-vom-11.-Dezember-2012 (zuletzt geprüft am 30.12.2012).

Gameforge (2012): *Spiele*. Online verfügbar unter http://corporate.gameforge.com/produkte/die-spiele/ (zuletzt geprüft am 30.12.2012).

Gießener-Allgemeine (2010): *Spielsucht: Mutter mit Messer attackiert*. Online verfügbar unter http://www.giessener-allgemeine.de/Home/Kreis/Staedte-und-Gemeinden/Gruenberg/Spielsucht-Mutter-mit-Messer-attackiert-_arid,168356_regid,1_puid,1_pageid,45.html (zuletzt geprüft am 30.12.2012).

Hunt, David (2011): *Jacksonville mom who killed baby while playing FarmVille gets 50 years.* Online verfügbar unter http://jacksonville.com/news/crime/2011-02-01/story/jacksonville-mom-who-killed-baby-while-playing-farmville-gets-50-years (zuletzt geprüft am 27.12.2012).

InStat (2011): *Virtual Goods in Social Networking and Online Gaming.* Online verfügbar unter http://www.instat.com/abstract.asp?id=212&SKU=IN1004659CM (zuletzt geprüft am 29.12.2012).

internetsuchhilfe e. V. (2012). Online verfügbar unter http://www.internetsucht-hilfe.de/ (zuletzt geprüft am 30.12.2012).

Krebs, Cindy/ Rüdiger, Thomas-Gabriel (2010): *Gamecrime und Metacrime. Strafrechtlich relevante Handlungen im Zusammenhang mit virtuellen Welten.* Frankfurt am Main.

LG Darmstadt: Urteil vom 25.11.2009, Aktenzeichen 1 C 918/08, S. 32/09.

LG Saarbrücken: Urteil vom 28.04.2009, Aktenzeichen 9 O 312/08.

LG Saarbrücken: Urteil vom vom 22.06.2011, Aktenzeichen 10 S 60/10.

Li, Cao/ Xiaoyang, Jiao (2005): *Gamer slays rival after online dispute.* Online verfügbar unter http://www.chinadaily.com.cn/english/doc/2005-03/30/content_429246.htm (zuletzt geprüft am 30.12.2012).

Lischka, Konrad (2011): Gratisspiel-Tycoon Joshua Hong. „Wir wollen Kunden, die 20 Stunden die Woche spielen". In: *Spiegel Online.* Online verfügbar unter http://www.spiegel.de/netzwelt/games/gratisspiel-tycoon-joshua-hong-wir-wollen-kunden-die-20-stunden-die-woche-spielen-a-768509.html (zuletzt geprüft am 30.12.2012).

Livingstone, Sonka/ Haddon, Leslie Görzig Anke/ Olafsson, Kjartan (2011-2): *Final Report EU Kids Online.*

Livingstone, Sonka/ Haddon, Leslie Görzig Anke/ Olafsson, Kjartan (2011-1): *Risks and safety on the internet. The perspective of European Children.*

Mainz-Netz (2010): *Schwester nimmt Computer weg – Bruder tötet Schwester.* Online verfügbar unter http://www.main-netz.de/nachrichten/regionalenachrichten/hessenr/art11995,1143885 (zuletzt geprüft am 30.12.2012).

Middelburg (NDL) Urteil Gericht Aktenzeichen: 2010/12/700056-10 vom 03.11.2010

Pakalski, Ingo (2012): *Fast jedes dritte Handy in Deutschland ist ein Smartphone.* Online verfügbar unter http://www.golem.de/news/mobilfunk-fast-jedes-dritte-handy-in-deutschland-ist-ein-smartphone-1205-91858.html (zuletzt geprüft am 30.12.2012).

Pfeiffer, Christian/ Mößle, Thomas/ Kleimann, Matthias/ Reh-bein, Florian (2009): *Computerspielabhängigkeit und „World of WarcraftWorld of Warcraft". Fünf Thesen zu politischen Folgerungen aus aktuellen Forschungsbefunden des KFN.* Herausgegeben von Kriminologisches Forschungsinstitut Niedersachsen. Online verfügbar unter http://www.kfn.de/home/WoW_Thesen_zu_politischen_Folgerungen.htm (zuletzt geprüft am 25.12.2012).

Pingdom (2012): *Internet 2011 in numbers.* Online verfügbar unter http://royal.pingdom.com/2012/01/17/internet-2011-in-numbers/ (zuletzt geprüft am 27.12.2012).

Rumpf, H. J./ Meyer, C./ John, U. (2011): *Prävalenz der Internetabhängigkeit (PINTA) Bericht an das Bundesministerium für Gesundheit.* Online verfügbar unter http://drogenbeauftragte.de/fileadmin/dateien-dba/DrogenundSucht/Computerspiele_Internetsucht/Downloads/PINTA-Bericht-Endfassung_280611.pdf (zuletzt geprüft am 29.12.2012).

Rüdiger, Thomas-Gabriel (2012): Cybergrooming in virtuellen Welten. Neue Chancen für Sexualtäter. In: *Deutsche Polizei* 2. 31-37.

Soltau, Thomas (2007): Mann ersticht Frau wegen Computerspiel. In: *Stern.de*. Online verfügbar unter http://www.stern.de/digital/online/pc-games-mann-ersticht-frau-wegen-computerspiel-600685.html (zuletzt geprüft am 30.12.2012).

Spiegel (2012): *17-Jähriger tötet Familie aus Videospielsucht*. Online verfügbar unter http://www.spiegel.de/panorama/justiz/vietnam-17-jaehriger-toetet-familie-aus-videospielsucht-a-808299.html (zuletzt geprüft am 27.12.2012).

Standard.at (2011): *Paar in Taiwan ließ Kind wegen Internetspiels verhungern. Einjähriges Mädchen tot mit vier Kilogramm Körpergewicht gefunden*. Online verfügbar unter http://derstandard.at/1297818940335/Paar-in-Taiwan-liess-Kind-wegen-Internetspiels-verhungern (zuletzt geprüft am 29.12.2012).

Trippe, Rebecca (2009): *Virtuelle Gemeinschaften in Online-Rollenspielen. Eine empirische Untersuchung der sozialen Strukturen in MMORPGs*. Berlin.

Takahasi, Dean (2009): *Norwest's Tim Chang explains why virtual goods are so hot in social games*. Online verfügbar unter http://venturebeat.com/2009/10/26/norwests-tim-chang-explains-why-virtual-goods-are-so-hot-in-social-games/ (zuletzt geprüft am 30.12.2012).

Thompson, Paul (2011): *'Sorry' mother jailed for 25 years for allowing her daughter to starve to death while she played an online video game*. Online verfügbar unter http://www.dailymail.co.uk/news/article-1394903/Rebecca-Colleen-Christie-jailed-25-years-allowing-daughter-Brandi-Wulf-STARVE-death-played-World-Warcraft.html (zuletzt geprüft am 30.12.2012).

Woong-ki, Song (2010): *Midnight ban imposed on online games*. Online verfügbar unter http://nwww.koreaherald.com/view.php?ud=20100412000752 (zuletzt geprüft am 30.12.2012).

YouGov (2012): *Fast jedes zweite Kind unter 10 Jahren besitzt ein eigenes Mobiltelefon*. Online verfügbar unter http://cdn.yougov.com/r/19/2012_07_PM%20Kinder%20Handy.pdf (zuletzt geprüft am 30.12.2012).

Zeit (2012): *Browser-Spiele: Nur jeder zehnte Nutzer zahlt*. Online verfügbar unter http://www.zeit.de/news/2012-07/04/medien-browser-spiele-nur-jeder-zehnte-nutzer-zahlt-04132006 (zuletzt geprüft am 30.12.2012).

Open Source Intelligence
Ein Diskussionsbeitrag

Astrid Bötticher

1   Historische Einordnung von Open Source Intelligence

Die Digitalisierung der Gesellschaft ist ein Vorgang von solch sozialrevolutionärer Kraft, dass sie historisch nur vergleichbar mit der Industrialisierung ist. Wir sprechen heute von der „fünften Dimension" (Skala 2011: 511-565). Ähnlich wie die Industrialisierung ein neues Zeitalter einläutete, die Gesellschaftsstruktur änderte und letztlich mit dem Bau von Fabriken und Automaten ein neues Angesicht der menschlichen Welt, ihrer Prozesse und der Erde als Lebenswelt insgesamt schuf, hat auch die Digitalisierung Prozesse hervorgerufen, die die Leistungsfähigkeit haben, eine ‚neue Welt' zu schaffen, wobei das Leistungsvermögen der Digitalisierung heute noch lange nicht ausgeschöpft ist. Die Open Source Analyse ist ein präventives Mittel, im Gegensatz zur Telekommunikationsüberwachung, die eher einen repressiven Charakter hat. Die neben unserer physischen Welt nunmehr existierende Cyberwelt hat gerade erst begonnen sich zu entwickeln. Die technische Innovation hat bereits in Ansätzen eine neue Welt geschaffen und beinhaltet einen rasanten Wandel. Ähnlich wie die Eisenbahn oder das Flugzeug schuf das Internet neue Möglichkeiten der Vernetzung, auch deshalb operierte man in der Frühphase des Internets oft mit der Metapher der „Datenautobahn". Die Digital-Revolution hat Auswirkungen auf sämtliche Bereiche des Lebens, etwa unsere Vorstellungen von Vernetzung, Sichtbarkeit und Transparenz, wie wir unser Arbeitsleben gestalten oder wann wir erreichbar sind und mündet in die Informationsgesellschaft, an deren Beginn wir heute stehen. Das Internet und die Popularisierung des Personalcomputers liegen der Informationsgesellschaft zugrunde. Charakterisiert werden kann sie unter anderem durch eine hohe Reichweite von Information und die sekundenschnelle Distribution von Information. Die Auswirkungen der Informationsgesellschaft haben auch all diejenigen Institutionen nicht unberührt belassen, die sich mit der Herstellung von Sicherheit befassen. Dies ist schon an den Dimensionen der

Verteidigung zu sehen – neben Land, Luft, See und Weltraum hat sich eine fünfte Dimension gesellt, der Cyberspace (Glenny 2012: 81).

Gerade die Sammlung von öffentlich zugänglich gemachten Daten hat sich mit dem Cyberspace qualitativ wie auch quantitativ gewandelt, neben die historisch relevanten Quellen Medien, Regierungsinformationen und Lehrmaterial aus den Universitäten sind online-Portale wie Twitter oder Facebook getreten.

> „Although the desire and need for intelligence has been constant for centuries, the information available, the technology of communications, the means of collection, and the speed and accuracy of turning raw information into finished intelligence for decisionmakers have all changed dramatically." (Taylor 2010: 300)

Eine konkrete Auswirkung ist die Aufwertung von Open Source Informationen etwa im Rahmen von Gefährdungsanalysen (Open Source Intelligence OSINT) im Gegensatz zu geheimen Informationen (Secret Source Intelligence). Schon 1947 machte der amerikanische Geheimdienst auf die Notwendigkeit und die Vorteile der Auswertung öffentlich zugänglicher Quellen aufmerksam (Dulles 1947: 4). Lange Zeit spielten Open Source Daten jedoch nur eine sekundäre Rolle.

Gerade der 11. September 2001 bot einen Anlass zur Neubewertung von OSINT Analysen und führte unter anderem zur Einrichtung des National Open Source Center (OSC) in den USA:

> „The DNI Open Source Center is the focal point for the intelligence community's exploitation of open source material. It also aims to promote the acquisition, procurement, analysis, and dissemination of open source information, products and services throughout the U.S. Government. The Open Source Center was established at the Central Intelligence Agency and succeeds the former Foreign Broadcast Information Service." (Website National Intelligence Open Source Center)

Später folgten auch andere Länder, die Einrichtung des gemeinsamen Terrorismusabwehrzentrums (GTAZ) in Deutschland ist ein Beispiel, der Bundesnachrichtendienst unterhält die Abteilung Unterstützende Fachdienste, in der Daten erhoben und aufbereitet werden und das BKA plant eine „Task Force Cyberkriminalität und Cyberabwehr". Dabei ist OSINT nicht so sehr eine Form von Intelligence Analysis, die die traditionelle Form der Datenerhebung und -analyse der Geheimdienste ersetzt, vielmehr ist OSINT ein Analysetool, welches als komplettierende Funktion wahrgenommen wird (NATO 2001: VI).

> „Open source intelligence is playing an increasing role in helping agencies responsible for national security to determine the characteristics, motivations and intentions of adversary groups that threaten the stability of civil society." (Rhodes 2011: 159)

Gleichwohl braucht man nicht erst Geheimdienste anzuschauen um die Sammlung und Analyse von allgemein zugänglichen Informationen im Rahmen von Massendatenerhebungen zu entdecken. Google bietet die Analyse von Massendaten im Rahmen von Google Analytics in Echtzeit an, so können Unternehmen etwa die Kampagnenwirkung (auch in sozialen Netzwerken) messen, Google Trends vermag es den Verlauf von Grippeepidemien vorauszusagen (Weyer 2011: 15) und ist so aktueller als das Gesundheitsamt, das auf Datenextrapolation angewiesen ist. Google und Facebook sind, wie auch Twitter, in den USA registriert und amerikanische Nachrichtendienste haben Zugang zu diesen Datenquellen (Glenny 2012).

Zur Analyse der Onlineaktivität lassen sich ganz verschiedene Kriterien heranziehen. So hat die FDP im Wahlkampfjahr 2009 Kriterien für das Wählerverhalten im Onlinebereich bearbeitet. Diese unterscheiden sich zwar massiv von den Analysekriterien der Sicherheitsbehörden, doch können sie einen guten Eindruck dafür liefern, worum es hier geht. Die schiere Anzahl an Plattformen können nicht mehr manuell überprüft werden, die Verbreitung von Daten und die Zahl der interessierten User sind schier unüberblickbar.

Die Analyse von Open Source Daten ist im Sicherheitsbereich dem Bereich der Prävention einzuordnen und dient, wie alle Werkzeuge zur Aufklärung, der Beratung von Entscheidungsträgern. Open Source Nutzung ist einzuordnen in den Bereich der Risikoprävention durch datenbasierte Vorhersage. Aus den Massendaten lassen sich Trends und Muster ableiten, genauso wie die Entdeckung von Anomalien im Verhalten von Nutzern. Die Erhebung und Analyse von Massendaten kann aber zu allen möglichen Zwecken eingesetzt werden, von der Produktion von Sicherheit bis zur Gesundheitsfürsorge oder im Wirtschaftsbereich. Auch für die Politik ist die Fähigkeit von Massendatenabfrage und Analyse in Echtzeit eine wichtige Quelle geworden und hilft, taktische Fragen zu beantworten. So wurden Aufstände bereits vor ihrem Erscheinen vorhergesagt und konnten in die politischen Überlegungen einbezogen werden (Fitsanakis 2012). Auch können die Ergebnisse von Analysen in direkte Antworten umgesetzt werden, um so direkt Einfluss auf die öffentliche Meinung zu nehmen (Shane 2005).

Was im Sicherheitsbereich die Prävention ist, im Bereich der Parteien die Analyse ihrer Kampagnenwirkung und die Entwicklung einer Strategie. Auch hier lässt sich eine Verbindung von Analyse und Strategie ausmachen. Es bleibt letztlich irrelevant wer Massendaten erhebt – alle Erhebungen dienen dem Zweck der Bildung von Strategien und suggerieren Handlungssicherheit. Deshalb sind sie so beliebt.

Sicherlich sind diejenigen Institutionen und Organisationen, die zur Etablierung von Sicherheit im Cyber-Raum beauftragt sind, deutlich von einer politischen Partei zu unterscheiden. Das Prinzip bleibt dennoch das Gleiche: Durch die Erhebung und Analyse von Massendaten wird versucht, Handlungssicherheit zu generieren (Neri, Aliprandi, Camillo 2011).

2   Was ist Open Source Intelligence?

Die Open Source Intelligence (OSINT) verweist darauf, dass die Informationen frei zugänglich sind. Hier handelt es sich um öffentliche Informationen, die gesammelt und aufbereitet werden. „Open source information (OSINT) is derived from newspapers, journals, radio and television, and the Internet" (Best, Cummings 2007). Die NATO definiert Open Source Intelligence in einer ganz ähnlichen Weise. Sie definiert Open Source Intelligence jedoch nicht auf einzelne Medien bezogen, sondern weist einen Zweck zu: „Open Source Intelligence, or OSINT, is unclassified information that has been deliberately discovered, discriminated, distilled and disseminated to a select audience in order to address a specific question" (NATO 2001: V). Gerade das Internet als Kommunikationsplattform ist ein zentraler Ort, an dem eine große Anzahl von Rohdaten anfallen und wird von Sicherheitsinstitutionen als wichtige Quelle für Open Source Intelligence gesehen:

> „The Internet facilitates commerce, provides entertainment and supports ever increasing amounts of human interaction. To exclude the information flow carried by the Internet is to exclude the greatest emerging data source available" (NATO 2001: V).

Open Source Intelligence zieht aus allgemein öffentlich zugänglichen und recht heterogenen Quellen Informationen und wertet diese im Rahmen von Data-Mining und deren Analysemodellen aus. Dazu lassen sich verschiedene Datensätze, von Verkehrsdaten über Inhaltsdaten bis zu personenbezogenen Daten miteinander kombinieren. Das Datamining insinuiert aus dem sprichwörtlichen Heuhaufen die Nadel zu extrahieren, indem jeder einzelne Strohhalm analysiert wird – ein Massendatensatz (engl. Big Data) wird im Rahmen spezifischer Fragestellungen durchforstet und die einzelnen zu einer Antwort beitragenden Elemente werden zu einem neuartigen Bild verknüpft und machen ‚Sinn'. Bislang unstrukturierte Informationen werden strukturiert. Die Open Source Analyse ist dabei erst im Rahmen der heutigen telekommunikationsbasierten digitalen Netzwerkgesellschaft zu ihrer vollen Fähigkeit gekommen, wenngleich neuere Entwicklungen im Rahmen von Sicherheitsanalysen zur Terrorismusbekämpfung (etwa der durch Kathleen M. Carley gemeinsam mit an der Westpoint Militärakademie Network Science Center ansässigen Wissenschaftlern entwickelte Dynamic Network Approach) auf eine weitere Evolution des Analysemittels hinweisen. John Bohannon sieht in der

Metanetzwerkanalyse ein neues Werkzeug des Counter-Terrorismus (Bohannon 2009) Kathleen M. Carley (2006) entwickelte ein Werkzeug zur Beurteilung von terroristischen Gruppen basierend auf der Netzwerkanalyse und gespeist mit öffentlich zugänglichen Daten, später entwickelte sie eine Methode zur Destabilisierung von terroristischen Gruppen auf Basis der Netzwerkanalyse. Die Netzwerkanalyse ist ein machtvolles Werkzeug, gerade für Sicherheitsorganisationen (siehe auch Steglich, Knecht 2010: 433-446) und kann neben Terrorismus auch zum Zweck der Kontrolle von Kriminalität eingesetzt werden (Diesner, Carley 2010: 725-738).

Kommunikation ist ein sozialer Interaktionsprozess, der auf der wechselseitigen Übermittlung und Interpretation von Bedeutungen beruht. Der Kommunikationsprozess ist durch Multimodalität, Medialität und Symbolhaftigkeit gekennzeichnet (Thurlow, Lengel, Tomic 2004).

In seiner Analyse der Cyberwelt als fünfter Dimension geht Michal Skala von fünf charakteristischen Eigenschaften aus, die die Cyberwelt von unserer physischen Welt unterscheiden (Skala 2011: 553f.).

Erstens sei die Cyberwelt eine vollkommen vom Menschen geschaffene Welt die auf elektromagnetischen Frequenzen basiere was bedeute, dass Einwirkmöglichkeiten durch menschliches Handeln viel größer seien, als in jedem anderen Umgebungszusammenhang der natürlichen Welt. Zweitens sei die Cyberwelt durch ihre Basis des Elektromagnetismus hauptsächlich ein physisches Medium mit beträchtlichem nicht-physischen Anteil. Die Cyberwelt lasse sich demnach unterscheiden zwischen physischen Elementen (Hardware), Syntax (Software) und Semantik (Information). Drittens sei die Cyberwelt gekennzeichnet durch eine hohe Informationsreichweite, die sich mit keinem anderen Medium vergleichen lasse und politische und geographische Grenzen ignoriere. Viertens sei für die IT-Welt ubiquitär, dass sie nicht in dem Maße effektiv kontrolliert werden könne, wie dies in den anderen Dimensionen der Fall wäre. Fünftens sei das Design der Cyberwelt für die darin herrschende Unsicherheit und Ausbeutbarkeit dieser Umwelt verantwortlich. Die Cyberwelt kann in ihrer Natur verstanden werden als elektromagnetische Frequenz semantischer Form, die, angetrieben durch eine exponentiell wachsende Anzahl von Nutzern, zu einem extensiven globalen Informationsnetzwerk geführt hat. Damit ist die hier beschriebene fünfte Dimension letztlich nichts anderes als geballte Telekommunikation. Telekommunikation ist eine vermittelte Kommunikation. In erster Linie bedeutet Telekommunikation der Austausch von Nachrichten zwischen Menschen vermittelt durch Maschinen. Die Telekommunikation ist aber auch definiert als eine Form der Kommunikation, die neben der menschlichen Kommunikation auch reine Kommunikationen von Geräten umfasst, bei denen Menschen nicht beteiligt sind. Das Lexikon der Kommunikations- und Informationstechnik definiert Telekommunikation entsprechend:

„[Telekommunikation:] Im klassischen Sinne der Nachrichtentechnik, die Sprache- und Bewegtbildkommunikation zwischen Menschen über größere Entfernungen mittels analoger elektromagnetisch erzeugter Signale. Heute die elektromagnetische Übertragung digitaler Daten (unerheblich, welche Art Nachrichten damit codiert sind) und Übertragungsnetze (belanglos ob vermittelnd oder nicht) zwischen abstrakten Endpunkten, die Menschen oder aber auch technische Einrichtungen sein können" (Klußmann 2001: 964f.).

Die virtuelle Welt besteht inhaltlich aus der Preisgabe von Information in Form von semantischen Einheiten, gepaart etwa mit der Artikulation sozialer Beziehungen, oder der Selbstpräsentation, ergänzt etwa um den technischen Aspekt als Wissens- und Informationsressource. Die Mitglieder telekommunikationsbasierter Netzwerke sind Bestandteil hypermoderner Netzwerke, die durch die moderne Telekommunikationsüberwachung (im Sinne der Erfassung öffentlich zugänglicher Daten) erfassbar sind. Im Netz lassen sich Netzkulturen unterscheiden die sich von Hausfrauentreffen im Netz, über Darstellungen von Selbsthilfegruppen oder sozialen Netzwerken bis hin zu Online-Gamern und telekommunikationsbasierten Kundendialoglösungen spannen. Open Source Intelligence besteht so zu einem gewichtigen Teil aus der Sammlung von Kommunikationsdaten und deren sinnvoller Aufbereitung zum Zweck der Herstellung von Sicherheit – insbesondere im Rahmen der Prävention und Beratung. Gerade die Vernetzung von Daten bedeutet für den Datenschutz ein gewichtiges Problem, welches der Regelung bedarf. Auch für die Sicherheitsexperten wird es jedoch ein künftiges Problem sein, wenn nicht-demokratische, den Menschenrechten nicht verpflichtete Regime einen kaum zu kontrollierenden Zugang auf die anfallenden Daten der offenen Gesellschaft haben. Die Pflicht den Bürger zu schützen, ist im Rahmen der Cyberwelt aber kaum nachzukommen, wenn die softwarebasierten Analysewerkzeuge nicht als Dual-Use-Produkte gekennzeichnet werden. Wie die legitimen Forderungen der unterschiedlichen interessegeleiteten Teilelemente der Gesellschaft zusammengebracht werden, ist bisher unklar geblieben. Datenschützer und Sicherheitsorganisationen stehen sich als Antagonisten gegenüber.

3   Worauf basiert Open Source Intelligence?

Open Source Intelligence und Datamining basiert heute grundlegend auf Theorien und Methoden der Sozialen Netzwerkanalyse (SNA) (Olcott 2012: 178). Das Forschungsparadigma der Sozialen Netzwerk Analyse (SNA) gilt als zentrale Strömung innerhalb der Sozialwissenschaft (Albrecht 2007). Die Netzwerkforschung verbindet individuelles Verhalten mit Beobachtungen über Gruppen:

> „Die soziale Netzwerkanalyse stellt eine Möglichkeit dar, der Einbettung der Individuen in soziale Beziehungen und Strukturen Rechnung zu tragen. Hierbei ist allerdings zu berücksichtigen, dass kommunikatives Handeln auch ein definierendes Element der sozialen Gesamtstruktur und Teil des Kontextes anderer Personen darstellen." (Schenk 2010: 773)

Es kann mittels des Verfahrens nicht nur die Beziehung zwischen Personen analysiert werden, sondern alles Mögliche in einem Netzwerk kann einer Analyse zugänglich sein, etwa die Bewegung von Information, Wer Informationen hat und wie zentral diese Person ist, oder welche Vorlieben eine Person besitzt und welche Emotionen ein Text offeriert (Morris 2012: 53-59). Aber nicht nur die Vernetzungsfähigkeit der verschiedenen Datenhäufchen ist von Vorteil, sondern auch die Analysefähigkeit im Rahmen von Netzwerkerhebungen die sich auf ein Individuum beziehen. So haben Menschen zum Beispiel in der Regel eher mit Menschen Kontakt, die derselben Bildungsschicht angehören, wenn es sich um enge Beziehungen handelt (Mewes 2010), Beziehungen sind dann enger, wenn Ähnlichkeiten gemessen werden können, die nicht mehr zufällig sind (dies ist die Homophilie der Einstellungen), eher lose Kontakte führen zu Innovationen im Netzwerk, weil neue Ideen aus anderen Netzwerken aufgegriffen werden. So gibt es eine ganze Reihe von Konzepten der Sozialen Netzwerkanalyse auf die die Anwendung der Open Source Intelligence basiert: „Analytic methods that are able to assimilate and process the emergent data from such rich sources in a timely fashion are required in order that predictive insights can be made by intelligence specialists" (Rhodes 2011: 159). Die relationale Soziologie konzentriert sich dabei auf Beziehungen, die Verbindungen zwischen den Menschen, den Strukturen in denen sie sich befinden, und fragt zum Beispiel, wie diese Verbindungen die Menschen ändern oder inwieweit Menschen auf die Verbindungen zwischen anderen Menschen Einfluss haben (Freeman 2004: 3) Den Beziehungsstrukturen (Kanten) von Akteuren (Knoten) kommt eine wesentliche Bedeutung zu. So kennen wir Informations- und Beziehungsrichtungen, enge Beziehungen und eher lockere Beziehungen, Projektnetzwerke, Funktionsnetzwerke, Freundschaftsnetzwerke, geheime Netzwerke usw.

Knoten mit Kante

In der Sozialen Netzwerkanalyse werden Personen normalerweise als Punkte (Knoten) angezeigt und die Verbindungslinien stehen für die Beziehung zwischen ihnen. Soziale Netzwerke sind Geflechte aus guten und nützlichen Sozialkontakten (Brandes, Schneider 2009: 37). Sie beschreiben die soziale Einbettung des Menschen und verdeutlichen, dass ‚Wir‘ immer auch ein Produkt unserer Umwelt sind. Die Netzwerkforschung geht davon aus, das Ganze sei mehr als die Summe seiner Teile. Netzwerke transportieren Informationen, Prestige, Einstellungen, Werte und Normen. Sie formen den Menschen, der wiederum die Struktur seines Netzwerkes formt.

Es gibt Untersuchungen, die belegen, dass wir von allen anderen Menschen dieser Erde nicht so weit entfernt sind, es seien genau 6 Schritte (Milgram, Travers 1969: 425-443). Dieses „Small World" genannte Phänomen macht jedoch noch nicht deutlich, wie sehr sich Menschen innerhalb von Netzwerken beeinflussen, wie stark dieser Einfluss ist und ab welchem Punkt der Einfluss abebbt (Sola Pool, Kochen 1979: 5-51; Friedkin, Johnson 1999: 1-29; Friedkin, Johnson 2011). Menschen haben noch einen Einfluss auf all diejenigen Menschen, die sie über drei Schritte erreichen (ihr Freund, der Freund ihres Freundes und dessen Freund) (Christakis, Fowler 2010: 40-43). Dies ist die Übertragungspotenz. Diese nimmt mit den Schritten immer weiter ab. Während man lockeren Beziehungen eher Innovationsfähigkeit zuspricht, bieten enge Beziehungen soziale Wärme. Gleichzeitig können wir nicht unbegrenzt viele Freundschaften unterhalten. Die „Dunbar Zahl" gibt hundertfünfzig Personen an, zu denen wir eine Beziehung mit innerem Zusammenhalt haben können (Dunbar 1998) Innerhalb dieses Netzwerkes und der Netzwerke des Freundes, des Freundes des Freundes und dessen Freund können sich Informationen oder Ideen, Glaubenssätze usw. in Windeseile verbreiten. Ein bekanntes Phänomen sind die smart mobs (Rheingold 2002), die projektbezogenen Kollaborationen, wir wissen aber heute auch, dass Dickleibigkeit, Glück, Selbstmord und andere Phänomene übertragbar, ansteckend sind und diese Ansteckung sich durch Netzwerke vollzieht.

Netzwerke sind liquide Gebilde, die sich durch das Hinzutreten oder Wegfallen von einer einzigen Person in ihrem Aufbau ändern können, wie das nachfolgende Bild beschreibt.

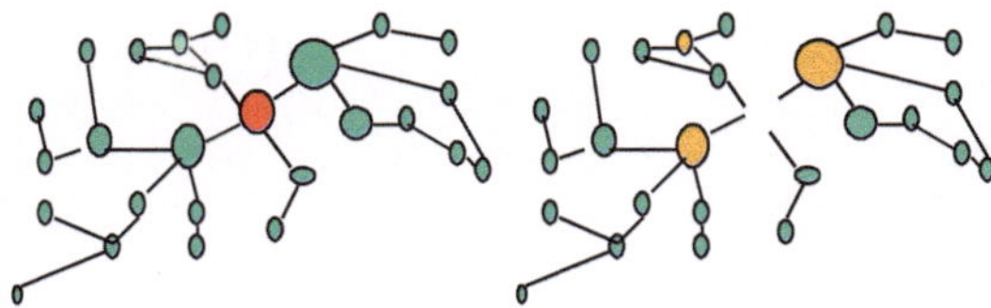

Netzwerke

Wie Netzwerke ausschauen, wie sie sich ändern, welche Verläufe sie nehmen, wer die beliebteste Person in einem Netzwerk ist, oder wer wahrscheinlich die neue Führungsfigur innerhalb eines Terrornetzwerkes wird, kann mittels Sozialer Netzwerkanalyse ermittelt werden.

> „The application of network measures, such as centrality or betweenness, or the application of algorithms to detect clusters or sub-groups within networks, for example, promises the possibility of further insight on the relative importance of different individuals or different parts of the network, and also for comparisons to be made between different networks." (Rhodes 2011: 160)

Die Netzwerkanalyse hat gewisse Vorteile. Die Identifizierung von Netzwerkpositionen, gerade im Rahmen von OSINT, kann z.B. dann besonders attraktiv sein, wenn es sich z.B. um „covert networks" handelt, also Netzwerken, deren Teilnehmer eigentlich nicht möchten, dass ihre Beziehung und die Natur ihrer Beziehung bekannt wird. Gerade für die Terrorismusbekämpfung sind diese Werkzeuge hoch attraktiv, wie etwa der Einsatz des Analysemittels seitens der USA im Rahmen des letzten Irak-Krieges und dem nachfolgenden Bürgerkrieg beweist (Bohannon 2009). Die amerikanische Militärakademie Westpoint hat sich hier z.B. dem Analysewerkzeug verstärkt zugewandt und erforscht das Analysemittel verstärkt. Die Netzwerkanalyse kann aber neben den problematischen Features für den Datenschutz auch sicherheitspolitisch eine Gefährdung darstellen. Hier ist die Gefährdung durch Gegenspionage angesprochen, wie Joseph Fitsanakis dies herausstreicht (Fitsanakis 2012). Bekannt geworden ist der Fall von Nato-Admiral James Stavridis (Kremp 2012).

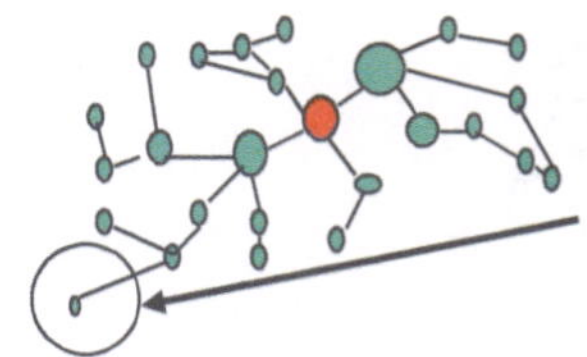

Netzwerk

Im Umgang mit der Produktion von Sicherheit im Rahmen von OSINT und im Spannungsverhältnis zum Grundrechtseingriff stellt sich die Frage nach dem Umgang mit Daten von Personen, die aus gänzlich anderen Gründen, etwa weil sie verwandt, oder Rechtsbeistand sind, Kontakte zu einem Netzwerk aufweisen, das eventuell als Sicherheitsrisiko eingestuft worden ist und beobachtet wird. Dies gilt natürlich auch für die Vermeidung von Kosten. Gerade für den Verfassungsschutz ist dies eine relevante Frage, da die automatische Massendatenabfrage und Analyse große Herausforderungen an die richtige Programmierung von Software stellt. Die Verhältnismäßigkeit einer Maßnahme bleibt wichtiges und zentrales Bewertungskriterium für den Rechtsstaat. Das als Pizza-Lieferant-Problem in der Sozialen Netzwerkanalyse bekannte Phänomen verdeutlicht dies. Der Pizza-Lieferant hat eventuell Kontakte zu allen möglichen, als Sicherheitsrisiko eingestuften Personen, bei denen eine Entscheidung zur Beobachtung gefällt ist. Durch die reine Verbindung von (regelmäßigen) Kontaktdaten im Rahmen der Sozialen Netzwerkanalyse ist hier für den Open Source Intelligence Bereich freilich nichts gewonnen. Der Pizza Lieferant würde bei oberflächlicher Betrachtung fälschlicher Weise und unter Verschwendung von Ressourcen in das Zentrum eines Netzwerkes aufsteigen. Gerade hier könnte die Nutzung der Metanetzwerkanalyse, die sich um die Fragen „Wer, Wann, Was, Wo und Warum" strukturieren lässt, Abhilfe schaffen, wie es mit dem Organizational Risk Analyser (ORA) möglich ist. Durch die systematische Datenerfassung erfahren Sicherheitsbehörden von neuen Kommunikationsnetzwerken (die auch als sozial-technologische Netzwerke bezeichnet werden) und können diese im Rahmen von Open Source Datenanalysen, etwa durch semantische Netzwerkanalysen vollzogen, besser verstehen und inhaltliche, wie personelle Veränderungen des Netzwerkes nachzeichnen. Bei der inhaltlichen Erforschung telekommunikationsbasierter Netzwerke konnte sich z. B. die aus Deutschland stammende Professorin Jana Diesner (University of Illinois) profilieren. Dabei basiert die Forscherin ihre Netzwerkkonfigurationen insbesondere auf semantische Modelle. Indirekte Netzwerke, Netzwerke ohne persönlichen Kontakt, die auf Vorgängen der Telekommunikation basieren, können mittels semantischer Netzwerkanalyse untersucht werden.

Dabei sind Open-Source-Daten besonders wichtig geworden. Open Source Intelligence lässt sich mühelos mit gewonnenen Daten der Geodatenanalyse oder Technical Intelligence verknüpfen. Gerade die Massenanalyse von Handydaten in Verbindung mit Geodaten bewies zum Beispiel, dass Menschen in der Regel Bewegungsgewohnheiten haben, die an den Lévy-Flug erinnern (Christakis, Fowler 2010: 336f.). Oft werden diese Daten genutzt um Kriminalitätsschwerpunkte zu erkennen. Da Open Source Intelligence sich auf öffentlich zugängliche Informationen bezieht, werden Sniffer-Programme (wie z. B. Carnivore), die zum Beispiel Internet Relay Channels (IRC, z. B. Skype, MSN oder icq) oder Simple Mail Relay Channels (SMTP, einfache Emails) protokollieren, nicht angewandt. Data Mining Werkzeuge werden zum Erkennen von Mustern, Trends und Zusammenhängen in sehr großen Datenbeständen genutzt. Neben dem in Europa sehr bekannten UCINET oder SIENA stehen neue Analysetools wie etwa ORA oder die automatisierte Anwendung AUTOMAP. Die Anwendung von netzwerkanalytischen Werkzeugen ist jedoch nicht per Knopfdruck zu haben, gerade die von der Westpoint Akademie veröffentlichten Probleme mit AUTOMAP im Rahmen der Analyse großer Datenbestände zeigt dies (Nimick, Ringquist 2011). Verschiedene Quellen müssen befragt werden, die richtigen Fragen an das Ausgangsmaterial gestellt werden, und (unter Umständen) müssen sehr umständliche Fallwörterbücher erstellt werden, so dass zwischen den einzelnen Informationen auch tatsächlich Qualitätsunterschiede gemacht werden können. Je nach Frage müssen komplizierte Algorithmen in die Analyse eingeführt werden. Neben den schon erwähnten Analysetools existieren auch öffentlich zugängliche Massendatenanalysewerkzeuge wie SPSS-Clementine, SAS-Enterprise Miner, STATISTICA Data Miner und QC-Miner, Fortius One und Geosemble (Hill 2011) und Pajek oder CrimeFighter assistant, deren Vorteile auch in der Wissenschaft Anerkennung finden (Kock Wiil, Gniadek, Memon 2011: 185).

Neben den öffentlich erhältlichen Programmen existieren behördliche Softwareprogramme, z. B. iBase8 der i2group, KaPo Solothurn von SAP, trovicor Monitoring Center der Trovicor GmbH, rsCase, rsFrame und rsIntCent der rola Security Solutions GmbH und weitere Softwareprodukte. Diese Produkte bieten eine umfassendere Analysefähigkeit.

Verschiedene Sicherheitszentren haben sich in Deutschland zur Abwehr von Gefahren aus dem Netz gebildet. Die verschiedenen Zentren verbinden die verschiedenen Institutionen miteinander und sind zu Informations-Knotenpunkten der Funktionsnetzwerke zur Herstellung von Sicherheit geworden. In einem gewissen Sinne haben diese Zentren eine Gate-Keeper Funktion übernommen, denn der Zugang zu ihren Informationen entscheidet über den Grad der Informiertheit im Rahmen der Cybersicherheit. Auch sind diese Knotenpunkte entscheidend, wenn Informationen geteilt werden sollen (Näheres siehe Lange und Bötticher in diesem Band).

- Im Sicherheitsbereich ist das Gemeinsame Internet Zentrum (GIZ) ein für Deutschland zentraler Akteur. Das GIZ fällt in den Geschäftsbereich des Bundesministeriums des Innern, und ist der Bundesoberbehörde Verfassungsschutz (BfV) zugeordnet. Hier arbeiten Verfassungsschutz, Bundeskriminalamt (BKA), Bundesnachrichtendienst (BND), Militärischer Abschirmdienst (MAD) und die Generalbundesanwaltschaft (GBA) zusammen.
- Das Nationale Cyber-Abwehr Zentrum wurde im Jahr 2011 eröffnet. Das Zentrum ist Teil der Cybersicherheitsstrategie des Bundes und untersteht dem Bundesamt für Sicherheit in der Informationstechnik (BSI). Hier arbeiten etwa Experten des Bundesamtes für Verfassungsschutz und das Bundesamt für Bevölkerungsschutz und Katastrophenhilfe zusammen.
- Im gemeinsamen Terrorismusabwehrzentrum (GTAZ) arbeiten das Bundesamt für Verfassungsschutz, das Bundeskriminalamt (BKA), die Bundespolizei, der Bundesnachrichtendienst (BND), der Militärische Abschirmdienst (MAD), die Bundesgeneralanwaltschaft, das Zollkriminalamt, die Polizeien der Länder und das Bundesamt für Migration und Flüchtlinge.
- Das Gemeinsame Extremismus und Terrorismus Abwehrzentrum (GETZ) wurde 2012 eröffnet. Hier kooperieren das BKA, das Bundesamt für Verfassungsschutz, der BND, der MAD, die Bundesgeneralstaatsanwaltschaft, die Bundespolizei und das Zollkriminalamt.
- Der nationale Cybersicherheitsrat (Cyber-SR) koordiniert auf Ebene der Staatssekretäre Sicherheitsmaßnahmen für den Cyberraum.
- Auf europäischer Ebene steht Europols Projekt „Check the Web" und das Europäische Zentrum zur Bekämpfung der Cyberkriminalität. Die hier gewonnen Erkenntnisse werden wiederum den Nationalstaaten zur Verfügung gestellt, dazu gehören auch Risikoanalysen. Auf europäischer Ebene werden jedoch auch im Rahmen von FRONTEX open source Analyseverfahren angewendet (OPTIMA).

Die Open Source Datenanalyse ist jedoch kein den Behörden allein zuzuordnendes Instrument, sondern wird von den Sozialwissenschaften ebenso genutzt. Open Source Intelligence geht davon aus, dass Menschen über ihre Beziehungen nicht lügen können aber auch die Fragen, mit denen sich Menschen beschäftigen können (etwa über die Analyse von Suchanfragen) kaum verfälscht werden. Da es sich hier um Massendaten handelt, die im Netz frei verfügbar sind, spielen Grenzwertsatz und Schwarmintelligenz auch eine Rolle. Gerade die Analyse von Anfragen nutzt auch Google zur Vorhersage von Ereignissen. Fragen sind dementsprechend auch Antworten. Menschen befinden sich in einem Gebilde der Kooperation und dieses liegt dann offen, wenn ihre Kontaktstrukturen erfasst sind. Dies wird aufgrund der Cyberwelt immer einfacher. Damit lassen sich viele Rückschlüsse auf die Person ziehen, aber auch Analysen über zukünftige Ereignisse werden möglich. Das Gleiche gilt für Information, die im Rahmen der Netzwerkanalyse ebenfalls als Knoten dargestellt werden kann – Analysten haben die Erfahrung gemacht, dass z. B. falsche Informationen, die im Rahmen eines Netzwerkes (etwa Twitter) öffentlich gemacht werden, schnell durch andere Nutzer korrigiert werden, durch Kooperation also schneller ein gewisser Wahrheitswert erreicht wird. Gleichzeitig wird mit Open Source Intelligence ein Fenster geöffnet, welches all die Information potenziell erfassbar macht, die unter der Oberfläche liegen. Hier dreht sich der Eisberg förmlich um – die meisten Dinge sind eigentlich nicht geheim und werden ausgesprochen, durch das Zusammentragen von diesen nicht geheimen Dingen, die allerorts veröffentlicht werden, ergibt sich ein Bild, welches Hinweise auf die wenigen Geheimnisse die es gibt, bietet. Außerdem können Informationen leichter abgeglichen und auf ihren Wahrheitsgehalt überprüft werden. Interessant daran ist, dass Open Source Analyse vor allem zur Voraussage von einer breit getragenen Militanz oder Volkserhebungen, die Erfassung von ideologischer Formation und Ideologieverschiebungen ganzer Gruppen oder Regionen genutzt wird. Auf Demokratieebene ist die intelligente Verclusterung von Daten so unter Umständen hochproblematisch. Eine Ausarbeitung über die Gefahren für die Demokratie, die von diesem Sicherheitsinstrument ausgehen, ist seitens der Politikwissenschaft jedoch bisher nicht erfolgt.

Gleichzeitig kann die Open Source Analyse nur neben den bisherigen Techniken stehen, wie die Kritik des Terrorismusforschers Marc Sageman (Bohannon 2009: 411) offenbart, denn aus der Anzahl der gewonnenen Daten muss nicht unbedingt ein hochkomplexes Wissen entstehen, vielmehr kann die Anzahl der Daten zu einer Überkomplexität führen, die den Analysten überhaupt nichts mehr sagt, dies ist das Rauschen des Netzwerks. Man hat so viele Informationen gewonnen, das man mit ihnen nicht mehr umgehen kann. Die aus der Überinformation entstehenden Visualisierungen werden Schneebälle genannt.

Open Source Intelligence ist ein eher technisches Mittel geworden, welches sich häufig auf Formen der Telekommunikation bezieht, doch auch die klassische Open Source Analyse fällt darunter. Veröffentlichungen in Zeitschriften oder Büchern, in Zeitungsartikeln oder Faltblättern können ebenfalls herangezogen und verknüpft werden. Ein klassisches Beispiel für die Unterschätzung dieser Form der Informationssammlung ist die Kritik an dem Vorgehen des Verfassungsschutzes, Zeitungsartikel „auszuschneiden und einzukleben". Gerade diese Kritik offenbart, dass die zentrale Methode der Datenvernetzung mittels intelligenter Verclusterung und ihre operativen Vorteile, in der Öffentlichkeit bisher kaum verstanden wurden. Hochproblematisch ist es jedoch, wenn Personen mehrere Jahrzehnte mittels Open Source Analyse beobachtet werden, wie der Rechtsanwalt Rolf Gössner. Auf diesen problematischen Zusammenhang wird später eingegangen.

> „Was bei Beobachtungen unterschiedlichster Netzwerkkonfigurationen an Gemeinsamkeiten auffällt, ist, dass die Prozesse im Kontext von Netzwerk und Kooperation zirkulär konfiguriert sind, ohne aber auf identische Wiederholung hinauszulaufen. Prozessschritte netzwerkbasierter Kooperation werden immer wieder durchlaufen, wenn auch mit anderen Mitteln und unter anderen Kontextbedingungen." (Aderhold 2010: 747)

Dies bedeutet auch, dass Mittels der Analyse öffentlicher Daten die Gewohnheiten einer Gruppe, einer Person oder gar Institution erhoben werden können. Mittels Zentralitätsermittlung wird festgestellt wer zentrale Figuren sind, wer Gate-Keeper ist usw. Mittels der Analyse öffentlicher Datensätze, die mit Informationen aus TKÜ-Maßnahmen oder anderen Ermittlungsformen verknüpft werden können, lässt sich ein Bild über einen Menschen, eine Gruppe oder jedwede Form von Personenzusammenschluss herstellen, dass klarer ist, als der Mensch selbst sich darüber bewusst ist. Oftmals kennen Menschen ihre Stellung im eigenen Netzwerk nicht, sind sich über ihre Funktionen in dem Netzwerk nur zum Teil bewusst. Die intelligente Verclusterung von Datensätzen zum Zweck der Netzwerkvisualisierung (die je nach Fragestellung entsteht), ist so nicht nur für Bürgerrechtler ein hoch sensibler Punkt, sondern wird auch für die Spionageabwehr ein immer größeres Problem.

4   Risiko, Vorhersage und Staatlichkeit

Gerade die Cyberwelt bietet beste Voraussetzungen zur Anwendung von Massendatensammlungen und Analyse, auch für Verteidigungs- oder Spionagezwecke.

> „As the range of NATO information needs varies depending upon mission requirements, it is virtually impossible to maintain a viable collection of open source materials that address all information needs instantly. The focus should be on the collection of sources, not information" (NATO 2001: VI)

In der von der NATO empfohlenen Form der Open Source Intelligence geht es also nicht so sehr um Informationen, die gesammelt werden, sondern um die Identifizierung von Knoten, die zuverlässige Informationen bieten, welche frei zugänglich für die Öffentlichkeit bestimmt sind. Wenn die NATO einen Unterschied zwischen Knoten und Kanten macht, so spricht sie damit die Basis der Sozialen Netzwerkanalyse (SNA) an, der die Methode des Datamining Analyse zugrunde liegt. In ähnlicher Weise geht laut einem Bericht der Welt auch die CIA vor, deren Vorgehen im Rahmen des Artikels anhand des Aufstandes in Bangkok näher beleuchtet wird:

> „Als auch die traditionellen Medien kaum noch berichten konnten, sprudelte es innerhalb weniger Stunden auf Twitter und Facebook, berichtet der stellvertretende Direktor. Die CIA habe dann zwölf bis 15 Twitter-Nutzer genauer verfolgt, um zu sehen, wer verlässliche und genaue Informationen lieferte. Dabei half auch, dass die Twitterer untereinander immer wieder darauf hinwiesen, wenn jemand falsche Nachrichten verbreitet hatte, erklärt er. Zwei Drittel aller Nachrichten, die die Botschaft in Bangkok in dieser Krise nach Washington schickte, kamen schließlich vom Open Source Center der CIA berichtete die Welt in ihrem Artikel ‚CIA liest bei Twitter und Facebook mit‘.“

Für die Politik werden die Ergebnisse der Massendatenanalysen immer wichtiger. Social media feeds, etwa Twitter Nachrichten, lassen sich mit der Massendatenanalyse als Indikatoren für die sogenannte real-world-performance nutzen. Über die massenhaft auftretenden, den anderen Internetnutzern zur Verfügung gestellten Inhalte, lassen sich mittels natural language processing (maschinelle Sprachverarbeitung), sentiment analysis (Stimmungsanalyse), oder social network analysis (soziale Netzwerkanalyse) Inhaltsdaten analysieren und Online-Diskurse ergründen. Der auf Twitter auftretende Klatsch bildet dabei oft das Meinungsbild exakter ab, als Umfragen (Asur, Huberman 2010). Durch die mit immer größeren Kapazitäten ausgestattete Technik ist das Meinungsbild schneller erhältlich als mühevolle Befragungen statistisch relevanter Gruppen bzw. Personen und kann sogar für Zukunftsszenarien genutzt werden. Gerade für das von Ulrich Beck ins Spiel gebrachte Schlagwort der Risikogesellschaft und dessen starke Bindung an den Präventionsgedanken kann verdeutlichen, dass hier starke Sicherheitsinteressen im Raume stehen. Die auf der Netzwerktheorie basierende Open Source Analyse ist eine Technik, mittels derer Informationen (z. B. Massendatensätze) bearbeitet werden, die öffentlich zugänglich sind. Die Informationen können gesucht, gefiltert, strukturiert, analysiert und interpretiert werden und im Anschluss, leicht verständlich in Bildern dargestellt werden. Es gibt ganz verschiedene Softwareprogramme mit dessen Hilfe die Daten verarbeitet werden. Im Rahmen der Verarbeitung werden bestimmte Informationen vernetzt. Gerade im Sicherheitsbereich ist die Netzwerkanalyse als Methode einer der Motoren einer Veränderung, die sich im Erstarken des Risikobegriffs und dem damit verbundenen Versuch der Zukunftsvorhersage verbindet.

„‚Danger' is here defined as the possibility of occurrence of an incident that entails consequences of damage. ‚Risk' is understood as product of operationalized danger. ‚Security' therefore is a state, where risks have been minimized to a level that is below a threshold that society has discursively defined as acceptable. This means, while dangers can remain unknown to society, risk is based on the perception of danger and security is directed at perceived dangers and subject to the condition of following societal discussions." (Bötticher 2013)

Risiko ‚impliziert, das eine Vorform von Gefahr existiert (zumindest die Perzeption), so dass gegen eine mögliche Gefahr aktiv vorgegangen werden kann. Der Risikobegriff und seine Anbindung an das Handeln, die Möglichkeit etwas zu tun und vorzusorgen, bedeutet auch, dass er eine aktivierende Funktion besitzt. Die erste These lautet hier: Die Wahrnehmung von Gefahr ist der Primat des Handelns. Die Krise ist noch nicht eingetreten, sondern steht als Möglichkeit im Raum. Der staatliche Akteur wird dafür verantwortlich gemacht Strukturen zu schaffen, die die Krise verhindern oder ihre Folgen abmildern. Dabei ist die Zielvorstellung – was ist eine Krise und was ist ein normaler Zustand, ein Handlungsnormativ. Die zweite These lautet hier: Die Zielvorstellung ist der zweite Primat des Handelns. Scheinbar zwingt das Risiko die Politik aus ihrem Sachzwang, doch durch die Idee einer Haftungsgemeinschaft und den bereits im Politikfeld so zentralen Begriff der Sicherheit ist der Risikobegriff selbst zu einem Sachzwang geworden, der zu Inkonsistenzen und Reaktion auf Kontingenz führt. Das Kausalitätsprinzip ist dabei ein Aspekt dieses Politikfeldes geworden: Wenn-dann-Bedingungen sind zu einem politischen Sachzwang oder Erfordernis im Rahmen der Risikovorsorge geworden. Politik, im Angesicht von Risiko, ist immer auch eine Transformationspolitik, die bewährten Methoden helfen in Angesicht neuer (erdachter oder wahrgenommener) Risiken nicht weiter. Dabei ist es irrelevant ob die Eintrittswahrscheinlichkeit tatsächlich richtig berechnet ist, ob Modelle und ihre Problematiken rund um das Problemfeld der Kontingenz tatsächlich greifen; das Thomas-Theorem besagt ja gerade, dass die Wahrnehmung (ob richtig oder falsch) in den Konsequenzen real wird. In Angesicht neuer Risikowahrnehmungen und der Suche nach adäquaten Gegenmaßnahmen ist aber nicht nur die Frage nach der adäquaten Erfassungsmethode, wie die Open-Source Analyse, relevant. Im Rahmen der Information und ihrer Dimensionen auf lokaler, nationaler und globaler Ebene, ist die Suche nach Antworten im Politikfeld der Sicherheit gestraft durch den methodologischen Nationalismus. Hier kann in zwei Richtungen argumentiert werden: Der Schutz der Privatsphäre und damit der Schutz vor einer Unsicherheit, bewirkt durch Eliten, ist vom methodologischen Nationalismus tangiert. Der methodologische Nationalismus beinhaltet gewisse Annahmen, die als unveränderbar gesehen werden. Diese anthropologischen Annahmen betreffen die als unveränderbar wahrgenommenen Strukturen des Nationalstaats. Gleichzeitig ist die Risikovorsorge der Sicherheitsakteure global oder international motiviert und verlässt die nationalstaatliche Ebene immer mehr.

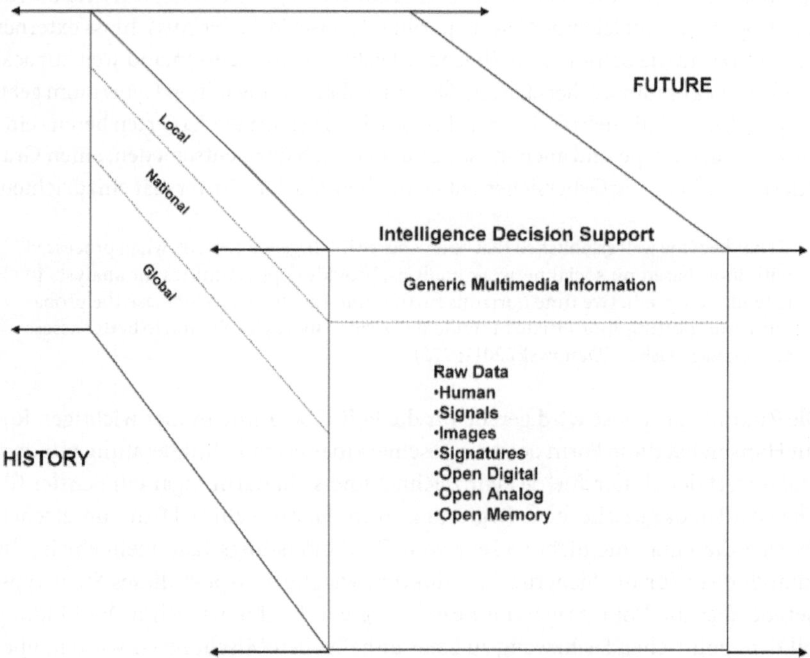

Abb. 1 Robert David Steele (2011: 447): Information Operation as Dominant Foundation for National Security. Multinational, Multiagency, Multidisciplinary, Multidomain Information Sharing. Verändert durch Bötticher.

Die Zukunftsvorhersage basiert auf der Analyse von Daten, deren Verknüpfung rechtlich noch nicht abschließend geregelt ist. Man könnte pointiert sagen, dass, während die Zukunftsvorhersage früher oft mit Fantasie gleichgesetzt werden konnte, heute ein guter Algorithmus dahinter steckt. Die berühmte Wahrsagerkugel hat sich in einen Computer begeben und sich zur Software transformiert. Damit ist sie aber auch exakter geworden. Besonders prägnant ist die Zukunftsvorhersage im Sicherheitsbereich im Defense Advanced Research Project Agency (DARPA) des CIA verfolgt worden, dies wurde mit dem Schlagwort prediction market versehen. Das hier verfolgte Programm Future Markets Applied to Prediction (FutureMAP) analysierte mit Hilfe von Hypothesen den Jetzt-Zustand und schlussfolgerte daraus künftige Entwicklungen. Das Projekt basierte auf zwei Hypothesen. Die Effizienzmarkthypothese besagt, dass Preise die Gesamtheit an erhältlicher Information reflektieren. Die Hayek Hypothese sagt aus, dass der Wettbewerb, die auf einem Markt asymmetrisch verteilte Information effizient aggregiert. Zentral sind die für den Prognosemarkt leitende Ceteris-paribus-Klausel (d. h. der Ausschluss externer Faktoren) und die Schwarmintelligenz. Gleichzeitig ist Deutschland weit zurück, wenn es um Zukunftsvorhersage und Sicherheitsherstellung mittels Cyberraum geht. In den USA sind die liebevoll Ninja-Bibliothekare genannten Experten bereits eine ganze Berufsgruppe und auch in Israel hat man sich dazu entschieden, einen Graduiertenstudiengang Cybersicherheit an der Ben-Gurion Universität einzurichten.

> „It has become well established that open-source intelligence content, when processed with tools based on social network analysis, provides opportunities for analysts to extend their predictive time horizons further into the future, to increase the probabilities of spotting appropriate individuals to watch more closely, and to better assess and manage risks." (Danowski 2011: 225)

Die Zukunftsprognose wird gerade für die Politikberatung immer wichtiger. Robin Hanson hat diese Form der prognosemarktbasierten Politikberatung mit dem Schlagwort der „Futarchie" gekennzeichnet und sieht darin sogar ein Fenster für eine postdemokratische, neue Regierungsform (Hanson 2013). Damit unterscheidet sich die Futarchie nicht so sehr vom Gewährleistungsstaat, vielmehr ist die Futarchie ein für die Sicherheitsproduktion wichtiger Aspekt dieses Staatstyps. Gerade aber die Voraussage und Bezifferung von Risiko hat sich in Verbindung mit dem politischen Sachzwang zu einer unheilvollen Mischung entwickelt, über die es keine breit gefächerte öffentliche Diskussion gibt.

> „Während im Gewährleistungsstaat Sicherheit keine ausschließlich staatliche Wahrnehmungszuständigkeit mehr begründen kann, wird das Gewaltmonopol nahezu allseitig jedenfalls noch als Regulierungsauftrag verstanden. Dieser bezieht sich auf Ziele, Rollen, Mittel und Hilfsmittel und damit auch die staatliche Rolle auf dem Sicherheitsmarkt. Immer noch ist es die staatliche Rechtsordnung, welche Private auf dem Sicherheitsmarkt zulässt- oder eben nicht. Und sie definiert nicht nur das Ob, sondern auch das Wo und Wie, etwa bei der Einbeziehung Privater in die Aufgabenerfüllung der Bundespolizei, zur Sicherung des Luftverkehrs, bei der Privatisierung von Haftanstalten oder der Zulassung privater Überwachung von Tempolimits im Straßenverkehr." (Gusy 2012: 251)

5 Staatstyp und Ikonologie

Christoph Gusy bezieht sich in seiner Bezugnahme auf den Gewährleistungsstaat auf die Vorstellung eines „Risikomanagements durch Recht" und verlässt somit die Vorstellung eines Leviathans nicht, sondern weist dem Staat die Aufgabe des Sicherheitsmanagements zu. Das Outsourcen von Sicherheit ist so in das Zentrum gerückt. Gleichwohl lässt sich die Vorhersage von Ereignissen in Verbindung mit dem Gewährleistungsstaats durchaus mit einer anderen Figur als Leviathan oder Behemoth verbinden: „Die absolute Herrschaft des Leviathan, in der Reste der Herrschaft des Gesetzes und individuelle Rechte bestehen bleiben, unterscheidet sich vom Behemoth als einer Herrschaft der Gesetzlosigkeit und Anarchie" (Salzborn 2009: 143).

Der Staat ist in dieser Wahrnehmung der Hüter der Gesetze und gewährleistet die Sicherheit der Bürger. Der Staat ist somit Referenzobjekt der Sicherheit. Er organisiert diese nicht, indem er sie vollständig selbst produziert, sondern er gewährleistet, dass Sicherheit produziert wird. Dabei sind Behemoth und Leviathan traditionelle Bildreferenzen der Recht- und Politikwissenschaft.

> „Zu dem vielleicht wirkmächtigsten Symbol bürgerlicher Staatlichkeit und moderner Staatstheorie ist der Leviathan geworden, der als Symbol noch weitaus bekannter ist, als auch der ausgesprochen berühmte Inhalt des Werkes von Hobbes." (Salzborn 2009: 146)

In dieser bürgerlichen Auffassung der Staatlichkeit sind Freiheit und Souveränität verknüpft. Hobbes' Leviathan ist eine säkular angelegte Figur, ein sterblicher Gott, entstanden aus dem Willen des Menschen, Freiheit zu erlangen.

> „Bis heute gilt der Gedanke, daß der Staat eine unabdingbar notwendige Konstruktion sei, die der Mensch nicht etwa aus der metaphysischen Stärke einer göttlichen Instanz, sondern aus der inneren Schwäche seiner selbst erzeugen müsse, als die Geburtsstunde der modernen Staatstheorie. In diesem Sinn hat Hobbes die originäre Grundlage aller neueren Staatstheorien durch eine Verkehrung des Leviathan vom Krokodilmonster zum humanoiden Riesenautomaten gelegt." (Bredekamp 2009: 29)

Um ihre eigene Schwäche zu bekämpfen benötigt es dieser Interpretation zufolge, einer neuen Form von Maschine – den Staatsapparat. Dafür geben die Menschen sowohl ihre absolute Gleichheit als auch ihre absolute Freiheit auf. Der Leviathan wird zum Souverän, der Leviathan lässt sie eine relative Freiheit und eine relative

Gleichheit erhalten. Der Leviathan schafft inneren Frieden. Demgegenüber steht Behemoth, der als Bild den Bürgerkrieg beschreibt.[1]

> „in der Entgegensetzung der beiden mythischen, übermächtigen Phantasietiere [Leviathan und Behemoth] beschreibt Hobbes dabei die beiden Pole gesellschaftlicher Verhältnisse und greift hierzu auf den ergänzenden Part des alttestamentlichen Behemoth zurück, der zusammen mit dem Leviathan aus dem Buch Hiob eine dialektische Einheit bildet und die Ambivalenz staatlicher Organisation symbolisiert, die Hobbes der Realhistorischen ‚potentia absoluta des spätmittelalterlichen Willkürgottes, die in seiner Lehre von der absoluten Souveränität Gottes mitschwingt‘, entlehnt." (Salzborn 2009: 151)

Die beiden miteinander in Beziehung stehenden mythischen Bilder, Leviathan und Behemoth, fungieren bei Hobbes als Integrale, wie Salzborn herausstreicht. Doch die Fähigkeit mittels Technik eine Zukunft vorauszusagen und die Menschen durch die risikobeziffernde Voraussage zu warnen, erinnert nicht so sehr an den Leviathan, indem eine Abwägung von Freiheit und Souveränität zentral ist, noch an den anarchischen Behemoth, als an den mythischen Vogel Ziz. Behemoth, das Landungeheuer steht dem Leviathan, dem Seeungeheuer, entgegen. „The Ziz is one of three mythical gigantic creatures that often appear in Jewish lore. The others are Leviathan and Behemoth" (Schwartz 2004: 145).

Welche Rolle kann Ziz, in dieser mythisch bebilderten Abwägung zwischen Souveränität und Freiheit, zugeschrieben werden? Schwartz beschreibt den Ziz als gigantischen Vogel. So sind in der jüdischen Mythologie drei Elemente, Wasser, Erde und Luft, beschrieben und mit Bildern von monsterartigen Tieren belegt. „The Ziz is a bird as big as Leviathan. When it stands in the ocean, the water only reaches to its ankles, and its head is in the sky" (Schwartz 2004: 147). Der Ziz, der mythische Vogel, kann im Wasser stehen und sich auf dem Land bewegen, sein Kopf ist jedoch in den Wolken. Der Ziz beinhaltet diesem Bild zufolge, mit beiden Beinen auf dem Boden der Tatsachen zu stehen, doch auch Voraussicht zu üben: „The Ziz serves as a messenger of God" (Schwartz 2004: 145). Der Ziz besitzt als Sprecher Gottes nicht nur die Gabe, das Jetzt zu kommentieren, sondern hat die Gabe eines Sehers. Ziz sieht auf Basis der Vergangenheit die Zukunft voraus, denn sein Kopf steckt in den Wolken. Damit erinnert er stark an das Bild Robert David Steeles (siehe oben). Gerade die Redensart, jemand habe seinen Kopf in den Wolken, weist darauf hin, dass jemand den Boden der Tatsachen verlassen hat und idealistischer Träumer ist. Doch diese Redensart lässt sich letztlich kaum auf den Ziz beziehen:

---

1   Eine andere ikonographische Ausdeutung erfahren Behemoth und Leviathan bei Franz L. Neumann.

„Once the sailors on a passing ship saw the Ziz standing there and thought the water
must be shallow. The voice called out from heaven: ‚Dont't dive in there! A carpen-
ter dropped his axe here seven years ago, and it still has not reached the bottom.“
(Schwartz 2004: 147)

Der Ziz steht in dieser Geschichte als Warner und Mahner da und sagt, „tue es
nicht, Du siehst nur die Oberfläche, ich aber habe die Vergangenheit analysiert und
sehe, was unter der Oberfläche ist“. Der Ziz erinnert daran, dass die im Rahmen
des computergestützten Risikomanagements getroffenen Vorhersagen eine deu-
tende Kraft entwickeln, derer man sich kaum entziehen mag. Sie haben eine hohe
Treffsicherheit und ihre Aussagen verleiten uns dazu, zu handeln. Die Seemänner
trauen dem Ziz. Er sieht zurück auf das Erlebnis mit dem Zimmermann und warnt
die Seefahrer davor, falsche Schlüsse aus dem Gesehenen zu ziehen. Gerade aber
die Analyse von Netzwerken führt Dinge zu Tage, denen sich die Teilnehmer des
Netzwerks kaum bewusst sind. Sie sehen lediglich die Oberfläche ihrer tagtäglichen
Begegnungen, ihres tagtäglichen Handelns. Sie wissen in der Regel weder welchen
Zentralitätswert sie besitzen, ob sie Gatekeeper sind und in welchen verbreiterten
Netzwerken sie sich befinden. Dies ist etwa das Gesetz der drei Schritte. Unser
Freund ist einen Schritt von uns entfernt. Der Freund unseres Freundes ist zwei
Schritte von uns entfernt, und der Freund dieses Freundes ist durch drei Schritte
von uns getrennt. Wenngleich wir kaum Kontakt zu dieser Person haben, geht die
Netzwerktheorie davon aus, dass diese Person noch zu unserem Einflussnetzwerk
gehört. Wir wissen in der Regel nicht, wie wir die Menschen, die so weit von uns
entfernt sind beeinflussen, wer es ist, der uns beeinflusst usw. Durch die Netzwerkanalyse lässt sich dies aber relativ exakt ermitteln. Der Ziz sieht, was unter
der Oberfläche vor sich geht. Durch die gesammelte Information, die der Ziz hat,
erlaubt er sich, die handelnden Menschen der Gegenwart zu warnen, indem er
ihnen vorhersagt, was passieren wird. Dies erinnert, auf den Risikostaat und sein
Politikfeld der Sicherheit bezogen, an die revolutionäre Kraft der aristophanei-
schen Praxagora. Praxagora änderte hinterlistig die Zugangsvoraussetzungen zur
Vollversammlung und konstituierte damit eine neue Form von Vollversammlung.
Dazu gab sie sich, in Männerkleidern verkleidet, selbst den Auftrag. Gerade die
Zukunftsvorhersage und Risikoberechnung durch Algorithmen beinhaltet die List
der Praxagora und schafft neue Voraussetzungen für neue Sicherheitsmaßnahmen.
Die Zukunftsvorhersage ist dann nichts anderes mehr, als das Schaffen neuer
Handlungszwänge im Rahmen der inneren Sicherheit. Diese Methodik lässt sich
nicht nur auf einen Staat beziehen der, wie Leviathan, gewisse bürgerliche Rechte
beinhaltet, sondern auch auf den Behemoth. Der Ziz kann seine Füße in das Meer
stellen und auch zur Wüste gehen. Er hat seinen Kopf in den Wolken, blickt auf
eine tatsachenbasierte Zukunft.

Dabei beruft sich der Staat in seiner Hinwendung zum Algorithmus darauf, mit beiden Beinen auf der Erde zu stehen, doch durch die Vorwegnahme zukünftiger Entwicklungen, die immer auch die Ceteris-paribus-Klausel beinhaltet, steckt er mit dem Kopf in den Wolken. Er sieht etwas, das kommen könnte, und handelt, als käme es mit Sicherheit. Die Auswirkung, etwa von semantischer Netzwerkanalyse, die Sprachverhalten untersucht und im Rahmen der Analyse nach Sprachverhalten sucht, welches dem Sprachverhalten derer ähnelt, die auf der sogenannten anti-Terrorism Watchlist gespeichert sind, nutzt ein ähnliches Sprachverhalten als Vorhersageindiz und die Entdeckung von Personen mit einem ähnlichen Sprachverhalten führt zu starken Konsequenzen i. S. der Überwachung, da diese Personen aufgrund des Indizes näher geprüft werden (Danowksi 2011: 225).

Auch hier ist die mythische Figur des Ziz bezeichnend, denn es wird erzählt, der Ziz habe mal ein Ei gelegt und damit 300 Bäume zerstört, während das ausgelaufene Ei-Innere ganze dreihundert Städte zerstörte. Ist der Kopf des Ziz in den Wolken, so sind die Konsequenzen doch ganz real auf der Erde spürbar (Schwartz 2004: 147). Damit ist der Ziz das Symbol einer, auf Vorhersagemodelle basierenden, Staatsform, die die Zukunft vorwegnimmt und vorgibt, es gäbe durch eine gewisse Anzahl von Algorithmen eine so hohe Gewissheit, dass auch Handlungssicherheit bestünde und jegliche Maßnahmen zur Risikovorsorge ergriffen werden könnten – die sich dann ganz real auswirken. Wie der Ziz.

6 Wertkonflikte im Rahmen der Open Source basierten Netzwerkanalyse

Im Rahmen der Wertorientierung ist mit diesem Interesse auch ein Konflikt verbunden der sich, wie für den Sicherheitsdiskurs typisch, zwischen Freiheit und Sicherheit entspannt. Zwischen den beiden Gruppen, Twitternutzern und Befragten, ergibt sich etwa ein wichtiger Unterschied, denn während diejenigen, die im Rahmen von Umfragen befragt werden sollen, bewusst gefragt werden, also darüber informiert sind, dass ihre Aussagen zur Analyse erhoben werden und dies im Zweifelsfall ablehnen können, so können diejenigen Twitternutzer, deren Aussagen zur Ermittlung von real-world-performance analysiert werden, nicht ablehnen, es ist ihnen (oft) gar nicht bewusst, dass ihre Aussagen z. B. für Regierungszwecke oder wissenschaftliche Erhebungen genutzt werden.[2] In einer ganz ähnlichen Weise

---

2   Gerade Bürgerrechtler kritisieren die Analyse von Twitterdaten zu politischen Zwecken, diese ist bekannt geworden als Dynamic Twitter Network Analysis. Siehe dazu auch Davis 2012.

profitieren die Content-Industrie und die Schar an Abmahnanwälten von dem Gewährleistungsstaat, der sich hier aus der Verantwortung gezogen hat. Wenngleich der Verbraucherschutz vor den Abmahnanwälten und ihren Erklärungen und ihren Methoden warnt, lässt der Staat die Urheberrechtssicherheit durch eine (Juristik-) Industrie (z. B. Kanzlei Daniel Sebastian usw.) organisieren, die nicht mehr im Sinne des Bürgers agiert, sondern lediglich auf die Erhebung von Mahngebühren abstellt. Dabei hat der Gesetzgeber die Eigensicherung vor betrügerischen Machenschaften im Netz (etwa den Diebstahl von IP-Adressen) dem Bürger selbst überlassen.

Auch steht die Wissenschaft vor einer Herausforderung, wenn es sich um die Erhebung personenbezogener Daten im Netz handelt. Vielfach werden persönliche Daten ohne zu überlegen ins Netz gestellt. Was heute privat ist, wird längst der Öffentlichkeit zugänglich gemacht – ohne zu überlegen, dass öffentlich immer auch heißt „jeder darf (dies) wissen" und das hier neben der Datenindustrie auch alle Institutionen mitlesen und verarbeiten können, wie sie wollen – gekoppelt unter eine Fragestellung, die das Individuum nicht beeinflussen kann und von der es nichts weiß. Welche Frageformen und Vernetzungsformen für öffentliche Portale wie Twitter evozieren neue wissenschaftliche Standards des Umgangs mit Daten.

Das Bundesdatenschutzgesetz reguliert mit dem Paragraphen 4 die Zulässigkeit von Datenerhebungen, deren Verarbeitung und Nutzung. Der Paragraph 13 des Bundesdatenschutzgesetzes enthält Bestimmungen zur Datenerhebung und Paragraph 14 reguliert die Datenveränderung und Nutzung. Der Paragraph 20 des Bundesdatenschutzgesetzes behandelt die Löschung und Sperrung sowie die Berichtigung von Daten und formuliert ein Widerspruchsrecht. Gleichwohl bezieht sich das Datenschutzgesetz insbesondere auf nicht öffentliche Daten. Was mit Daten passieren soll, die User einmal öffentlich ins Netz gestellt haben ist damit nicht geklärt. Neben der Erhebung von Daten wird die Vernetzung von Datensätzen auch rechtlich eine immer größere Rolle spielen; den hiermit verbundenen zentralen Rechtsfragen, hat sich der Gesetzgeber bisher fast ausschließlich im Rahmen alter Technologien gewidmet, was angesichts des für die Juristik als „jung" erscheinenden Phänomens Internet nicht verwunderlich ist. Der liquiden Gesellschaft und die mit ihr verbundene Innovation der Technik kann so eine konkrete Institution wie das Rechtssystem kaum zeitlich gerecht werden. Dennoch hat der Gesetzgeber in mehreren Hinsichten bereits reagiert.

Das Bundesverfassungsgericht hat einerseits das Recht auf informationelle Selbstbestimmung formuliert.[3] Weiterhin ist die Erhebung und Verarbeitung von personenbezogenen Verkehrsdaten, eventuell bereits ein Angriff auf die gegenüber

---

3   Vgl. BVerfG, 1 BvR 370/07 vom 27.2.2008, Absatz-Nr. (1-333), http://www.bverfg.de/entscheidungen/rs20080227_1bvr037007.html. Zuletzt abgerufen am 29.01.2013.

Bürgern zu erfolgende Gewährleistung der Vertraulichkeit und Integrität informationstechnischer Systeme, wie sie durch das Bundesverfassungsgericht, als Teil des allgemeinen Persönlichkeitsrechts, formuliert worden sind.[4] Nur kurz angesprochen werden kann hier die Welle der Abmahnungen, entstanden durch Regelungen des Urheberrechtsgesetzes, die es seit 2008 quasi Jedermann mit einer dynamischen IP-Adresse in der Hand erlauben, Name und Wohnort der betreffenden Person herauszubekommen (Bleich, Heidrich, Stadler 2010).

Doch bei der Analyse von öffentlich gestellten Daten geht es nicht so sehr um die Erhebung von Daten, die unter Schwierigkeiten erhoben werden müssten. Vielmehr ist die Erstellung von Profilen möglich, die ein Nutzer selbst, oder ein Freund oder Bekannter usw. ins Netz gestellt hat. Gerade bei Sozialen Netzwerken geht der Nutzer aber davon aus, dass er sich sicher sein kann, dass die Daten nur im Ausnahmefall erhoben werden. Inwieweit mit dem Auslesen von Sozialen Netzwerken, die ein Zugangspasswort zum Eintritt nutzen, ein Eingriff auf die Gewährleistung der Vertraulichkeit und Integrität informationstechnischer Systeme zu sehen ist, ist wohl umstritten.

Dennoch ist das durch das Bundesverfassungsgericht definierte Recht auf Vertraulichkeit und Integrität informationstechnischer Systeme durchaus in Verbindung mit der „Richtlinie 95/46/EG des Europäischen Parlaments und des Rates vom 24. Oktober 1995 zum Schutz natürlicher Personen bei der Verarbeitung personenbezogener Daten und zum freien Datenverkehr" (Amtsblatt Nr. L 281 vom 23/11/1995: 0031 – 0050) zu sehen.[5] Auch die Richtlinie 97/66/EG des Europäischen Parlaments und des Rates vom 15. Dezember 1997 über die Verarbeitung personenbezogener Daten und den Schutz der Privatsphäre im Bereich der Telekommunikation gehört hier sicherlich zu den zu beachtenden Grundsätzen, die eine Analyse von öffentlich zugänglichen Daten erschweren.[6] Ob das Verständnis von Öffentlichkeit also wirklich mit der Aussage „jeder darf dies wissen" beschrieben werden kann, ist bei den hier vorangestellten Normen fraglich. Öffentlich bedeutet nicht, dass Persönlichkeitsrecht und Vertrauen missbraucht werden dürfen. Das neue Grundrecht hat sich noch nicht so grundlegend weiterentwickeln können, wie das im Volks-

---

4   Vgl. ebd.

5   Vgl. Richtlinie 95/46/EG des Europäischen Parlaments und des Rates vom 24. Oktober 1995 zum Schutz natürlicher Personen bei der Verarbeitung personenbezogener Daten und zum freien Datenverkehr. Amtsblatt Nr. L 281 vom 23/11/1995 S. 0031-0050. http://eur-lex.europa.eu/LexUriServ/LexUriServ.do?uri=CELEX:31995L0046:DE:HTML. Zuletzt abgerufen am 29.01.2013.

6   Siehe dazu auch EuGH, Urteil der Dritten Kammer in der Rechtssache C-70/10 vom 24. November 2011. http://curia.europa.eu/juris/celex.jsf?celex=62010CJ0070& lang1=en&lang2=DE&type=TXT&ancre=. Zuletzt abgerufen am 29.01.2013.

zählungsurteil definierte Recht auf informationelle Selbstbestimmung. Dafür ist der hier definierte Teil des cyberkompatiblen Persönlichkeitsrechts aber auch noch zu jung. Notwendig ist eine Revision der Rechtsprechung aber nicht nur in Bezug auf Sicherheitsgesetze, sondern insbesondere die zivilrechtlichen Bestimmungen bedürfen einer Revision. Einige Praxen wirken in Bezug auf das Recht auf Vertraulichkeit und Integrität informationstechnischer Systeme höchst bedenklich. Dazu gehört insbesondere eine Prüfung der Rechtmäßigkeit des heimlichen Einsatzes von Monitoringsoftware (z. B. sog. P2P Ermittlungssoftware wie Seeder Seek, Observer oder SKB-Logger und ePac) durch die Privatwirtschaft. Es gibt gute Gründe den Einsatz dieser aufgrund des Rechts auf Gewährleistung der Vertraulichkeit und Integrität informationstechnischer Systeme stark einzuschränken bzw. eine private Nutzung ohne Richterbeschluss ganz zu verbieten. Insbesondere könnte hier ein Verstoß gegen die bereits genannten EG Richtlinien verstoßen. Diese rechtliche Grauzone soll zwar im Rahmen des Wettbewerbsrechts endlich geregelt werden (Leutheusser-Schnarrenberger 2012), doch ist die Frage zur Behandlung von Open Source Daten damit noch lange nicht gelöst.

Daten können heute über Yasni, 123People (Namen, zugeordnete Dokumente) oder namechk.com (Nicknamen) verknüpft werden mit der Auswertung von Inhaltsdaten (Twitter, Facebook), oder Bildern (Picasa), die von Internetnutzern zur Verfügung gestellt werden; es können ganze Biographien mit persönlichen Details ausgeforscht werden, ohne dass der Nutzer sich über die Verknüpfung von an verschiedenen Orten ins Netz gestellten Daten je Gedanken gemacht hat. Der Gedanke an ein Recht auf die „Unverknüpfbarkeit von Daten" und eine Konkretisierung, ab wann die im Netz angefallenen Datenspuren niemandem mehr zugänglich sein sollen, mag einerseits lächerlich wirken, doch im Kern ist er mit dem Volkszählungsurteil schon vor Jahrzehnten in das deutsche Rechtssystem gekommen. Und der Tatsache, dass die Generation der Digital Natives ihr Leben lang Datenhäufchen im Netz hinterlassen wird, wird man in viel stringenterer Form begegnen müssen. Während die Bürgerrechtsliberalen sicherlich mit der Forderung nach einer Bundesoberbehörde für Datenschutz, etwa im Geschäftsbereich des BMJ, in Einklang zu bringen sind, stehen die Wirtschaftsliberalen hier für den freien Markt und dem „Schutz durch Aufklärung" als leitendem Prinzip. Die Einsetzung eines Bundesdatenschutzbeauftragten bleibt ein politischer Kompromiss.

Der Digitalnative hinterlässt allerorten Datenhäufchen, dabei kann die einzelne Veröffentlichung zunächst als vollkommen ungefährlich erscheinen, aber der Zusammenhang der Daten dem Individuum Schaden zufügen. Google-Stalking mag hier nur als ein Synonym für die beträchtliche Ausforschungspotenzialität dem einzelnen gegenüber stehen. Das Datengeheimnis ist auch in dieser Hinsicht gefährdet. Wir geben vielleicht die Erlaubnis einen Kommentar über ein Buch in einem Verkaufsportal zu veröffentlichen, doch die Erlaubnis dies mit unseren Photos, unseren Bewegungsdaten den erreichbaren Informationen über unsere Freunde usw. zu verknüpfen haben wir nicht gegeben. Wer erinnert sich schon daran, dass er vor ein paar Jahren einmal einen Kommentar in einen Blog eingestellt hat, einen Zeitungsartikel kommentierte, vielleicht an dem Verfahren der Liquid Democracy in einem anderen Zusammenhang gewisse Ansichten veröffentlichte, Bücher auf Amazon kommentierte, zeitgleich Freunde einmal ein Photo von einem in einem der Photoportale veröffentlichten?

Gleichzeitig haben die User ihre Daten „öffentlich" eingestellt und gehen damit unausgesprochen davon aus, jeder könne die Informationen lesen, also auch Behörden, Parteien oder Unternehmungen aus der Privatwirtschaft, die Wissenschaft oder jede Person, die Interesse an uns besitzt. Das Volkszählungsurteil trifft hier eigentlich nicht zu, denn öffentliche Daten und deren Regulierung beinhaltet es explizit nicht. Wenngleich ein Recht auf Privatsphäre unter Umständen konstruiert werden kann, auch wenn es sich um öffentliche Daten handelt, gibt es mit der heutigen Forderung nach Transparenz auch die gegenteilige Bewegung, der eine neue Normorientierung zugrunde liegt. Gerade aber das Schlagwort der Transparenz, auf unsere privaten Informationen bezogen, geht mit dem Gefühl einher, es sei möglich, seine eigenen Daten effektiv überwachen und managen zu können – auch wenn sie einmal veröffentlicht sind (Beal, Strauss 2008).

> „Die Popularität der Vorstellung, Facebook habe ein inhärentes demokratisches Potential, lässt sich zurückverfolgen zu dem nach wie vor virulenten Ursprungsmythos des Internets, das in den neunziger Jahren des letzten Jahrhunderts von seinen Gründungsfiguren als freier und quasi automatisch demokratisierender Raum beschrieben wurde. [...] Die virtuelle Agora der Neunziger wird im Jahre 2011 von einem Konzern betrieben, dessen Geschäftsmodell im maschinellen Analysieren, Aggregieren, Verkauf und Weiterleiten der kommunikativen Äußerungen seiner Teilnehmer besteht. Bürgerrechte kennt diese Agora nicht, sondern ausschließlich schwer verständliche AGBs, die sich auch gerne einfach mal ändern." (Leistert, Röhle 2011: 16)

Gesellschaftlich ist umstritten, ob wir nicht auch ein Recht auf vollkommene Öffentlichkeit haben, wie etwa der Extremfall der Körper-(B)Logger beweist. Diese stellen ihre Körperfunktionsdaten online. Der eigene Herzschlag oder Blutzuckerwerte und Ernährungstagebücher finden sich so im Netz. Obwohl die Bevölkerung vor den negativen Seiten des Cyber-Lebens gewarnt wird, möchten viele Menschen ihre Daten veröffentlichen – Eltern posten z. B. gerne Bilder von ihren Kindern oder legen ihnen gleich selbst eigene Profile an – dieser Wunsch ist genauso legitim, wie der Wunsch im Netz nicht sichtbar zu sein, oder Daten auch bei simplen Übereinkommen[7] nicht preiszugeben. Das Recht ist dasjenige, was eine Gesellschaft vertritt und hat sich, aus dieser Perspektive gesehen, der Normorientierung und Reorientierung immer auch wieder angepasst. Beckedahl und Lüke kommen zu dem Schluss:

> „Weder für die wirtschaftlichen noch für die anderen Möglichkeiten der Digitalisierung gab es politische Aufmerksamkeit. Das offensichtliche Desinteresse wurde so lange konserviert, bis die Bretter vor dem Kopf langsam moderten. Erst mit dem 17. Deutschen Bundestag, gewählt im September 2009, zogen jüngere Politiker in den Bundestag ein, die überhaupt einen gewissen eigenständigen Sachverstand, in Hinblick auf die Nutzung neuer Medien, mitbrachten. Nun wurde inhaltliche Plan- und Ziellosigkeit abgelöst von einem heillosen Durcheinander aus politischem Aktionismus und internen Streitigkeiten zwischen Internetaffinen und zum Beispiel den Sicherheitspolitikern." (Beckedahl, Lüke 2012: 22).

Genauso wie Sicherheit diskursiv hergestellt wird, wird auch das Recht diskursiv hergestellt. Es bietet jedoch auch eine Strukturierungsleistung unserer sozialen Umgangs- und Beziehungsweisen.

> „Den Zugang zu einer solchen Welt bezahlen wir, indem wir uns der kommerziellen Überwachung unterwerfen. Es gehört zu den eher irreführenden Pseudoweisheiten, die in der Diskussion über soziale Netzwerke im Internet zirkulieren, dass ihre Bewohner in einem Konflikt leben: Jede Umfrage offenbare zwar eine große Besorgnis über die Bedrohungen der Privatsphäre, doch gleichwohl würden die Leute im Netz bereitwillig immer mehr persönliche Informationen veröffentlichen." (Leistert, Röhle 2011: 35).

Das Recht besitzt eine pfadabhängige und eine kontingente Komponente und wird diskursiv hergestellt. Die Herstellung von Cybersicherheit, durch ein Regime des Rechts, hat auch kulturelle Bezüge, die nicht von der Hand zu weisen sind. Die Mensch-Maschine-Beziehung ist kulturell geprägt, dies hat mittelbar einen wichtigen Einfluss auf unsere Rechtsvorstellungen:

> „Die deutsche Japanologin Cosima Wagner stellt fest, dass in der deutschen ideengeschichtlichen Tradition das Verhältnis zwischen Mensch und Roboter hauptsächlich negativ belegt ist. [...] In Japan hingegen ist eine generell positive Haltung gegenüber Robotern auszumachen." (Knorr 2011: 159)

---

7   Z.B. ist der Download von Apps nicht ganz unproblematisch. Einige Apps, wie etwa die berühmte Taschenlampe, greifen nicht nur auf die anfallenden Bewegungsdaten, sondern auf den ganzen Speicher zurück. Gerade Smart-Phones bieten eine große Vielfalt an Informationen, die erhoben werden können.

Dementsprechend besitzt die Debatte über Datenschutz und Open Source Daten eine stark kulturelle Konnotation, die über das Rechtssystem weit hinaus weist. Der Konflikt, der hier auftritt, ist letztlich der zwischen Vergessen und Erinnern, denn das Netz vergisst nicht, und diese Tatsache mag dem Konflikt auch eine neue Qualität geben; die physische Welt unterscheidet sich eben von der telekommunikationsbasierten Cyber-Welt vor allem in dieser Frage. Während es für den Menschen vollkommen normal ist zu vergessen und sich simpel an bestimmte Informationen nicht mehr zu erinnern, ist diese Funktion der Maschine nicht eingebaut. Niemand kann unsere einzelnen Schritte in der physischen Welt genau verfolgen, ohne mit hohem Technikaufwand und hohen rechtlichen Hürden konfrontiert zu sein. Wie wir uns im Netz bewegt haben, kann ohne großen technischen Aufwand verfolgt werden – und oft wurde dem Monitoring der eigenen Schritte im Rahmen von Übereinkünften mit Anbietern zugestimmt.

Während die Datenlöschung sich in anderen Regelungsbereichen als wichtiges Motiv durchsetzte, so ist gerade die Massendatenerhebung und Speicherung von öffentlichen Daten zur Nutzung von Open Source Analysen attraktiv, weil Datensätze über einen sehr langen Zeitraum erfasst werden können und der Öffentlichkeit übergeben wurden. Persönliche Daten, erst einmal öffentlich eingestellt, gehören so zwar zu uns, aber sie gehören nicht mehr uns, sondern sind der Öffentlichkeit übergeben. Nicht zuletzt begründet sich aber auch das Recht auf dem Verbleib von einem einmal veröffentlichten Datensatz mit dem Recht auf Demonstration und Protest im Rahmen von Online-Aktivitäten. Wer darf wann darüber entscheiden, welche von wem gemachten Aussagen wann nicht mehr öffentlich zugänglich sein sollen? Was ist, wenn wir politisch abweichende Ansichten haben und diese auch artikulieren möchten?

Gerade der Cyberraum hat hier neue Fragestellungen evoziert, die sich mittels einer im methodologischen Nationalismus angesiedelten Argumentation kaum noch vertragen. Einmal online gestellt, sind unsere Meinungen, Gedanken, Diskussionspartner und Ansichten für Jedermann erhältlich, verclusterbar und der Analyse mittels verschiedener Softwareprodukte leicht und günstig zugänglich. Dies gilt nicht nur für Jedermann, sondern auch für jegliches staatliches Gebilde, und alle Institutionen in einem globalen virtuellen Raum, die sich durch nationalstaatliche Eingriffe kaum zügeln lassen können werden.

Ist ein umfassender Schutz von Open Source Daten und der rechtlichen Regelung ihrer Nutzung schon auf nationaler Ebene kaum möglich, so ist eine globale Regelung noch viel weiter davon entfernt, Tatsache zu werden. So tritt neben die Problematik einer noch analogen Struktur von Grundsatzurteilen auch die Frage, auf welcher Ebene eine online-gemäße Rechtsprechung überhaupt Sinn macht.

Vielfach interessierte sich die Politik für das Internet nicht. Ein Klassiker ist hier die Antwort auf die, von der Reporterin Caro Korneli (des Magazins Extra3), gestellte Frage an Kulturstaatsminister Neumann, was man mache, wenn das Internet voll ist; er ging davon aus, Google habe einen Notfallplan. Was die für das Rechtssystem Verantwortlichen sagen, ist leider nicht belegt.

Literatur

Aderhold, Jens (2010): Soziale Bewegungen und die Bedeutung Sozialer Netzwerke. In: Stegbauer, Christian/ Häußling, Roger (Hg.): *Handbuch Netzwerkforschung.* Wiesbaden.

Beal, Andy/ Strauss, Judy (2008): *Radically Transparent – Monitoring and Managing Reputations Online.* Indianapolis.

Beckedahl, Markus/ Lüke, Falk (2012): *Die digitale Gesellschaft – Netzpolitik, Bürgerrechte und die Machtfrage.* München.

Best, Richard A. Jr./ Cummings, Alfred (2007): *Open Source Intelligence (OSINT) – Issues for Congress.* 5. Dezember 2007.

Bohannon, John (2009): Counterterrorism's new tool – Metanetwork Analysis. In: *Science* 325.

Brandes, Ulrik/ Schneider, Volker (2009): Netzwerkbilder – Politiknetzwerke in Metaphern, Modellen und Visualisierungen. In: Schneider, Volker/ Janning, Frank/ Leifeld, Philip/ Malang, Thomas (Hg.): *Politiknetzwerke – Modelle, Anwendungen und Visualisierungen.* Wiesbaden.

Christakis, Nicholas A./ Fowler, James H. (2010): *Connected – Die Macht sozialer Netzwerke und warum Glück ansteckend ist.* Frankfurt am Main.

Danowski, James A. (2011): Counterterrorism Mining for Individuals Semantically-Similar to Watchlist Members. In: Kock Wiil, Uffe (Hg.): *Counterterrorism and Open Source Intelligence.* Wien.

Diesner, Jana/ Carley, Kathleen M. (2010): Relationale Methoden in der Erforschung, Ermittlung und Prävention von Kriminalität. In: Stegbauer, Christian/ Häußling, Roger (Hg.): *Handbuch Netzwerkforschung.* Wiesbaden.

Dulles, Allen W. (1947): *Memorandum Respecting Section 202 (Central Intelligence Agency) of the Bill to Provide for a National Defense Establishment.* 25. April 1947.

Dunbar, Robin (1998): *Grooming, Gossip and the Evolution of Language.* Cambridge, MA.

Freeman, Linton (2004): *The Development of Social Network Analysis – A Study in the Sociology of Science.* Vancouver.

Friedkin, Noah/ Johnson, Eugene C. (1999): Social Influence Networks and Opinion Change. In: *Advances in Group Processes* 16.

Glenny, Misha (2012): Das Ende der Nettigkeiten – Cyberkrieg und Sicherheit im Internet. In: *IP Internationale Politik* 67/6.

Gusy, Christoph (2012): Sicherheitsgesetzgebung. In: *Kritische Vierteljahresschrift für Gesetzgebung und Rechtswissenschaft (KritV)* 3/95.

Klußmann, Niels (2001): *Lexikon der Kommunikations- und Informationstechnik.* Heidelberg.

Knorr, Alexander (2011): *Cyberanthropology.* Wuppertal.

Kock Wiil, Uffe/ Gniadek, Jolanta/ Memon, Nasrullah (2011): A Novel Method to Analyze the Importance of Links in Terrorist Networks. In: Kock Wiil, Uffe (Hg.): *Counterterrorism and Open Source Intelligence*. Wien.

Leistert, Oliver/ Röhle, Theo (Hg.) (2011): *Generation Facebook – über das Leben im Social Net*. Bielefeld.

Leutheusser-Schnarrenberger, Sabine (2012): *100 Jahre Schutz des fairen Wettbewerbs*. Rede. Anlässlich des 100jährigen Jubiläum der Zentrale zur Bekämpfung unlauteren Wettbewerbs e. V. am 9. Mai 2012 in Berlin.

Mewes, Jan (2010): *Ungleiche Netzwerke – Persönliche Beziehungen im Kontext von Bildung und Status*. Wiesbaden.

Milgram, Stanley/ Travers, Jeffrey (1969): An Experiment Study in the Small World Problem. In: *Sociometry* 35/4.

Moon, Il-Chul/ Carley, Kathleen M. (2007): Modeling and Simulating Terrorist Networks in Social and Geospatial Dimensions. In: *IEEE Intelligent Systems* 22/5. 40-49.

Morris, Travis (2012): *Extracting and Networking Emotions in Extremist Propaganda*. 2012 European Intelligence and Security Informatics Conference. Süddänische Universität Odense. August 2012.

Neri, Fredericio/ Aliprandi, Carlo/ Camillo, Furio (2011): Mining the Web to Monitor the Political Consensus. In: Kock Wiil, Uffe (Hg.): *Counterterrorism and Open Source Intelligence*. Wien.

Neumann, Franz L. ([1977] 1984): Behemoth – Struktur und Praxis des Nationalsozialismus 1933–1944. Frankfurt.

Olcott, Anthony (2012): *Open Source Intelligence in a Networked World*. London, New York.

Rheingold, Howard (2002): *Smart-mobs – the next social revolution, transforming cultures and communities in the age of instant access*. Cambridge.

Rhodes, Christopher J. (2011): The Use of Open Source Intelligence in the Construction of Covert Social Networks. In: Kock Wiil, Uffe (Hg.): *Counterterrorism and Open Source Intelligence*. Wien.

Salzborn, Samuel (2009): Leviathan und Behemoth – Staat und Mythos bei Thomas Hobbes und Carl Schmitt. In: Voigt, Rüdiger (Hg.): *Der Hobbes-Kristall. Carl Schmitts Hobbes-Interpretation in der Diskussion*. Stuttgart.

Schenk, Michael (2010): Medienforschung. In: Stegbauer, Christian/ Häußling, Roger (Hg.): *Handbuch Netzwerkforschung*. Wiesbaden.

Schwartz, Howard (2004): *Tree of Souls – The Mythology of Judaism*. Oxford.

Skala, Michal (2011): Cyberwarfare – Identifying the opportunities and limits of fighting in the 'fith domain'. In: Majer, Marian/ Ondrejcsák, Róbert/ Tarasovic, Vladimir/ Valášek, Thomas (Hg.): *Panorama of global security environment*. Bratislava.

Sola Pool, Ithiel de/ Kochen, Manfred (1979): Contacts and Influence. In: *Social Networks* 1/1. 5-51.

Steele, Robert David (2011): The Ultimate Hack – Re-inventing Intelligence to Re-engineer Earth. In: Kock Will, Uffe (Hg.): *Counterterrorism and Open Source Intelligence*. Wien.

Steglich, Christian/ Knecht, Andrea (2010): Die statistische Analyse dynamischer Netzwerke. In: Stegbauer, Christian/ Häußling, Roger (Hg.): *Handbuch Netzwerkforschung*. Wiesbaden.

Taylor, Stan A. (2010): The Role of Intelligence in National Security. In: Collins, Alan (Hg.): *Contemporary Security Studies*. Oxford.

Thurlow, Crispin/ Lengel, Laura/ Tomic, Alice (2004): *Computer mediated communication – social interaction and the internet*. Los Angeles.

Weyer, Johannes (2011): Netzwerke in der mobilen Echtzeit-Gesellschaft. In: Weyer, Johannes (Hg.): *Soziale Netzwerke – Konzepte und Methoden der sozialwissenschaftlichen Netzwerkforschung.* München.

Online-Ressourcen

Albrecht, Steffen (2007): Netzwerke und Kommunikation – Zum Verhältnis zweier sozialwissenschaftlicher Paradigmen. Vortrag auf der Tagung „Ein neues Paradigma in den Sozialwissenschaften – Netzwerkanalyse und Netzwerktheorie", Frankfurt am Main, 27.-28. September 2007. http://www.soz.uni-frankfurt.de/Netzwerktagung/Bei-trag _Albrecht.pdf (14.10.2012)

Asur, Sitaram/ Huberman, Bernardo A. (2010): Predicting the Future with Social Media. http://arxiv.org/pdf/1003.5699v1.pdf (15.09.2012)

Bleich, Holger/ Heidrich, Joerg/ Stadler, Thomas (2010): Schwierige Gegenwehr. In: *c't* 19. 138-141. http://www.heise.de/ct/artikel/Schwierige-Gegenwehr-1069835.html (10.02.2014)

Bötticher, Astrid/ Mareš, Miroslav: German experiences from countering extremist – implications and recommendations for Czech Republic and Slovak Republic and Central European influence towards Germany. In: Open Society Foundations: Extremism as a security threat in the Central Europe. http://cenaa.org/wp-content/uploads/2013/02/ German-experiencesCounterMeasuresPDF.pdf (10.02.1014)

Bredekamp, Horst (2009): Behemoth als Partner und Feind des Leviathan. Zur politischen Ikonologie eines Monstrums. (TranState Working Papers, 98) Bremen: Sfb 597 „Staatlichkeit im Wandel". http://www.staatlichkeit.uni-bremen.de/pages/pubApBeschreibung. php?SPRACHE=de&ID=138 (10.02.2014)

Carley, Kathleen M. (2006): A Dynamic Network Approach to the Assessment of Terrorists Groups and the Impact of Alternative Courses of Action. In: Visualising Network Information. NATO Meeting. http://www.vistg.net/docu-ments/IST063_PreProceedings. pdf (20.11.2012)

Davis, Kerry (2012): Can the US military fight a war with Twitter? New projects could bring about a change in the way intelligence is gathered. http://www.computerworld.com/s/ article/9233399/Can_the_US_military_fight_a_war_ with_Twitter_ (07.02.2014)

Fitsanakis, Joseph (2012): Spies increasingly using Facebook, Twitter to gather data. In: Intelnews.org http://intelnews.org/?s=Spies+increasingly+using+Facebook%2C+Twitter+to+gather+data (10.02.2014)

Hanson, Robin (2013): Shall We Vote on Values, But Bet on Beliefs? http://hanson.gmu.edu/ futarchy2013.pdf (10. 02.2014)

Hill, Kashmir (2010): Start Ups backed by the CIA. http://www.forbes.com/2010/11/19/in-q-tel-cia-venture-fund-business-washington-cia.html?boxes=Homepagechannels (10.02.2014)

Hill, Kashmir (2011): Yes, The CIA's 'Ninja Librarians' Are Tracking Twitter And Facebook (As They Should). http://www.forbes.com/sites/kashmirhill/2011/11/09/yes-the-cias-ninja-librarians-are-tracking-twitter-and-facebook-as-they-should/ (10.02.2014)

Kremp, Matthias (2012): Unbekannte geben sich als Nato-Admiral aus. In: Speigel Online. http://www.spiegel.de/netzwelt/web/spionage-per-facebook-unbekannte-ge-ben-sich-als-nato-admiral-aus-a-820605.html (11.03.2012)

Mediterranean Council for Intelligence Studies: Yearbook 2012. http://www.rieas.gr/images/ mcis2012.pdf (06.12.2012)

NATO Open Source Intelligence Handbook (2001): http://www.oss.net/dynamaster/file_archive/030201/ca5fb667 34f40fbb4f8f6ef759b258c/NATO %20OSINT %20Handbook %20 v1.2 %20- %20Jan %202002.pdf (25.10.2012)

Nimick, Francis/ Ringquist, John (2011): Untangling Arachne's Web – Utilizing Social Network Science, AUTOMAP, and ORA to Analyze Social Change in Tanzania. http:// www.westpoint.edu/nsc/siteassets/sitepages/Publi cations/Untangling-Arachnes-web.pdf (03.07.2012)

Office of the Director of National Intelligence der Vereinigten Staaten von Amerika: http:// www.fas.org/irp/ dni/osc/index.html (24.10.2012)

Shane, Scott (2005): A T-Shirt-and-Dagger Operation. In: *The New York Times* vom 13. November 2005. http://query.nytimes.com/gst/fullpage.html?res=9F00E6DB133EF930A-25752C1A9639C8B63&sec=&spon= (22.11.2012)

Die Welt (2011): CIA liest bei Twitter und Facebook mit. http://www.welt.de/politik/ausland/article13704100/CIA-liest-bei-Twitter-und-Facebook-mit.html (15.09.2012)

Yeh, Puong Fei (2006): Using Prediction Markets to Enhance US Intelligence Capabilities. In: *Studies in Intelligence* 50/4. https://www.cia.gov/library/center-for-the-study-of-intelligence/csi-publications/csi-studies/studies/vol50no4 /using-prediction-markets-to-enhance-us-intelligence-capabilities.html (17.10.2012)

The Case of the Cyberspy
Der Fall der US-amerikanischen Mutter / Cyber-Spionin / irakischen Undercover-Kämpferin – oder: wie weltweit Frauen in den technologisch geführten Krieg gegen den Terrorismus einbezogen werden

Winifred R. Poster[1]

Zusammenfassung

Während die Literatur über Frauen im Bereich Technologie und Militär gut entwickelt ist, verdient das Feld der Cybersicherheit noch Beachtung. Die vorliegende Analyse legt eine Typologie von Arbeit im Bereich der Informations- und Telekommunikationstechnologien vor, eine ,Informationshierarchie', und untersucht hierin die Präsenz und die Beiträge von Frauen auf verschiedenen Ebenen. Um diese Dynamiken zu illustrieren, identifiziert der vorliegende Artikel verschiedene Berufe für Frauen im Bereich der Cybersicherheit. Diese beginnen mit den Netzwerkerinnen an der Spitze: Info-Zarinnen, die nationale Organisationen im Bereich Militär und Informationssicherheit leiten, und Ingenieurinnen, die Militärtechnologie entwickeln. In der mittleren Ebene befinden sich die ,Vernetzten'; hier finden sich Cyber-Spioninnen (die sich von Zuhause aus im Internet als Al-Qaida-Kämpfer ausgeben) und Kundenbetreuerinnen (welche das US-Heimatschutzministerium *homeland security* durch ihre Arbeit am Telefon unterstützen). Auf der letzten Stufe befinden sich die „Offline"-Arbeiterinnen: Flugbegleiterinnen und Sicherheitspersonal, die Datenbanken mit sicherheitsrelevanten Informationen nutzen, um Personen zu überwachen. Der vorliegende Artikel fokussiert die mittlere Ebene der Hierarchie. Die Diskussion bezieht sich auf die Veränderungen, die die Frauen in diesem Feld vornehmen, sowie ihre politischen Kompromisse, um die US-amerikanischen politischen Programme im globalen Süden zu unterstützen.

---

1 Mein Dank geht an Shannen Rossmiller, die zu einem Gespräch für diese Analyse bereit war, sowie an Göde Both, Katrin M. Kämpf und Norma Möllers für Übersetzungshinweise. Die deutsche Übersetzung wurde durch Astrid Bötticher vorgenommen, die Arno Mohr für weitere Hinweise dankt. Die hier geäußerten Meinungen sind die Meinungen der Autorin.

1   Einführung

An Frauen denkt man oft nicht, wenn es um die Frontlinien der Cybersicherheit und
den Krieg gegen den Terrorismus geht. Dennoch spielen Frauen eine Schlüsselrolle
in einer ganzen Reihe verschiedener Zusammenhänge, in denen sie fortgeschrittenes
technisches Equipment nutzen, und manchmal sogar ihr Leben riskieren. Diese
Frauen mögen nicht die Initiatorinnen oder die führenden Köpfe des Krieges gegen
den Terrorismus sein, aber sie sind oft verantwortlich für die tagtäglichen Aufgaben,
welche die politischen Programme der US-Regierung unterstützen.

Shannen Rossmiller, das Paradebeispiel schlechthin, ist eine ‚Hausfrauen-Cy-
berspionin‘, die zu einer der ersten und erfolgreichsten Cyber-Terrorismusbe-
kämpferinnen des FBI (*federal bureau of investigation*) wurde. Sie ist nur eines
der Zeichen des zugrunde liegenden Wandels der globalen Ökonomie, welche die
Türen für Frauen in den Arbeitsfeldern der Sicherheit und der Militärtechnologie
geöffnet hat. Cybersicherheit ist das neue Feld, welches durch das Zusammenfallen
von verschiedenen Bereichen geschaffen wurde: der Integration der Informationstechnologie in den militärischen Sektor und die Diffusion des Militarismus in der
Informationsgesellschaft. Durch diesen Prozess findet die Arbeit, gegen Terroristen
zu ‚kämpfen‘, im tagtäglichen Leben statt – genau dort, wo Frauen sind. Diese Arbeit
wird im Transportwesen, in der Dienstleistungsindustrie und sogar in Privathäu-
sern ausgeübt. Dieser Prozess ist aber auch transnational, da US-amerikanische
Frauen mit politischen Akteurinnen des Mittleren Ostens online interagieren,
und da infolge des Outsourcens von ICT-Arbeit[2] Frauen des globalen Südens in
sicherheitspolitische Programme des globalen Norden inkorporiert werden. Als
eine vernetzte Angestellte in der Informationshierarchie repräsentiert Rossmiller
die Handlungsmacht von Frauen, indem sie die virtuelle Welt für ihre Teilhabe an
der Spionageabwehr nutzt.

2   Forschungsstand

2.1   Die Morgendämmerung der Cybersicherheit

Der Krieg geht ins Netz. Informations- und Telekommunikationstechnologien
werden in vielerlei Hinsicht in militärische Einsätze integriert (Latham 2003; Osler,

---

2   ICT ist die im Englischen übliche Abkürzung für „information and communication
technology“; diese wurde hier beibehalten.

Hollis 2001). Dies umfasst einen großen Bereich an Aktivitäten; von der Nutzung physischer Militärgewalt, um Medien und Kommunikationsflüsse zu kontrollieren, über die Manipulation von Information für Kriegspropaganda, bis hin zur Infiltration von Online-Netzwerken und Datenbanken zu Zwecken der Störung oder des Diebstahls, sowie der Nutzung von Informations- und Kommunikationstechnologien zur Koordination geographisch verstreuter politischer Akteurinnen.

Im US-amerikanischen Kontext hat die Technologie-Agenda eine lange militärische Tradition. Durch die Umstände des 21. Jahrhunderts hat sich jedoch Richtung und Gewicht verändert.

Erstens hat der ICT-Sektor durch das Internet, Satellitenkommunikation und Mobiltelefonie, sowie Computer-Technologie eine plötzliche Expansion unterlaufen. Zweitens läutete der 11. September eine Ära ein, die zu verstärkten militärischen Bemühungen der US-Regierung in ihrem Krieg gegen den Terror führte. Drittens befürwortet die Obama-Administration, anders als ihre Vorgängerin, eindeutig Wissenschaft und Technik als Schlüsselmerkmale ihres Regierungsprogramms. Gerade rechtzeitig: Versuche, die Regierungsnetzwerke zu infiltrieren, haben sich in den letzten paar Jahren exponentiell vervielfältigt, mit tausenden von täglich stattfindenden Vorfällen. Im Gegenzug gibt es nun ein

> „[…] erhöhtes Bewusstsein im ganzen Militär, dass der Gefahr von Computerattacken genauso ernsthaft begegnet werden muss wie einer Attacke, die von einem Bombenleger oder Streitkräften ausgeht. Es gibt kaum eine amerikanische militärische Einheit oder eine Kommandostelle, die nicht dazu angehalten worden ist, die Gefahr von Cyberattacken gegen ihre Missionen zu analysieren – und zu trainieren, ihnen entgegenzutreten" (Kilgannon, Cohen 2009: A14).[3]

Cybersicherheit ist die militärische Antwort auf den Cyberkrieg. Sie beinhaltet die Anwendung von Technologie, um militärische Aktivitäten und Anlagen am Boden zu schützen, genauso wie den Einsatz des Militärs, um Informationen und Daten zu schützen. Während der Ausdruck oft in einem sehr eingeschränkten Sinne gebraucht wird, um den Schutz von Online-Daten zu beschreiben, nutze ich den Begriff in einem umfassenderen Sinne, um die vielfältigen Weisen zu beschreiben, in denen Militarismus, Sicherheit, Information und Technologie in der Konfigurierung neuer Jobs miteinander verwickelt sind. Bevor ich darauf zurück komme, werde ich zunächst auf das Themengebiet Gender eingehen.

---

3   Alle folgenden Zitate wurden aus der englischen Originalversion auf Deutsch übersetzt.

2.2   Die seltsame Annäherung der Frauen an die Cybersicherheit

Die Geschlechtsbezogenheit der Cybersicherheit ist ziemlich rätselhaft. Wie diese Analyse zeigen wird, gab es einen dramatischen Anstieg von Frauen in den neuen Positionen der Cybersicherheit. Gleichzeitig besteht in beiden Feldern, aus denen die Cybersicherheit hervorgegangen ist, für sich genommen ein drastischer Mangel an Frauen.

Nehmen wir zunächst die IT-Industrie. Obwohl Frauen 57% der Arbeitskräfte der USA ausmachen, sind nur 25% der IT-Jobs auf der fachbezogenen Ebene mit Frauen besetzt. In der Fortune-500-Liste der Technologiefirmen besetzen Frauen nur 11% der Führungspositionen (auf *corporate officer level*). Diese Tendenz ist überdies stetig fallend. Der Anteil von Frauen in IT-Studiengängen und Karrierewegen ist gesunken, wenngleich er von Vorneherein niedrig war. Alleine über den Zeitraum des letzten Jahrzehnts hat sich das Interesse von Frauen, am College das Hauptfach Informatik zu belegen, um fast 60% reduziert. Bachelorabschlüsse in Informatik und Informationswissenschaft unter Frauen sind in den Jahren zwischen 1985 bis 2008 um 37% gefallen. Und während der Anteil an Frauen in computerbezogenen Beschäftigungsverhältnissen 1991 mit 36% auf seinem Höhepunkt war, ist diese Rate um 12 Prozentpunkte auf 24% im Jahr 2008 gefallen (Ashcraft, Blithe 2010; National Center for Women & Information Technology 2010).

Die Lage sieht im Militärbereich nicht viel besser aus. Frauen sind in den US-amerikanischen Streitkräften immer noch weitgehend unterrepräsentiert. Sie machen mit 208.000 Personen rund 14% derjenigen aus, die sich im aktiven Militärdienst befinden. Ihre Zahl ist in der Luftwaffe am größten (20%) und in der Marine am niedrigsten (6%). In Führungspositionen stellen Frauen 7% der Admiräle und 16% der Offiziere. In allen vier Bereichen der Streitkräfte ist nur einer von 41 Generaladmiralsposten (*general admiral*) – die höchste Führungsposition – mit einer Frau besetzt (Daten von 2009, Institute for Women's Leadership 2010; Women in Military Service for America Memorial Foundation 2010).

Verschiedene Fragen ergeben sich daraus: Was bringt Frauen in den Bereich Cybersicherheit und Cybersicherheit zu den Frauen? Wie konnten Frauen in dieses Feld eindringen, wenn sich doch ihre Fortschritte in den für sich genommenen Bereichen Informationstechnologie und Militär so schwierig gestalten?

Die Antworten, die ich hier präsentiere, sind weder in der vorhandenen Literatur über Frauen im Militär, noch in der Informationstechnologie einfach zu finden. „WissenschaftlerInnen" haben beachtliche und ansteigende Hürden für Frauen im Bereich Computing nachgezeichnet. Diese Hürden nehmen ihren Ausgangspunkt in der technikfernen Sozialisation in der Kindheit, über segregierte Bildungssysteme, und führt weiter bis zu einer feindlich gesinnten Arbeitsumgebung im IT-Bereich (manchmal auch als „männliche Ingenieurskultur" bezeichnet), wo technisches Talent mit Männlichkeit in Verbindung gebracht wird (Cockburn 1985; Cohoon, Aspray 2006; Margolis, Fisher 2002; McIlwee, Robinson 1992). Dieser Forschungsbereich hat sich jedoch in erster Linie für weibliche Ingenieure in IT-Firmen interessiert; die Ausweitung auf Frauen, die im militärischen Sektor bzw. mit Militärtechnologie arbeiten, steht noch aus (Ausnahmen werden weiter unten diskutiert).

Die feministische Literatur über das Militär sieht sich dem entgegengesetzten Trend ausgesetzt – sie ignoriert das Informationszeitalter total. Es existiert eine beachtliche Geschlechterforschung zum Bereich Militarismus und der feindlichen Haltung militärischer Institutionen gegenüber Frauen. Diese Arbeiten beschreiben ganz explizit staatliche Eingriffe, die Frauen von bestimmten militärischen Aufgaben ausschließen, genauso wie eher informelle Praktiken und Symbole, die Frauen und Weiblichkeit abwerten. Dennoch beschränken sich die meisten dieser Studien auf traditionelle Rollenbilder und Themen des Vor-Informationszeitalters (zum Beispiel, ob Frauen in Kampfgebiete in geschlossenen Quartieren mit Männern untergebracht sein sollten, etc.). Von beiden Blickpunkten aus werden die sich ausdehnenden Gebiete der Beteiligung von Frauen im Militärbereich nicht gesehen: als IT-Führungskräfte, als Entwicklerinnen und als Anwenderinnen.

Ein besseres Verständnis von Frauen im Cybersicherheitsbereich, so werde ich argumentieren, liegt darin, diese beiden Sphären als dynamisch aufeinander bezogen anstatt voneinander getrennt aufzufassen. Erstens existiert eine Integration der Informations- und Kommunikationstechnologie (ICT) in das Militär. Die Arbeit des Militärs ändert sich mit dem Informationszeitalter. Alltagsaktivitäten ereignen sich im Computer und nicht mehr auf dem Schlachtfeld mit Waffen. Die Aufgaben nehmen eine eher technische Natur an als nur eine rein physische. Der Personenkreis, der für diese Arbeit gebraucht wird, ist eher von geistiger Art, geschlechtsneutral und weniger mit brutaler Kampfkraft und Maskulinität verbunden. Um es kurz zu machen, Cybersicherheit beinhaltet neue ICT-Fertigkeiten, solche, von denen Frauen tendenziell angezogen werden und worin sie sich auszeichnen.

Der zweite Trend ist gegenläufig: die Integration des Militarismus durch die Technologie in die Informationsökonomie hinein. Mit diesem Prozess ist die Arbeit des Kampfes gegen ‚Terroristen' im tagtäglichen Leben verortet – dort, wo besonders Frauen anzutreffen sind. Sie wird vollzogen im Rahmen des Transportwesens, der Dienstleistungsindustrie, und sogar bei den Menschen Zuhause. Ich werde aufzeigen, wie, obwohl jedes der Felder für sich genommen Frauen zurückweist, ihre jüngste Zusammenführung eine Formel geschaffen hat, welche diese Felder inklusiver für Frauen macht.

3   Cybersicherheits-Jobs und die Informationshierarchie

Cybersicherheit beinhaltet eine Reihe von Berufen mit verschiedenen technologischen Fähigkeiten, unterschiedlichen Befugnissen und Fertigkeiten, sowie geschlechtsspezifischen Zusammensetzungen. Um eine Vorstellung davon zu bekommen, wie diese Dimensionen strukturiert sind, wende ich mich der Literatur über ICT-Arbeit zu und erarbeite einen Analyserahmen für dies im militärischen Kontext (Abbildung 1). Für ein Verständnis der Definition und Organisation von ICT-Arbeit lehne ich mich dazu an Castells (2004) Beschreibung der „netzwerkartigen" Beziehung an. Individuen, die durch das Internet, Satellitentelefone etc. interagieren, haben unterschiedliche Vermögen „mit anderen Arbeitenden in Echtzeit in Verbindung zu treten" (Castells 2004: 274). Diese Individuen sind auf einer Skala eingruppiert; sie umfasst

> „die *Vernetzer*, die auf eigene Initiative hin Verbindungen schaffen [...] und auf den Routen des Netzwerk-Unternehmens navigieren; die *Vernetzten*, Beschäftigte, die online sind, ohne aber zu entscheiden, wann, wie, warum und mit wem; die *abgeschalteten* Beschäftigten, die an ihre spezifischen, durch nicht-interaktive Einbahn-Befehle definierten Aufgaben gebunden sind." (Castells 2004: 275)

		Hierarchieebene	
Art der Arbeit	Netzwerkerin	Vernetzte	Abgeschaltete
Beziehung zum Internet	Setzt Beziehungen, designt virtuelle Orte	Online interaktiv	Offline, nicht interaktiv
Beziehung zu ICT (Hardware und Software)	Entwicklerinnen, Unterstützerinnen	Nutzt fortgeschrittene Technologie oder spezialisierte ICT	Nutzt einfache ICT
Frauenanteil	Niedrig	Variabel	Hoch
Repräsentative Cybersicherheit-Stellen	Info-Zarinnen, Sicherheitsingenieurinnen	Cyber-Spioninnen, Call-Center-Arbeiterinnen	Flugbegleiterinnen, Transitverkehr-Kontrolleurinnen

Abb. 1   Das Konzept adaptiert Arbeiten von Castells (2004) und Montaigner und van Welsum (2006). Die Verantwortung der vorliegenden Version liegt bei der Autorin.

Aus dieser Perspektive ist die Fähigkeit der Arbeiterinnen, Zugang zum Netzwerk zu finden, zentral für das Konzept. Die privilegiertesten Arbeiterinnen sind nicht nur dazu in der Lage, sich mit dem Internet zu verbinden, sondern sie sind darüber hinaus für die Entwicklung der Netzwerkinfrastruktur selbst verantwortlich. Die Arbeiterinnen der mittleren Ebene sind die späteren Nutzerinnen, diejenigen, die sich tagtäglich im Netz bewegen (Teilnahme an Foren, Kommunikation mit anderen Personen, Teilnahme an virtuellen Welten etc.). Die marginalisierten Arbeiterinnen sind entweder ganz vom Netzwerk ausgeschlossen (obwohl sie noch die Technologie nutzen), oder sie treten nur sehr selten in das Netzwerk ein, indem sie Informationen einseitig übertragen (z.B. downloaden von Dokumenten) aber nicht mit anderen kommunizieren.

Die Angestellten unterscheiden sich auch entlang der Werkzeuge, mit denen sie sich mit dem Netz verbinden und im ICT-Bereich arbeiten (Montaigner, van Welsum 2006). Arbeiterinnen auf der oberen Hierarchieebene haben ein weites Spektrum an Hard- und Software zur Verfügung, da sie ICT-Systeme entwickeln und unterhalten. Beschäftigte der mittleren Ebene haben oft Zugang zu spezialisierter Soft- und Hardware, die insbesondere auf ihren Sektor bezogen sind. Die Beschäftigten der unteren Ebene haben im besten Falle Zugang zu einfachen Soft- und Hardware-Technologien.

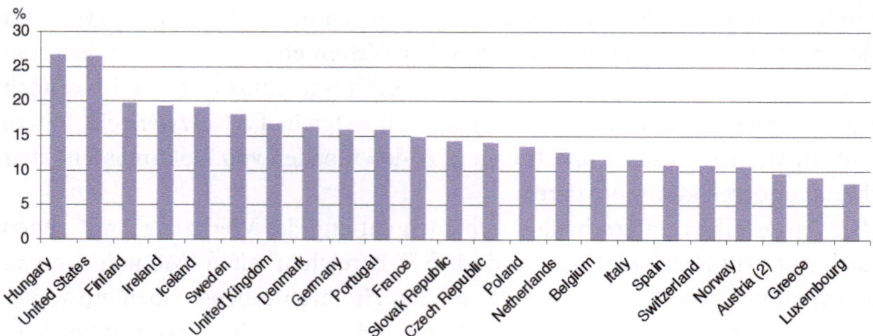

1. ICT-Spezialistinnen

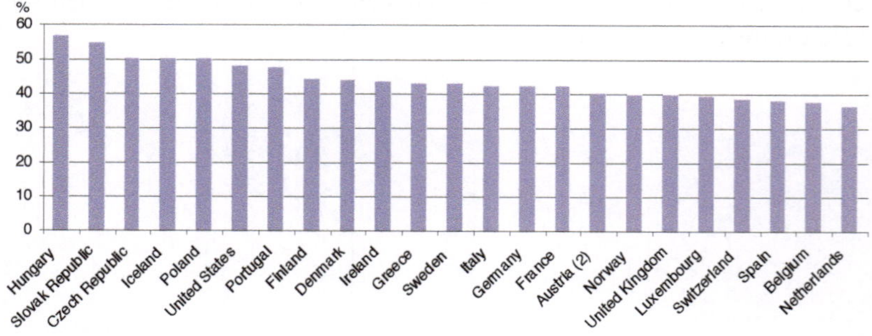

2. ICT-Nutzerinnen

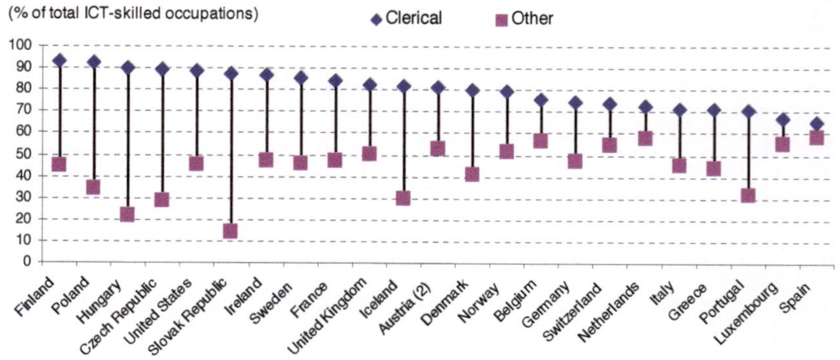

3. ICT-Büropersonal

Abb. 2 Anteil der Frauen, die im ICT-Bereich arbeiten, USA und Europa, 2004. Aus: OECD (Montaigner, van Welsum 2006: 11-13)

Die Frauenpräsenz in diesen Arbeitsfeldern nimmt ab, je höher man in den Stufen der Hierarchie steigt. Montagnier und van Welsum (2006) stellen Daten bezüglich des Frauenanteils in ICT-Jobs aus den USA und Europa für das Jahr 2004 zur Verfügung. Frauen besetzen eine kleine Prozentzahl (10-25%) der Stellen auf der höchsten Ebene, den ‚ICT-Spezialistinnen' (wie Webentwicklerinnen, Systemprogrammiererinnen, Datenbankenadministratorinnen, Telekommunikations- und Hardware-Ingenieurinnen, IT-Beraterinnen etc.). Frauen sind besser bei den ‚ICT-Nutzerinnen' auf der mittleren Ebene vertreten (30-50%), wo die Beschäftigten eine breite Palette an entweder bereichsspezifischer oder generischer Software verwenden. Wenig überraschend ist es, dass Frauen beim ‚ICT-Büropersonal' am unteren Ende der Skala überrepräsentiert sind und etwa 60-95% der Stellen besetzen (wie Sekretärinnen, Bedienungspersonal, Sachbearbeiterinnen, Amtshelferinnen etc.). Diese Beschäftigten sind in ihrer tagtäglichen Routinearbeit eingeschränkt auf Daten- und Textverarbeitungsprogramme wie Microsoft Word, Powerpoint, Excel, Outlook usw.

Jobs der mittleren Kategorie variieren in ihrer geschlechtlichen Zusammensetzung. In der Telekommunikationsbranche (Abbildung 4) zum Beispiel haben Frauen Männer zahlenmäßig zum Teil überholt, wie in Aserbaidschan, Kirgistan, Rumänien, Gambia, Kap Verde und Kuba, wo ihr Anteil in einigen Fällen mehr als 50-80% beträgt. Der Anteil von Frauen fiel hingegen auf unter 15% in Staaten des Mittleren Ostens und Afrikas, wie die Vereinigten Arabischen Emirate, Katar, Iran, Saudi-Arabien, Malawi, Jemen, Benin und Burkina Faso. Der weltweite Durchschnitt des Frauenanteils im Telekommunikationsbereich beträgt etwa 30% (International Telecommunications Union 2001).

Auf jeder einzelnen Hierarchiestufe der Informationsbranche befinden sich zahlreiche Positionen im Bereich der Cybersicherheit. Zur Illustration habe ich ausgewählte Berufe identifiziert, die die Rolle der Frauen im Rahmen der Cybersicherheit repräsentieren. Dies beginnt mit den Netzwerkerinnen am oberen Ende der Skala: Informations-Zarinnen, die Einrichtungen des Militärs und der Informationssicherheit auf nationaler Ebene leiten, sowie Ingenieurinnen, die militärische Technologiesysteme entwickeln. Auf der mittleren Ebene der Vernetzten beinhaltet dies Cyberspioninnen (die sich von ihrem Zuhause aus im Internet als Al-Qaida Militante ausgeben) und Kundenbetreuerinnen (die den US-Heimatschutz unterstützen, indem sie telefonisch für Bürger erreichbar sind). Am unteren Ende der Skala sind die abgeschalteten Arbeiterinnen: Flugbegleiterinnen und Sicherheitspersonal, die Datenbanken mit Sicherheitsinformationen nutzen um Personen zu überwachen.

Abb. 3   Cyber-Spionin Shannen Rossmiller, die von ihrer Küche aus arbeitet; eines ihrer virtuellen Alter-Egos, Abu Zeida. Entnommen aus: Colbert (2010); Rossmiller (2008).

Mein größeres Forschungsvorhaben betrachtet jede dieser Tätigkeiten im Detail, sowie ihre speziellen Auswirkungen auf Frauen im Cybersicherheitsbereich. Für dieses Kapitel richtet sich mein Hauptaugenmerk jedoch auf die mittlere Hierarchieebene. Als vernetzte Angestellte in der Informationshierarchie repräsentiert Rossmiller weibliche Handlungsmacht, indem sie den virtuellen Raum nutzt, um sich in die Spionageabwehr einzubringen.

Die vorliegende Analyse basiert auf meiner Forschung in den USA. Ich habe hier Face-to-Face- und Telefoninterviews mit Frauen und Männern in Cybersicherheitspositionen durchgeführt. Diese sind alle selbstständige Arbeiterinnen und Unternehmensgründerinnen privater Sicherheitsfirmen oder Forschungsinstitute; einige von ihnen führen Aufträge für militärische oder Regierungsorganisationen durch. Darüber hinaus habe ich eine Reihe von berufsspezifischen Materialien untersucht, wie etwa die Webseiten dieser Firmen, Überwachungskameras, Forschungspublikationen und Powerpoint-Präsentationen.

Um staatliche Richtlinien und Praktiken in den USA zu verfolgen, habe ich Originaldokumente und Webseiten untersucht, die sich mit Cyberkrieg und Frauen in der Informations- und Telekommunikationsbranche auseinandersetzen. Die Webseiten stammen von Militär und Regierungsämtern, wie der *Defence Advanced Research Program Agency*, dem Amt für Transportsicherheit und seinen Arbeitnehmergewerkschaften, dem Repräsentantenhaus etc. Ich habe umfängliches statistisches Material über die weltweite Beteiligung von Frauen in ICT- und Militärberufen gesammelt, von staatlichen, über zwischenstaatlichen, bis hin zu nichtstaatlichen

Quellen: das Amt für Arbeitsmarktstatistiken, die internationale Telekommunikationsgewerkschaft, die Internationale Arbeitsorganisation, die Organisation für wirtschaftliche Zusammenarbeit und Entwicklung, das Nationale Zentrum für Frauen und Informationstechnologie, die Stiftung Frauen im Militärdienst usw.

Country	Total	% Female	Country	Total	% Female
Aserbaidschan	7,040	80%	Angola	547	26%
S. Tomé & Principe	84	78%	Vereinig. Königreich	53,300	25%
Gambia	723	75%	Zypern	589	24%
Kap Verde	312	67%	Ecuador	1,160	24%
Kirgisistan	4,103	53%	Malediven	127	24%
Rumänien	20,761	52%	Senegal	366	24%
Kuba	8,453	51%	Elfenbeinküste	883	23%
Eritrea	243	51%	Sambia	714	23%
Marshall Inseln	52	50%	Ägypten	12,059	22%
Armenien	3,392	47%	Madagaskar	553	22%
Kiribati	69	44%	Mali	305	22%
Barbados	448	43%	Südafrika	10,224	22%
Myanmar	1,657	43%	Bosnien	367	20%
Lettland	1,657	41%	Jordanien	1,285	20%
Moldawien	2,894	40%	Mauritius	372	20%
Tschechische Rep.	9,585	39%	Mikronesien	27	20%
Lesotho	134	38%	Sri Lanka	2,289	20%
Schweden	9,752	38%	St. Vincent	33	20%
Albanien	1,364	37%	Ghana	763	19%
Tonga	110	37%	Papua Neu Guinea	340	19%
Macao	428	35%	Griechenland	3,394	18%
Slowakische Rep.	5,178	35%	Sudan	542	18%
Ethiopien	2,502	34%	Togo	161	18%
Grenada	91	34%	Nigeria	1,012	17%
Guinea	265	33%	Türkei	11,319	16%
Seychellen	123	33%	Solomon Inseln	22	15%
Taiwan	14,341	33%	Zentral Afrikan Rep.	58	14%
Slowenien	1,286	31%	Verein. Arab Emirate	1,236	14%
Tansania	1,066	30%	Benin	157	13%
Tunisia	2,229	30%	Burkina Faso	165	13%
Volksdemokr. Rep. Laos	389	29%	Katar	222	13%
Botswana	489	28%	Bhutan	40	11%
Vogtei Guernsey	79	28%	Malawi	312	10%
Kenia	5,388	28%	Jemen	387	7%
Surinam	282	28%	Iran	3,063	6%
Syrien	5,856	27%	Saudi Arabien	-	0%

Abb. 4 Weibliche Angestellte im Bereich Telekommunikation 2001.

Quelle: International Telecommunication Union (2001)

4   Vernetzte Frauen:
US-amerikanische Cyber-Spioninnen

ICT eröffnen auf unvorhergesehene Weise Rollen für Frauen im Herzen der Nachrichtendienste – als Cyber-Spioninnen. Shannen Rossmiller ist eine Farmerstochter aus Montana und dreifache Mutter, die – als eine der ersten und wahrscheinlich erfolgreichsten – zur Cyber-Terrorismusabwehr eingesetzt wurde. Während ihre Kinder schliefen oder sich für die Schule fertig machten, saß sie an ihrem Computer in der Küche und infiltrierte extremistische Chatrooms, indem sie sich als verschiedene männliche islamistische Kämpfer ausgab. Als eine vernetzte Angestellte zeigt Rossmillers Geschichte, wie Frauen online in der neuen Welt der militärischen Strategieentwicklung partizipieren.

Rossmiller landete auf Umwegen im Bereich der Cybersicherheit. Nachdem sie Kriminologie am College studierte, arbeitete sie als Rechtsanwaltsgehilfin und wurde zur Stadtrichterin (als jüngste Frau des Landes im Alter von nur 29 Jahren). Nach 9/11 meinte sie, nun selbst etwas gegen die von Al-Qaida ausgehende Gefahr unternehmen zu müssen. Sie machte eine treffende Beobachtung über die Rolle von Technologie in der gegenwärtigen Kriegsführung, nämlich

> „wie extensiv Al-Qaida das Internet nutzte, um 9/11 zu orchestrieren und wie wenig die Nachrichtendienste darüber wussten. Offensichtlich gab es keine Prozeduren, um die Kommunikation und die Aktivität auf den Webseiten und den Internetforen von Al-Qaida gleichzeitig zu verfolgen." (Rossmiller 2007: 1)

Im Jahre 2002 begann sie, arabischsprachige politische Webseiten und Gemeinschaftsforen zu studieren, wie www.alneda.com, alfirdaws.com, arabforum.net, das Paradise Jihadist Supporters Forum und Yahoo Chatgruppen wie „bravemuslims" etc. Dabei lernte sie, zum Teil durch Ausprobieren, dass dieser Kontext sehr effektiv sein könnte, um Informationen über Sicherheitslücken zu generieren, sowie um Terroristen bereits in der Planungsphase von Gewaltakten in Gewahrsam zu nehmen. Sie sammelte aber mehr als nur Daten. Sie entwickelte ohne fremde Hilfe und unabhängig vom Militär eine eigene Spionageabwehrstrategie, welche dann zum Kernbestandteil der Spionage des Informationszeitalters wurde.

Insbesondere drei Strategien illustrieren, wie eine Frau von Zuhause in Montana aus Informations- und Kommunikationstechnologien nutzen kann, um Kämpferinnen auf der anderen Seite des Erdballs zu bekämpfen. Die erste Strategie besteht aus einem intensiven, interkulturellen Selbsttraining mittels Technologie. Vor 9/11 hatte Rossmiller überhaupt keine Berührung mit den Gesellschaften des Mittleren Ostens oder ihren Sprachen. Sie fand heraus, dass Telekommunikations- und Informationstechnologien verschiedene Möglichkeiten bieten, Wissen aufzuholen – schnell und ohne das Haus zu verlassen. Sie brachte sich selbst Arabisch bei, indem sie auf Lernplattformen, wie der Arabic Academy in Kairo, Online-Kurse besuchte. Sie nutzte Google Translator und einen Online-Übersetzungsdienst sowie verschiedene Online-Wörterbücher, um die Nachrichten anderer zu verstehen. Sie informierte sich online über die Gegenden, aus denen ihre Online-Identitäten stammten, so dass sie Kommentare über Restaurants, Moscheen oder Imame der Nachbarschaft anfertigen konnte. Sie spionierte mittels ausländischer Nachrichtenprogramme im Kabelfernsehen Informationen aus, so dass sie über lokale Informationen auf dem Laufenden war und in ihre Kommunikation einbinden konnte. Sie las mehr als 50 Bücher über den Mittleren Osten, inklusive des Korans, aus dem sie Zitate und Geschichten sammelte. Sie lernte, dass es sehr hilfreich war, Zitate aus arabischen Gedichten in ihre Emails einzufügen um Vertrauen zu gewinnen.

Um kulturell weiter einzutauchen, nahm Rossmiller die Rolle einer Person aus dem Mittleren Osten an, indem sie ‚nationales Identitäts-Management' (Poster 2007) praktizierte, sie also ihre nationale Identität wechselte: „Ich lernte, mich wie sie zu verhalten. [...] Ich lernte, wie sie zu sein." (Hayasaki 2009: 1). Sie hat viele Decknamen in ihrem Repertoire: Sie nahm die Identität eines irakischen Kuriers an, eines dschihadistischen Bankiers, eines algerischen Al-Qaida-Agenten und einer Person, die Rekruten anwirbt. Sie entwickelt dabei vollständige Identitäten ihrer Alter Egos, indem sie Akten zu Geburtsdatum, Herkunftsstadt, biographische Skizzen, und Fotos aus dem Internet anlegte (Colbert 2010). Einige sind älter und haben ein ländliches Aussehen, wie Abu Abdullah, der einen Bart und einen Turban trägt. Andere sind jung, hip und städtisch, wie Abu Musa und Abu al Haqq, die sich rasieren und Sportkleidung und Sonnenbrillen tragen. Sie investiert Emotionen in die von ihr erdachten Charaktere. Sie weint, wenn sie ‚sterben' – wenn sie sie umbringen oder zu Märtyrern werden lässt wenn sie für sie nicht mehr länger nützlich sind. (In der Zukunft wird sie ohne Zweifel auch Identitäten aus anderen Weltregionen annehmen. Sie lernt gerade Chinesisch und Russisch, um die Möglichkeit zu haben, ihre Taktik zu wechseln und den Cybersicherheitsgefährdungen zu begegnen, welche in letzter Zeit häufiger aufgetaucht sind.)

Rossmillers persönlichen Merkmale und ihr Hintergrund könnten kaum weiter entfernt sein von denjenigen Persönlichkeiten, die sie im Cyberspace zu sein vorgibt. Sie ist weiß, gehört der Mittelklasse an, ist mittleren Alters und hat blonde Haare. Sie war während der Highschool ein Cheerleader, gewann die Wahl zur *Miss Congeniality* und lebt in einer Kleinstadt im Mittleren Westen. Sie hat zwei Kinder, die noch zur Schule gehen und eines, dass bereits das College besucht. Sie meint, dass viele, wenn nicht die meisten der Leute, mit denen sie tagtäglich in Berührung kommt, geschockt wären, wenn sie um ihre wahre Identität wüssten. Dies schließt die Männer aus dem Nahen Osten ein, mit denen sie im Internet chattet: „Wenn die mich sehen könnten, ein kleines Blondchen, würden sie verrückt werden" (Hitt 2007: 264). Aber dies umfasst auch die männlichen Mitarbeiter des FBI, die sie am Anfang nur zögerlich persönlich treffen wollte, aus Angst, als Frau nicht ernst genommen zu werden. In der Tat, ihre wirkliche Identität würde wahrscheinlich ihre Ziele bei beiden verhindern – ihren Feinden und ihren Kollegen. Ihre Identität zu verändern, hatte folglich für sie einen praktischen Wert in vielen globalen und lokalen Zusammenhängen.

Als zweites Mittel nutzt Rossmiller das *Social Engineering*. Damit ist eine kommunikative Fähigkeit gemeint, mit der versucht wird, mittels Telekommunikations- und Informationstechnologien Menschen zu manipulieren und mit ihnen Vertrauensverhältnisse aufzubauen. In der Tat nimmt von einem militärischen Standpunkt aus die kommunikative Strategie des Chattens eine Schlüsselrolle der nachrichtendienstlichen Überwachung im Informationszeitalter ein. Jedoch sind Rossmillers Aktivitäten nicht nur simple Konversation. Sie sind anspruchsvolle und subtile Taktiken zwischenmenschlicher Beziehungen. Sie fand früh heraus, dass Nettigkeit und Freundlichkeit ihr kein Vertrauen der Gruppe einbrachten. Es ist effektiver, einschüchternd (z.B. maskulin) aufzutreten. Nicht über die Maßen aggressiv, aber drängend, ablehnend und arrogant. Wenn sie eine Einladung in einen Chatroom haben möchte, bedient sie sich eines „fordernden Tons" (Hitt 2007: 264). Darüber hinaus hat sie den Gebrauch sozialer islamischer Praktiken gemeistert. Um ihre Zielpersonen dazu zu bringen, persönliche Informationen auszuplaudern, fordert sie von ihnen, einen ‚Treueeid' (bayat) auszufüllen, in denen sie ihre Adressen, Aufenthaltsorte etc. preisgeben, und ihr per Email zurückzusenden.

Eine dritte Strategie von Rossmiller ist es, sich mit einfacher, aber wirksamer Spionagetechnologie auszurüsten. Sie stattete ihr Haus mit der in Privathaushalten üblichen Hardware aus (wenngleich um ein Vielfaches): acht PC, zwei Server und zwei Breitbandverbindungen. Sie nutzt Software, die schockierend normal und über das Internet erhältlich ist. Suchmaschinen zum Beispiel erlauben es ihr, Namen, Bilder, Email- und IP-Adressen und Örtlichkeiten aufzurufen. Andere Technologien sind etwas anspruchsvoller und erfordern mehr ‚Hackerfertigkeiten'. Sie installiert einen Proxy-Server auf ihrem Computer, um gefälschte IP-Adressen zu generieren, so dass niemand sie lokalisieren kann. Sie nutzt ‚Keylogger', um jede Tastatureingabe ihrer Zielperson zu speichern. Versteckt in Dingen wie Bildern, die per Email verschickt werden, sendet der Keylogger alle wichtigen Informationen (wie Passwörter), die von ihren Zielpersonen eingegeben werden.

Rossmiller kombiniert auch einfache Technologie mit Hochtechnologie. Sie schreibt ganz altmodisch Notizen, um akribisch Akten über die mehr als 600 Personen zu führen, mit denen sie kommuniziert hat. Mit digitalen Programmen nimmt sie ihre Online-Aktivitäten auf, mit Zeitstempeln und Screenshots. Anschließend nutzt sie ihren Computer, um die Informationen zu speichern und wieder aufzurufen, eine praktische Datenbankpflege (Poster 2011). Ihre fortschrittlichsten technischen Werkzeuge beziehen Informatik mit ein. Mit einem Kollegen, der Atomphysiker ist, lernte sie zu programmieren, so dass sie Codes und verschlüsselte Emails der *Global Islamic Media Front* knacken konnte.

Zu guter Letzt hat Rossmillers Standort ihr viele Vorteile eingebracht. Da sie fast komplett innerhalb ihres Wohnhauses tätig ist, hat sie Autonomie und Agilität gewonnen, die ihr diese Cyber-Detektivarbeit ermöglichte. Auf der einen Seite ermöglicht dies ihr, die überlastete Bürokratie und unterentwickelte Technologie des Nachrichtendienstes zu umschiffen. Ironischerweise war die relativ gewöhnliche Technologie in ihrem Haushalt entwickelter als die des lokalen FBI. Sie war geschockt darüber, dass einige ihrer Gegenüber im FBI mit kolossalen Hürden konfrontiert werden, wenn sie Routineaufgaben erledigen wollen: Sie benötigen etwa die Erlaubnis, einen Yahoo-Account zu eröffnen; sie müssen in die öffentliche Bibliothek gehen, um im Netz zu surfen etc. In gewisser Hinsicht erlaubt ihr die massenhafte Zugänglichkeit von elektronischen Konsumartikeln, die Download-fähigkeit von Software und die global verbundenen Räume des Internet, all die von ihr benötigten Werkzeuge zusammenzutragen.

Es gibt weitere praktische Vorteile der Heimarbeit. Rossmiller kann 24 Stunden am Tag ihre Zielgruppe verfolgen. Sie kann live und über die Zeitzonen hinweg mit ihren ‚Gleichgesinnten' in Chatrooms kommunizieren (was dann bedeutet, zwischen drei Uhr morgens bis zum Sonnenaufgang am Laptop zu sitzen). Solche Umkehrungen der Arbeitszeit sind dabei, zu typischen Merkmalen von Arbeit in der globalen Ökonomie zu werden (Poster 2007). Aus einer geschlechtsbezogenen Perspektive ergeben sich weitere Vorteile. Die eigene Wohnung bietet Schutz vor der maskulinen Arbeitsumgebung des FBI, welches zumindest zu Beginn ihrer Arbeit abweisend und eingeschüchtert auf sie reagierte. Sie beschreibt den Regierungsbetrieb als generell „männliche Welt", was für sie ein Grund dafür ist, nicht dort arbeiten zu wollen. Und dann gibt es ihre Familie. Durch ihre Arbeit von Zuhause aus kann sie Mutter und Cyber-Spionin zugleich sein. Sicher bringt das Arbeiten von der eigenen Wohnung aus auch viele Kosten mit sich; nicht zuletzt die Entfremdung von ihren Kolleginnen, die Unzugänglichkeit von Organisationsressourcen, und die Anfälligkeit für Überarbeitung. Für Spioninnen existieren überdies hinaus arbeitsspezifische Risiken. Sie hat viele Todesdrohungen erhalten. Ihr Auto wurde aus ihrer Garage gestohlen und später voller Einschusslöcher wieder aufgefunden. In ihr Haus wurde eingebrochen und sie musste mit ihrer Familie umziehen (Hayasaki 2009). Dennoch ist Rossmiller von ihrem häuslichen Arbeitsplatz überzeugt.

Obwohl sie 2008 ihre eigene Cybersicherheitsfirma eröffnete, arbeitet sie zeitweise noch immer von Zuhause aus. Ihr geographisch wie institutionell unabhängiger

Arbeitsplatz eröffnet ihr die Freiheit, mit Technologien und Strategien zu experimentieren. Wie ein Journalist es beschrieb, „das FBI könne nicht einmal daran denken, den Tätigkeiten Rossmillers zu entsprechen" (Hitt 2007: 262). Sie selbst sagt, sie wäre dazu in der Lage „out of the box" zu denken und die „Terror-Armee zu überlisten und auszumanövrieren [...] indem neue und nicht getestete Methoden im Feld der Cyber-Spionageabwehr geschmiedet" würden (Rossmiller 2007: 4). Als ich sie fragte, ob sie je direkt für das FBI arbeiten wolle, verneinte sie dies emphatisch. Auf diesem Weg hat die Expansion von ICT in den Haushalt Frauen die Möglichkeit gegeben, sich durch nicht-traditionelle Orte am Militarismus zu beteiligen.

Nach ihren eigenen Angaben hat sie viele Erfolge vorzuweisen („strafbare Spionage" und „Feinderfassung" im Militär-Jargon). Seit 9/11 hat sie Waffenlager, geplante Bombenattentate und Terrorzellen aufgedeckt und ihre Kenntnisse an das FBI und das Departement for Homeland Security weitergeleitet. Wenngleich die meisten ihrer Auslandsoperationen geheim sind, erfuhren einige ihrer Inlandsoperationen eine hohe Beachtung in den Medien und sie wurde öffentlich bekannt. Beispielsweise half bei der Verurteilung zweier US-Bürger, die auf zu Aufständen aufrufenden Webseiten auftauchten. Diese US-Bürger versuchten, mit Al-Qaida zu kooperieren, planten Bombenattentate und spionierten in den USA. Sie beansprucht für sich, dass ihre detektivische Taktik eine „Schablone für die Regierung im neuen und sich entwickelnden Feld des Online-Kampfes gegen den Terrorismus wird" (Rossmiller 2007: 4).

In ihren neuesten Bemühungen entwickelt Rossmiller neue Technologien, die anderen dabei helfen sollen, die Arbeit als Cyber-Spioninnen auszuüben. Größtenteils wegen ihrer Frustration über die vorhandene FBI-Technologie und dessen Unvermögen, kulturübergreifende Unterschiede in Betracht zu ziehen, arbeitet sie momentan an einem Softwareprogramm mit dem Namen ASYLMM (Rossmiller 2010b). Das Programm besitzt einen „Mindset Filter", dies ist ein computerisiertes Mittel zum „Verständnis des Feindes durch das Auffinden von Indikatoren versteckter Radikalisierung im Netz, und Unterrichtsmittel, um einer Person beizubringen, wie in der Welt des Nahen Ostens zu denken" (Rossmiller 2010a). Es vereinigt eine gewaltige Sammlung detaillierter Informationen über Afghanistan (als eines der Kampfgebiete) von ihrem eigenen Datensatz, sowie von neu erworbenem Wissen aus Zeitungen, Sprachaufnahmen etc. Das Programm soll nicht nur Agentinnen helfen, sich nach ihrer Strategie als militante Kämpferinnen auszugeben, sondern auch, zu verstehen, wie die Kämpferinnen die Agentinnen sehen (Rossmiller 2010b: 1):

> „Die Perspektiven von sowohl Beobachterin als auch Beobachtungssubjekt beinhalten kulturelle, religiöse und ideologische Vorurteile. Anstatt diese Effekte zu eliminieren, versuchen wir sie im Rahmen der Interaktion mit einzubeziehen und dadurch der

> Beobachterin effektiv zu erlauben, die Interaktion aus der Sichtweise des Beobachtungssubjekt zu betrachten und dabei ihre eigene Sichtweise selbst zu berücksichtigen."[4]

Die Idee ist, militärisches Personal auszubilden, Fehlkommunikation zu vermeiden und aufmerksam für subtile Hinweise zu sein, z.B. die Art, wie im Mittleren Osten die Art der Begrüßung als darauf hinweist, ob sich hier religiöse Fundamentalisten gegenüberstehen. Ihr Schwerpunkt, einen kulturellen Filter in den Prozess des *Data Minings* einzubauen, zeigt ihre Sensibilität gegenüber einem globalen Verständnis – sowohl der vertieften Aufmerksamkeit gegenüber der Politisierung ineinander verschachtelter Interaktion (z.B. wie ,sie' ,uns' sehen; wie sie uns sehen, wenn wir auf sie blicken etc.), als auch im Ansporn, dieses transnationale Bewusstsein in die Software einzuschreiben.

5   Diskussion

Rossmillers Fall illustriert in aufschlussreicher Weise, wie die Verschmelzung von Militarismus und Informationsgesellschaft Orte für die Handlungsmacht von Frauen im Bereich der Cybersicherheit schafft. Auf der einen Seite haben sich bestimmte politische Aktivitäten von irakischen und afghanischen Kämpfern ins Internet verschoben (Chatrooms, Foren etc.), so dass die Orte nachrichtendienstlicher Tätigkeit ebenfalls ins Internet überführt worden ist. Auf der anderen Seite bedeutet die Integration von Informations- und Kommunikationstechnologien in den Haushalt und die daraus resultierende globale Vernetzungsmöglichkeit, dass Frauen an den Militärstrategien partizipieren können, ohne physisch in die Regionen reisen, oder formell ins Militär integriert sein zu müssen.

Als vernetzte Angestellte in der Informationshierarchie repräsentiert Rossmiller verschiedene Arten, in denen Frauen Handlungsmacht haben können, indem sie die virtuelle Welt nutzen, um in der Spionageabwehr zu arbeiten. Erstens benutzte sie ICT, um sich virtuell Zugang zum militärischen Spielfeld zu verschaffen, selbst wenn sie von militärischen Aktivitäten am Boden ausgeschlossen ist. Sie hat auf clevere Art ein Spektrum von Informations- und Kommunikationstechnologie versammelt, um strukturelle Einschränkungen zu überwinden und sich dieser neuen Aufgaben anzunehmen, trotz ihres beruflichen Hintergrunds in einem völlig anderen Bereich. Mit wenig institutioneller Unterstützung oder Ressourcen (finanziell, organisatorisch, informationell oder anderer Art), ohne ein umfang-

---

4   Bitte beachten Sie die weiblichen Pronomen: Indem sie weibliche und männliche Pronomen in ihrem Bericht nutzt, zeigt Rossmiller, dass sie neue weibliche und männliche Rekruten erwartet.

reiches Team, und gänzlich ohne Vorwissen über die Politik des Mittleren Osten oder Reisen dorthin, *ohne jegliche Ausbildung im Bereich der Spionageabwehr oder der Militärtaktik*, und überdies *ohne jeglichen Hintergrund im Bereich des Ingenieurwesens oder der Technologie*, schaffte sie es, eine Karriere im Bereich der Cybersicherheit aufzubauen. Dies ist ein Hinweis darauf, dass Informations- und Kommunikationstechnologie eine einzigartige Plattform für Frauen bieten, militärische Fähigkeiten zu entwickeln.

Zweitens nutzte sie Online-Plattformen, um ihr Geschlecht und ihre Nationalität im Rahmen der Cybersicherheitsarbeit zu ändern; ferner spielt sie militarisierte Rollen, die radikal anders sind, als sie selbst. In bestimmter Hinsicht ist dies nicht neu. Nachrichtendienstliche Agentinnen spielen oft in Rollen. Und von einer geschlechtsbezogenen Perspektive aus gesehen haben sich Frauen schon seit Hunderten von Jahren (Peterson, Runyan 2010) als Männer ausgegeben, um Militärdienst zu leisten; die bekannteste von ihnen war wahrscheinlich Jeanne d'Arc.

Mit der Ankunft des Internets jedoch kann Cyberspionagearbeit ohne Involvieren des Körpers geleistet werden. Dies entlässt Spioninnen aus der Aufgabe, physisch für die Rolle in Erscheinung zu treten. Dafür zwingt es sie dazu, extrem wachsam hinsichtlich der interaktiven Darstellung des Selbst zu sein. Jedes Wort und jeder Tonfall in einem Gespräch wird in erhöhtem Maße auf Authentizität hin untersucht. Es ist dieses hohe Niveau an detaillierter Kommunikationsarbeit, die Rossmiller auszeichnet. Überdies hinaus spielt sie den irakischen Kämpfer besser als manche ihrer männlichen Gegenüber im FBI. Hier stellt sich die Frage, ob US-amerikanische Frauen besser geschulte Cyberkriegerinnen sind als Männer, oder zumindest besser darin sind, die militärischen Männlichkeiten des globalen Südens nachzuspielen.

Dies führt uns zum dritten Punkt: Rossmillers Arbeit ist bezeichnend für die „hybriden Fähigkeiten" (Woodfield 2000), die Frauen in die Cybersicherheit einbringen: sie ist in beidem geübt: sowohl hinsichtlich der technischen Aspekte des Online-Nachrichtenwesens im Bereich ICT als auch hinsichtlich der sozialen Aspekte der Kommunikation und Interaktion in virtuellen Foren. Sie ist sowohl eine Schauspielerin, als auch eine Ingenieurin. Aufbauend auf Woodfields Konzept möchte ich aus einer globalen Perspektive heraus vorbringen, dass Frauen Cybersecurity-Arbeiterinnen sind, die eine transnationale Dimension zu diesen Hybrid-Fähigkeiten hinzufügen. Nicht nur, dass sie das Soziale und das Technische miteinander verschmelzen; sie platzieren diese Verschmelzung in einen transnationalen Zusammenhang, indem sie ICTs zur interkulturellen Integration von Praktiken im Bereich des Nachrichtenwesens nutzen. Und, als eine Entwicklerin der neuen militärischen Technologie zu diesem Zweck, durchquert sie die Linie zwischen Vernetzten und Netzwerkerinnen und bewegt sich auf den Stufen der Informationshierarchie nach oben.

Schließlich ist das, was Rossmillers Geschichte ausmacht, ihre Rolle als eine der ersten in diesem Bereich. Sie ist nicht nur die erste *Frau* im Beruf der ‚Cyber-Spioninnen'; sie ist eine der ersten Cyber-Spioninnen überhaupt. Genau wie bei mehreren anderen Fällen in der Informationshierarchie (z.B. den Info-Zarinnen) positionieren sich Frauen und/oder entwerfen neueste Bereiche des militärischen Informationswesens. Wenn sie auch jetzt nicht die ‚typische Frau' im Militärs ist, so ist sie doch eine Pionierin, der möglicherweise künftig mehr Frauen folgen werden.

6   Fazit

Frauen in den USA sind dabei, zu den Galionsfiguren, Gestalterinnen und Praktikerinnen der Spionageabwehr und militärischen ICT-Strategie zu werden, sowie zu Vollstreckerinnen militärischer Sicherheit am Boden und Online. Sie formen eine Informationshierarchie der Cybersicherheits-Tätigkeit, die ich detailreicher in einem größeren Projekt zu beschreiben plane. Hier habe ich argumentiert, dass sich der überraschende Einstieg von Frauen in diese Schlüsselstellen des 21. Jahrhunderts auf zwei Prozessen gründet: die Integration der Informationstechnologie in das Militär und die Diffusion des Militarismus in der Informationsgesellschaft.

Während die Frauen des globalen Nordens die Barrieren innerhalb der ICT im Rahmen der Cybersicherheit zu durchbrechen scheinen, sind die politischen Implikationen weniger klar. Werden die Vorteile für Frauen, eine ICT-Karriere zu schmieden, durch ihre Beiträge zum Krieg gegen den Terrorismus überschattet? „ForscherInnen" weltweit argumentieren, dass diese politischen Programme Frauen im Irak und in Afghanistan schaden – sowohl materiell, durch Finanzierungskürzungen von internationalen Frauenprogrammen, und symbolisch dadurch, dass diese Frauen zum Schweigen gebracht und in den Medien als Opfer dargestellt werden (Agathangelou, Ling 2004; Nayak 2006; Youngs 2006). Wenn Rossmiller ihre Informationen an die US-amerikanische Regierung zur weiteren Nutzung gibt, könnte man deshalb argumentieren, dass Rossmillers Aktivitäten automatisch ihre politischen Programme unterstützen, wenn auch vielleicht indirekt. Rossmiller übt Kritik an der Bush-Regierung (sie mache irakische Kämpfer unnötigerweise wütend). Dennoch ist sie höchst nationalistisch, verwendet eine umfangreiche patriotische Rhetorik und Symbolik (z.B. Bilder von Bush, die Freiheitsstatue etc.) in ihrem Unterrichtsmaterial.

Die Alternative dazu ist es, zu sehen, dass die Frauen, die hier beschrieben worden sind dabei sind, durch ihre Cybersecurity-Arbeit die Politik, die Strategien und die Erzählungen des Militarismus in der US-Regierung zu verschieben. Rossmiller ist sich sicher, dass dies der Fall ist. Sie beschreibt, wie gefährlich das bestehende Paradigma der Spionageabwehr ist:

> „Die Bedeutung dieses Problems kann nicht übertrieben werden. Die Kosten an Menschenleben und Vermögen, die im Laufe von Auslandseinsätzen verbraucht werden, sind zahlenmäßig und an Wirkung auf die Moral enorm, sowohl im zivilen als auch im militärischen Bereich. Diese Kosten erhöhen sich oft noch, einfach, weil wir uns nicht die Mühe machen, die Perspektiven der Feinde oder anderer zu studieren, deren Rollen einen direkten oder indirekten Einfluss auf das Ergebnis dieser Einsätze haben." (Rossmiller 2010b: 1)

Sie sieht ihre Methoden der Cyber-Untersuchung als feinfühliger gegenüber der lokalen Bevölkerung und weniger anfällig für ungerechtfertigten Schaden. Welche Sichtweise es man anlegen mag, die weitere Forschung in diesem Bereich sollte untersuchen, ob die ICT-Gewinne für Frauen im globalen Norden auf Kosten der Frauen im globalen Süden gemacht werden.

Sicherlich kann diese Geschichte aus der komplementären Perspektive der Frauen im globalen Süden erzählt werden, die die ICT nutzen, um gleichermaßen ihre Interessen voranzubringen. Zum Beispiel nutzte RAWA, die Revolutionäre Vereinigung der Frauen in Afghanistan, Website-Aktivismus um eine NGO zu entwickeln, und organisierte sich international, als es Frauen nicht erlaubt war, dies lokal unter den Taliban zu tun (Dartnell 2003). In der Tat, die Rolle von Frauen im Kontext politischer und militärischer Technologien ist transnational und verdient sicherlich mehr Aufmerksamkeit.

Der vorliegende Artikel erschien im Original unter dem Titel „The Case of the U.S. Mother / Cyberspy / Undercover Iraqi Militant: Or, how Global Women Have Been Incorporated in the Technological War on Terror" in der Publikation „Rekha Pande, Theo van der Weide, Nicole Flipsen (Hg.): Globalization, Technology Diffusion, and Gender Disparity – Social Impacts of ICTs. Hershey, PA.". Sie ist mit freundlicher Genehmigung des Verlags IGI Global übersetzt und hier veröffentlicht worden.

Literatur

Agathangelou, A. M./ Ling, L. H. M. (2004): Power, borders, security, wealth. In: *International Studies Quarterly* 48. 517-538.

Ashcraft, C./ Blithe, S. (2010): *Women in IT: The facts.* Boulder, CO.

Castells, M. (2004): *Der Aufstieg der Netzwerkgesellschaft. Teil 1 der Trilogie: Das Informationszeitalter.* Opladen.

Cockburn, C. (1985): *Machinery of dominance: Women, men and technical know-how.* London.

Cohoon, J. M./ Aspray, W. (2006): *Women and Information Technology.* Cambridge, MA.

Colbert, T. (2010). *Powerpoint presentation: Maneuvering the media minefield.* Scarsdale.

Dartnell, M. (2003): Information Technology and the Web activism of the Revolutionary Association of the Women of Afghanistan (RAWA). In: Latham, R. (Hg.): *Bombs and bandwidth.* New York. 251-267.

Hayasaki, E. (2009): Cyber-spy shares her know-how tracking terrorists. In: *Los Angeles Times* vom 11. Januar 2009.

Hitt, J. (2007): I spy. In: *Wired.* 244-264.

International Telecommunications Union. (2001): *Female telecommunications staff.*

Kilgannon, C./ Cohen, N. (2009): Cadets trade the trenches for firewalls. In: *New York Times* vom 11. Mai 2009. A1, A14.

Latham, R. (2003): *Bombs and bandwidth.* New York.

Margolis, J./ Fisher, A. (2002): *Unlocking the clubhouse: Women in computing.* Cambridge, MA.

McIlwee, J./ Robinson, J. G. (1992): *Women in engineering: Gender, power, and workplace culture.* Albany, NY.

Montagnier, P./ van Welsum, D. (2006): ICTs and gender: Evidence from OECD and non-OECD countries. In: *Organisation for Economic Cooperation and Development.* 1-46.

National Center for Women & Information Technology (2010): *By the numbers 2009.*

Nayak, M. (2006): Orientalism and „saving" US state identity after 9/11. In: *International Feminist Journal of Politics* 8/1. 42-61.

Osler, F./ Hollis, P. (2001): *Activists guide to the Internet.* London.

Peterson, V. S./ Runyan, A. S. (2010): *Global gender issues in the new millenium.* Boulder, CO.

Poster, W.R. (2007): Saying „good morning" in the night: The reversal of work time in global ICT service work. In: Rubin, B. (Hg.): *Research in the sociology of work* 17. Amsterdam. 55-112.

Poster, W.R. (2011): Emotion detectors, answering machines and e-unions: Multisurveillances in the global interactive services industry. In: *The American Behavioral Scientist* 55/7. 868-901.

Rossmiller, S. (2007): My cyber counter-jihad. In: *Middle East Quarterly.* 43-48.

Rossmiler, S. (2008): Penetrating minds of mayhem: Inside the mind of an Islamic extremist. Powerpoint Presentation: AC-CIO, LLC Intel Ops.

Rossmiller, S. (2010a): Persönliches Interview vom 27. April 2010.

Rossmiller, S. (2010b): *ASYLUMM: A situational diagnostic tool.* Helena, MT.

Woodfield, R. (2000): *Women, work, and computing.* Cambridge, UK.

Youngs, G. (2006): Feminist international relations in the age of the War on Terror. In: *International Feminist Journal of Politics* 8/1. 3-18.

Cybersicherheit durch Grundrechte?

Martin Kutscha

1 Einleitung

Der Traum vieler User vom freien und unreglementierten Internet zerschellt häufig an den harten Realitäten, wie sie durch die Enthüllung der Massenüberwachung durch diverse Geheimdienste im Sommer 2013 offenkundig wurden. „Konsum und Überwachung" dominieren inzwischen das Internet, klagte unlängst der prominente Internettheoretiker Evgeny Morozov (Morozov 2013). Das Internet kennt zwar keine geographischen Grenzen, ist aber mitnichten ein rechtsfreier Raum. Wie in der gegenständlichen Welt „offline" stoßen auch in der Cyberworld entgegengesetzte Interessen aufeinander, zu deren Ausgleich rechtliche Regelungen herangezogen werden müssen, trotz der Schwierigkeiten supranationaler Rechtsdurchsetzung. Eine wichtige Leitfunktion kann hierbei den Grundrechten zukommen, auch wenn diese ursprünglich als Abwehrrechte (nur) gegenüber dem Machtanspruch einzelstaatlicher Gewalt konzipiert worden sind (Fisahn, Kutscha 2011: 1). Untersucht werden soll deshalb im Folgenden die Leistungsfähigkeit einzelner Grundrechtsgewährleistungen des Grundgesetzes im Hinblick auf den Schutz der Internetnutzer sowohl gegenüber einem nahezu grenzenlos wissbegierigen Staat als auch gegenüber Internetfirmen, deren Geschäftsmodell auf der Vermarktung elektronisch generierter Nutzerprofile beruht.

2 Grundrechtlicher Schutz von Privatheit?

„Cybersicherheit" ist ein unscharfer Begriff. Er kann sich auf die technische Seite beziehen und das unbeeinträchtigte Funktionieren der verschiedenen Leistungen meinen, die das Netz anbietet. Dieser Blickwinkel würde „Cybersicherheit" oder auch „Datensicherheit" allerdings auf die technischen bzw. ökonomischen Aspekte beschränken. Aus der Sicht des Datenschutzes zielt „Datensicherheit" jedoch vor allem auf den Schutz der Menschen, deren Daten erhoben und verarbeitet werden: Wenn § 9 Bundesdatenschutzgesetz von den bei der Datenverarbeitung erforderlichen „technischen und organisatorischen Maßnahmen" spricht, steht dahinter der Zweck des Gesetzes, „den Einzelnen davor zu schützen, dass er durch den Umgang mit seinen personenbezogenen Daten in seinem Persönlichkeitsrecht beeinträchtigt wird." (§ 1 Abs. 1 des Gesetzes). Aber was beinhaltet das „Persönlichkeitsrecht", das weder im Bundesdatenschutzgesetz definiert noch im Grundgesetz überhaupt erwähnt wird? Es liegt nahe, diesen Begriff auf den Schutz der Privatsphäre des Einzelnen zu beziehen. Tatsächlich sprechen Art. 8 der Europäischen Menschenrechtskonvention von 1950 sowie Art. 7 der europäischen Grundrechte-Charta von 2000 (die beide auch für Deutschland Geltungskraft haben) vom Recht jeder Person u. a. „auf Achtung ihres Privat- und Familienlebens" (Heselhaus, Nowak 2006: 1722, 1745). Das deutsche Grundgesetz kennt hingegen kein explizit formuliertes Grundrecht auf Schutz der Privatsphäre. Nur für einige ihrer Teilbereiche enthält es ausdrückliche Gewährleistungen, so für das Brief-, Post- und Fernmeldegeheimnis (Art. 10) und die Unverletzlichkeit der Wohnung (Art. 13). Gleichwohl wird sowohl in der Rechtswissenschaft (z. B. Nettesheim 2011: 7) als auch in der Sozialwissenschaft (z. B. Rössler 2010: 41) ein umfassender Schutz der privaten Sphäre als Voraussetzung für die Autonomie des Einzelnen postuliert. Insoweit wird die Vielzahl personenbezogener Informationen im Netz, die teilweise freiwillig preisgegeben, teilweise aber auch „hinter dem Rücken" der Internetnutzer generiert werden, von vielen als bedrohlich wahrgenommen. So warnt z. B. der Bundesdatenschutzbeauftragte Peter Schaar vor dem „Ende der Privatsphäre" (Schaar 2007). Andere hingegen erklären die Not zur Tugend. Unter dem Motto „Prima leben ohne Privatsphäre" erklärt z. B. der Blogger Christian Heller, dass der Pfad in die Post-Privacy „viele neue Freiheitsräume" eröffne (Heller 2011: 8).

In der Gesellschaft der Gegenwart besteht mithin weder Konsens über die Notwendigkeit von Institutionen zum Schutz der Privatsphäre noch über den Inhalt des Begriffs selbst. Dessen jeweilige Definition ist nicht zuletzt auch eine Frage des Interessenstandpunkts, wie schon das Beispiel der am 22. April 2008 im Bundeskanzleramt ausgerichteten Geburtstagsfeier für den damaligen Vorstandsvorsitzenden der Deutschen Bank, Josef Ackermann, anschaulich zeigt: Aus der Sicht der Bundeskanzlerin und vieler Gäste der Veranstaltung war diese privat, aus der Sicht einer an der konkreten Verwendung von Steuergeldern interessierten Öffentlichkeit aber keineswegs, weshalb eine gesetzliche Pflicht zur Information der Öffentlichkeit über die Gästeliste und einige weitere Modalitäten der Veranstaltung im Urteil des Oberverwaltungsgerichts Berlin-Brandenburg vom 20. März 2012 denn auch bejaht wurde (Oberverwaltungsgericht Berlin-Brandenburg 2012: 689). Wer die Sozialgeschichte der letzten Jahrhunderte Revue passieren lässt und z. B. die Unterdrückung der Frauen und Kinder in der „bürgerlichen" Familie untersucht, wird der Ambivalenz von Privatheit gewärtig:

> „Das Private kann der enge Käfig sein, der uns einschließt und uns hilf- und widerstandslos den Wirkungen sozialer Macht überlässt. Oder es kann die Bedingung der Selbsterschaffung darstellen, die der Autonomie unseres Handelns einen Sinn und einen sozialen Bezug vermittelt." (Seubert 2010: 21)

Auch die klassische Unterscheidung zwischen den Anwendungsbereichen des Öffentlichen Rechts und des Privatrechts hilft in Zeiten der Ökonomisierung staatlicher Tätigkeiten und der Privatisierung ehemals staatlicher Leistungsbereiche immer weniger. Das zeigt das Beispiel der „privatisierten öffentlichen Räume" wie der im Eigentum der Fraport AG stehenden Gebäude des Frankfurter Großflughafens, die zwar als Shopping Mall neben den Flugpassagieren einer kaufkräftigen Kundschaft offen stehen, nicht aber als Schauplatz für Protestaktionen etwa gegen Abschiebungen fungieren soll. Das Bundesverfassungsgericht hat diesem Versuch, durch „Flucht in das Privatrecht" den Geltungsbereich der Grundrechte der politischen Kommunikation empfindlich zu schmälern, in seinem Urteil vom 22. Februar 2011 eine Absage erteilt (Bundesverfassungsgericht 2011: 226).

Ein Beispiel für das Versagen der klassischen Grenzziehungen zwischen privat und öffentlich ist auch das Internet (Kutscha, Thomé 2013: 23f.): Zwar wird es ununterbrochen und intensiv von einer globalen Öffentlichkeit genutzt. Zugleich ist der Betrieb des Netzes privatrechtlich organisiert. Als Regulierungsinstanz fungiert die ICANN, die ihren Sitz in Kalifornien hat und US-amerikanischem Privatrecht untersteht. Letzteres gilt auch für die im globalen Maßstab zurzeit bedeutendsten Anbieter von Dienstleistungen im Internet, Facebook und Google. Vermöge ihres Oligopols können solche Unternehmen ihre Bedingungen den Nutzern weitgehend diktieren, Einzelne von der Nutzung ausschließen und Inhalte zensieren. Solange es an einem wirksamen globalen Datenschutzregime fehlt, könnte eine Veränderung der Geschäftspraktiken dieser Unternehmen vor allem durch eine massenhafte Verweigerung der Konsumenten bewirkt werden. Immerhin zeigen Jugendliche jedenfalls in Deutschland in den letzten Jahren mehr Sensibilität beim Umgang mit ihren Daten. Ausweislich der „JIM-Studie 2012" versuchen immerhin 87 % der Jugendlichen, ihr Profil bei einem sozialen Netzwerk mit einer Privacy-Option vor dem Einblick Außenstehender zu schützen (Medienpädagogischer Forschungsverbund Südwest 2012). Das Anprangern von Datenschutzverstößen als „Geschäftsmodell" (Weichert 2012: 716) und die Einleitung von Sanktionsmaßnahmen durch engagierte Datenschutzbeauftragte sollte vor diesem Hintergrund keineswegs als vergebliche Mühe gewertet werden.

3 Informationelle Selbstbestimmung – auch außerhalb der Privatsphäre

Das für den Persönlichkeitsschutz bei der Internetnutzung zentrale Grundrecht wurde bereits im Jahre 1983 aus der Taufe gehoben, und zwar nicht durch eine Verfassungsschöpfung oder den „einfachen" Gesetzgeber. In seinem berühmten Urteil zur Volkszählung vom 15. Dezember 1983 postulierte das Bundesverfassungsgericht ein Recht auf informationelle Selbstbestimmung als Ausprägung des aus den Art. 2 Abs. 1 in Verbindung mit Art. 1 Abs. 1 GG abgeleiteten allgemeinen Persönlichkeitsrechts. Aus der Sicht des heutigen Ubiquitous Computing und der gegenwärtigen Möglichkeiten eines umfassenden Data Mining, Web Tracking usw. muten die damaligen Feststellungen des Gerichts zum Gefährdungspotential der Datenverarbeitung geradezu prophetisch an: Es verwies darauf, dass personenbezogene Daten mit Hilfe der automatischen Datenverarbeitung

> „technisch gesehen unbegrenzt speicherbar und jederzeit ohne Rücksicht auf Entfernungen in Sekundenschnelle abrufbar sind. Sie können darüber hinaus – vor allem beim Aufbau integrierter Informationssysteme – mit anderen Datensammlungen zu einem teilweise oder weitgehend vollständigen Persönlichkeitsbild zusammengefügt werden, ohne daß der Betroffene deren Richtigkeit und Verwendung zureichend kontrollieren kann. Damit haben sich in einer bisher unbekannten Weise die Möglichkeiten einer Einsicht- und Einflußnahme erweitert, welche auf das Verhalten des Einzelnen schon durch den psychischen Druck öffentlicher Anteilnahme einzuwirken vermögen." (Bundesverfassungsgericht 1983: 42)

Aus dieser Gefährdungssituation folgerte das Gericht die Notwendigkeit eines spezifischen grundrechtlichen Schutzes:

> „Freie Entfaltung der Persönlichkeit setzt unter den modernen Bedingungen der Datenverarbeitung den Schutz des Einzelnen gegen unbegrenzte Erhebung, Speicherung, Verwendung und Weitergabe seiner persönlichen Daten voraus. [...] Das Grundrecht gewährleistet insoweit die Befugnis des Einzelnen, selbst über die Preisgabe und Verwendung seiner persönlichen Daten zu bestimmen." (Bundesverfassungsgericht 1983: 43)

Das auf diese Weise definierte Recht auf informationelle Selbstbestimmung geht über den Schutz einer – wie auch immer bestimmten – Privatsphäre deutlich hinaus und erstreckt seinen Geltungsanspruch auch auf Datenerhebungen im Bereich der „Sozialsphäre" der Bürger. Dies klang bereits im Volkszählungsurteil an und wurde dann in späteren Entscheidungen des Bundesverfassungsgerichts bestätigt. Danach soll das Grundrecht auf informationelle Selbstbestimmung auch z. B. bei polizeilichen Videoaufnahmen von Autofahrern bei der Geschwindigkeitskontrolle Anwendung finden.

> „Der Eingriff in das Grundrecht entfällt nicht dadurch, dass lediglich Verhaltensweisen im öffentlichen Raum erhoben wurden. Das allgemeine Persönlichkeitsrecht gewährleistet nicht allein den Schutz der Privat- und Intimsphäre, sondern trägt in Gestalt des Rechts auf informationelle Selbstbestimmung auch den informationellen Schutzinteressen des Einzelnen, der sich in die Öffentlichkeit begibt, Rechnung." (Bundesverfassungsgericht 2009: 3294)

Dabei wird durchaus erkannt, dass „informationelle Selbstbestimmung" nicht im Sinne einer absoluten, unbeschränkten Herrschaft des Einzelnen über „seine" Daten zu verstehen ist. Das Grundrecht unterliegt vielmehr im Hinblick auf die Notwendigkeit des Ausgleichs mit gesellschaftlichen Interessen bzw. des Schutzes der Rechtsgüter anderer bestimmten Beschränkungen. Diese müssen allerdings durch den Gesetzgeber genau definiert werden. Sie bedürften, so heißt es schon im Volkszählungsurteil,

> „einer (verfassungsmäßigen) gesetzlichen Grundlage, aus der sich die Voraussetzungen und der Umfang der Beschränkungen klar und für den Bürger erkennbar ergeben und die damit dem rechtsstaatlichen Gebot der Normenklarheit entspricht." (Bundesverfassungsgericht 1983: 44).

Daraufhin wurde durch die Gesetzgeber von Bund und Ländern eine Vielzahl „bereichsspezifischer" Befugnisnormen für die unterschiedlichen EDV-Anwendungen der verschiedenen Verwaltungszweige geschaffen. Im Ergebnis wurde damit allerdings eine Art „paradoxer Verrechtlichung" der staatlichen Datenverarbeitung erreicht: Die neugeschaffenen Eingriffsregelungen sind häufig in einem Maße durch generalklauselartig formulierte Tatbestände geprägt, dass sie in der Praxis eher eine Entgrenzung statt eine Beschränkung staatlichen Handelns bewirken. Zu Recht sprach der ehemalige Verfassungsrichter Wolfgang Hoffmann-Riem angesichts dieser Entwicklung vom „Datenschutz in der Verrechtlichungsfalle" (Hoffmann-Riem 1998: 514).

In mehreren mitunter spektakulären Entscheidungen des vergangenen Jahrzehnts hat das Bundesverfassungsgericht versucht, diesen gesetzgeberischen Wildwuchs vor allem bei den Überwachungsbefugnissen der Sicherheitsbehörden ein Stück weit einzuhegen (Kutscha 2011: 381ff.). Erwähnt seien hier nur der Beschluss vom 4. April 2006 zur Rasterfahndung nach terroristischen „Schläfern" (Bundesverfassungsgericht 2006b: 320) sowie die Urteile vom 27. Februar 2008 zur „Online-Durchsuchung" (Bundesverfassungsgericht 2008a: 274) und vom 11. März 2008 zum Scannen von Kfz-Kennzeichen auf Autobahnen (Bundesverfassungsgericht 2008b: 378). In allen diesen Entscheidungen wurde als maßgebliche verfassungsrechtliche „Messlatte" das Gebot der Tatbestandsbestimmtheit sowie der Grundsatz der Verhältnismäßigkeit herangezogen und im Urteil zur „Online-Durchsuchung" sogar einen neues „Computergrundrecht" kreiert (dazu unten). Zu einem definitiven Verbot bestimmter, besonders eingriffsintensiver Überwachungsmethoden – wie z. B. der heimlichen „Online-Durchsuchung" von Computern – konnte sich das Bundesverfassungsgericht allerdings nicht verstehen. Stattdessen formulierte es jeweils bestimmte Vorgaben für die einzelnen Instrumente, die dann mehr oder minder vollständig vom Gesetzgeber übernommen wurden.

Nicht immer zeitigen diese Entscheidungen hinreichende Sensibilität gegenüber den Bedrohungen für das Persönlichkeitsrecht der Betroffenen, die von „verdeckten" Ermittlungsmaßnahmen staatlicher Stellen im Internet ausgehen. Dies gilt z. B. für die Beteiligung „virtueller Ermittler" an sozialen Netzwerken. In der Praxis spielt der Einsatz solcher Ermittler, die unter einer Legende ihr Gegenüber bei Facebook u. ä. auszuforschen versuchen, eine zunehmende Rolle (Henrichs, Wilhelm 2010: 30). In seinem Urteil zur „Online-Durchsuchung" hat das Bundesverfassungsgericht die Auffassung vertreten, dass dem durch einen „verdeckten virtuellen Ermittler" Getäuschten im Regelfall kein grundrechtlich schutzwürdiges Vertrauen zuzubilligen sei.

> „Die Kommunikationsdienste des Internet ermöglichen in weitem Umfang den Aufbau von Kommunikationsbeziehungen, in deren Rahmen das Vertrauen eines Kommunikationspartners in die Identität und Wahrhaftigkeit seiner Kommunikationspartner nicht schutzwürdig ist, da hierfür keinerlei Überprüfungsmechanismen bereitstehen." (Bundesverfassungsgericht 2008a: 345)

Es ist zwar zutreffend, dass die Nutzer sozialer Netzwerke sich nicht auf die Identität bzw. die „Wahrhaftigkeit" ihrer Kommunikationspartner verlassen können. Auf der anderen Seite verlangen die Netzwerkbetreiber allerdings durchweg die Klarnamen der Nutzer. Dem wird auch in den meisten Fällen entsprochen, weil die Nutzer anderenfalls von ihren Bekannten nicht gefunden werden können (Schlögel 2012: 95). In einem Rechtsstaat sollte im Übrigen das Vertrauen darauf, mit einer aus privatem Interesse handelnden Person zu kommunizieren statt mit einem „verdeckt" ermittelnden Beamten einer Sicherheitsbehörde, durchaus schutzwürdig sein. Immerhin berührt die von staatlicher Seite nur durch eine Identitätstäuschung ermöglichte Datenerhebung das Recht des Kommunikationsteilnehmers auf Selbstbestimmung über die „Preisgabe und Verwendung" seiner Daten in nachhaltiger Weise (Hornung 2008: 305).

4 Grundrechtsschutz gegenüber Privatunternehmen?

Gegenstand des Volkszählungsurteils von 1983 war der „Datenhunger" des Staates. Tatsächlich wurde in der Frühzeit des Datenschutzes fast ausschließlich der Leviathan mit seinen großen Rechenzentren als Freiheitsbedrohung wahrgenommen. Im Zuge der enormen Kapazitätssteigerung der Computer sind aber inzwischen neben den Big Brother zahlreiche weitere – privatrechtlich organisierte – „Brüder" getreten, deren Datensammlungen diejenigen staatlicher Stellen an Umfang und Auswertungsmöglichkeiten teilweise noch übertreffen (Hoffmann-Riem 1998: 525). Globale Player wie Facebook und Google sind hierfür nur zwei Beispiele.

In dieser Situation stellt sich die Frage, ob ein Grundrecht wie das Recht auf informationelle Selbstbestimmung Schutzwirkungen auch gegenüber mächtigen privaten Akteuren entfalten kann. Eine solche unmittelbare „Drittwirkung" gegenüber Privaten wird in der Rechtswissenschaft für die meisten Grundrechte überwiegend abgelehnt. Zur Begründung wird auf den historisch geprägten Charakter der Grundrechte als Abwehrrechte gegenüber der Staatsgewalt verwiesen (Pieroth, Schlink 2009: 48). Auf der anderen Seite darf indessen nicht übersehen werden, dass die Freiheit des Einzelnen keineswegs nur durch staatlichen Handeln, sondern auch durch ökonomisch übermächtige Private bedroht werden kann (Böckenförde 2011a: 72). Für das Bundesverfassungsgericht bilden solche ökonomisch begründeten Machtungleichgewichte denn auch den Ansatzpunkt für eine gerichtliche Kontrolle der Inhalte von privatrechtlichen Verträgen: Privatautonomie setze voraus,

> „daß auch die Bedingungen freier Selbstbestimmung tatsächlich gegeben sind. Hat einer der Vertragsteile ein so starkes Übergewicht, daß er vertragliche Regelungen faktisch einseitig setzen kann, bewirkt dies für den anderen Vertragsteil Fremdbestimmung." (Bundesverfassungsgericht 1990: 255)

Eine solche Konstellation besteht auch z. B. bei der Nutzung eines sozialen Netzwerks wie Facebook, dem inzwischen nahezu eine monopolartige Stellung zukommt. Jugendliche, die nicht „dabei" sind, riskieren soziale Exklusion. Zwar können die „Mitglieder" von Facebook durch die Wahl von Privacy-Optionen verhindern, dass bestimmte, ihr Privatleben betreffende Informationen einem Milliardenpublikum bekannt werden – die systematische Auswertung der preisgegebenen Informationen und die Verwertung der dadurch generierten Persönlichkeitsprofile durch den Netzwerkbetreiber müssen sie jedoch hinnehmen (Karg, Thomsen 2012: 729). Auch dürften die wenigsten von ihnen wissen, welche Datenübermittlungen z. B. durch Betätigung des inzwischen auf vielen Homepages installierten „Gefällt mir"-Buttons ausgelöst werden. Im Hinblick auf die Möglichkeiten und Risiken heutigen Datenverarbeitung sind die allermeisten Nutzer geradezu Analphabeten (Gusy, Worms 2009: 32).

Vor diesem Hintergrund plädieren Stimmen in der Rechtswissenschaft dafür, das Recht auf informationelle Selbstbestimmung nicht nur als Abwehrrecht gegenüber der Staatsgewalt, sondern auch als Statuierung einer Schutzpflicht des Staates gegenüber dem Zugriff mächtiger Privater zu verstehen (Bäcker 2012: 99; Gurlit 2010: 1040). Neu ist eine solche grundrechtliche Schutzpflichtendimension keineswegs, als angemessene verfassungsrechtliche Antwort auf die inzwischen im Netz regierende „freiheitsbedrohende Logik des Marktes" (Kube 2006: 847) ist sie jedenfalls eine notwendige Konsequenz. Sie darf freilich nicht als Einladung zur Bevormundung des Einzelnen missverstanden werden. Ihr Ziel muss es vielmehr sein, die Bedingungen für Selbstbestimmung auch in einem von mächtigen Akteuren kommerzialisierten Netz durchzusetzen und insoweit nicht auf die „Selbstheilungskräfte des Marktes" zu vertrauen.

Zentraler Baustein im Rahmen der Konkretisierung der verfassungsrechtlichen Schutzpflicht wäre die Schaffung eines „internettauglichen" modernen Datenschutzrechts sowohl auf staatlicher Ebene als auch durch entsprechende Vereinbarungen auf internationaler Ebene – Datenströme kennen bekanntlich keine Staatsgrenzen. An überzeugenden Regelungsvorschlägen mangelt es keineswegs. So hat die Konferenz der Datenschutzbeauftragten am 18. März 2010 ein sog. Eckpunktepapier mit dem Titel „Ein modernes Datenschutzrecht für das 21. Jahrhundert" vorgelegt. Oberstes Ziel einer Modernisierung muss es danach sein, „die Betroffenen als Grundrechtsträger wieder in den Mittelpunkt zu rücken und den wachsenden Gefährdungen ihrer Menschenwürde und Handlungs- und Verhaltensfreiheit durch die technische Entwicklung und die moderne Massendatenverarbeitung entgegenzutreten" (Konferenz der Datenschutzbeauftragten 2010: 175). Vorgeschlagen wird in diesem Eckpunktepapier u. a. die Stärkung des Gebots der Datenvermeidung und Datensparsamkeit, bisher in § 3a Bundesdatenschutzgesetz nur als bloße Zielbestimmung formuliert, ferner des technischen und organisatorischen Datenschutzes („privacy by design") sowie die strikte Reglementierung der Profilbildung.

Die Umsetzung solcher von qualifizierter Seite unterbreiteten Vorschläge sucht eine einflussreiche Lobby der Interessen von Internetfirmen zu verhindern, die auch in der Rechtswissenschaft vertreten ist. Von dieser Seite wird z. B. darauf verwiesen, dass die Auswertung von Daten zum Zwecke personalisierter Werbung nun einmal das Geschäftsmodell von Internetdiensten wie Google sei (Härting, Schneider 2011: 233). Der ehemalige Bundesdatenschutzbeauftragte Hans-Peter Bull, der inzwischen durch Gutachten für datenverarbeitende Unternehmen wie z. B. „Loyalty Partner GmbH" hervortrat, hält „Datenaskese" für unangebracht, weil Datenverarbeitung „im Allgemeinen sozial nützlich" sei (Bull 2006: 1618).

Dem gegenüber erinnert der Verfassungsrichter Johannes Masing an die Gefahren einer allumfassenden „Durchleuchtung" der Menschen: „Zur Wahrung der Freiheit muss der Datenschutz das Anwachsen von Datensammlungen verhindern, anhand derer jeder Schritt potentiell rekonstruierbar wird und so schon die Chance des Vergessens verloren geht" (Masing 2012: 2308).

5   „Computergrundrecht", Telekommunikationsgeheimnis

Zur Überraschung vieler Beobachter hob das Bundesverfassungsgericht in seinem oben bereits erwähnten Urteil von 2008 zur „Online-Durchsuchung" ein neues ungeschriebenes Grundrecht aus der Taufe, nämlich das „Recht auf Gewährleistung der Vertraulichkeit und Integrität informationstechnischer Systeme" (Bundesverfassungsgericht 2008a: 274). Dieses „Computergrundrecht" soll insbesondere vor den Gefährdungen schützen, die sich aus der Generierung und Auswertung personenbezogener Daten quasi „hinter dem Rücken" der Nutzer hochentwickelter IT-Geräte ergeben können. Gegenüber dieser Gefahrensituation soll das ältere Recht auf informationelle Selbstbestimmung nach Auffassung des Gerichts keinen ausreichenden Schutz bieten können. Dies wurde von vielen Autoren mit guten Gründen bezweifelt (Britz 2008: 413; Lepsius 2008: 21): Warum soll das Recht auf informationelle Selbstbestimmung nur vor einzelnen Datenerhebungen und nur dann schützen, wenn die betreffenden Daten bewusst preisgegeben werden? Der „Mehrwert" an Persönlichkeitsschutz durch das neue „Computergrundrecht" gegenüber dem Recht auf informationelle Selbstbestimmung ist jedenfalls zweifelhaft (Kutscha 2012: 391). Das „Recht auf Gewährleistung der Vertraulichkeit und Integrität informationstechnischer Systeme" hat denn auch in neueren Entscheidungen des Bundesverfassungsgerichts keine Rolle mehr gespielt.

Direkt auf den Übertragungsweg der Daten bezogen ist das in Art. 10 GG normierte Fernmeldegeheimnis oder, nach neuer Diktion, Telekommunikationsgeheimnis. Der Schutzbereich dieses Grundrechts soll sich nach der Rechtsprechung des Bundesverfassungsgerichts allerdings nur auf den Übertragungsvorgang selbst sowie auf die bei einem Internetprovider oder einem Telekommunikationsunternehmen gespeicherten Telekommunikationsdaten erstrecken, während die im „Herrschaftsbereich" des Kunden gespeicherten Daten (nur) durch das Recht auf informationelle Selbstbestimmung geschützt sein sollen (Bundesverfassungsgericht 2006a: 166). Diese Aufspaltung des Schutzes der Vertraulichkeit der Telekommunikation je nach dem Ort der Datenspeicherung ist für den von Überwachungsmaßnahmen Betroffenen allerdings kaum nachvollziehbar und schon deshalb wenig überzeugend (Schwabenbauer 2012: 15).

Wegen der heutigen technischen Möglichkeiten auf Grund der Digitalisierung der Telekommunikation verfügen die Sicherheitsbehörden der Industriestaaten inzwischen über ein weites Arsenal an Überwachungsmethoden in diesem Bereich. Sie reichen vom klassischen Abhören bzw. Aufzeichnen des Inhalts von Telefongesprächen (Telekommunikationsüberwachung = „TKÜ" nach den §§ 100aff. Strafprozessordnung) über die „Beschlagnahme" von E-Mails beim Provider oder von Benutzerkonten bei sozialen Netzwerken bis zur systematischen Auswertung der bei den Telekommunikationsunternehmen gespeicherten Verkehrsdaten (Gercke 2006: 145; Kutscha, Thomé 2013: 65ff.). Besonders umstritten ist die sogenannte „Quellen-TKÜ", bei der durch das Zuspielen einer speziellen Überwachungssoftware die Internettelefonie (Beispiel: „Skype") vor deren Verschlüsselung ausgeforscht werden soll: Durch die Enttarnung eines solchen „Staatstrojaners" im Oktober 2011 wurde offenkundig, wie wenig zielgenau und sicher die bisher von bestimmten Behörden eingesetzte Überwachungssoftware ist (Fraenkel, Hammer 2011: 887).

Der hohe „Erkenntniswert" und damit auch die besondere grundrechtliche Brisanz der auf den ersten Blick eher belanglosen Verkehrsdaten (früher: Verbindungsdaten) der Telekommunikation, zu denen z. B. auch die Standortmeldungen von Mobiltelefonen gehören, ist im Urteil vom 2. März 2010 des Bundesverfassungsgerichts zur Vorratsdatenspeicherung treffend beschrieben worden: Aus diesen Daten ließen sich

> „bei umfassender und automatisierter Auswertung bis in die Intimsphäre hineinreichende inhaltliche Rückschlüsse ziehen. Adressaten (deren Zugehörigkeit zu bestimmten Berufsgruppen, Institutionen oder Interessenverbänden oder die von ihnen angebotenen Leistungen), Daten, Uhrzeit und Ort von Telefongesprächen erlauben, wenn sie über einen längeren Zeitraum beobachtet werden, in ihrer Kombination detaillierte Aussagen zu gesellschaftlichen oder politischen Zugehörigkeiten sowie persönliche Vorlieben, Neigungen und Schwächen derjenigen, deren Verbindungsdaten ausgewertet werden".

Eine solche Speicherung könne „die Erstellung aussagekräftiger Persönlichkeits- und Bewegungsprofile praktisch jeden Bürgers ermöglichen" (Bundesverfassungsgericht 2010: 319).

6   Unantastbare Menschenwürde?

An dieser Stelle kommt die Menschenwürde ins Spiel, die nach Art. 1 Abs. 1 GG einen absoluten, d. h. nicht mit anderen Rechtsgütern „abwägbaren" Schutz genießen soll. Schon in früheren Entscheidungen hat das Gericht darauf verwiesen, dass eine lückenlose Totalüberwachung des Menschen mit dem Ziel der Erstellung eines umfassenden Persönlichkeitsprofils gegen die Menschenwürdegarantie des Grundgesetzes verstoßen würde (Bundesverfassungsgericht 2004: 323). Daran knüpft auch das Urteil zur Vorratsdatenspeicherung an: „Dass die Freiheitswahrnehmung des Bürgers nicht total erfasst und registriert werden darf", gehört danach „zur verfassungsrechtlichen Identität der Bundesrepublik Deutschland" (Bundesverfassungsgericht 2010: 324). Gleichwohl wurde die eine solche Totalerfassung ermöglichende Vorratsdatenspeicherung nicht für „schlechthin unvereinbar" mit den Grundrechten erklärt, sondern unter engen Voraussetzungen zugelassen. Damit ist für dieses Urteil die gleiche Inkonsequenz kennzeichnend, wie sie bereits die Entscheidung von 2008 zur „Online-Durchsuchung" prägte: Auf der einen Seite soll eine staatliche Ausforschung im „Kernbereich privater Lebensgestaltung" wegen des absoluten Garantie der Menschenwürde ausnahmslos unzulässig sein, auf der anderen Seite lässt das Gericht jedoch unter bestimmten Voraussetzungen eine Überwachungsmethode wie die heimliche „Online-Durchsuchung" zu, bei denen der Eingriff in diesen Kernbereich „praktisch unvermeidbar" ist (Bundesverfassungsgericht 2008a: 337). Schließlich kann die eingesetzte Überwachungssoftware bei der Ausforschung der auf einem Computer gespeicherten Daten nicht danach unterscheiden, welche davon die Intimsphäre des Ausgeforschten und welche möglicherweise Attentatspläne o. ä. betreffen. Auch das vom Gericht postulierte zweistufige Schutzkonzept – Vorkehrungen sowohl in der Erhebungs- als auch in der Auswertungsphase – kann die Verletzung des vorgeblich absolut geschützten Kernbereichs im Nachhinein nicht ungeschehen machen (Schwabenbauer 2012: 32). Daraus darf freilich nicht gefolgert werden, dass die Menschenwürde eben doch mit anderen Rechtsgütern abgewogen werden müsse (so aber z. B. Baldus 2008: 218). Die naheliegende Konsequenz aus dem absoluten Geltungsanspruch der Menschenwürdegarantie wäre vielmehr der Verzicht auf solche Überwachungsmethoden, bei denen das Risiko einer Verletzung des Kernbereichs besonders hoch ist.

Nach Art. 1 Abs. 1 Satz 2 GG besteht die Verpflichtung aller staatlichen Gewalt, die Menschenwürde nicht nur „zu achten", sondern diese auch „zu schützen". Damit postuliert das Grundgesetz ausdrücklich eine „Drittwirkung" dieses Grundrechts bzw. eine entsprechende Schutzpflicht des Staates. Diese umzusetzen, würde in Anbetracht der oben zitierten Verfassungsrechtsprechung u. a. bedeuten, auch privaten Unternehmen die Herstellung umfassender Persönlichkeitsprofile ihrer Kunden zu verbieten. Dabei ließe sich immerhin auf den ideengeschichtlichen Hintergrund der Menschenwürdegarantie rekurrieren: Zu ihren wichtigsten Inspirationsquellen gehören die Schriften des Philosophen Immanuel Kant, in denen dieser die Würde des Menschen auf ihre Selbstzweckhaftigkeit stützte. So schrieb er im Jahre 1786 in seiner „Grundlegung zur Metaphysik der Sitten":

> „Nun sage ich: der Mensch, und überhaupt jedes vernünftige Wesen, existiert als Zweck an sich selbst, nicht bloß als Mittel zum beliebigen Gebrauche für diesen oder jenen Willen, sondern muss in allen seinen, sowohl auf sich selbst, als auch auf andere vernünftige Wesen gerichteten Handlungen jederzeit zugleich als Zweck betrachtet werden." (Kant 1983: B 64)

Freilich beruht das Prinzip der – inzwischen auch das Internet beherrschenden – weltweiten Marktwirtschaft gerade darauf, den Menschen und seine Bedürfnisse als Mittel zum Zweck der Gewinnerzielung zu behandeln. Nützlich ist er nur als Kunde oder als möglichst flexibel einsetzbare Arbeitskraft, als Person mit dem Anspruch auf Würde kommt er nicht ins Blickfeld (Böckenförde 2011b: 43). Ein „soziales" Netzwerk wie z. B. Facebook zeigt anschaulich, wie das menschliche Urbedürfnis nach Kommunikation und Kontakt mit anderen konsequent kommodifiziert, wie das Wissen über das Leben der einzelnen Menschen, ihre Neigungen, ihre Probleme und Sorgen zur Ware ohne Verfallsdatum herabgewürdigt wird.

Literatur

Bäcker, Matthias (2012): Grundrechtlicher Informationsschutz gegen Private. In: *Der Staat* 51/1. 91-116.

Baldus, Manfred (2008): Der Kernbereich privater Lebensgestaltung – absolut geschützt, aber abwägungsoffen. In: *Juristenzeitung* 63/5. 218-227.

Böckenförde, Ernst-Wolfgang (2011a): Freiheitssicherung gegenüber gesellschaftlicher Macht. In: ders.: *Wissenschaft, Politik, Verfassungsgericht: Aufsätze von Ernst-Wolfgang Böckenförde. Biographisches Interview von Dieter Gosewinkel.* Berlin. 72-83.

Böckenförde, Ernst-Wolfgang (2011b): Vom Wandel des Menschenbildes im Recht. In: ders.: Wissenschaft, Politik, Verfassungsgericht: Aufsätze von Ernst-Wolfgang Böckenförde. Biographisches Interview von Dieter Gosewinkel. Berlin. 13-52.

Britz, Gabriele (2008): Vertraulichkeit und Integrität informationstechnischer Systeme. In: *Die Öffentliche Verwaltung* 61/10. 411-415.

Bull, Hans Peter (2006): Zweifelsfragen um die informationelle Selbstbestimmung – Datenschutz als Datenaskese? In: *Neue Juristische Wochenschrift* 59/23. 1617-1624.

Bundesverfassungsgericht (1983): Urteil v. 15. 12. 1983. In: *Bundesverfassungsgerichtsentscheidungen* Bd. 65. 1-72.

Bundesverfassungsgericht (1990): Beschluss v. 7. 2. 1990. In: *Bundesverfassungsgerichtsentscheidungen* Bd. 81. 242-263.

Bundesverfassungsgericht (2004): Urteil vom 3. 3. 2004. In: *Bundesverfassungsgerichtsentscheidungen* Bd. 109. 279-386.

Bundesverfassungsgericht (2006a): Urteil v. 2. 3. 2006. In: *Bundesverfassungsgerichtsentscheidungen* Bd. 115. 166-204.

Bundesverfassungsgericht (2006b): Beschluss vom 4. 4. 2006. In: *Bundesverfassungsgerichtsentscheidungen* Bd. 115. 320-381.

Bundesverfassungsgericht (2008a): Urteil vom 27. 2. 2008. In: *Bundesverfassungsgerichtsentscheidungen* Bd. 120. 274-350.

Bundesverfassungsgericht (2008b): Urteil v. 11. 3. 2008. In: *Bundesverfassungsgerichtsentscheidungen* Bd. 120. 378-433.

Bundesverfassungsgericht, Kammer (2009): Beschluss v. 11. 8. 2009. In: *Neue Juristische Wochenschrift* 62/45. 3293-3294.

Bundesverfassungsgericht (2010): Urteil v. 2. 3. 2010. In: *Bundesverfassungsgerichtsentscheidungen* Bd. 125. 260-385

Bundesverfassungsgericht (2011): Urteil v. 22. 2. 2011. In: *Bundesverfassungsgerichtsentscheidungen* Bd. 128. 226-278.

Fisahn, Andreas/ Kutscha, Martin (2011): *Verfassungsrecht konkret. Die Grundrechte.* Berlin.

Fraenkel, Reinhard/ Hammer, Volker (2011): Vom Staats- zum Verfassungstrojaner. In: *Datenschutz und Datensicherheit* 35/12. 887-889.

Gercke, Björn (2006): Telekommunikationsüberwachung. In: Roggan, Fredrik/ Kutscha, Martin (Hg.) (2006): *Handbuch zum Recht der Inneren Sicherheit.* Berlin. 145-182.

Gurlit, Elke (2010): Verfassungsrechtliche Rahmenbedingungen des Datenschutzes. In: *Neue juristische Wochenschrift* 63/15. 1035-1041.

Gusy, Christoph/Worms, Christoph (2009): Grundgesetz und Internet. In: *Aus Politik und Zeitgeschichte* 59/18-19. 26-33.

Härting, Niko/ Schneider, Jochen (2011): Das Dilemma der Netzpolitik. In: *Zeitschrift für Rechtspolitik* 44/8. 233-236.

Heller, Christian (2011): *Post-Privacy. Prima leben ohne Privatsphäre.* München.

Henrichs, Axel/ Wilhelm, Jörg (2010): Polizeiliche Ermittlungen in sozialen Netzwerken. In: *Kriminalistik* 64/1. 30-37.

Heselhaus, Sebastian M./ Nowak, Carsten (Hg.) (2006): *Handbuch der Europäischen Grundrechte.* München.

Hoffmann-Riem, Wolfgang (1998): Informationelle Selbstbestimmung in der Informationsgesellschaft. In: *Archiv des öffentlichen Rechts* 123/4. 513-540.

Hornung, Gerrit (2008): Ein neues Grundrecht. In: *Computer und Recht* 5. 299-306.

Kant, Immanuel (1983): Grundlegung zur Metaphysik der Sitten (1786). In: Kant, Immanuel: *Werke in 10 Bänden* Bd. 6. Darmstadt.

Karg, Moritz/Thomsen, Sven (2012): Tracking und Analyse durch Facebook. In: *Datenschutz und Datensicherheit* 36/10. 729-736.

Konferenz der Datenschutzbeauftragten (2010): Ein modernes Datenschutzrecht für das 21. Jahrhundert. In: *Bundesbeauftragter für Datenschutz und Informationsfreiheit. 23. Tätigkeitsbericht 2009-2010.* 169-205.

Kube, Hann (2006): Neue Medien – Internet. In: Isensee, Josef/Kirchhof, Paul (Hg.): *Handbuch des Staatsrechts* Bd. IV. Heidelberg. 843-884.

Kutscha, Martin (2011): Informationelle Selbstbestimmung – Grundrecht ohne Zukunft? In: *Jahrbuch Öffentliche Sicherheit* 2010/2011, 1. Halbbd. 377-388.

Kutscha, Martin (2012): Das „Computer-Grundrecht" – eine Erfolgsgeschichte? In: *Datenschutz und Datensicherheit* 36/6. 391-394.

Kutscha, Martin/ Thomé, Sarah (2013): *Grundrechtsschutz im Internet?* Baden-Baden.

Lepsius, Oliver (2008): Das Computer-Grundrecht: Herleitung – Funktion – Überzeugungskraft. In: Roggan, Fredrik (Hg.) (2008): *Online-Durchsuchungen*, Berlin. 21-56.

Masing, Johannes (2012): Herausforderungen des Datenschutzes. In: *Neue Juristische Wochenschrift* 65/33. 2305-2311.

Medienpädagogischer Forschungsverbund Südwest (2012): *JIM-Studie 2012. Jugend, Information, (Multi-) Media.* Stuttgart.

Morozov, Evgeny (2013): Wer hat das Netz verraten? In: *Die Zeit* 33 vom 08.08.2013. 41.

Nettesheim, Martin (2011): Grundrechtsschutz der Privatheit. In: *Veröffentlichungen der Vereinigung der Deutschen Staatsrechtslehrer* 70. 7-49.

Oberverwaltungsgericht Berlin-Brandenburg (2012): Urteil v. 20. 3. 2012. In: *Datenschutz und Datensicherheit* 36/9. 687-691.

Pieroth, Bodo/Schlink, Bernhard (2009): *Grundrechte. Staatsrecht II.* Heidelberg.

Rössler, Beate (2010): Privatheit und Autonomie: zum individuellen und gesellschaftlichen Wert des Privaten. In: Seubert, Sandra/Niesen, Peter (Hg.): *Die Grenzen des Privaten.* Baden-Baden. 41-57.

Schaar, Peter (2007): *Das Ende der Privatsphäre.* München.

Schlögel, Martina (2012): Das Bundesverfassungsgericht, die informationelle Selbstbestimmung und das Web 2.0. In: *Zeitschrift für Politik* 59/1. 85-102.

Schwabenbauer, Thomas (2012): Kommunikationsschutz durch Art. 10 GG im digitalen Zeitalter. In: *Archiv des öffentlichen Rechts* 137/1. 1-41.

Seubert, Sandra (2010): Privatheit und Öffentlichkeit heute. In: Seubert, Sandra/ Niesen, Peter (Hg.): *Die Grenzen des Privaten.* Baden-Baden. 9-21.

Weichert, Thilo (2012): Datenschutzverstoß als Geschäftsmodell – der Fall Facebook. In: *Datenschutz und Datensicherheit* 36/10. 716-721.

Cybersicherheit durch Cyber-Strafrecht?
Über die strafrechtliche Regulierung des Internets

Dominik Brodowski

Einleitung

Das Internet umweht noch immer der Mythos eines rechtsfreien Raumes, eines neuen „wilden Westens", in dem allerdings nicht die physisch Starken, sondern die technisch Versierten ihre „Claims" abstecken und dabei auch vor Straftaten nicht zurückschrecken, ohne sich vor Strafverfolgung fürchten zu müssen. Ist die Innere Sicherheit im Internet daher in Gefahr; bedarf es zu einem Mehr an Cybersicherheit auch eines Mehr an Cyber-Strafrecht?

Diesen Mythos gilt es zu entkräften: Die deutsche und auch die europäische Strafrechtsordnung – die zumindest faktisch der Regulierung des Internets dient (1) – ist gut aufgestellt, um kriminelles Unrecht im Internet adäquat zu erfassen (2). Die international zu verzeichnende Tendenz zur extraterritorialen Anwendung des Strafrechts sorgt vielmehr dafür, dass das Internet Gefahr läuft, strafrechtlich überreguliert zu werden (3). Ein Vollzugsdefizit ist allenfalls bezogen auf die Strafverfolgung zu verzeichnen, was einerseits an teilweise reformbedürftigen strafprozessrechtlichen Regelungen (4), andererseits an der bisweilen langsamen internationalen Rechtshilfe in Strafsachen liegen dürfte. Könnte die Einrichtung einer Europäischen Staatsanwaltschaft, mithin eine Verlagerung der Strafverfolgungskompetenz auf die Europäische Union, hier einen Ausweg liefern? Diesen verfassungsnormativ bereits angelegten Lösungsweg gilt es kritisch zu hinterfragen (5). Schließlich sind die Chancen, aber auch die Risiken des Strafrechts als Instrument zur Regulierung des Internets kritisch zu würdigen (6).

1   Strafrecht als Methode der Verhaltensregulierung

1.1   Strafrecht als Rechtsgüterschutz?
Strafrecht als ultima ratio?

In der deutschen Strafrechtswissenschaft wird vielfach vertreten, Strafrecht sei etwas Besonderes: Strafrecht dürfe nur einem „Rechtsgüterschutz" dienen und auch dann nur als letztes Mittel, als ultima ratio eingesetzt werden (Baumann, Weber, Mitsch 2003: § 3 Rdn. 10ff.). Beide auf vorkonstitutionelle Konzepte rekurrierende Teilaussagen[1] helfen jedoch nur kaum bei einer Betrachtung, zu welchen Zwecken das Strafrecht eingesetzt wird und eingesetzt werden kann: Zum einen ließ sich bislang zu jeder noch so zweifelhaften Strafbestimmung ein Rechtsgut bestimmen oder auch kreieren.[2] Zum anderen aber folgt der ultima ratio-Gedanke ohnehin aus dem grundlegenden Rechtsprinzip der Verhältnismäßigkeit: So einschneidende Rechtsfolgen wie eine Freiheits- oder eine Geldstrafe dürfen nur dann verhängt werden, wenn dies erforderlich ist, weil ein milderes Mittel nicht ersichtlich ist. Auch eine Diskussion der Strafzwecke, dass Strafe nämlich der Spezialprävention, der Generalprävention und/oder einem Schuldausgleich diene, hilft nur begrenzt weiter: All dies knüpft nämlich an eine bereits vorgefasste Konzeption an, welches Verhalten zu sühnen, welches Verhalten zu verhindern sei. Weiterführend erscheinen vielmehr folgende zwei Gedanken:

Im Lichte des Locke'schen Gesellschaftsvertrages (Locke 1988) verzichten Bürger nur deshalb auf Befugnisse zur Selbstjustiz und legen das Gewaltmonopol in die Hände des Staates, weil das Staatswesen die Aufgabe übernimmt, ihre Sicherheit und die Einhaltung der gesellschaftlichen Grundregeln zu gewährleisten. Daher wird es Sache des Staates, das Verhalten seiner Bürger zu regulieren und dabei auch diejenigen Grenzen zu ziehen, deren Überschreitung zu fühlbaren Sanktionen führt. Ohne solch eine Sanktionsmöglichkeit – mithin ohne eine effektive Durchsetzung des Rechts – und ohne eine auch tatsächliche Sanktionierung von Rechtsverletzungen verlören die Bürger das Vertrauen in die Geltung des Rechts, ja das Vertrauen in den Staat, und es wäre ein Zurückfallen in den Urzustand zu befürchten (Landau 2007: 121, 124).

Demokratietheoretisch lässt sich dies durch einen zweiten Begründungsstrang untermauern: Das demokratisch legitimierte Parlament ist dazu berufen, über die

---

[1]   Vgl. BVerfGE 120, 224, 240f.

[2]   Bemerkenswert ist etwa das Rechtsgut der Volksgesundheit (zuletzt etwa BGH 2012: 32), welches dem Betäubungsmittelstrafrecht zugrunde liegen soll, oder dass das Inzestverbot des § 173 StGB dem Schutz der Ehe und Familie dienen soll (BVerfGE 120, 224, 243).

souveränitätssensible Frage zu entscheiden, welches Verhalten derart zu missbilligen ist, dass es mit Kriminalstrafe zu ahnden ist. Grenzen können dem parlamentarischen Handeln jedoch nicht vorkonstitutionelle (und unscharfe) Konzepte wie die Rechtsgutslehre aufzeigen, sondern nur das Verfassungsrecht und dabei insbesondere das Verhältnismäßigkeitsprinzip und die Grundrechte.[3] Strafrecht tritt daher in einen – auch politischen – Wettstreit mit anderen Regulierungsmodellen, etwa des Zivil-, des Polizei- und des Ordnungsrechts (Bodowski, Freiling 2011: 40ff.; Sieber 2012: 11f.). Für das Strafrecht können dann Argumente sprechen wie dessen Befriedungsfunktion, dessen Wertschätzung in der öffentlichen Wahrnehmung und auch dessen Verfahrenssicherungen; gegen das Strafrecht jedoch dessen Kosten, dessen stigmatisierende Wirkung auch bei bloßen Bagatellen und auch dessen Inflexibilität infolge der zu gewährenden Verfahrenssicherungen. Abseits dieser rechtlich-rationalen Argumentation erklärt sich aufgrund seiner politischen Genese, warum Strafrecht in praxi auch zu bloß symbolischen, „politischen" Zwecken eingesetzt wird, wenn etwa eine in der Praxis bedeutungslose, aber öffentlichkeitswirksame Strafnorm formuliert wird.

1.2   Konsequenzen für das Cyber-Strafrecht

Was für Schlüsse lassen sich aus alledem für das Cyber-Strafrecht ziehen? Im Lichte des Gesellschaftsvertrags ist der Staat auch bezogen auf Internet-Sachverhalte dazu befugt, dem Verhalten seiner Bürger Grenzen aufzuzeigen und deren Überschreitung mit Strafe zu ahnden. Legitim ist ein solcher Einsatz des Strafrechts aber selbstverständlich nur innerhalb der verfassungsrechtlichen Grenzen; geeignet ist er zudem nur, wenn auch eine hinreichend effektive Durchsetzung der Rechtsnormen gewährleistet ist. Im Lichte der demokratietheoretischen Erwägungen obliegt es primär dem Parlament, zu entscheiden, ob und zu welchen Zwecken es bei der Regulierung des Internets auf strafrechtliche Regelungsmodelle zurückgreift (Hilgendorf 2012: 825f.). Es lässt sich aber (rechts-) wissenschaftlich beurteilen, ob eine Rechtslage oder deren Veränderung rational und sinnvoll ist; diesem Verständnis liegen auch die im Folgenden referierten rechtspolitischen Empfehlungen zugrunde.

Dabei zeigt sich jedoch noch ein weiteres Problem: Der Locke'sche Gesellschaftsvertrag und auch die demokratietheoretischen Erwägungen beruhen prima facie auf einem nationalstaatlichen Blickwinkel. Jedoch ist das Internet – trotz einer gewissen regulatorischen Dominanz der USA – ein internationales Medium. Wäre dann nicht die weltweite Internet-Nutzerschaft die Gesellschaft im Sinne des

---

3   Vgl. BVerfGE 120, 224, 240ff.

Locke'schen Vertrages, bedürfte es dann nicht eines Welt-Parlaments zur Klärung der Frage, was im Internet erlaubt, was verboten ist? Hierauf möchte ich mit einem vorsichtigen Nein antworten: Diese Theorien lassen sich nicht auf ein singuläres Topos wie das Internet herunterbrechen sondern verlangen stets nach einer Gesamtbetrachtung aller lokalen, regionalen und vor allem nationalen Topoi. Wenn auch die Regelungszuständigkeit für das Internet somit im Ausgangspunkt bei den Nationalstaaten liegt, so ist allerdings – wie bei anderen Themen mit internationalem Koordinationsbedarf (Hohe See, Kriegsvölkerrecht, usw.) – ein internationales Konzept zur (auch strafrechtlichen) Regulierung des Internets erforderlich.

Aus alledem folgt, dass der Gesetzgeber innerhalb des verfassungsrechtlichen Spielraums frei ist, welches Verhalten er mit welchem Regelungsmodell wie regulieren möchte (Beukelmann 2012: 2617, 2619). Welches Verhalten im Internet ist jedoch als derart problematisch, ja als kriminell zu erachten, dass der Einsatz des Strafrechts zumindest diskutiert werden sollte? Die Cyberkriminologie gibt hierauf zumindest teilweise Antworten:

1.3   Inkurs: Cyberkriminologie

Die Beantwortung der empirischen Frage, wer Computerkriminalität begeht und welche Schäden hierdurch verursacht werden, wird allerdings bereits durch ein ausgeprägtes Dunkelfeld erschwert, denn die Anzeigebereitschaft ist bei Computerkriminalität recht gering (Sieber 2012: 18ff.). Dies beruht etwa auf der wahrgenommenen Machtlosigkeit der Strafverfolgungsbehörden, aber etwa auch auf den im Einzelfall nur marginalen Schäden – wenn etwa ein Privatcomputer durch einen „Virus" infiziert wurde, der sogleich aber von einer „Antivirensoftware" entdeckt und unschädlich gemacht wurde. In so einem Fall ist es daher die Ausnahme, dass das Opfer die Strafverfolgungsbehörden auf die soeben entdeckten Computerstraftaten hinweist. Ein weiterer Grund für die mangelnde Anzeigebereitschaft liegt darin begründet, dass etliche Schadensfälle anders als durch die Kriminaljustiz gelöst werden – etwa Urheberrechtsverletzungen durch zivilrechtliche Abmahnungen (vgl. § 97a UrhG). Auch neigen Unternehmen dazu, Informationen über erfolgreiche Angriffe gegen ihre IT-Systeme zu verheimlichen, um weder Nachahmungstäter anzulocken noch Kunden aufzuschrecken (Dornseif 2005: Kap. 2; Wall 2007: 20).

Trotz dieser empirischen Schwierigkeiten lässt sich etwa über die Täter von Cyberkriminalität (Cyberkriminelle) aussagen, dass im Bereich der „klassischen" Kriminalitätsformen, bei denen IT-Technologie nur zur Deliktsbegehung eingesetzt wird, praktisch alle klassischen Tätergruppen vorzufinden sind (Brodowski, Freiling 2011: 63). Besonders eindrücklich ist dies bei den nahezu ubiquitär auftretenden Urheberrechtsverletzungen. Dienen IT-Systeme hingegen unmittelbar als Angriffsobjekt – etwa bei unerlaubten Zugriffen auf IT-Systeme und die darauf gespeicherten Daten –, so sind vorrangig drei Tätergruppen aktiv: erstens Innentäter, zweitens weltweit vernetzte, aber nicht hierarchisch organisierte kriminelle Gruppierungen, sowie drittens „Kleinkriminelle", die im Internet verfügbare Malware-Frameworks dazu nutzen, selbst mit wenigen Handgriffen Schadsoftware zur Begehung von Cyberkriminalität zu erstellen (sog. „Script-Kiddies") (Kshetri 2010: Kap. 1.6, 2.4). Hinsichtlich der Motivation der Täter dominieren ökonomische Motive (Brodowski, Freiling 2011: 189): sei es die Motivation, für die Nutzung urheberrechtlich geschützten Materials keine Lizenzkosten zahlen zu müssen; sei es die Motivation, durch Erpressung, Betrug oder Computerbetrug Einnahmen zu generieren. Daneben treten jedoch die sogenannten Cyberaktivisten, die aus ihrer internen Überzeugung heraus Straftaten begehen, um etwa geheime Dokumente offenzulegen („Wikileaks") oder um gegen wahrgenommene politische Missstände zu opponieren („Anonymous") (Gercke 2012: 625, 631ff.) Sonderfälle stellen wiederum staatlich motivierte Cyberangriffe („Cyberwar", gezielte Angriffe etwa auf iranische Atomanlagen) sowie – der ausgesprochen seltene – Cyberterrorismus dar (Gaycken 2011).

Hinsichtlich der Schäden neigt die öffentliche Wahrnehmung einerseits zu einer gewissen Dramatisierung. So darf etwa bei Urheberrechtsdelikten die Anzahl der Vergehen nicht mit dem Ladenpreis des Produkts multipliziert werden, um den Schaden zu bestimmen: Ob diejenigen, die die Urheberrechtsverletzungen begangen haben, andernfalls die gleiche Leistung zu diesem Preis genutzt hätten, ist mehr als fraglich (Brodowski, Freiling 2011: 73). Auch sind die Vorsorgekosten etwa gegen Spam-Mails (Rao, Reiley 2012: 87ff.), wie Spamfilter, größere Auslegung der Rechenzentren, auch von den wirtschaftlichen Interessen der IT-Sicherheitsindustrie beeinflusst. Andererseits kann das Ausspähen von Daten – insbesondere im Falle einer gezielten Attacke, etwa zur Wirtschaftsspionage – zu immensen wirtschaftlichen Schäden und zu einer erheblichen privaten Beeinträchtigung führen. In der Mehrzahl der Fälle aber – und insbesondere etwa bei Passwort-„Diebstählen" in großem Maßstab, die viele Opfer betreffen – sind die Kriminellen nicht an einer weiteren Ausforschung einer Person interessiert, in „Massenfällen" ohnehin dazu nicht in der Lage.

Ins Blickfeld der Cyberkriminologie sollten jedoch auch zwei weitere Personenkreise treten, die zumindest das Umfeld stärken, in dem Cyberkriminalität gedeihen kann:[4] Zum einen Endanwender, die ihre IT-Systeme in höchst unsicherer Weise

---

4 Vgl. ferner die Diskussion einer strafrechtlichen Verantwortlichkeit des Admin-C und des Usenet-Providers durch Gercke 2012: 474ff.

verwenden, weil sie Sicherheitsaktualisierungen ignorieren oder Sicherheitsmaßnahmen, die schon lange dem Stand der Technik entsprechen, nicht ergreifen; zum
anderen Softwarehersteller, die Sicherheitslücken nicht oder nur verzögert beheben oder Sicherheitsaktualisierungen nur kostenpflichtig zur Verfügung stellen.
Gleichwohl wird sich unten (6) zeigen, dass es wenig sinnvoll ist, dieses gefährliche
Verhalten strafrechtlich zu ahnden. Ohnehin erscheint es angesichts des bloßen
Fahrlässigkeitsvorwurfs und der regelmäßig nur betroffenen Vermögensinteressen
im Lichte des Verhältnismäßigkeitsprinzips geboten, gegenüber unvorsichtigen
Endanwendern und gegenüber Softwareherstellern auf das scharfe Schwert des
Strafrechts zu verzichten und allenfalls mit zivilrechtlichen (etwa durch eine
Gefährdungshaftung bei Urheberrechtsverletzungen[5]), polizeirechtlichen[6] oder
allenfalls bußgeldrechtlichen Regelungsmodellen zu operieren.

2 Materiell-strafrechtliche Erfassung von Cyberkriminalität

2.1 Rechtslage in Deutschland

2.1.1 de lege lata

Eine Vielzahl von Straftatbeständen unterscheidet nicht nach den Kommunikationswegen, über die sie begangen werden. So sind Ehrverletzungen als Beleidigung
(§ 185 StGB) strafbar, gleich ob diese im mündlichen Gespräch, über Telefon oder
per E-Mail begangen wurden. Schwierigkeiten traten und treten jedoch dort auf,
wo an die Stelle von menschlichen Entscheidungen Computersysteme nach einem
vorgefertigten Programm Entscheidungen treffen sollen. Die wohl bedeutendste
solche Konstellation wurde frühzeitig erkannt und der den Betrug (§ 263 StGB)
ergänzende Straftatbestand des Computerbetrugs (§ 263a StGB) geschaffen (Lenckner, Winkelbauer 1986: 654; Möhrenschlager 1986: 128; Tiedemann 1986: 865).

Weitere – und noch nicht vollständige – Veränderungen sind dort zu verzeichnen, wo das bisherige Strafrecht sich seinem Wortlaut nach auf Sachgüter bezieht.

---

5   Exemplarisch BGHZ 185, 330 m. Anm. u. Bespr. u. a. durch Borges 2010: 2624; Hoeren
    2010: 503; Hornung 2010: 461; Spindler 2010: 592.

6   Allerdings ist ein Softwareanbieter, der eine bekannte Sicherheitslücke nicht oder nur
    kostenpflichtig schließt, oder ein Nutzer, der eine Sicherheitsaktualisierung nicht vornimmt, kein Störer, weil es am Kriterium der unmittelbaren Verursachung (vgl. hierzu
    allgemein und grundlegend PrOVGE 31, 409; VGH Mannheim 1986: 441) fehlen dürfte:
    Schließlich erfordert es stets noch einen Kriminellen, der die Sicherheitslücken ausnutzt.

Dies ist etwa der Fall in § 184b Abs. 4 StGB, der den Besitz kinderpornographischer Schriften unter Strafe stellt. § 11 Abs. 3 StGB erweitert dies zwar auf „Datenspeicher", knüpft aber somit nach wie vor an eine physische Sache an (Gercke 2010: 798; Sieber 2012: 54f., 101). Daher bedarf es einiger – teilweise auch rechtlich zweifelhafter – Kunstgriffe, um auch das bloße Betrachten von kinderpornographischen Bildern auf einem Computerbildschirm unter Strafe zu stellen.[7] Ein weiteres Beispiel: Nimmt jemand ein vertrauliches Vortragsmanuskript eines Konkurrenten weg, so kann dies einen Diebstahl (§ 242 StGB) des Manuskripts darstellen. Kopiert er jedoch die Datei, weil er das Büro unverschlossen und den Rechner ohne Passwortschutz vorgefunden hat, so ist derselbe „Ideen-Diebstahl" straflos.

Grundsätzlich lässt sich aber feststellen, dass die meisten Fälle von vorsätzlichem, signifikantem Fehlverhalten im Internet bereits jetzt von mindestens einem Straftatbestand erfasst werden. Für eine genaue Darstellung der Tatbestände sei auf die einschlägige strafrechtliche Literatur verwiesen (Gercke, Brunst 2009; Hilgendorf, Valerius 2012; Marberth-Kubicki 2010).

2.1.2   Wandel vom Sach- zum Informationsbezug

Um mit neueren technischen Möglichkeiten auch strafrechtlich mithalten zu können, wird es vermehrt notwendig, neben dem Schutz der Sachobjekte auch einen Informationsschutz (Sieber 2012: 153) zu gewährleisten – so beim Geheimnisschutz –, und neben der Inkriminierung von bestimmten Sachobjekten auch die zugrundeliegende Information zu inkriminieren – so im Pornografiestrafrecht.

Gleichwohl ist bei dem Transfer von einem sachbezogenen hin zu einem informationsbezogenen Strafrecht vorsichtig und zurückhaltend vorzugehen: Erstens lassen sich Informationen – im Gegensatz zu Sachen – kostengünstig und verlustfrei duplizieren (Brodowski, Freiling 2011: 54, 58). Zweitens ist ein freier Wissensaustausch geradezu nötig zu einem technischen und so auch wirtschaftlichen Fortschritt. Drittens aber ist die Vielzahl an legitimen Gründen zu beachten, aufgrund derer Informationen und der Informationsfluss nicht behindert werden sollen – dies reicht vom Whistleblowing über investigativen Journalismus und über die möglichst umfassende Marktkenntnis, die ein „mündiger Verbraucher" und insbesondere ein Kapitalanleger benötigt, bis hin zum politischen, aber auch profanen Informations- und Meinungsaustausch als Grundlage einer freien, aufgeklärten demokratischen Gesellschaft (BVerfGE 7, 198, 208).

---

7   OLG Hamburg 2010: 1893 m. Anm. u. Bespr. Brodowski 2011a: 99; Eckstein 2011: 18; Hörnle 2010: 704.

2.1.3   de lege ferenda

Anhand dieser Leitlinien lässt sich die aktuelle Reformdiskussion, wie sie unter anderem 2011 (Brodowski, Freiling 2011) auf der Strafrechtslehrertagung in Leipzig[8] und 2012 auf dem 69. Deutschen Juristentag in München[9] geführt wurde, einordnen. Diese kreist zum einen um die Frage, wie der unberechtigte Umgang mit Informationen strafrechtlich zu ahnden sei. Man denke hier einerseits an fremde persönliche Geheimnisse, die einem Cloud-Anbieter anvertraut wurden, mithin an das Datenschutzstrafrecht im weiteren Sinne (Vgl. Brodowski, Freiling 2011: 93ff., insb. 101; Sieber 2012: 85ff., 93ff.), andererseits an den Zugriff auf inkriminierte Datenbestände (Kinderpornographie, extremistische Inhalte). Zum anderen wird diskutiert, welche Informationen und welche Informationsweitergabe überhaupt strafrechtlich zu regulieren sind. So wird neben einem expliziten Schutz des investigativen Journalismus und des Whistleblowing etwa auch hinterfragt, inwieweit Software – und damit Information –, die (auch) zu illegitimen Zwecken verwendet werden kann, inkriminiert werden darf (sog. „dual use software", vgl. § 202c StGB).[10] Ferner ist hier auf die Debatte über das Urheberstrafrecht zu verweisen, namentlich ob die nicht-gewerbliche Vervielfältigung oder auch Verbreitung urheberrechtlich geschützter Werke strafrechtlich (Sieber 2012: 95f.) oder – aufgrund der hohen Abmahngebühren – quasi-strafrechtlich zu ahnden ist.[11]

2.2   Europäische und internationale Vorgaben

Etliche dieser Straftatbestände dienen auch der Umsetzung von europäischen und internationalen Vorgaben, in denen sich Deutschland – wie eine Vielzahl anderer Länder auch – dazu verpflichtet hat, diese Verhaltensweisen unter Kriminalstrafe zu stellen (sog. Pönalisierungsverpflichtungen). Hervorzuheben ist zunächst die

---

8   Vgl. hierzu die Vorträge von Klesczewski 2011: 737 und Schmölzer 2011: 709, den Begleitaufsatz von Kudlich 2011: 193 sowie die Zusammenstellung der Diskussionsbeiträge von Schumann, Zabel 2011: 827, 841ff.

9   Vgl. hierzu das Gutachten von Sieber 2012, die Begleitaufsätze von Beukelmann 2012: 2617; Gercke 2012: 474 und Hilgendorf 2012: 825.

10 Zu § 202c StGB siehe BVerfG 2009: 745 m. Anm. u. Bespr. Höfinger 2009: 751; Holzner 2009: 177; Hornung 2009: 677; Stuckenberg 2010: 41; Hilgendorf 2012: 825, 830f.; Popp 2008: 375; Sieber 2012: 90ff.; Završnik 2010: 113.

11 Zur Unanwendbarkeit der Deckelung auf 100 EUR (§ 97a Abs. 2 UrhG) in „Tauschbörsenfällen" vgl. nur LG Hamburg 2010: 611; LG Berlin 2011: 401.

sog. Cybercrime-Konvention des Europarats aus dem Jahr 2001,[12] welche von einer Vielzahl von Staaten – über den europäischen Rechtsraum hinausgehend – gezeichnet wurde und Pönalisierungsverpflichtungen unter anderem betreffend des unberechtigten Zugriffs auf Informationssysteme, der Datenfälschung, des Computerbetrugs und der Kinderpornografie enthält. Innerhalb der Europäischen Union wird dies flankiert durch einen Rahmenbeschluss über Angriffe auf Informationssysteme,[13] die kürzlich durch eine – u. a. mit höheren Strafdrohungen versehene – Richtlinie ersetzt wurde.[14] Ferner ist auf die Richtlinie zur Bekämpfung des sexuellen Missbrauchs und der sexuellen Ausbeutung von Kindern sowie der Kinderpornografie[15] hinzuweisen, welche ebenfalls umfangreiche internetbezogene Pönalisierungsverpflichtungen enthält.

3 Strafanwendungsrecht

3.1 Prinzipien des Strafanwendungsrechts und deren Anwendung auf Cyberkriminalität

Doch findet deutsches Strafrecht auf eine bestimmte Cyberstraftat überhaupt Anwendung? Diese Frage des Strafanwendungsrechts wird bis heute von der Rechtsprechung wie auch von weiten Teilen der Lehre mit den klassischen Prinzipien des Strafanwendungsrechts beantwortet, wie sie in §§ 3ff. StGB normativ verankert sind.

Das die §§ 3ff. StGB dominierende Territorialitätsprinzip bezieht sich dabei auf den Ort der Tat: Hat der Täter innerhalb Deutschlands gehandelt oder ist der strafrechtlich relevante Erfolg innerhalb Deutschlands eingetreten (vgl. § 9 Abs. 1 StGB)? Das Internet und der durch das Internet geschaffene virtuelle Raum ist dabei

---

12 Budapester Übereinkommen über Computerkriminalität (Europarats-Übereinkommen SEV Nr. 185), BGBl. 2008 II: 1242 nebst Zusatzprotokoll, BGBl. 2011 II: 290.

13 Rahmenbeschluss 2005/222/JI des Rates vom 24. Februar 2005 über Angriffe auf Informationssysteme, AblEU 2005 L 69 v. 15.03.2005: 67.

14 Richtlinie 2013/40/EU des Europäischen Parlaments und des Rates über Angriffe auf Informationssysteme und zur Ersetzung des Rahmenbeschlusses 2005/222/JI des Rates, AblEU 2013 L 218 v. 14.08.2013: 8; hierzu Brodowski 2011b: 940, 945 mit weiteren Nachweisen.

15 Richtlinie 2011/93/EU des Europäischen Parlaments und des Rates vom 13. Dezember 2011 zur Bekämpfung des sexuellen Missbrauchs und der sexuellen Ausbeutung von Kindern sowie der Kinderpornografie sowie zur Ersetzung des Rahmenbeschlusses 2004/68/JI des Rates, AblEU 2011 L 335 v. 17.12.2011: 1; hierzu Brodowski 2011b: 940, 945.

nach ganz herrschender Auffassung kein Territorium, das außerhalb der bekannten Staatsgebiete liegen würde (Brodowski, Freiling 2011: 164). Anknüpfungspunkt bleibt somit, wo der Täter die inkriminierte E-Mail geschrieben hat, wo der Täter eine Phishing-Website programmiert hat, aber auch wo auch immer das Opfer eines Betrugs irrigerweise eine Überweisung tätigte.

Deutsches Strafrecht kann jedoch auch dann anwendbar sein, wenn der Tatort nicht im Inland liegt: Weitere anerkannte strafanwendungsrechtliche Anknüpfungspunkte sind die Staatsangehörigkeit des Täters und des Opfers (Personalitätsprinzip), der Schutz inländischer „Rechtsgüter" (Schutzprinzip), die stellvertretende Strafrechtspflege für einen anderen Staat – etwa, wenn der Verdächtige nicht an den anderen Staat ausgeliefert werden kann – und schließlich auch die weltweite Verfolgung von bestimmten Straftaten, welche die Interessen der Staatengemeinschaft berühren (Weltrechtsprinzip, z. B. betreffend Kriegsverbrechen).[16] Bezüglich dieser Anknüpfungspunkte sind ebenfalls keine internetspezifischen Besonderheiten zu verzeichnen.

3.2   Kompetenzkonflikte

Nun sind Internetdelikte nicht selten transnationale Delikte, so etwa, wenn der Täter aus einem Land heraus agiert, ihm von einem Gehilfen in einem weiteren Land geholfen wird, beide über einen Server in einem dritten Staat operieren und auf Daten eines Opfers in einem vierten Staat zugreifen – ganz zu schweigen von den Transitstaaten, über welche die Datenpakete transferiert werden. In welchen dieser Staaten ist der Täter zur Rechenschaft zu ziehen? Im Ausgangspunkt kann er nach herkömmlichem Verständnis von allen beteiligten Staaten strafrechtlich zur Rechenschaft gezogen werden; allenfalls ist bei nachfolgenden Verurteilungen die bereits verbüßte Strafe anzurechnen bzw. strafmildernd zu berücksichtigen.[17] Hieraus resultiert eine Vielzahl von Schwierigkeiten, die sich aufgrund der Transnationalität des Internets hier in einer ungeahnten Deutlichkeit zeigen (Wörner 2012: 458).

An solch einer Mehrfachzuständigkeit (sog. positiver Kompetenz-, Jurisdiktionskonflikt bzw. *choice of forum*) ist zum einen problematisch, dass Rechtsfrieden – und somit auch eine effektive Wiedereingliederung des resozialisierten Straftäters in die Gesellschaft – erst dann eintreten kann, wenn sämtliche Strafverfahren abgeschlossen sind. Zum anderen aber kann dies dazu führen, dass

---

16 Vgl. hierzu das Römische Statut des Internationalen Strafgerichtshofs, BGBl. 2000 II: 1394.

17 In Deutschland etwa nach § 51 Abs. 3 StGB.

sich das punitivste Strafrecht durchsetzt, da jede Strafrechtsordnung, welche die vorherigen Verurteilungen für zu milde erachtet, noch eine weitere Verurteilung herbeiführen kann.[18] Im Rechtsraum der Europäischen Union ist diese Problematik etwa dadurch entschärft, dass Art. 50 Grundrechte-Charta sowie Art. 54 SDÜ ein transnationales Doppelbestrafungsverbot normieren: Ist ein Täter daher in einem Staat bereits verurteilt oder freigesprochen worden, sind weitere Strafverfahren in anderen Mitgliedstaaten der Europäischen Union nicht mehr möglich. Weltweit hat sich ein solches Doppelbestrafungs- und Doppelverfolgungsverbot aber (noch) nicht durchgesetzt.[19]

Aus der Rechtspraxis wird berichtet, dass in Fällen solcher Mehrfachzuständigkeit gelegentlich ein kontra-intuitives Ergebnis zu verzeichnen ist: Sämtliche zur Strafverfolgung berufene Staaten neigen dazu, nicht selbst tätig zu werden, weil die kosten- und ressourcenintensive Strafverfolgung auch in einem anderen Staat durchgeführt werden könne. Solche *negative Kompetenzkonflikte* versucht ebenfalls die Europäische Union zu unterbinden, indem sie über Eurojust eine Koordinierung der nationalen Kriminaljustizsysteme anstrebt.[20]

Weitaus problematischer als die positiven und negativen Kompetenzkonflikte sind jedoch sog. *Divergenzkonflikte*,[21] die immer dann auftreten, wenn ein Verhalten in einem Staat legitim und ggf. auch verfassungsrechtlich geschützt ist, dasselbe Verhalten jedoch in einem anderen Staat strafbar ist, und unter Berücksichtigung der genannten Anknüpfungsprinzipien und insbesondere des Territorialitätsprinzips beide Rechtsordnungen Anwendung finden können. Klassisches Beispiel hierfür ist die Verurteilung des Australiers Toeben, der auf einem australischen Internet-server volksverhetzende Schriften verbreitete – was zum damaligen Zeitpunkt in Australien straflos war – und hierfür in Deutschland verurteilt wurde, wobei die deutschen Strafgerichte einen spezifischen Bezug dieser Schriften zu Deutschland annahmen (BGHSt 46: 212). Über diesen Einzelfall und über Lehrbuchbeispiele – Internet-Werbung für alkoholische Getränke, die in islamisch geprägten Staaten

---

18 Allerdings stellt sich in all diesen Konstellationen das zusätzliche Problem, ob ein Staat, dessen Strafrecht Anwendung findet, den Täter auch ergreifen kann. Im transnationalen Kontext erfordert dies in aller Regel eine Auslieferung, die zumindest nach deutschem Recht dann unzulässig ist, wenn bereits ein deutsches Strafverfahren abgeschlossen ist (§ 9 IRG). Dies bietet daher einen – wenn auch nur begrenzten – Schutz.

19 Zuletzt BVerfG 2012: 1202; zuvor BVerfGE 75: 1.

20 Rahmenbeschluss 2009/948/JI des Rates vom 30. November 2009 zur Vermeidung und Beilegung von Kompetenzkonflikten in Strafverfahren, AblEU 2009 L 328 v. 15.12.2009: 42.

21 Terminologie nach Brodowski, Freiling 2011: 167f.; hierzu nunmehr auch Hilgendorf 2012: 825, 831.

verboten ist (Sieber 2012: 142; Fischer 2012: § 9 Rdn. 8a) – hinausgehend drohen in drei Bereichen rechtlich und tatsächlich bedeutsame Divergenzkonflikte: erstens im Bereich der Legalisierung contra strafrechtlichen Regulierung des Glückspiels, zweitens zwischen wirtschaftsrechtlichen Offenlegungspflichten einerseits (disclosure, ad-hoc-Publizität) und Datenschutzstrafrecht andererseits, sowie drittens zwischen Geheimnisschutz und Presse-, Meinungs- und Informationsvermittlungsfreiheit (Brodowski, Freiling 2011: 167f.).

Die rechtspolitischen Forderungen, diesen gordischen Knoten zu durchschneiden, reichen von einem „strafrechtlichen Herkunftslandprinzip" – entscheidend soll die Rechtsordnung sein, von dem aus der Täter handelt[22] – hin zu einer weitergehenden Harmonisierung des materiellen Strafrechts (Brodowski, Freiling 2011: 167f.; Sieber 2012: 142). Soweit aber damit nur Mindestvorschriften gemeint sind, mithin die Staaten frei sind, über den internationalen Mindeststandard hinausgehend Verhalten zu inkriminieren, eignet sich dies nicht, um Divergenzkonflikte effektiv zu lösen, die auf fundamental unterschiedlichen gesellschaftlichen wie politischen Auffassungen beruhen. Mehr Augenmerk sollte daher darauf gerichtet werden, ob neben einem internationalen Mindeststandard an Strafvorschriften auch ein internationaler Mindeststandard hinsichtlich straflosen Verhaltens geschaffen werden sollte (Brodowski, Freiling 2011: 168; Sieber 2012: 77), der über den menschenrechtlich zwingenden Grundstandard hinausgeht. Solange man sich dann innerhalb der Regeln eines solchen *safe harbours* bewegt, würde einem dies auch international Straflosigkeit garantieren.

4   Strafverfolgung und Strafverfolger im Internet

Soll das Strafrecht das Internet nicht nur mit einer leeren Drohung regulieren, sondern soll kriminellem Verhalten auch eine Strafe folgen, so sind hinreichende technische und rechtliche Maßnahmen zu ergreifen, um die Straftaten aufzudecken, aufzuklären und abzuurteilen. Im Folgenden sei das Augenmerk gerichtet auf die rechtlichen Grundlagen hinsichtlich offener (4.1) und verdeckter (4.2) Ermittlungen im weltweiten (4.3) Cyberspace. Gleichwohl wird jeweils auch auf die Entwicklungen

---

22   Dannecker 2005: 697, 714 ff.; Kudlich 2004: 278. Der EuGH lehnte es jedoch mit Urt. v. 21.6.2012 – Rs. C-5/11 (Donner) – auf Vorlage des BGH, NStZ-RR 2011, 178 ab, ein solches „strafrechtliches Herkunftslandprinzip" anzuerkennen, als ein Geschäftsmann aus Italien heraus Einrichtungsgegenstände im „Bauhaus"-Stil vertrieb, ohne hierzu befugt zu sein. Der Verurteilung in Deutschland stünde nicht entgegen, dass entsprechende Strafvorschriften in Italien nicht anwendbar oder nicht durchsetzbar waren.

in der Cyberkriminalistik bzw. in der Cyberforensik, die mit wissenschaftlicher Methodik digitale Spuren zu Ermittlungszwecken nutzbar machen, Bezug zu nehmen sein: Sie zeigen nämlich auf, wo offene Ermittlungsmaßnahmen ausreichen können und wo verdeckte Ermittlungsmaßnahmen aus technisch-forensischer Sicht überhaupt erst notwendig werden.

4.1   Offene Ermittlungen

Das historische Leitbild des strafrechtlichen Ermittlungsverfahrens ist geprägt von offenen Ermittlungsmaßnahmen, die also mit Kenntnis der Betroffenen und in aller Regel auch mit Kenntnis des Beschuldigten durchgeführt werden. Die hierzu zur Verfügung stehenden Mittel – Streifengang, Zeugenbefragungen und Beschuldigtenvernehmungen, aber auch die Durchsuchung – haben auch in Zeiten der Cyberkriminalität nicht an Aktualität verloren. Ebenso ist es aus strafrechtlicher Sicht unproblematisch, wenn Polizeibeamte öffentlich zugängliche (inländische[23]) Internetseiten aufrufen und die dabei gewonnenen Erkenntnisse für Strafverfolgungszwecke einsetzen.[24] Besondere Beachtung erfordern jedoch drei Konstellationen:

Zunächst zu nennen sind Ermittlungsmaßnahmen bei unverdächtigen Dritten, insbesondere bei Unternehmen, die umfangreiche Datenbestände digital vorhalten und die sich daher schnell und einfach nach Indizien oder Beweisen für Strafverfahren durchsuchen lassen – seien dies Finanztransaktionen bei Kreditkartenunternehmen, seien dies Bilddateien auf *Facebook*. Die hierbei aufgrund der Dreiecks- (Staat, Unternehmen, Beschuldigter), ja sogar Viereckskonstellation (notwendige Durchsuchung der Daten auch von unverdächtigen Dritten, ähnlich einer Rasterfahndung) auftretenden rechtlichen Konflikte sind im geltenden Recht nur unzureichend abgebildet.[25] Hier ist die rechtspolitische Forderung, eine Herausgabe- und Auskunftsverpflichtung (sog. *production order*) gesetzlich klar zu definieren (Sieber 2012: 114ff.) – und dabei auch zu limitieren – daher mit Nachdruck zu unterstützen.

---

23 Zu ausländischen, öffentlich zugänglichen Internetseiten siehe zum einen die völkervertragliche Rechtsgrundlage in Art. 32 lit. a des Übereinkommens über Computerkriminalität, zum anderen das entsprechende Völkergewohnheitsrecht (Brodowski, Freiling 2011: 170; Gercke 2012: 474, 478; zurückhaltend Sieber 2012: 144f.).

24 BVerfGE 120, 274, 344ff.; Kudlich 2011: 193, 198f.; grundlegend Valerius 2004.

25 Brodowski 2012: 474, 478; Kudlich 2011: 193, 195; Vogel 2012: 480, 484f.; Sieber 2012: 106.

Die aufgezeigte Problematik verschärft sich noch, soweit die unverdächtigen Unternehmen von staatlicher Seite in die Pflicht genommen werden, potentiell für die Strafverfolgung nützliche Daten für gewisse Zeiträume vorzuhalten (sog. *Vorratsdatenspeicherung*). Der paradigmatische Fall hierfür ist die Vorratsdatenspeicherung von Telekommunikations-Verbindungsdaten[26]; darüber hinausgehend sind aber auch die Datenspeicherungspflichten der Kreditinstitute[27] und der Fluglinien (sog. PNR-Records)[28] Gegenstand zumindest rechtspolitischer Diskussionen geworden. Die damit verbundenen rechtlichen und politischen Komplikationen lassen sich an dieser Stelle nicht nachzeichnen. Zu betonen ist jedoch, dass im Rahmen der Vorratsdatenspeicherung von Telekommunikations-Verbindungsdaten zwei grundverschiedene Ermittlungsmaßnahmen miteinander verquickt werden: Einerseits die Zuordnung eines bestimmten, den Ermittlungspersonen bekannten Kommunikationsvorgangs zu einem Anschlussinhaber („De-anonymisierung" der – ohnehin nur begrenzten – Anonymität im Netz), andererseits die weitaus invasivere Nachverfolgung, mit wem verdächtige oder auffällige Personen in der Vergangenheit kommuniziert haben. Ersteres erscheint aus technisch-forensischer Sicht zumindest für einen begrenzten Zeitraum jedenfalls dann unabdingbar zu sein, wenn nicht andere Ermittlungsansätze (etwa die Nachverfolgung von Finanzierungsströmen) zur Verfügung stehen sollten (Sieber 2012: 128ff.; Brodowski, Freiling 2011: 148); ob hierfür eine Vorratsdatenspeicherung notwendig ist oder ein Einfrieren von Daten ausreicht, die Diensteanbieter ohnehin vorübergehend speichern, kann hier nicht vertieft werden.

Schließlich stoßen die Ermittlungsbehörden – wenn auch nur selten – auf verschlüsselte Datenträger, die sich von ihnen nicht oder nur mit großem Aufwand

---

26 Europarechtliche Grundlage in Richtlinie 2006/24/EG des Europäischen Parlaments und des Rates vom 15. März 2006 über die Vorratsspeicherung von Daten, die bei der Bereitstellung öffentlich zugänglicher elektronischer Kommunikationsdienste oder öffentlicher Kommunikationsnetze erzeugt oder verarbeitet werden, und zur Änderung der Richtlinie 2002/58/EG, AblEU 2006 L 105 v. 12.04.2006: 54. Die Umsetzung in deutsches Recht erklärte BVerfGE 125, 260 für verfassungswidrig und nichtig. S. hierzu nun die Rs. C-293/12 und Rs. C-594/12, in denen der EuGH zur Klärung der Grundrechtskonformität dieser Richtlinie aufgefordert wurde.

27 Vgl. etwa die Mitteilung der Kommission an das Europäische Parlament, den Rat, den Europäischen Wirtschafts- und Sozialausschuss und den Ausschuss der Regionen: Optionen für ein EU-System zum Aufspüren der Terrorismusfinanzierung 2011: 429 endg.

28 Vgl. etwa den Vorschlag für eine Richtlinie des Europäischen Parlaments und des Rates über die Verwendung von Fluggastdatensätzen zu Zwecken der Verhütung, Aufdeckung, Aufklärung und strafrechtlichen Verfolgung von terroristischen Straftaten und schwerer Kriminalität 2011: 32 endg. sowie die entsprechenden Abkommen zwischen der EU und den USA, Kanada sowie Australien.

entschlüsseln lassen. Soweit diese Datenträger von unverdächtigen Dritten stammen, so erscheint – unter den zuvor aufgezeigten Grenzen – die bereits derzeit bestehende Verpflichtung zur Entschlüsselung (*decryption order*) angemessen (Brodowski, Freiling 2011: 132ff.; einschränkend Sieber 2012: 119ff.). Anders ist dies jedoch bei Datenträgern des Beschuldigten: Ihn – wie in Großbritannien geschehen[29] – zur Entschlüsselung bei Kriminalstrafe zu verpflichten, widerspricht dem verfassungs- und menschenrechtlich gebotenen Grundsatz der Selbstbelastungsfreiheit (nemo tenetur) (Sieber 2012: 122). Doch auch hier liefert die digitale Forensik inzwischen vielversprechende Ansätze, um die Verschlüsselung eines Datenträgers jedenfalls dann zu überlisten, wenn das betreffende informationstechnische System während der (offenen) Durchsuchung oder Beschlagnahme noch in Betrieb war oder erst kurz zuvor ausgeschaltet wurde (Brodowski, Freiling 2011: 125f.). Ein verdeckter Zugriff auf ein informationstechnisches System (Online-Durchsuchung i. e. S.) ist somit – zumindest nach derzeitigem Stand – nicht geboten (Sieber 2012: 108f.).

4.2　Verdeckte Ermittlungen

Der verdeckte Zugriff auf Internet-Telekommunikation im Rahmen einer Telekommunikationsüberwachung (TKÜ, §§ 100a, 100b StPO) führt dann zu Schwierigkeiten, wenn die Telekommunikation zwischen den Kommunikationspartnern, d. h. end-to-end verschlüsselt erfolgt. Aus kryptographischer Sicht sind solche Kommunikationsformen weitaus schwieriger zu entschlüsseln als auf Datenträgern aufgefundene, statisch verschlüsselte Daten (Brodowski, Freiling 2011: 126). Gleichwohl ist festzuhalten, dass die meiste Internetkommunikation unverschlüsselt erfolgt oder jedenfalls sich diese an unverdächtiger, dritter Stelle unverschlüsselt abgreifen lässt. Daher ist der Zugriff etwa auf E-Mail-Kommunikation, aber auch auf die Kommunikation in sozialen Netzwerken in aller Regel aus rechtlicher und aus technisch-forensischer Sicht bereits jetzt möglich, ohne dass es einschneidender Ermittlungsmaßnahmen wie einer Quellen-Telekommunikationsüberwachung bedürfte.

Die Notwendigkeit dieser letztgenannten Ermittlungsmaßnahme wird vor allem im Zusammenhang mit verschlüsselter Internet-Telefonie und Internet-Chats, insbesondere unter Zuhilfenahme der Software Skype postuliert. Abgesehen von Anhaltspunkten, dass Skype den Ermittlungsbehörden Möglichkeiten bietet, auf die unverschlüsselte Kommunikation zuzugreifen (Becker, Meinicke 2011: 50f.; Buermeyer, Bäcker 2009: 433f.), ist eine Quellen-Telekommunikationsüberwachung

---

29　Regulation of Investigatory Powers Act 2000, Part III, Art. 53.

notwendigerweise mit einer Manipulation des Rechners des Beschuldigten (oder seines Kommunikationspartners) verbunden, welche zugleich den Beweiswert der auf diesem Rechner aufgefundenen oder von diesem Rechner herrührenden Beweismittel signifikant schmälert.[30] Dies gilt umso mehr, soweit die Software nur unzulänglich programmiert wurde, wie es bei den bislang analysierten sog. „Online-Trojanern" der Fall war (Dewald et al. 2011). Jedenfalls aber ist eine explizite rechtliche Eingriffsgrundlage zu fordern, welche diese in ihrer Intensität über die klassische TKÜ hinausgehende Maßnahme rechtlich einhegt (Sieber 2012: 103ff.; Brodowski 2011c: 533, 536).

Einen Randbereich zwischen verdeckten und offenen Ermittlungen stellt schließlich der Einsatz verdeckter Ermittler im Netz dar: Soweit diese über ihre Identität, ihren Beruf usw. täuschen und sich etwa in sozialen Netzwerken unter einer Legende anmelden, so hält die Rechtsprechung dies für unproblematisch, da Identitätsangaben im Netz ohnehin nicht verlässlich seien.[31] Diese Herangehensweise erscheint jedenfalls dann als verfehlt, wenn eine solche Ermittlungsmaßnahme entweder zeitlich länger andauert oder sich zielgerichtet auf bestimmte Personen richtet, denn in solchen Fällen entsteht durchaus – wenn auch bisweilen zu Unrecht – zwischen den Kommunikationspartnern ein Vertrauensverhältnis, das sich auch auf die Identitätsangaben der Beteiligten bezieht.

4.3   Extraterritoriale Ermittlungen

Mit der dem Internet inhärenten Transnationalität ist auch das Problem verbunden, dass Ermittlungsmaßnahmen sich oftmals nicht auf das Territorium des jeweiligen Staates beschränken können: So kann ein Internetforum, das ein Beschuldigter zur Kommunikation genutzt hat, von einem ausländischen Betreiber in einem Drittstaat betrieben werden, so kann sich der Beschuldigte, dessen Notebook-Kommunikation mittels Quellen-TKÜ überwacht wird, auf eine Auslandsreise begeben, und so kann der Beschuldigte einen „Cloud"-Dienstleister zur Datenspeicherung verwenden, der die Datenspeicherung in einem anderen Staat bewirkt. In all diesen Fällen ist zu berücksichtigen, dass zwei oder mehr Hoheitssphären miteinander konkurrieren: der ermittelnde Staat contra der Staat, in dessen Hoheitsgebiet sich der Beschuldigte, der Dritte bzw. das Beweismittel befindet.

---

30   Brodowski 2011c: 533, 537 unter Verweis auf BVerfGE 120, 274, 320f.

31   BVerfGE 120, 274, 345; tendenziell zustimmend Sieber 2012: 125f. Kudlich 2011: 193, 199 beschränkt dies zu Recht auf Angebote, bei denen Anmeldungen mit „ersichtlich nicht geprüften Fantasienamen" möglich, ja üblich ist.

Insoweit ist es weitgehend anerkannt, dass extraterritoriale Ermittlungen jedenfalls dann das Einverständnis oder die Mitwirkung des betroffenen ausländischen Staates im Wege der Rechtshilfe erfordern, wenn diese eine Zwangsmaßnahme darstellen.[32] Auf dieser Grundlage wird aber auch vertreten, dass ein extraterritorialer Zugriff – etwa auf eine „Cloud" – dann keine Zwangsmaßnahme darstelle, wenn der Betroffene zustimme.[33] Allerdings ist in vielen Fällen schlicht unklar, wer zur Freigabe der Daten befugt sein soll: etwa der Internet-Service-Provider, der für die Strafverfolgungsbehörden interessante E-Mails des Beschuldigten in Indien gespeichert hat, oder nur der Beschuldigte selbst? Hinsichtlich solcher Konstellationen, die mehr als nur die Interessen einer einzelnen Person betreffen – die sich unter Umständen zudem auf einen legitimen Schutz im anderen Staat verlassen – ist erneut nach einem Ausgleich zu suchen, wie ihn die bislang nur rudimentär vorliegenden rechtlichen Regelungen nicht liefern können.

5 International-arbeitsteilige Strafverfolgung

5.1 Rechtshilfe in Strafsachen

Die Notwendigkeit von Kriminaljustizsystemen, zur Verfolgung von Straftaten zusammenzuarbeiten, ist nicht neu: Seit jeher versuchen etwa Verdächtige sich durch die Flucht ins Ausland ihrer Verantwortung zu entziehen. Daher überrascht es nicht, dass das Recht der Rechtshilfe in Strafsachen sich historisch am Leitbild der Auslieferung Verdächtiger an das Ausland orientiert. Wenn auslieferungsrechtliche Fragestellungen auch im Hintergrund der Rechtsstreitigkeiten rund um den WikiLeaks-Anführer Assange im Vordergrund stehen, so sind die größeren Probleme des Internetstrafprozessrechts doch an anderer Stelle zu verorten. Neben das Auslieferungsrecht ist nämlich das Recht der sog. „sonstigen" Rechtshilfe in Strafsachen getreten, das den Datenaustausch zwischen den Kriminaljustizsystemen sowie die Beweiserhebung und -sicherung für einen anderen Staat reglementiert. Diese gestatten es etwa deutschen Behörden, auf Datenbestände – etwa DNA-Daten – ausländischer Ermittlungsbehörden zuzugreifen, oder auf Ersuchen eines

---

32 Vgl. nur LG Hamburg 2009: 70; Gercke 2009a: 271f.; Klip 2012: 361.

33 Völkervertragliche ist dies in Art. 32 lit. b des Übereinkommens über Computerkriminalität normiert; ob entsprechendes Völkergewohnheitsrecht bestehen soll, ist umstritten (vgl. die Nachweise bei Sieber 2012: 77ff., 145ff.).

ausländischen Staates eine Hausdurchsuchung oder eine TKÜ vorzunehmen und die hierbei gewonnen Erkenntnisse dem anderen Staat zur Verfügung zu stellen.[34]

Die Langsamkeit des förmlichen Rechtshilfeweges – für ein solches Ersuchen ist in der Regel der diplomatische Weg zu beschreiten – führt jedoch angesichts der Schnelligkeit und Volatilität des Internets zu erheblichen Komplikationen. Insoweit wurde organisatorisch und auch rechtlich reagiert: Über ein Kontaktstellennetzwerk[35] sind kompetente Ermittler in einer Vielzahl relevanter Staaten durchgängig erreichbar. Geht auf diesem Wege in Deutschland ein Ersuchen ein, so können deutsche Ermittler jedenfalls vorläufige Sicherungsmaßnahmen – bis hin zu einer Hausdurchsuchung – in die Wege leiten (§ 67 IRG). Ist zugleich auch deutsches Strafrecht einschlägig, so bietet sich zudem die Möglichkeit an, ein eigenes Ermittlungsverfahren aufzunehmen (sog. Parallelermittlungen).

5.2   Europäisches Kooperations- und Koordinationsrecht

Innerhalb der Europäischen Union, die dem Leitbild eines Raumes der Freiheit, der Sicherheit und des Rechts verpflichtet ist, schreitet die Fortentwicklung des Rechtshilferechts weitaus schneller voran als im internationalen Bereich. Im Bereich des Datenaustauschs zeigt sich dies etwa daran, dass ein unmittelbarer Zugriff auf Datenbestände ausländischer Strafverfolgungsbehörden – nach dem sog. Prinzip der Verfügbarkeit – implementiert wird.[36] Organisatorisch ist auf die europäischen Kontaktstellennetzwerke – etwa das Europäische Justizielle Netz – zu verweisen, welche die informelle Kooperation zwischen den Kriminaljustizsystemen weiter fördern sollen.[37] Schließlich entstehen nicht nur im Auslieferungsrecht, sondern auch im Bereich der sonstigen Rechtshilfe Verpflichtungen, auch dann zu einer ausländischen Strafverfolgung Hilfe leisten zu müssen, selbst wenn das fragliche Verhalten im Inland nicht unter Strafe gestellt ist (Verzicht auf das Erfordernis bei-

---

34 Vgl. insbesondere § 59 Abs. 1, 77 Abs. 1 IRG i.V.m. den Regelungen der StPO.

35 G8 24/7 Network of Law Enforcement Points of Contact sowie Art. 35 des Übereinkommens über Computerkriminalität. In Deutschland ist die entsprechende Kontaktstelle beim BKA angesiedelt.

36 Vgl. Böse 2007; Meyer 2008: 188; Papayannis 2008: 219; Zöller 2011: 64 sowie den Rahmenbeschluss 2006/960/JI des Rates vom 18. Dezember 2006 über die Vereinfachung des Austauschs von Informationen und Erkenntnissen zwischen den Strafverfolgungsbehörden der Mitgliedstaaten der Europäischen Union, AblEU 2006 L 386 v. 28.12.2006: 89.

37 Beschluss 2008/976/JI des Rates vom 16. Dezember 2008 über das Europäische Justizielle Netz, AblEU 2008 L 348 v. 23.12.2008: 130.

derseitiger Strafbarkeit).[38] Schließlich wird zunehmend davon abgesehen, dass die von einem ausländischen Richter angeordnete Ermittlungsmaßnahme durch einen inländischen Richter zu bestätigen ist; ein Prinzip der gegenseitigen Anerkennung justizieller Entscheidungen in Strafsachen solle gelten.[39] Es liegt auf der Hand, dass diese Bestrebungen einerseits dazu führen, die transnationale Strafverfolgung – wie sie für Internetsachverhalte so typisch ist – zu erleichtern. Andererseits aber erfordert der Abbau von Verfahrenssicherungen im Rechtshilferecht zugleich auch die Stärkung des Vertrauens in die anderen Strafrechtsordnungen. Insoweit ist es daher zu begrüßen, dass die Beschuldigtenrechte nunmehr zumindest rudimentär europaweit harmonisiert werden;[40] lückenhaft ist jedoch noch die rechtliche Absicherung von *safe harbours* und somit auch die gegenseitige Anerkennung von Entscheidungen, bestimmte Verhaltensweisen gerade nicht strafrechtlich verfolgen zu wollen.

Diese Ebene der (horizontalen) Kooperation wird auf europäischer Ebene zunehmend ergänzt, wenn nicht sogar ersetzt durch eine (vertikale) Koordination:

---

38 Archetypisch hierfür Art. 2 Rahmenbeschluss des Rates vom 13. Juni 2002 über den Europäischen Haftbefehl und die Übergabeverfahren zwischen den Mitgliedstaaten i.d.F. CONSLEG 2002F0584 – 28.03.2009.

39 So das der Initiative des Königreichs Belgien, der Republik Bulgarien, der Republik Estland, des Königreichs Spanien, der Republik Österreich, der Republik Slowenien und des Königreichs Schweden für eine Richtlinie des Europäischen Parlaments und des Rates über die Europäische Ermittlungsanordnung in Strafsachen, Ratsdok. 9288/10 zugrunde liegende Modell; im Gesetzgebungsverfahren wurde von einer umfassenden Umsetzung dieses Prinzips jedoch Abstand genommen. Vgl. Brodowski 2011b: 940, 950f.

40 Entschließung des Rates vom 30. November 2009 über einen Fahrplan zur Stärkung der Verfahrensrechte von Verdächtigen oder Beschuldigten in Strafverfahren, AblEU 2009 C 295 v. 04.12.2009: 1 sowie die zu dessen Implementierung bereits beschlossenen Rechtsakte: Richtlinie 2010/64/EU des Europäischen Parlaments und des Rates vom 20. Oktober 2010 über das Recht auf Dolmetschleistungen und Übersetzungen in Strafverfahren, AblEU 2010 L 280 v. 26.10.2010: 1; Richtlinie 2012/13/EU des Europäischen Parlaments und des Rates vom 22. Mai 2012 über das Recht auf Belehrung und Unterrichtung in Strafverfahren, AblEU 2012 L 142 v. 01.06.2012: 1; Richtlinie 2013/48/ EU des Europäischen Parlaments und des Rates vom 22. Oktober 2013 über das Recht auf Zugang zu einem Rechtsbeistand in Strafverfahren und in Verfahren zur Vollstreckung des Europäischen Haftbefehls sowie über das Recht auf Benachrichtigung eines Dritten bei Freiheitsentzug und das Recht auf Kommunikation mit Dritten und mit Konsularbehörden während des Freiheitsentzugs, AblEU 2013 L 294 v. 06.11.2013: 1.

Europäische Institutionen wie Eurojust[41], Europol[42] und das bei Europol eingerichtete Europäische Zentrum gegen Cyberkriminalität (European Cybercrime Centre – EC3)[43] dienen unter anderem dazu, strafrechtliche Ermittlungen in den einzelnen Mitgliedstaaten zu koordinieren. So ist Eurojust etwa dazu befugt, bei positiven und negativen Kompetenzkonflikten zwischen den Mitgliedstaaten zu vermitteln; auch koordinieren diese Institutionen beispielsweise die zeitgleiche Durchführung von Hausdurchsuchungen. Ferner ist das Europäische Zentrum gegen Cyberkriminalität damit betraut, technische Expertise bereitzustellen, um nationale Ermittlungen von Computerstraftaten zu unterstützen. Damit verbunden ist jedoch zugleich eine europäische Steuerung der Ressourcen, die zur Verfolgung von Cyberkriminalität zur Verfügung stehen.

5.3 Europäische Staatsanwaltschaft gegen Cyberkriminalität?

Trotz dieser zunehmenden (vertikalen) Koordinierung verbleibt es bei einem Primat der europäischen Nationalstaaten bei der Strafverfolgung von Internetkriminalität. Im europäischen Primärrecht ist allerdings die Möglichkeit bereits angelegt, die Strafverfolgungskompetenz teilweise auf die europäische Ebene zu verlagern (sog. Hochzonung). Die Chancen und Risiken einer solchen europäischen Antwort auf die typischerweise transnationale Cyberkriminalität seien daher im Folgenden kurz skizziert.

5.3.1 Kompetenzielle Fragen aus europarechtlicher Perspektive

Das Europäische Primärrecht sieht im Vertrag von Lissabon erstmalig die Möglichkeit vor, Eurojust weiterzuentwickeln zu einer Europäischen Staatsanwaltschaft, welche selbständig „für die strafrechtliche Untersuchung und Verfolgung sowie die Anklageerhebung … vor den zuständigen Gerichten der Mitgliedstaaten" zuständig

---

41 Beschluss 2009/426/JI des Rates vom 16. Dezember 2008 zur Stärkung von Eurojust und zur Änderung des Beschlusses 2002/187/JI über die Errichtung von Eurojust zur Verstärkung der Bekämpfung der schweren Kriminalität, AblEU 2009 L 138 v. 03.06.2009: 14.

42 Beschluss des Rates vom 6. April 2009 zur Errichtung des Europäischen Polizeiamts (Europol), AblEU 2009 L 121 v. 14.05.2009: 37.

43 Mitteilung der Kommission an den Rat und das Europäische Parlament: Kriminalitätsbekämpfung im digitalen Zeitalter: Errichtung eines Europäischen Zentrums zur Bekämpfung der Cyberkriminalität 2012: 140.

ist (Art. 86 Abs. 2 AEUV). Somit wären es hier nicht länger die nationalen Strafverfolgungsbehörden, die letztverantwortlich und unmittelbar vor den Strafgerichten tätig würden, sondern eine europäische Institution. Neben Vorstudien, wie eine Europäische Staatsanwaltschaft auch in die Praxis umzusetzen sein könnte,[44] hat die Europäische Kommission nun auch einen Legislativvorschlag für eine Verordnung zur Errichtung einer Europäischen Staatsanwaltschaft vorgelegt (COM [2013] 534 final v. 17.7.2013) (Brodowski 2013).

Das Aufgabengebiet dieser Europäischen Staatsanwaltschaft ist zwar gem. Art. 86 Abs. 1 AEUV zunächst auf dasjenige Deliktsfeld begrenzt, in dem sich in der Vergangenheit zeigte, dass manche Mitgliedstaaten nur unzureichend strafverfolgend tätig sind: Delikte zum Nachteil der finanziellen Interessen der Europäischen Union. Allerdings sieht Art. 86 Abs. 4 AEUV vor, dass die Zuständigkeit einer europäischen Staatsanwaltschaft auch auf weitere Deliktsfelder erweitert werden kann. Es muss sich dabei aber um eine „schwere (...) Kriminalität mit grenzüberschreitender Dimension" handeln; auch muss die von der Europäischen Staatsanwaltschaft verfolgte Tat eine „schwere, mehr als einen Mitgliedstaat betreffende" sein.

Ist das bei Computerkriminalität der Fall? Aufgrund ihrer inhärenten Transnationalität dürften etliche solche Taten mehr als einen Mitgliedstaat betreffen und damit zugleich eine typischerweise „grenzüberscheitende Dimension" aufweisen. Außerdem handelt es sich – zumindest aus Sicht des Europäischen Primärrechts – bei Computerkriminalität auch um eine „schwere Kriminalität", ja sogar um eine „besonders schwere Kriminalität": Art. 83 Abs. 1 AEUV legt nämlich – wenn auch in anderem Zusammenhang – ausdrücklich fest, dass es sich bei „Computerkriminalität" um eine „besonders schwere Kriminalität" handele, „die aufgrund der Art oder der Auswirkungen der Straftaten oder aufgrund einer besonderen Notwendigkeit, sie auf einer gemeinsamen Grundlage zu bekämpfen, eine grenzüberschreitende Dimension" aufweise. Die Schwere der Kriminalität scheint sich somit an dieser Stelle weniger an den betroffenen Schutzzwecken – die hier in aller Regel nicht Leib und Leben, sondern bloß Vermögensinteressen und Persönlichkeitsinteressen betreffen – zu orientieren denn an den Schwierigkeiten, diese transnationalen Kriminalitätsformen auf nationaler Ebene zu verfolgen.[45] Damit aber verquickt diese im Primärrecht angelegte Konzeption das ohnehin geltende Prinzip der Subsidiarität – die Europäische Union solle nur dort tätig werden, wo dies einen Mehrwert gegenüber einem Tätigwerden der Mitgliedstaaten bedeutet – mit einer

---

44 Vgl. http://www.eppo-project.eu/ (letzter Zugriff: 18.2.2014).

45 Vogel 2011: Art. 83 AEUV Rdn. 41 m.w.N. lässt die – sicherlich denkbaren, aber eher atypischen – Einzelfälle besonders schwerer Computerkriminalität genügen, um die Hürde der „besonders schweren Kriminalität" zu überwinden.

am Verhältnismäßigkeitsprinzip orientierten Klassifikation der Delikte in Bagatell-, mittelschwere, schwere und besonders schwere Kriminalität.[46]

5.3.2 Komplementarität versus Exklusivität

Gleichwohl könnte die Europäische Staatsanwaltschaft – würde man ihre Kompetenzen entsprechend erweitern – nur komplementär zu den nationalen Strafverfolgungsbehörden tätig werden: Im Gegensatz zur umfassenden Zuständigkeit bei Delikten gegen die finanziellen Interessen der Europäischen Union sieht Art. 86 Abs. 4 AEUV ausdrücklich vor, dass auch die im Einzelfall verfolgte Tat „mehr als einen Mitgliedstaat" betreffen muss. Jedenfalls bei allein innerstaatlichen Delikten – etwa, wenn ein Deutscher die in Deutschland gespeicherten Daten eines anderen Deutschen ausspäht –, aber auch bei nicht schwer wiegenden Taten bliebe es daher zwingend bei einer Zuständigkeit der nationalen Ermittlungsbehörden, etwa den deutschen Staatsanwaltschaften.[47]

Der europäische Gesetzgeber täte jedoch auch gut daran, die Zuständigkeit der Europäischen Staatsanwaltschaft auch bei transnationaler Kriminalität nur komplementär auszugestalten. Im Gegensatz zu den Delikten gegen die finanziellen Interessen der Europäischen Union handelt es sich nämlich bei Computerkriminalität erstens um Massenkriminalität, was daher eine breite Behördenstruktur „in der Fläche" erfordert. Im Gegensatz zum Schutz der finanziellen Interessen der Europäischen Union haben die Mitgliedstaaten und deren Strafverfolgungsbehörden ein eigenes Interesse an der effektiven Verfolgung von Cyberkriminalität. Drittens führen so weitreichende Parallelstrukturen – eine europäische Ermittlungsbehörde für Fälle von Computerkriminalität, nationale Ermittlungsbehörden für alle übrigen Kriminalitätsformen – zu Reibungsverlusten und zu einem erhöhten Koordinationsaufwand, während viertens dieselben Ermittlungserfolge auch durch eine Intensivierung der Kooperation und Koordination zu erzielen wären. Eine Europäische Staatsanwaltschaft gegen Cyberkriminalität kommt aus meiner Sicht daher allenfalls für diejenigen (Ausnahme-) Fälle in Betracht, in denen Mitgliedstaaten aus technischen, organisatorischen oder auch aus politischen Gründen entweder nicht dazu in der Lage oder aber unwillig sind, strafverfolgend tätig zu sein. Mit anderen Worten: Es empfiehlt sich, das Modell des Römischen Statuts des Internationalen Strafgerichtshofs bei der

---

46 Wer Art. 83 AEUV unbefangen liest, ist daher geneigt, die Schwere von Computerkriminalität überzubewerten und daher strafprozessuale Ermächtigungsgrundlagen, die eine „schwerwiegende Tat" verlangen, eher zu bejahen.

47 Vogel 2011: Art. 86 AEUV Rdn. 62.

Verfolgung von Völkerrechtsverbrechen auch für die Konzeption der Europäischen Staatsanwaltschaft zu übernehmen.

Schließlich jedoch ist im Rahmen der Verfolgung von Cyberkriminalität auf genuin europäischer Ebene noch anderes, Grundsätzliches zu bedenken: Die Strafverfolgungszuständigkeit ist stets rückgekoppelt an die souveränitätssensible[48] und grundrechtssensible, logisch vorgelagerte Frage, welches Verhalten überhaupt unter Strafe gestellt werden soll. Zwar ist es europarechtlich möglich (Art. 83 Abs. 1 AEUV) und unter Beachtung der Rechtsprechung des Bundesverfassungsgerichts[49] auch mit dem Grundgesetz vereinbar, auf europäischer Ebene Mindest-, d. h. Rahmenvorschriften über die Pönalisierung von Computerkriminalität zu erlassen. Souveränitätssensibel und grundrechtssensibel ist jedoch zugleich auch die Einbettung der Strafvorschriften in ein System an Rechtfertigungs- und Entschuldigungsgründen, und vor allem auch die praktische Anwendung von Strafvorschriften durch die – über die Exekutive an den *demos* rückgekoppelten – Strafverfolgungsbehörden. Soweit daher auf europäischer Ebene eine Souveränitäts- und vor allem ein Demokratiedefizit[50] zu verzeichnen ist, kann und muss die Verlagerung von Straf(verfolgungs-)kompetenzen auf die europäische Ebene eine eng umgrenzte Ausnahme bleiben.

6   Fazit

In diesem Streifzug durch die Welt des Computerstraf- und Computerstrafprozessrechts zeigten sich die vielgestaltigen normativen Stellschrauben, die dessen Wirkungen und dessen Effektivität und damit auch seine Eignung als Instrument zur Regulierung des Internets beeinflussen.

Eine Momentaufnahme dieser Stellschrauben zeigt, dass eine Vielzahl von flickenteppichartig wirkenden Strafnormen im deutschen Strafrecht, die in weitem Umfang auf europäische und internationale Vorgaben zurückgehen, dem zulässigen Verhalten im Internet normative Grenzen setzt. Verhalten im Netz unterliegt jedoch mitnichten nur der deutschen Strafgewalt, sondern aufgrund der umfangreichen extraterritorialen Anwendung des Strafrechts auch der Regulierung durch ausländische Kriminaljustizsysteme.

Die Durchsetzung der materiellen Computer-Strafrechtsnormen gelingt jedoch nur teilweise: Zunächst ist hier bereits die mangelnde Anzeigebereitschaft in Erin-

---

48 BVerfGE 123, 267, 358f.
49 Insbesondere BVerfGE 123, 267, 406ff.
50 Vgl. BVerfGE 123, 267, 363ff.; ferner BVerfG 2012: 33, 40ff.

nerung zu rufen. Ferner stoßen Ermittlungen – jedenfalls beim Einsatz mancher Verschlüsselungs- und Anonymisierungstechniken – auf forensische Hürden. Weitaus gravierendere Schwierigkeiten ergeben sich jedoch bei transnationalen Ermittlungen, vor allem aufgrund der Langsamkeit des förmlichen Rechtshilferechts. Mit der Schaffung eines dauerhaft erreichbaren Kontaktstellennetzwerkes und den neuen Formen des europäischen Rechtshilfe-, Kooperations- und Koordinationsrechts dürfte hier jedoch schon viel gewonnen sein.

Doch wohin soll die Reise – auch langfristig – gehen; wohin muss sie gehen, wenn auch der technische Fortschritt sich zu sehr auf neue Möglichkeiten bzw. *features*, nicht aber auf die technische Absicherung gegen kriminelles Vorgehen konzentriert? Wie könnte eine Neukonzeption der strafrechtlichen Regulierung des Internets gelingen? Hierzu können an dieser Stelle nur drei rechtsgrundsätzliche Ansätze formuliert werden:

Erstens ist die Regulierungszuständigkeit zu definieren: Wie ist zu gewährleisten, dass auch in einem vernetzten Internet die Bürger – die *netizens* – wissen können, an welcher bzw. an welchen Rechtsordnungen sie ihr Verhalten ausrichten müssen und wie Divergenzen zwischen den Rechtsordnungen zu lösen sind. Das (nur) europäisch-transnationale Doppelbestrafungsverbot und die zumeist bloß reflexartigen Schutzmechanismen des Auslieferungsrechts reichen hierzu nicht aus.

Zweitens muss sich der Gesetzgeber bewusst werden, dass nicht alles Verhalten, das aus Sicht des Verfassungsrechts pönalisiert werden darf, auch pönalisiert werden muss. Dem Normgeber steht ein Gestaltungsspielraum offen, den er – über den grund- und menschenrechtlichen Mindeststandard hinausgehend – nutzen kann und aus meiner Sicht auch nutzen sollte, um Freiräume (*safe harbours*) zu schaffen. So erscheint es etwa angebracht, angesichts der zunehmenden Mobilität und damit einhergehenden räumliche Distanz die Telekommunikation über den bloßen Kernbereich privater Lebensgestaltung und über eine bloß weiche Verhältnismäßigkeitsprüfung hinausgehend vor staatlichen Eingriffen zu schützen. Ferner ist zu vergegenwärtigen, dass sich bei Informationen ein (straf-) rechtlicher Exklusivitätsanspruch (wie bei Urheber- oder Patentrechten) weitaus schwerer begründen lässt als bei Sachwerten, bei Energie und auch bei Vermögen, denn letztere lassen sich im Gegensatz zu Informationen nicht verlustfrei duplizieren.

Drittens ist – sowohl hinsichtlich der Strafdrohungen als auch hinsichtlich des Ermittlungsinstrumentariums – stets zu hinterfragen, welche legitimen, ja wünschenswerten Verhaltensweisen durch Konformität und durch sonstige psychologische Effekte eingeschränkt werden. Um nur ein historisches Beispiel zu nennen: So ist im Zuge der Einführung der Vorratsdatenspeicherung von Telekommunikations-Verbindungsdaten nicht zu Unrecht befürchtet worden, dass die Nutzung von anonymen Beratungsdiensten zurückgehen werde. Ähnlich wäre bei einer strafrechtlichen Software-Produzentenhaftung zu befürchten, dass sich eine Vielzahl von freiberuflichen oder auch ehrenamtlichen Softwareentwicklern aus der Weiterentwicklung von Software zurückziehen würde – und es damit wohl zu weitaus größeren volkswirtschaftlichen Schäden käme als die auf diesem Wege verhinderten Computerstraftaten verursachen.

Diese Interdependenzen zeigen, dass Strafrecht nicht verklärt und nicht überhöht betrachtet werden darf, sondern als ein – gewichtiges und invasives – Regulierungsinstrument, dessen Chancen und Risiken im Vergleich zu anderen Regulierungsinstrumenten stets sorgfältig und unter Berücksichtigung der technischen, wirtschaftlichen, psychologischen und gesellschaftlichen Konsequenzen abgewogen werden müssen. So kann es sein, dass ein „mehr" an Cyber-Strafrecht nicht unbedingt zu einem „mehr" an Cybersicherheit führt, und so kann es sein, dass ein „mehr" an Cybersicherheit nur vermeintlich einen Mehrwert bedeutet: Wenn nämlich der Versuch, bestimmtes kriminelles Verhalten zu unterbinden, zu erheblichen Kollateralschäden führt. Um den gesellschaftlichen und wirtschaftlichen Mehrwert des – in einem freien Umfeld gewachsenen – Internets nicht zu gefährden, ist jedes „mehr" an Internet-Regulierung und daher insbesondere jedes „mehr" an strafrechtlicher Internet-Regulierung mit einer Portion Skepsis zu begegnen.

Literatur

Baumann, Jürgen/ Weber, Ulrich/ Mitsch, Wolfgang (2003): *Strafrecht: Allgemeiner Teil.* Bielefeld.

Becker, Christian/ Meinicke, Dirk (2011): Die sog. Quellen-TKÜ und die StPO – Von einer „herrschenden Meinung" und ihrer fragwürdigen Entstehung. In: *StV* 2011. 50-52.

Beukelmann, Stephan (2012): Surfen ohne strafrechtliche Grenzen. In: *NJW* 2012. 2617-2621.

Böse, Martin (2007): Der Grundsatz der Verfügbarkeit von Informationen in der strafrechtlichen Zusammenarbeit der Europäischen Union. Bonn.

Borges, Georg (2010): Pflichten und Haftung beim Betrieb privater WLAN. In: *NJW* 2010. 2624-2627.

Brodowski, Dominik (2011a): Anmerkung zu Hans. OLG Hamburg, Urt. v. 15.02.2010 – 2-27/09 (REV). In: *StV* 2011. 99-108.

Brodowski, Dominik (2011b): Strafrechtsrelevante Entwicklungen in der Europäischen Union – ein Überblick. In: *ZIS* 2011. 940-954.

Brodowski, Dominik (2011c): Anmerkung zu LG Landshut, Beschl. v. 20.01.2011 – 4 Qs 346/10. In: *JR* 2011. 532-538.

Brodowski, Dominik (2012): Der „Grundsatz der Verfügbarkeit" von Daten zwischen Staat und Unternehmen. In: *ZIS* 2012. 474-479.

Brodowski, Dominik (2013): Strafrechtsrelevante Entwicklungen in der Europäischen Union – ein Überblick. In: *ZIS* 2013. 455-472.

Brodowski, Dominik/ Freiling, Felix C. (2011): *Cyberkriminalität, Computerstrafrecht und die digitale Schattenwirtschaft*. Berlin.

Buermeyer, Ulf/ Bäcker, Matthias (2009): Zur Rechtswidrigkeit der Quellen-Telekommunikationsüberwachung auf Grundlage des § 100a StPO. In: *HRRS* 2009. 433-441.

Dannecker, Gerhard (2005): Die Dynamik des materiellen Strafrechts unter dem Einfluss europäischer und internationaler Entwicklungen. In: *ZStW* 117. 697-748.

Dewald, Andreas et al. (2011): *Analyse und Vergleich von BckR2D2-I und II*. Erlangen.

Dornseif, Maximilian (2005): *Phänomenologie der IT-Deliquenz: Computerkriminalität, Datennetzkriminalität, Multimediakriminalität, Cybercrime, Cyberterror und Cyberwar in der Praxis*. Bonn.

Eckstein, Ken (2011): Ist das „Surfen" im Internet strafbar? In: *NStZ* 2011. 18-22.

Fischer, Thomas (2011): *Strafgesetzbuch*. München.

Gaycken, Sandro (2011): *Cyberwar: Das Internet als Kriegsschauplatz*. München.

Gercke, Björn (2009a): Zur Zulässigkeit sog. Transborder Searches – Der strafprozessuale Zugriff auf im Ausland gespeicherte Daten. In: *StraFo* 2009. 271-274.

Gercke, Björn (2009b): Straftaten und Strafverfolgung im Internet. In: *GA* 2012. 474-490.

Gercke, Marco (2010): Defizite des „Schriften"-Erfordernisses in Internet-bezogenen Sexual- und Pornographiedelikten. In: *CR* 2010. 798-803.

Gercke, Marco (2012): Die Entwicklung des Internetstrafrechts 2011/2012. In: *ZUM* 2012. 625-636.

Gercke, Marco/ Brunst, Philip W. (2009): *Praxishandbuch Internetstrafrecht*. Stuttgart.

Hilgendorf, Eric/ Frank, Thomas / Valerius, Brian (2005): *Computer- und Internetstrafrecht: ein Grundriss*. Berlin.

Hoeren, Thomas (2010): Zur Haftung des Inhabers eines WLAN-Netzes für Urheberrechtsverletzungen. In: *EWiR* 2010. 503-504.

Höfinger, Frank Michael (2009): Anmerkung zu BVerfG, Beschl. v. 18.05.2009 – 2 BvR 2233/07; 2 BvR 1151/08; 2 BvR 1524/08. In: *ZUM* 2009. 751-753.

Hörnle, Tatjana (2010): Anmerkung zu Hans. OLG Hamburg, Urt. V. 15.02.2010 – 2-27/09 (REV). In: *NStZ* 2010. 704-706.

Holzner, Stefan (2009): Klarstellung strafrechtlicher Tatbestände durch den Gesetzgeber erforderlich. In: *ZRP* 2009. 177-178.

Hornung, Gerrit (2009): Anmerkung zu BVerfG, Beschl. v. 18.05.2009 – 2 BvR 2233/07; 2 BvR 1151/08; 2 BvR 1524/08. In: *CR* 2009. 677-679.

Hornung, Gerrit (2010): Zur Haftung des privaten WLAN-Betreibers für von Dritten über sein Netzwerk begangene Rechtsverletzungen. In: *CR* 2010. 461-463.

Klesczewski, Diethelm (2011): Straftataufklärung im Internet. In: *ZStW* 123. 737-766.

Klip, André (2012): *European Criminal Law*. Antwerpen.

Kshetri, Nir (2010): *The global cybercrime industry: economic, institutional and strategic perspectives*. Berlin.

Kudlich, Hans (2004): Herkunftslandprinzip und internationales Strafrecht. In: *HRRS* 2004. 278-284.

Kudlich, Hans (2011): Strafverfolgung im Internet. In: *GA* 2011. 193-208.

Landau, Herbert (2011): Die Pflicht des Staates zum Erhalt einer funktionstüchtigen Strafrechtspflege. In: *NStZ* 2011. 121-129.

Lenckner, Theodor/Winkelbauer, Wolfgang (1986): Computerkriminalität – Möglichkeiten und Grenzen des 2. WiKG. In: *CR* 1986. 654-661.

Locke, John (1988): *Two Treatises of Government*. Cambridge.

Marberth-Kubicki (2010): *Computer- und Internetstrafrecht*. München.

Meyer, Frank (2008): Der Grundsatz der Verfügbarkeit. In: *NStZ* 2008. 188-194.

Möhrenschlager, Manfred (1986): Das neue Computerstrafrecht. In: *wistra* 1986. 128-142.

Papayannis, Donatos (2008): Die Polizeiliche Zusammenarbeit und der Vertrag von Prüm. In: *ZEuS* 2008. 219-251.

Popp, Andreas (2008): § 202c StGB und der neue Typus des europäischen „Software-Delikts". In: *GA* 2008. 375-393.

Rao, Justin M./ Reiley, David H. (2012): The Economics of Spam. In: *Journal of Economic Perspectives* 26/3. 87-110.

Schmölzer, Gabriele (2011): Straftaten im Internet. In: *ZStW* 123. 709-736.

Schumann, Antje/ Zabel, Benno (2011): Diskussionsbeiträge der Strafrechtslehrertagung 2011 in Leipzig. In: *ZStW* 123. 827-862.

Sieber, Ulrich (2012): *Gutachten C zum 69. Deutschen Juristentag. Straftaten und Strafverfolgung im Internet*. München.

Spindler, Gerald (2010): Haftung für private WLANs im Delikts- und Urheberrecht. In: *CR* 2010. 592-600.

Stuckenberg, Carl-Friedrich (2010): Viel Lärm um Nichts? – Keine Kriminalisierung der „IT-Sicherheit" durch § 202c StGB. In: *wistra* 2010. 41-46.

Tiedemann, Klaus (1986): Die Bekämpfung der Wirtschaftskriminalität durch den Gesetzgeber. In: *JZ* 1986. 865-874.

Valerius, Brian (2004): *Ermittlungen der Strafverfolgungsbehörden in den Kommunikationsdiensten des Internet*. Berlin.

Vogel, Joachim (2011): Kommentierung der Art. 82-86 AEUV. In: Grabitz, Eberhard/ Hilf, Meinhard/ Nettesheim, Martin (Hg.): *Das Recht der Europäischen Union*. München.

Vogel, Joachim (2012): Informationstechnologische Herausforderungen an das Strafprozessrecht. In: *ZIS* 2012. 480-485.

Wall, David S. (2007): *Cybercrime*. Cambridge.

Wörner, Liane (2012): Einseitiges Strafanwendungsrecht und entgrenztes Internet? In: *ZIS* 2012. 458-465.

Završnik, Aleš (2010): Criminal justice systems' (over)reaction to IT security threats. In: Bellini, Marcello/ Brunst, Philip/ Jähnke, Jochen (Hg.): *Current Issues in IT Security*. Berlin. 113-135.

Zöller, Mark (2011): Der Austausch von Strafverfolgungsdaten zwischen den Mitgliedstaaten der Europäischen Union. In: *ZIS* 2011. 64-69.

Die Online-Durchsuchung und der Suchbegriff im Internet

Jiuan-Yih Wu

1   Einleitung

Die aktuelle Entwicklung der modernen Informationsgesellschaft führt zur vollständigen Digitalisierung der Datenverarbeitung und -übermittlung sowie zum Aufbau einer Infrastruktur für das Breitbandinternet und zu einer intensiven, konzentrierten Integration der Medien.

Der über das Internet durchgeführte Datenaustausch stellt das Profil unseres Lebens von heute dar. Die freie Internetnutzung birgt neben den oben genannten Möglichkeiten aber auch Gefahren. Wird der Internetservice zu illegalen Zwecken angewandt, so spricht man vom „Missbrauch des Internets".

Der Staat sieht sich einer großen Herausforderung in Bezug auf Prävention und Verfolgung der in der Animationswelt vom Internet begangenen Straftaten gegenüber, weil ihm lediglich die klassischen Ermittlungsmaßnahmen (Durchsuchung, Beschlagnahme, etc.) bei der Strafverfolgung zur Verfügung stehen.

Darüber hinaus sind die Ermittlungsbehörden zu sorgfältiger Beobachtung der Internetwelt angehalten, um den neuesten technischen Entwicklungsstand zu erfassen und um Maßnahmen gegen potenzielle Missbrauchsmöglichkeiten zu ergreifen. Für die Entwicklung wirkungsvoller Strategien zur Bekämpfung der Internetkriminalität ist eine Kooperation mit Experten der Informatikwissenschaft anzuraten.

Die stetig wachsende Zahl von Internetnutzern und Internetstraftaten bildet die Grundlage für die von Experten geforderte Ermächtigung zur Onlinedurchsuchung. Die Ermittlungsbehörden machen sich hierbei die Vernetzung des Computers mit dem Internet und die Sicherheitslücken der Betriebsprogramme zu Nutze, um ein Fernsteuerprogramm auf dem Rechner des Verdächtigen zu platzieren. Dieses Fernsteuerprogramm (Spionageprogramm) wird ohne die Einwilligung des Betroffenen über das Internet im Zielcomputer installiert, auf dem die Ermittlungsbehörden gesuchte Daten vermuten. Beispielsweise stellen die Ermittlungsbehörden gefälschte iTune-Updates, welche Trojaner-Programme enthalten, in den Apple Store. Bei der Aktualisierung des Geräts lädt der Inhaber des Zielcomputers die oben skizzierte App aus dem Apple Store herunter[1]. Nach dem erfolgreichen Download kann der Staat anschließend heimlich auf den Zielcomputer zugreifen und die dort gespeicherten Daten durchsuchen. Die Ermittlungsbehörden sind in der Lage, alle aufgenommenen Daten zu kopieren und anschließend über das Internet auf einen eigenen Computer zu übermitteln. Hierdurch können die Strafverfolgungsbehörden den Inhalt sämtlicher Daten im Zielcomputer erfahren. Mithilfe von Suchbegriffen erstellen die Strafverfolgungsbehörden einen Filter aus einigen Schlagwörtern, der den Hauptweg des Datenstroms durchsucht. Dieser Filter kann automatisch das übermittelte Datenpaket markieren, welches die entsprechenden Schlagwörter enthält. Diese Daten werden von den Ermittlern mit sonstigen Ermittlungsmaterialien verglichen und so überprüft, ob der Absender oder der Empfänger des markierten Datenpakets das gesuchte Ziel ist. Führt dieser Abgleich zur Identifizierung des gesuchten Ziels, so dürfen die Ermittler erst aufgrund der gesetzlichen Voraussetzungen für die Anordnung sonstiger Zwangsmaßnamen (Telekommunikationsüberwachung, Durchsuchung, etc.) den Inhalt des markierten Datenpakets öffnen. Hierdurch wird eine Beschlagnahme und Auswertung des Computers des Betroffenen überflüssig. Vom Wesen her entspricht die Online-Durchsuchung deshalb auch nicht der Telekommunikationsüberwachung, weil eine Telekommunikation hier nicht besteht oder bereits beendet ist. Diese Ermittlungstechnik, die in der Informatik äußerst kritisch betrachtet wird, ist aus der rechtswissenschaftlichen Sicht als positiv zu bewerten.

Diese Vorgehensweise kann als sog. „Online-Durchsuchung" bezeichnet werden, wenn der Staat sie zu gesetzlichen Zwecken anordnet. Auch die Online-Durchsuchung ist indes, wie jede andere Zwangsmaßnahme auch, von einer Rechtsgrundlage abhängig.[2] Nachfolgend soll vor dem Hintergrund der betroffenen Grundrechte der Beschuldigten und der bei der Regelung der Online-Durchsuchung zu beachtenden Grundsätze, eine Rechtfertigung für die staatliche Anwendung der Online-Durchsuchung gefunden werden.

Zunächst gilt es, die technischen Kernbegriffe der Online-Durchsuchung für Juristen zu beschreiben (bspw.: Funktion und Eigenschaft). Anschließend werden der Schutzbereich des betroffenen Grundrechts, sowie die Stärke und der Umfang des damit ausgelösten Grundrechtseingriffs besprochen. Schließlich werden anhand

---

1   Vgl. http://www.spiegel.de/netzwerk/netzpolitik/0,1518,druck-821153,00.html (letzter Zugriff: 03.03.2014).

2   Vgl. BGH Beschluss v. 31.01.2007 – StB 18/06.

der Auffassung in der rechtswissenschaftlichen Literatur und der gesetzgeberischen Erfahrungen einiger Nationen die wichtigsten Grundsätze, die bei der Regelung der Online-Durchsuchung als Richtlinie einzuhalten sind, dargestellt. Hierzu zählen etwa die Anforderung des Verdachtsvorbehalts und des Verdachtsgrads, die Aufzählung von Katalogtaten, der Richtervorbehalt bei der Anordnung[3], die staatliche Entwicklung des Trojanerprogrammes[4], das Subsidiaritätsprinzip sowie die Einhaltung der nachträglichen Berichtspflicht.

Im Jahr 2010 wurden mehr als 37 Millionen E-Mails und Datenverbindungen in Deutschland überprüft, weil sie bestimmte Schlagwörter (etwa „Bombe") enthielten[5]. Im Abschnitt „Suchbegriff" werden die für Juristen wichtigen technischen Kernbegriffe aufgezeigt, wie etwa die Technik des Suchbegriffs und seine Eigenschaft. Anschließend werden die betroffenen Grundrechtsarten sowie Stärke und Umfang des damit ausgelösten Grundrechtseingriffs diskutiert. Am Ende dieses Abschnitts werden anhand der Auffassung in der rechtswissenschaftlichen Literatur und der gesetzgeberischen Erfahrungen einiger Länder die wichtigsten Grundsätze, die bei der Regelung des Suchbegriffs zu beachten sind, dargestellt. Hierzu zählen etwa die Anordnung der exekutiven Gewalt, die Einschränkung bei der Anordnung und ihrem Vollzug, das Verhältnis zwischen dem Suchbegriff und den sonstigen Ermittlungsmaßnahmen im Internet sowie die nachträgliche Aufsicht durch das Parlament.

2 Die Entwicklungstendenz der modernen Informationsgesellschaft in den letzten Jahren

2.1 Die starke Zunahme der Anzahl vernetzter PCs und der jederzeit verfügbare Zugang zum Internet

In den vergangenen zehn Jahren hatte der technische Fortschritt insbesondere den Ausbau des Breitbandinternets, die Zunahme netzfähiger Computer sowie das stark preisreduzierte Angebot von „all-you-can-eat-Datenofferten" zur Folge. Die Verfügbarkeit des Internets und der über das Internet durchgeführte private und geschäftliche Handel sind Teil des täglichen Lebens. So wird die E-Mail Adresse zu

---

3 BVerfG, 1 BvR 370/07 vom 27.02.2008.

4 http://www.spiegel.de/netzwelt/netzpolitik/0,1518,druck-802830,00.html (letzter Zugriff: 03.03.2014).

5 http://www.tagesschau.de/inland/datenueberwachung102.html (letzter Zugriff: 03.03.2014).

einem persönlichen Identitätsmerkmal und mit Hilfe von mobilen Smartphones sowie drahtlos vernetzten (Wi-Fi, 4G (LTE)-Netz), papierdünnen und leichten Laptops ist die Einwahl ins Internet jederzeit und überall möglich; die ständige Verfügbarkeit des Internets ermöglicht es zudem, Daten unverzüglich zu verarbeiten und weiterzuleiten. Für die Internetnutzung wird nach jüngsten Statistiken immer weniger Zeit am heimischen PC verbracht, was auf die weite Verbreitung von Smartphones mit Internetzugang zurückzuführen ist. Laut einer Statistik von Facebook surfen 11 Millionen Taiwaner täglich auf Facebook. Darunter loggen sich 8,5 Millionen per Smartphone auf Facebook ein. Monatlich loggen sich 12 Millionen von insgesamt 15 Millionen Taiwaner per Smartphone auf Facebook ein.[6]

2.2 Der Bedarf an effizienter Verwaltung mehrerer Computer und Cloud-Technik

Die für Smartphones entwickelten Apps bieten daher neues Gewinnpotenzial. Netzfähige Computer sind sowohl für die Ausbildung als auch für das Berufsleben und den Alltag unabdingbar geworden. Durch Onlinebanking, Onlineshopping oder Onlinebewerbungen können zeitaufwendige Vorgänge bequem von zu Hause aus erledigt werden. Die verwendeten Programme und im Computer gespeicherten Daten begründen nicht zuletzt den eigenen Arbeitsplatz. Die eigene Leistungsfähigkeit wird durch Änderungen dieser Programme und Daten beeinflusst. Da vielen Personen aber nicht nur ein Computer zur Verfügung steht und um den Einfluss auf die eigene Leistungsfähigkeit wegen der Nutzung dieser unterschiedlichen Computer zu vermeiden, sollte ein gewöhnlicher Arbeitsplatz innerhalb eines PCs eingerichtet werden. Um Datenverluste zu vermeiden, besteht deshalb das Bedürfnis, die neuesten Daten (Kalender, Kontaktlisten, empfangene und übersandte E-Mails) im Computer zu kopieren und zu speichern, um die Wiederherstellung im Falle des Verlustes zu gewährleisten. Die Sicherung dieser aufgenommenen persönlichen Daten im Computer stellt den Kernpunkt der aktuellen Entwicklung dar. Entwickelte Lösungsansätze wie „Cloud-Computing" oder „Cloud-Storage" können diesem Bedarf entsprechen.

---

6   Vgl. Apple Daily, 28.02.2014, B8.

3   Online-Durchsuchung

Mit Hilfe eines netzfähigen Computers kann man via Internet mit der Außenwelt kommunizieren und Nachrichten austauschen. Um Daten vor dem Zugriff Unberechtigter zu schützen, gibt es Anti-Virus-Programme, Fire-Walls etc. Derjenige, der die Sicherheitslücken solcher Schutzprogramme ausnutzt und damit in den vernetzten Computer eines anderen eingreift, wird als „Hacker" bezeichnet. Das Spionageprogramm ist dabei im Zielcomputer installiert, z. B. die gefälschte App, die von einem Virus infizierte E-Mail, der Trojaner, ein gefälschtes iTune-Update etc.[7]

3.1   Charakter der Online-Durchsuchung

3.1.1   Staats-Hacker

Wenn der Staat gegen den netzfähigen Computer die oben erörterte Methode des Hackers anwendet, um alle darin gespeicherten Daten einzusehen, wird das als „Online-Durchsuchung" bewertet. Aufgrund der Gesetzgebungserfahrung einiger Länder wird die Online-Durchsuchung zur Bekämpfung des internationalen Terrorangriffs und der organisierten Kriminalität eingesetzt[8].

3.1.2   Heimliche Durchführung

Im Fall der Online-Durchsuchung kann der Staat mit der Hacker-Methode via Internet in den Zielcomputer eingreifen und damit alle darin gespeicherten Daten einsehen. Solche Daten können entweder als Beweismittel zur Tatsachenermittlung oder als Spur zur Tatsachenfindung angewendet werden. Deshalb ist der Zweck der Online-Durchsuchung kein anderer als bei der klassischen Durchsuchung. Um den Erfolg zu garantieren, ist eine vorherige Mitteilung ausgeschlossen (Überraschungswirkung). Damit muss die Online-Durchsuchung auch durchgeführt werden, wenn der Betroffene nicht anwesend ist. Er kann so nicht unmittelbar erkennen, dass eine Online-Durchsuchung bei ihm stattfindet.

---

7   http://www.spiegel.de/netzwelt/netzpolitik/0,1518,druck-821153,00.html (letzter Zugriff: 03.03.2014).

8   http://www.spiegel.de/netzwelt/tech/0,1518,druck-464629,00.html (letzter Zugriff: 03.03.2014).

3.2   Die betroffenen Grundrechte und die Mehrzahl ihrer Inhaber

Findet die Online-Durchsuchung des netzfähigen Computers statt, während der Betroffene durch ihn, etwa über Skype, MSN, Facebook, LINE usw., mit der Außenwelt kommuniziert, so wird dadurch in das Grundrecht des Fernmeldegeheimnisses aller Teilnehmer eingegriffen.

Nach Ansicht des deutschen Bundesverfassungsgerichts ist hier im Zeitalter des Internets ein neues Grundrecht betroffen: „Die Gewährleistung der Vertraulichkeit und Integrität informationstechnischer Systeme" (Kutscha 2008: 484).

Wenn die im Zielcomputer gespeicherten Daten aufgrund der Online-Durchsuchung überprüft werden, wird auch in das Grundrecht auf freie informationelle Selbstbestimmung eingegriffen. Es ist zu beachten, dass der Kernbereich der Person, der von staatlicher Gewalt unantastbar und damit in Deutschland absolut zu gewährleisten ist (Art. 1 GG), beeinflusst werden kann (Kutscha 2008: 485), wenn der Betroffene beispielsweise auf dem Zielcomputer sein Tagebuch schreibt.

3.3   Die wichtigsten Grundsätze bei der Regelung der Online-Durchsuchung

3.3.1   Die klassische Durchsuchung und Online-Durchsuchung

Nach den strafverfahrensrechtlichen Vorschriften einiger Länder ist anerkannt, dass die Wohnung und andere Räume, die Person sowie die angehörige Sache durchsucht werden können (etwa § 102 dStPO u. § 122 tStPO). Beim Vollzug der Durchsuchung kann der innere Zustand des Ziels veröffentlicht werden. Zur Auffindung des Beweismittels und der Spur oder zum Ergreifen des Beschuldigten, darf eine klassische Durchsuchung angeordnet werden. Grundsätzlich beschränkt sich die klassische Durchsuchung auf die körperliche Sache. Aber nach § 122 tStPO darf die klassische Durchsuchung auch zur Auffindung elektronischer Daten angeordnet werden, die als Beweismittel angewendet werden können. Diese Daten sind dem Wesen nach unkörperlich. Im Fall der Online-Durchsuchung handelt es sich nur um das Finden elektronischer Daten, die entweder als Beweismittel oder als Spur angewendet werden können. Insoweit besteht nach § 122 tStPO kein Unterschied zwischen der klassischen und der Online-Durchsuchung. Deshalb kann die Online-Durchsuchung auch von der Voraussetzung für die Anordnung der Durchsuchung abhängig sein. Jedoch ist die Online-Durchsuchung abweichend von der klassischen Durchsuchung heimlich durchzusetzen (Keller 2008: 498).

3.3.2 Die Anordnung der Online-Durchsuchung

Wie gesagt beruht die Online-Durchsuchung in Taiwan auf derselben Vorschrift, nach der die klassische Durchsuchung angeordnet werden darf (etwa § 102 dStPO). Aber es fehlt sich in Deutschland noch an der eigenen Rechtsgrundlage (Keller 2008: 50; Roxin, Schünemann 2012: 6, Rn. 2). Nach der Rechtsprechung des deutschen Bundesverfassungsgerichts vom 27.02.2008 soll sie dem Schutz des (neuen) Grundrechts auf Gewährleistung der Vertraulichkeit und Integrität informationstechnischer Systeme und dem Schutz des Kernbereichs privater Lebensgestaltung dienen.[9] Deshalb sind alle Voraussetzungen (etwa Verdachtsvorbehalt zum Ergreifen des Beschuldigten oder zur Tatsachenermittlung, Richtervorbehalt sowie die Schriftlichkeit des Befehls usw.) auch bei der Anordnung zu berücksichtigen.

3.3.3 Vollzug der Anordnung der Online-Durchsuchung

Im Fall der Online-Durchsuchung kann der Staat via Internet in den Zielcomputer eingreifen. Deshalb ist es beim Vollzug der Online-Durchsuchung unnötig, in die Wohnung oder andere Räume, in denen sich der Zielcomputer befindet, einzutreten oder den Betroffenen zu treffen. Der Betroffene muss hier, im Gegensatz zur herkömmlichen Durchsuchung, nicht anwesend sein. Der Staat kann selbständig oder durch Mitwirkung des Betroffenen das Spionageprogramm installieren, um die Herrschaft über den Zielcomputer zu erhalten und damit die darin gespeicherten Daten einzusehen. Heutzutage wird der netzfähige Computer zum wichtigsten Medium in unserem täglichen Leben. In Hinsicht auf die obigen Eigenschaften der Online-Durchsuchung wurden folgende Grundsätze für die Normierung ihres Vollzuges und seine technische Verwirklichung entwickelt.

3.3.3.1 Staatliche Entwicklung der Software

In Deutschland hat das deutsche Bundesverfassungsgericht festgestellt, dass der Staat sich nicht auf die Dienste privater Entwickler verlassen darf, obwohl sie die benötigte Software viel kostengünstiger programmieren können[10]. Wie gesagt ist es fragwürdig, dass die staatlichen Stellen darauf verzichten, den wichtigsten Quellcode der Spionagesoftware selbst zu überprüfen, womit die Gewährleistung

---

9 Rechtsprechung des BVerfG, 1 BvR 370/07 vom 27.02.2008.

10 So musste das BKA beispielsweise im Jahr 2010 mindestens 680.000€ für die selbständige Entwicklung zahlen. Zum Vergleich zahlt es für einen Telekommunikationsüberwachungs-Trojaner nur für drei Monate. Vgl. http://www.tagesschau.de/inland/datenueberwachung102.html (letzter Zugriff: 03.03.2014).

des Grundrechtsschutzes letztlich von der Firma abhängt[11]. In Deutschland wurde die Begründung des Zentrums für die Entwicklung staatlicher Spähsoftware (Staatstrojaner) im BKA seit Herbst 2011 beschlossen[12].

3.3.3.2 Nachträgliche Berichtspflicht

Weil die Online-Durchsuchung heimlich durchgesetzt wird, kann der Betroffene nicht rechtzeitig wissen, dass die Maßnahme gegen ihn durchgeführt wird und dadurch in seine Grundrechte eingegriffen wird. Aus Sicht der Rechtsstaatlichkeit ist dies schädlich für die Ergreifung des Rechtsrettungsschutzes. Deshalb ist der Staat dazu verpflichtet, mitzuteilen, dass der Computer des Betroffenen via Internet überprüft worden ist, wenn der Vollzug der Online-Durchsuchung schon beendet bzw. der Ermittlungszweck nicht gefährdet wird.

3.3.3.3 Mitwirkungspflicht der Betreiber

Normalerweise installiert man auf seinem Computer ein Internet-Sicherheitssystem, wie z. B. ein Anti-Virus-Programm oder eine Fire-Wall. Deshalb kann das Spionageprogramm nicht im Zielcomputer installiert werden, weil es durch das Virusprogramm erkannt und dann ausgefiltert werden kann. Daher ist es für die Verdunklungsmaßnahme sehr wichtig, dass der anzuwendende Virus nicht in der Virusliste aufgenommen ist. Ohne die Mitwirkung des Internet-Sicherheitssystementwicklers kann dieser Zweck nicht erreicht werden. Deshalb besteht beim Vollzug der Online-Durchsuchung eine Mitwirkungspflicht der Internet-Sicherheitssystementwickler (Mitwirkungspflicht des Betreibers).

3.4   Fazit

Heutzutage sind netzfähige Computer sowie zahlreiche Smartphones als wichtigstes Werkzeug für den Informationsaustausch und das Protokoll im Alltag anzusehen. Während schriftliche Medien in den Hintergrund rücken, gewinnen elektronische und digital verarbeitete Daten immer mehr an Bedeutung. Man kann sagen, dass der netzfähige Computer, mit dem man alles von zuhause aus erledigen kann, zur wichtigsten Plattform des modernen Lebens geworden ist. Wird bei einem solchen Computer eine Online-Durchsuchung durchgeführt, sind dadurch die Grundrechte

---

11   http://www.spiegel.de/politik/deutschland/0,1518,druck-792771,00.html (letzter Zugriff: 03.03.2014).

12   http://www.spiegel.de/netzwelt/netzpolitik/0,1518,druck-802830,00.html (letzter Zugriff: 03.03.2014).

aller Teilnehmer betroffen. Daher soll die Anordnung einer solchen Online-Durchsuchung strengeren Voraussetzungen unterworfen werden. Dabei ist die Anordnung auszuschließen, wenn in den Kernbereich des Betroffenen eingegriffen wird. Die Online-Durchsuchung ist in der Regel heimlich und online durchzuführen, d. h. der Betroffene muss beim Vollzug nicht anwesend sein. Jedoch hat der Staat die Pflicht, nachträglich dem Betroffenen mitzuteilen, dass eine Online-Durchsuchung gegen ihn durchgeführt geworden ist. Deshalb bedarf es noch einer klaren Rechtsgrundlage, nach der die Online-Durchsuchung zum Schutz vor einer konkreten Gefahr für ein überragend wichtiges Rechtsgut angeordnet werden darf[13].

4 Suchbegriff

4.1 Charakter des Suchbegriffs

4.1.1 Technische Grundsätze des Suchbegriffs

Digitalisierung der Daten heißt, dass die Daten bei der Verarbeitung oder Kommunikation in ein digitales Signal umgewandelt werden, das aus einer Sammlung von Zahlen besteht, nämlich „0" und „1" (Wu 2005: 33). Durch den Vergleich solcher koordinierten Begriffe ist festzustellen, ob ein Dokument den gesuchten Begriff enthält (*Markierungsfunktion*). Der Suchbegriff wurde entwickelt, um die gespeicherten Daten effektiv zu verwalten. Im Zeitalter des netzfähigen Computers kann man den Suchbegriff in eine Datenbank (Suchmaschinen wie etwa Google, Kataloge der Bibliothek oder auf der Online-Einkaufswebseite etc.) eingeben, um die benötigen Informationen zu finden oder alles, was man im täglichen Leben braucht, zu bestellen (Wu 2005: 21). Im Wesentlichen hat sich die Idee des Suchbegriffs im Internet nicht verändert, sondern verbreitet.

4.1.2 Automatische und heimliche Durchführung

Die Technik des Suchbegriffs wird mit Hilfe des Programms *automatisch* und nicht durch einen Menschen durchgeführt.

Aufgrund der Markierungsfunktion und der Zielsetzung der allgemeinen Gefahrprävention (*Dynamik*), ist es fast unmöglich, zuvor allen Betroffenen Bescheid zu geben. Deshalb darf dies auch ohne die Anwesenheit und das Wissen des Betroffenen durchgeführt werden.

---

13 http://www.spiegel.de/netzwelt/netzpolitik/0,1518,druck-821153,00.html (letzter Zugriff: 03.03.2014).

4.2 Die betroffenen Grundrechte und die massiven Eingriffe

Der Suchbegriff kann gegen die auszutauschenden Daten eingesetzt werden. Aufgrund seiner Markierungsfunktion kann er nicht zur Veröffentlichung der zu überprüfenden Daten führen. Deshalb handelt es sich hier um das Recht der informationellen Selbstbestimmung und das Fernmeldegeheimnis. Nach den geltenden Vorschriften in einigen Ländern[14] ist der Suchbegriff auf die Bekämpfung der Gefahr eines Terrorangriffs oder der organisierten Kriminalität beschränkt, weil aufgrund des Zwecks des allgemeinen Gefahrschutzes der Umfang der betroffenen Grundrechte sehr viel breiter ist. Im Vergleich mit den mutmaßlichen betroffenen Grundrechten ist das Verhältnismäßigkeitsprinzip einzuhalten.

4.3 Die wichtigsten Grundsätze bei der Regelung des Suchbegriffs

4.3.1 Die Anordnung des Suchbegriffs

Nach der gesetzgeberischen Erfahrung in einigen Ländern ist der Suchbegriff zur Gefahrprävention so definiert, dass die markierten auszutauschenden Daten aufgrund eines bestimmten Suchbegriffs eine Orientierung für die Entdeckung einer Gefahr geben können. Enthält ein Dokument den gesuchten Begriff, kann der Staat die Spur zur Gefahrquelle ausfindig machen. Er kann dieser Spur folgen und damit Tatsachen finden, die die Voraussetzungen zur Anordnung sonstiger Ermittlungsmaßnahmen, wie etwa Telekommunikationsüberwachung, Lauschangriff oder V-Ermittler, begründen können. Deshalb wird der Suchbegriff in der Vorfeldphase zur Tatsachermittlung angewandt.

Zum allgemeinen Schutz vor einer potenziellen schweren Gefahr ist der Suchbegriff jederzeit anzuordnen. Aufgrund der Erforderlichkeit einer schnellen Reaktion auf die Gefahr, soll der Suchbegriff von der exekutiven Gewalt angeordnet werden[15].

4.3.2 Missbrauchsschutz

Um Missbrauchs zu vermeiden, ist die nachträgliche Kontrolle zu begründen. Dazu nimmt eine andere staatliche Gewalt als die Exekutive diese Aufgabe wahr; beispielsweise ist in Deutschland die parlamentarische Aufsicht vorgeschrieben

---

14 § 5 II G 10; § 20 II Entwurf des Gesetztes über die nachrichtendienstliche Telekommunikationsüberwachung (eNTKÜ) (Taiwan).

15 Wie z. B. in Deutschland Bundesnachrichtendienst (BND), Verfassungsschutz; in Taiwan Staatssicherheitsbehörde.

(§ 5 II, § 10 IV und § 14 I G 10); in Taiwan ist die gerichtliche Aufsicht geplant (§ 20 II eNTKÜ).

4.3.3 Verbot der Identifizierungsmerkmale der Telekommunikationsanschlüsse oder der zu überwachenden Person

Weil der Suchbegriff zum allgemeinen Gefahrenschutz eingesetzt werden darf, wurde das Prinzip des Verbots der Merkmale zur Identifizierung des Anschlusses und der Person entwickelt. Denn der gewählte Suchbegriff darf nicht die Merkmale enthalten, nach welchen entweder der Anschluss oder die Person identifiziert werden kann (§ 5 G10).

Außerdem ist der Anteil der zu überprüfenden Kapazität einzuschränken, z. B. in Deutschland nicht über 20 %[16], da der Suchbegriff dem Zweck der allgemeinen Gefahrprävention dient.

4.3.4 Statistik

Nach dem Bericht des PKG wurden im Jahr 2010 mehr als 37 Millionen E-Mails und Datenverbindungen in Deutschland überprüft, weil sie bestimmte Schlagwörter (etwa „Bombe") enthielten. In dieser Statistik kommt dem Spam jedoch ein hoher Anteil zu.[17]

Im Verhältnis zu 6,8 Millionen im 2009 ist die zunehmende Tendenz der Anordnung des Suchbegriffs zu erkennen. Zu der allgemeinen Gefahrwarnung darf die Überwachungskapazität beim Suchbegriff in Deutschland höchstens 20 % betragen. Aufgrund des am Anfang zitierten Berichts liegt der Grund für den hohen Anteil an Spam wahrscheinlich darin, dass die Schlagwörter meistens nach aktuellen Fällen ausgewählt werden und damit ein hoher Prozentanteil an Spam nicht zu vermeiden ist.

4.4 Fazit

Die Markierungsfunktion des Suchbegriffs kann für die Ermittlungsmaßnahme eine bedenkenswerte Orientierung aufzeigen. Der Einsatz des Suchbegriffs ist zur allgemeinen Gefahrwarnung und mangels bestimmter Voraussetzungen, wie insb. einer Tatsache für die Begründung des Verdachts, zulässig. Deshalb ist jeder

---

16 § 5 G 10; § 7 II Entwurf der Richtlinie zur Verwirklichung des NTKÜ (Taiwan).

17 http://www.tagesschau.de/inland/datenueberwachung102.html (letzter Zugriff: 03.03.2014).

Nichtbeschuldigte unvermeidbar betroffen. Nach dem Grundsatz des Überverbots darf der Suchbegriff nicht gezielt angeordnet und durchgeführt werden. In der Zeit der Digitalisierung und des Internets werden unsere auszutauschenden Daten mehr oder weniger zur allgemeinen Gefahrprävention überprüft.

5   Schlusswort

Die Medienwelt stellt das Bild des modernen Lebens dar. Auf der einheitlichen integrierten Plattform kann man viele Bedürfnisse erfüllen. Umgekehrt kann in das Profil des Einzelnen auch leichter eingegriffen werden. Deshalb besteht in diesem Zusammenhang das Missverständnis, dass „bequem gleichzeitig auch sicher" bedeutet. Der staatliche Einsatz der Online-Durchsuchung und des Suchbegriffs zeigt nur den Anfang unserer dauerhaften Überwachung in der virtuellen Welt, wenn wir von den Medien zum Meinungsaustausch abhängig sind.

Literatur

Keller, Christoph (2008): *Telekommunikationsüberwachung und andere verdeckte Ermittlungsmaßnahmen*. Stuttgart.
Kutscha, Martin (2008): Überwachungsmaßnahmen von Sicherheitsbehörden im Fokus der Grundrechte. In: *LKV* 11. 481-486.
Roxin, Claus/ Schünemann Bernd (2012): *Strafverfahrensreht*. München.
Wu, Jiuan-Yih (2005): *Strafprozessuale Telekommunikationsüberwachung in der Informationsgesellschaft: Eine rechtsvergleichende Untersuchung zwischen Deutschland und Taiwan*. Frankfurt am Main.

Autorinnen und Autoren

Dr. Martin Bastl hat eine Assistenzprofessur am Institut für Politikwissenschaft Fakultät für Sozialwissenschaften der Masaryk Universität. Er beschäftigt sich mit Themen wie dem Sicherheitsdilemma der technologischen Entwicklung, dem Cyber-Krieg, Informationstechnologie und Sicherheitsforschung. Seine Dissertation behandelte das Thema Cyber-Terrorismus. Martin Bastl hat zahlreich veröffentlicht.

Dr. Heiko Borchert ist Inhaber und Geschäftsführer der Sandfire AG und seit 1997 in der sicherheitsstrategischen Beratung für Kunden im öffentlichen und privatwirtschaftlichen Sektor tätig. Zu seinen Themenschwerpunkten zählen der Schutz Kritischer Infrastrukturen, die Öffentlich-Private Sicherheitszusammenarbeit, maritime Sicherheit, Energie- und Rohstoffversorgungssicherheit, die Transformation der Streitkräfte, Theorie und Praxis der Vernetzten Sicherheit sowie die sicherheitspolitische Vorausschau. Heiko Borchert hat an der Universität St. Gallen Internationale Beziehungen, Betriebswirtschaftslehre, Volkswirtschaft sowie Rechtswissenschaft studiert und dort auch promoviert.

Astrid Bötticher arbeitete an der Universität Witten/Herdecke im Rahmen des BMBF geförderten Projektes „Sicherheitsgesetzgebung" und beschäftigte sich hier insbesondere mit dem Bereich der Telekommunikationsüberwachung. Astrid Bötticher veröffentlichte verschiedentlich, u. a.: „Extremismus. Theorien – Konzepte – Formen" (2012, zus. mit Miroslav Mareš), „Wehrhafte Demokratie" In: Ulrich Dovermann (Hg.): Linksextremismus in der Bundesrepublik Deutschland (2011, zus. mit Hans-Jürgen Lange), sowie „German Experiences from Countering Extremist" (2013, zus. mit Miroslav Mareš). In Kürze erscheint das Buch „Ideologie".

Oskar Brabanski studierte nach seinem Schülerstudium an der Universität Duisburg-Essen Philosophie und Kulturreflexion an der Universität Witten/Herdecke und der University of Queensland und studiert zur Zeit Politische Theorie (M.A.) an der Goethe Universität Frankfurt und der TU Darmstadt. Er absolvierte ein Praktikum beim Liquid Democracy e. V. und arbeitet zudem am Lehrstuhl für Praktische Philosophie bei Matthias Kettner sowie als freier Autor für politik-digital.de. Zu seinen Schwerpunkten gehören eGovernance, ePartizipation sowie deliberative Demokratie.

Dominik Brodowski, Volljurist, schloss an der University of Pennsylvania den Master of Laws ab und promoviert an der Eberhard-Karls-Universität Tübingen. Er hat zahlreich veröffentlicht, u. a.: „Cyberkriminalität, Computerstrafrecht und die digitale Schattenwirtschaft" für das „Forschungsforum Sicherheit" (2011, zus. mit Felix Freiling); „Anonyme Ehrverletzungen in Internetforen – Ein Lehrstück strafrechtlicher (Fehl-)Regulierung" In: Juristische Rundschau 2013; sowie „Strafprozessualer Zugriff auf E-Mail-Kommunikation" In: Juristische Rundschau 2009.

Prof. Dr. Gabriella Coleman beschäftigt sich mit der Anthropologie der digitalen Medien und ist Inhaberin des Wolfe Chair in Scientific and Technological Literacy an der McGill University, Montreal. Sie ist ausgezeichnet mit den Gabriel Carras Research Award (2009) und dem Sol Tax Dissertation Prize (2006). Sie hat zahlreich veröffentlicht, u. a.: „Coding Freedom. The Ethics and Aesthetics of Hacking" (2012, Princeton University Press), „Phreaks, Hackers, and Trolls. The Politics of Transgression and Spectacle" (2012 in „The Social Media Reader", hrsg. v. Michael Mandiberg), „Hacker Practice. Moral Genres and the Cultural Articulation of Liberalism" (2008 in „Anthropological Theory", zus. mit Alex Golub). Derzeit erscheint ihr zweites Buch „Hacker, Hoaxer, Whistleblower, Spy. The Many Faces of Anonymous" (2014, Verso).

Mag. Wolfgang Ebner ist seit September 2012 im Bundesministerium für Finanzen in Wien und ist dort stellvertretender Sektionschef der IT-Sektion. Davor arbeitete von 1999 bis 2012 im Bundesministerium für Inneres (BM.I), zuletzt als Stabschef des Generaldirektors für Öffentliche Sicherheit und Cyber Security-Koordinator. In dieser Funktion koordinierte er die Arbeit aller betroffenen BM.I-Dienststellen und vertrat die Interessen des Ministeriums nach außen gegenüber anderen Ressorts, der Wirtschaft und internationalen Partnern. Wolfgang Ebner hat Rechtswissenschaften an der Universität Graz studiert.

Jürgen Fauth, Landeskriminalamt Baden-Württemberg, Leiter der Führungsgruppe und damit der Zentralen Ansprechstelle Cybercrime beim LKA in Stuttgart sowie stellvertretender Leiter der Abteilung Cyberkriminalität/Digitale Spuren. Zuvor mehrere Jahre Referententätigkeit beim Landesbeauftragten für den Datenschutz in Baden-Württemberg sowie Angehöriger des Gemeinsamen Terrorismus Abwehrzentrums in Berlin als Vertreter des Landeskriminalamtes Baden-Württemberg.

Michael Freiberg, stellvertretender Geschäftsführer der Acris GmbH und bis Ende 2013 UP KRITIS Vertreter des Mineralölwirtschaftsverband e. V. Er berät das Bundesamt für Sicherheit in der Informationstechnik unter anderem auch als AG Leiter des Umsetzungsplans KRITIS, hier beschäftigt er sich mit dem Schutz kritischer IT-Infrastrukturen und der Vernetzung öffentlicher und privater Akteure.

Prof. Dr. Matthias Kettner ist Lehrstuhlinhaber für Praktische Philosophie an der Universität Witten/Herdecke. Von 2004-2007 Dekan, seit 2008 Forschungsdekan der Fakultät für Kulturreflexion an der Universität Witten/Herdecke. Hauptforschungsgebiete: Diskursethik, Bio- und Wirtschaftsethik, Kulturphilosophie, Psychoanalyse und Rationalitätstheorie. Herausgegeben hat Matthias Kettner u. a.: „Mythos Wertfreiheit? Neue Beiträge zur Objektivität in den Human-und Kulturwissenschaften" (1994, zus. mit Karl-Otto Apel), „Über Kultur. Theorie und Praxis der Kulturreflexion" (2008, zus. mit Dirk Baecker und Dirk Rustemeyer), sowie „Reflexionen über das Unbewusste. Philosophie und Psychologie im Dialog" (2010, zus. mit Wolfgang Mertens).

Dr. iur. Martin Kutscha, geb. 1948 in Bremen, Professor i. R. für Staats- und Verwaltungsrecht in Berlin, zahlreiche Veröffentlichungen insbes. zu Grundrechts- und Verfassungsfragen sowie zum Datenschutz, u. a. „Grundrechtsschutz im Internet?", Baden-Baden 2013 (gemeinsam mit Sarah Thomé). Zudem ist er Mitglied im Bundesvorstand der Humanistischen Union sowie der IALANA.

Prof. Dr. Hans-Jürgen Lange ist seit Juli 2014 Präsident der Deutschen Hochschule der Polizei (DHPol) in Münster-Hiltrup. Von 2008 bis 2014 war er Lehrstuhlinhaber für Politikwissenschaft, Sicherheitsforschung und Sicherheitsmanagement an der Fakultät für Kulturreflexion der Universität Witten/Herdecke. Von 2009 bis zu seinem Wechsel nach Münster war er Dekan der Fakultät für Kulturreflexion sowie seit 2010 Vorsitzender des Senats der Universität Witten/Herdecke. Er ist Sprecher des Interdisziplinären Arbeitskreises Innere Sicherheit (AKIS) und Wissenschaftlicher Direktor des Rhein-Ruhr-Instituts für Sozialforschung und Politikberatung (RISP) an der Universität Duisburg-Essen. Hans-Jürgen Lange hat zahlreich zu Themen der Inneren Sicherheit und Polizeiforschung veröffentlicht, u.a. ist er Herausgeber der Publikationen: „Auf der Suche nach neuer Sicherheit: Fakten, Theorien und Folgen" (2009, zus. mit H. Peter Ohly und Jo Reichertz), „Innere Sicherheit im europäischen Vergleich" (2012, zus. mit Thomas Würtenberger und Christoph Gusy), sowie „Dimensionen der Sicherheitskultur" (2014, zus. mit Michaela Wendekamm und Christian Endreß).

Doc.JUDr. PhDr. Miroslav Mareš ist verantwortlich für das Programm der Sicherheits- und Strategiestudien am Lehrstuhl Politikwissenschaft der Fakultät für Sozialstudien an der Masaryk Universität in Brünn. Miroslav Mareš veröffentlichte verschiedentlich, u. a.: „Extremismus. Theorien – Konzepte – Formen" (2012, zus. mit Astrid Bötticher).

Prof. Dr. Winifred Poster erhielt ihren Doktortitel an der Stanford Universität in Soziologie und lehrt an der Washington University, St. Louis. Ihre Forschungsschwerpunkte liegen in den Bereichen Arbeit, Technologie, Feminismus und Transnationalismus. Mit Bezug auf die USA und Indien untersucht sie die globale Auslagerung von Informations- und Kommunikationstechnologiefirmen in den letzten zwei Jahrzehnten. Sie dokumentiert die Praktiken von indischen Callcentern, insbesondere das Management nationaler Identitäten unter ArbeitnehmerInnen, die Umstellung der Arbeitszeiten hin zur Nachtarbeit, und die Nutzung von Emotionen für den Verkauf von Krediten und Schuldtiteln. Ihre jüngsten Projekte erforschen die Arbeitsbedingungen in der Überwachung und Cybersicherheit sowie die Automatisierung virtueller Empfangsmitarbeiter.

Wolfgang Rosenkranz arbeitet seit Mitte 2011 für die REPUCO Unternehmensberatung GmbH, Wien. Davor war er sieben Jahre für die Österreichische Staatsdruckerei als Direktor der Abteilung eGovernment Solutions und International Sales tätig, wo er unter anderem für die Einführung des elektronischen Reisepasses verantwortlich war. Die Arbeitsschwerpunkte von Wolfgang Rosenkranz sind eGovernment und IT-Projektmanagement. Er hat an der Technischen Universität Wien Technische Physik studiert.

Thomas Gabriel Rüdiger, M.A. ist studierter Kriminologe und forscht am Institut für Polizeiwissenschaft der Fachhochschule der Polizei des Landes Brandenburg zu kriminologischen Aspekten von Sozialen Medien. Schwerpunkte seiner Arbeit sind u. a. die Möglichkeiten der Nutzung sozialer Medien für die Polizeiarbeit sowie die Interaktions- und Kommunikationsrisiken wie Cybergrooming, Sexting und Cybermobbing. Er wurde 2013 mit dem Zukunftspreis Polizeiarbeit „Soziale Netzwerke" ausgezeichnet und promoviert gegenwärtig an der Rechtswissenschaftlichen Fakultät der Universität Potsdam zum Thema „Cybergrooming in virtuellen Welten".

Kateřina Tvrdá ist Doktorandin der Politikwissenschaft an der Fakultät für Sozialwesen der Masaryk-Universität in Brünn, Tschechien. Sie war Teilnehmerin am Magisterstudienprogramm Recht und Rechtswissenschaft an der Juristischen Fakultät der Masaryk Universität, Brünn. Im Anschluss daran Teilnehmerin des Magisterstudienprogramms Sicherheits- und strategische Studien an der Fakultät für Sozialwesen der Masaryk Universität. Zurzeit führt sie ein Promotionsstudium im Bereich Politikwissenschaft an der Fakultät für Sozialwesen der Masaryk Universität, betreut von Miroslav Mareš durch. Den Schwerpunkt ihres Promotionsstudiums bildet die Politik der inneren Sicherheit in den Staaten von Mitteleuropa, insbesondere die Bekämpfung der organisierten Kriminalität und polizeiliche Kooperation.

Prof. Dr. Jiuan-Yih Wu ist Lehrstuhlinhaber für Strafrecht und Strafprozessrecht an der gleichnamigen Forschungsstelle der Kaohsiung Universität, Kaohsiung/Taiwan. Jiuan-Yih Wu ist engagiert am Zentrum für europäische und internationale Strafrechtstudien (ZEIS) und hat zu verschiedenen Themen des Strafrechts gearbeitet. Unter anderem erschienen ist: „Strafprozessuale Telekommunikationsüberwachung in der Informationsgesellschaft – eine Rechtsvergleichende Untersuchung zwischen Deutschland und Taiwan" sowie „Der Defensivnotstand im Strafrecht – Gibt es im geltenden Strafrecht Raum für den Defensivnotstand?"

Studien zur Inneren Sicherheit

Fortsetzung:

Gisbert van Elsbergen (Hrsg.)
**Wachen, kontrollieren,
patrouillieren**
Kustodialisierung
der Inneren Sicherheit
2004. Band 7
300 S. Br. EUR 49,90
ISBN 978-3-8100-4158-6

Hans-Jürgen Lange ·
Jean-Claude Schenck
Polizei im kooperativen Staat
Verwaltungsreform
und Neue Steuerung
in der Sicherheitsverwaltung
2004. Band 6
462 S. Br. EUR 39,90
ISBN 978-3-531-14243-2

Jo Reichertz ·
Norbert Schröer (Hrsg.)
Hermeneutische Polizeiforschung
2003. Band 5
238 S. Br. EUR 25,90
ISBN 978-3-8100-3662-9

Hans-Jürgen Lange (Hrsg.)
Die Polizei der Gesellschaft
Zur Soziologie
der Inneren Sicherheit
2003. Band 4
472 S. Br. EUR 41,90
ISBN 978-3-8100-2879-2

Hubert Beste
Morphologie der Macht
2000. Band 3
528 S. Br. EUR 45,00
ISBN 978-3-8100-2710-8

Hans-Jürgen Lange
**Innere Sicherheit
im Politischen System
der Bundesrepublik Deutschland**
1999. Band 2
477 S. Br. EUR 49,90
ISBN 978-3-8100-2214-1

Hans-Jürgen Lange (Hrsg.)
**Staat, Demokratie und Innere
Sicherheit in Deutschland**
2000. Band 1
436 S. Br. EUR 34,90
ISBN 978-3-8100-2267-7

Stand: Juli 2014. Änderungen vorbehalten.
Erhältlich im Buchhandel oder beim Verlag.

Einfach bestellen:
SpringerDE-services@springer.com
tel +49 (0)6221 / 345–4301
springer-vs.de